한 권으로 끝내는
항공전자실습

|김 훈 지음|

BM (주)도서출판 성안당

■ **도서 A/S 안내**

성안당에서 발행하는 모든 도서는 저자와 출판사, 그리고 독자가 함께 만들어 나갑니다.

좋은 책을 펴내기 위해 많은 노력을 기울이고 있으나 혹시라도 내용상의 오류나 오탈자 등이 발견되면 "좋은 책은 나라의 보배"로서 우리 모두가 함께 만들어 간다는 마음으로 연락주시기 바랍니다. 수정 보완하여 더 나은 책이 되도록 최선을 다하겠습니다.

성안당은 늘 독자 여러분들의 소중한 의견을 기다리고 있습니다. 좋은 의견을 보내주시는 분께는 성안당 쇼핑몰의 포인트(3,000포인트)를 적립해 드립니다.

잘못 만들어진 책이나 부록이 파손된 경우에는 교환해 드립니다.

저자 문의 e-mail : supachacha@naver.com(김훈)

본서 기획자 e-mail : coh@cyber.co.kr(최옥현)

홈페이지 : http://www.cyber.co.kr   전화 : 031) 950-6300

머리말

　항공산업은 하루가 다르게 빠른 속도로 발전하고 있다. 특히 전자 및 전기기술은 산업계, 학계, 연구소 등을 통해 그 발전 속도가 가속화되고 있다. 항공기가 점점 컴퓨터화, 대형화됨에 따라 항공기 전자장비 분야는 빠르게 발전되고 응용되어서 더 정확하고 신속한 정보의 제공은 물론, 모든 계통을 보다 편리하게 작동시킬 수 있게 되었다.

　AVIONICS는 Aircraft와 Electronics의 합성어로 항공전자로 불린다. 항공기의 주요 부품들을 작동시키고 제어하는 모든 시스템에는 항공 전자장비가 필수적으로 장착되어 자동으로 작동 및 제어를 담당하고 있다.
　항공기 ATA(Air Transport Association of America: 미항공운송협회) Chapter에 따라 엔진부터 모든 시스템에 AVIONICS 장비가 장착되어 작동 및 제어되고 있다. 항공정비사로서 이러한 AVIONICS 시스템들을 이해하고 업무를 원활하게 수행하기 위해서는 항공 전자전기의 기초 이론을 확실하게 정립시킬 필요가 있다.

　본서는 항공기 전자장비에서 가장 기본이 되는 전기와 관련해서 기본단위, 정전기, 전류, 자기, 전자유도, 교류와 직류, 전기소자, 계측, 제너레이터, 모터 등에 대해 기초전자 지식을 습득하고, 항공기의 각 계통(조명 계통, 조명경고 계통, 경고음 계통, 발연감지 계통, 객실여압 계통 등)에서 사용되는 전자·전기 소자들을 이용한 회로를 이해하고 분석하여 직접 회로를 제작해서 실제로 작동되는 원리를 더욱 쉽게 배울 수 있도록 하였다. 아울러 이러한 이론과 실습을 병행한 전자실습을 통해서 각종 자격증을 취득하고 보다 실무에 근접한 능력을 키울 수 있도록 내용을 구성하여 집필하였다.

저자 씀

차례

머리말 · 3

1장 ● 항공전자
1. Avionic · 12

2장 ● 전자전기 개요
1. 국제표준단위계 · 16
2. 기본용어 · 17
3. 원자의 구조 · 17
4. 전자와 전류의 이동(Current & Electron Flow) · 18

3장 ● 전기
1. 전류, 전압, 저항 · 20
2. 전력 · 20
3. 전위차(Potential Difference) · 21
4. 감전(Electric Shock) · 22
5. 전기회로 · 23
6. 전기와 자석 · 30

4장 ● 직류와 교류
1. 직류(Direct Current, DC) · 36
2. 교류(Alternating Current, AC) · 37
3. 주파수(Frequency) · 38
4. 교류의 최대값, 평균값(Maximum & Mean Value of AC) · · · · · · · · · · · · 39
5. 교류의 P to P값, 실효값(P to P & Effective Value of AC) · · · · · · · · · 40
6. 직류회로와 교류회로의 특징(Characteristic of DC & AC) · · · · · · · · · · · 41

5장 ● 전자

1. 저항률(Resistivity) ··46
2. 주기율표(Periodic Table) ··46
3. 전자수 & 전자배치 ···47
4. 도체(Conductor) ···47
5. 절연체(Insulator) ··48
6. 반도체(Semi-Conductor) ··48
7. 초전도체(Super-Conductor) ···49
8. Valence & Free Electron ···49
9. Hole & Carrier ··50
10. Intrinsic & Extrinsic Semi-Conductor ··50
11. Unstable State ··51
12. P형 반도체(P-Type Semi-Condutor) ··52
13. N형 반도체(N-Type Semi-Conductor) ··53
14. P-N 접합(P-N Junction) ··54
15. 정방향 바이어스(Forward Bias) ··55
16. 역방향 바이어스(Reverse Bias) ···55
17. Junction Type ···56

6장 ● 전자부품

1. 캐패시터(Capacitor) ··58
2. Capacitor Construction ··58
3. Capacitance of Capacitor ···60
4. Electrostatic Capacity ···60
5. Charge & Discharge ··61
6. Connected in Series ··61
7. Connected in Parallel ··62
8. Types of Capacitor ··62
9. 서미스터(Thermistor) ···75
10. 다이오드(Diode) ··76
11. Types of Diode ··79
12. 트랜지스터(Transistor) ··86
13. Types of Transistor ··89
14. 사이리스터(Thyristor) ···96
15. 트라이액(Triac) ··97

16. 저항기(Resistor) ··· 98
17. Resistor Color-Coding ·· 99
18. Types of Resistor ·· 100
19. 릴레이(Relay) ··· 105
20. 접점(Contact) ··· 106
21. Cut-off Counter Electromotive Force ························ 107
22. 스위치(Switch) ··· 108
23. 스위치 종류 ··· 108
24. 푸시 버튼 스위치(Push Button Switch) ···················· 109
25. 슬라이드 스위치(Slide Switch) ································ 109
26. 토글 스위치(Toggle Switch) ···································· 110
27. 트랜스포머(Electric Transformer) ···························· 110
28. Type of Transformer ··· 112

7장 ● 측정기기

1. 멀티미터(Multi-Meter) ·· 114
2. 멀티미디어의 구조 ··· 114
3. Type of DMM ·· 115
4. 멀티미터의 기호 ··· 115
5. 저항 측정 ·· 116
6. 전압 측정 ·· 117
7. 전류 측정 ·· 118
8. 다이오드의 불량 검사 ··· 119
9. LED의 불량 검사 ·· 120
10. Division of BJT ·· 121
11. Contact of Switch ·· 124
12. 릴레이의 접점 찾기 ·· 126
13. 절연저항계(Megger) ·· 127
14. 절연저항(Insulation Resistance) ···························· 127
15. 권선저항 측정 ·· 130
16. Malfunction ··· 130
17. 오실로스코프(Oscilloscope) ··································· 131
18. Type of Oscilloscope ·· 131
19. Structure of Oscilloscope ······································ 133
20. 프로브 보정 ··· 134
21. Measuring Oscilloscope ·· 134

8장 ● Wiring

1. 배선작업(Wiring) ···138
2. 배선도(Wiring Diagrams) ···139
3. 배선 종류(Wiring Types) ···141
4. 배선 규격(Wire Size) ···144
5. 배선 기호(Wiring Symbols) ···146
6. 스플라이싱(Splicing) ···147
7. 공구(Tools) ···148
8. 배선 라우팅(Wire Routing) ···151
9. How to Splice Wire ···152
10. How to Wrap Soldering Wire ··155
11. 커넥터(Connector) ···158
12. 커넥터 핀 식별(Contact Color Code) ·································160
13. 커넥터 핀 정보(Contact Spec) ···161
14. How to Crimp Contact Pin ··162
15. How to Insert Contact Pin ··166
16. How to Remove Contact Pin ··168
17. Contact Pin in Locked Position ··170
18. Wire Group & Bundles & Routing ····································171
19. Lacing and Tying Wire Bundles ·······································172
20. Clamp Installation ···176
21. Slack in Wire Bundle ···178
22. Wire Chafing ··179
23. Bonding and Grounding ··180
24. Bonding ···184
25. Grounding ···187
26. ESD ···188
27. Static Discharger ···191

9장 ● 납땜

1. 납땜(Soldering) ··194
2. 납땜 예제 ··204
3. 납땜상태 ··205

10장 ● 회로도

1. 회로도(Circuit Diagram) ··· 208
2. 회로도 기호(Circuit Symbols) ··· 209
3. 전자기호의 이해 ··· 210
4. 배치도 ·· 222
5. 배치도 연습 ··· 223
6. Cabin Pressure System ··· 227
7. Air Conditioning System ·· 234
8. Cabin Pressure Warning 회로 ······································· 241
9. Landing Gear System ·· 243
10. 착륙장치 경고 회로 ·· 253
11. 경고음발생장치 회로 1 ··· 256
12. 경고음발생장치 회로 2 ··· 259
13. 경고 회로 ··· 263
14. Lighting System ·· 268
15. 조명 계통 회로 1 ·· 276
16. 조명 계통 회로 2 ·· 279
17. Dimming 회로 ·· 283
18. Auxiliary Power Unit ·· 286
19. APU Air Inlet Door Control 회로 ······························· 288
20. Fire Protection System ·· 291
21. Fire Extinguisher System ··· 298
22. 발연 감지 경고 회로 ·· 304
23. Logical Circuit ·· 308
24. AND 회로 ·· 308
25. OR 회로 ·· 311
26. Bread Board ·· 314
27. Layout of Bread Board ··· 314
28. Contact of Bread Board ·· 315
29. Circuit Test on Bread Board ······································· 317
30. 전압 강하 ··· 317
31. 전압 강하의 측정 ··· 319

11장 ● 자격증 실기 요목

1. 자격증 실기시험(작업형) ··· 334
2. 항공산업기사 출제기준(실기) ··· 336
3. 항공정비사(비행기, 회전익항공기) 실기시험 표준서 ················ 361
4. 항공정비사(전자·전기·계기) 실기시험 표준서 ·························· 369
5. 항공장비정비기능사 출제기준(실기) ·· 378
6. 항공전자정비기능사 출제기준(실기) ·· 386

12장 ● 산업기사 필답

1. 전기이론 ··· 392
2. 회로의 구성품 ··· 396
3. 발전기 ··· 399
4. 전동기 ··· 402
5. 축전지/배터리 ··· 403
6. 전기 측정기구 ··· 405
7. 항공계기 일반 ··· 405
8. 피토/정압 압력계기 ··· 406
9. 온도 계기 ··· 408
10. 자이로 계기 ··· 409
11. 회전, 액량/유량 계기 ··· 409
12. 공유압 계통의 일반 ··· 410
13. 유압유의 특징 및 종류 ··· 411
14. 유압 계통 구성품의 작동원리 ··· 411
15. 공압 계통 ··· 416
16. 방빙·제빙 계통 ·· 417
17. 소화 계통 ··· 419
18. 기내인터폰 방송장치 ··· 419
19. 항법장치 ··· 420
20. 자동조종장치 ··· 420
21. 기록경고장치 ··· 421
22. 착륙유도장치 ··· 422

제1장 항공전자

1. Avionic

1 Avionic

항공전자(Avionics, AVI-ation electr-ONICS의 약자, 에비오닉스)는 항공과 전자의 합성어이다. 항공기의 뇌와 신경 그리고 오감에 해당하는 것으로서 관련된 탑재 전자장비들, 각종 센서류 등이 통합된 것으로 각종 센서로부터 받은 데이터를 처리 및 시현하는 기능을 제공하는 시스템을 의미한다. 항공전자 시스템의 구성은 임무컴퓨터, 무장컴퓨터, 통신(Communication), 식별(IFF), 항법(navigation) 시스템, 자동조종장치(Autopilots), 전자항공관리 시스템(Electronic Flight Management Systems, FMS), 충돌방지장치(TCAS), 레이더(Radar) 등을 포함한다. 승객들을 위한 비디오 시스템과 같은 항공기 운항과 관련없는 항공기 탑재 전자장비들과 위성에 탑재되는 것도 종종 항공전자 구성품으로 간주된다. 탑재를 위한 장비 개발은 하드웨어와 소프트웨어로 나눌 수 있으며, 항공기 특성상 일정한 규격에 따른 절차에 따라 개발하며, 승인을 받은 구성품이 탑재되도록 유도하고 있다.

1. 점검 작업(Inspection): 항공기의 안전을 위한 정비의 기본은 배선 및 장비의 검사이다.

2. 배선 작업(Routing): 각 계통의 전자장비의 연결을 위한 배선의 장착 및 교체를 한다.

3. 와이어링 작업(Wiring): 첨단 전자장비 작동을 위한 전선들의 이상 유무를 확인한다.

4. 타잉 작업(Tying): 각각의 전선들을 초실을 이용하여 다발로 묶어 정리한다.

5. 리페어샵(Repairing Shop): 점검 후, 이상이 있는 장비 테스트 및 수리를 한다.

제2장 전자전기 개요

1. 국제표준단위계
2. 기본용어
3. 원자의 구조
4. 전자와 전류의 이동(Current & Electron Flow)

1 국제표준단위계

SI 단위계라고 하며, 1960년 10월 국제 도량형 총회에서 미터계와 피트-파운드계를 통합하여 SI 단위를 기준으로 사용하고 있다(7개의 기본 단위로 구성).

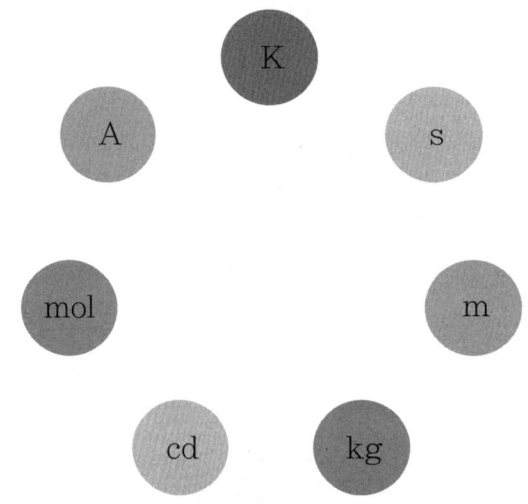

10^n	접두어	기호
10^{24}	요타(yotta)	Y
10^{21}	제타(zetta)	Z
10^{18}	엑사(exa)	E
10^{15}	페타(pata)	P
10^{12}	테라(tera)	T
10^{9}	기가(giga)	G
10^{6}	메가(mega)	M
10^{3}	킬로(kilo)	k
10^{2}	헥토(hecto)	h
10^{1}	데카(deca)	da

10^n	접두어	기호
10^{-1}	데시(deci)	d
10^{-2}	센티(centi)	c
10^{-3}	밀리(milli)	m
10^{-6}	마이크로(micro)	μ
10^{-9}	나노(nano)	n
10^{-12}	피코(pico)	p
10^{-15}	펨토(femto)	f
10^{-18}	아토(atto)	a
10^{-21}	젭토(zepto)	z
10^{-24}	욕토(yocto)	y

2 기본용어

1. Atom(원자): 원자핵과 전자가 결합한 형태
2. Proton(양성자): 원자핵을 이루는 입자 중에 전하를 띠는 종
3. Neutron(중성자): 원자핵을 이루는 입자 중에 전하를 띠지 않는 종
4. Electron(전자): 음(−)의 전하를 띠고 있는 기본 입자
5. Electricity(전기): 전자의 이동에 의해 발생하는 에너지(동전기)
6. Electric Charge(전하): 전기를 띤 입자(양전하=정공, 음전하=전자)
7. Passive Element(수동소자): 공급된 전력을 소비, 축적, 방출하는 소자
8. Active Element(능동소자): 입력신호로 작은 전력, 전압, 전류를 넣어 큰 출력신호로 전력, 전압, 전류 변화를 얻는 소자

3 원자의 구조

원자는 원자핵(양성자와 중성자)과 주위 궤도를 돌고 있는 전자로 이루어져 있다.

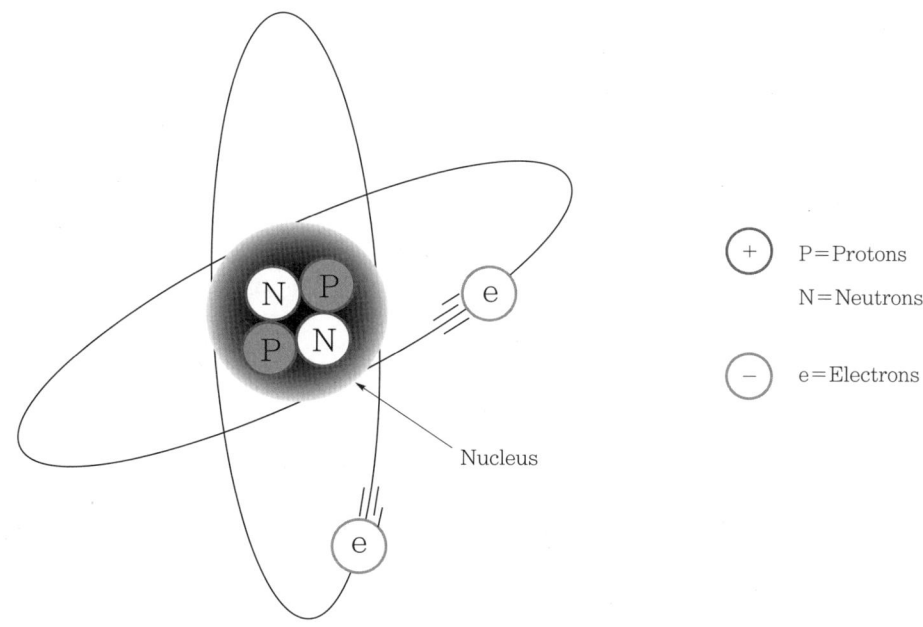

4 전자와 전류의 이동(Current & Electron Flow)

1. 전자의 이동: (−)극에서 (+)극으로 이동한다.
2. 전류의 이동: (+)극에서 (−)극으로 이동한다.

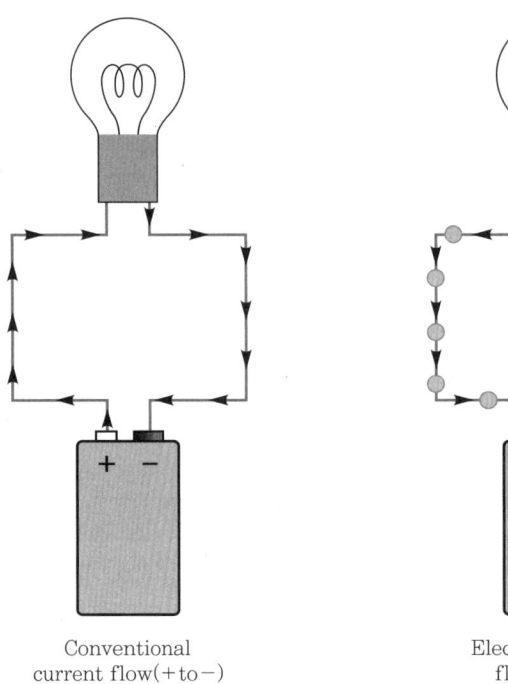

Conventional current flow(+ to −)　　Electron current flow(− to +)

제3장 전기

1. 전류, 전압, 저항
2. 전력
3. 전위차(Potential Difference)
4. 감전(Electric Shock)
5. 전기회로
6. 전기와 자석

1 전류, 전압, 저항

1. Ampere(전류): 전하의 흐름으로 단위시간 동안 흐른 전하의 양. 단위는 암페어(A)
2. Volt(전압): 전자가 이동해서 전류가 흐를 때 가해지는 압력의 크기(전위차 또는 기전력). 단위는 볼트(V)
3. Resistance(저항): 도체 내에서 전류의 흐름을 방해하는 성질(은, 구리는 전기저항이 적어 선재로 이용). 단위는 옴(Ω)

$$R = \rho \frac{L}{A}$$

ρ: 도선의 비저항
L: 도선의 길이
A: 도선의 단면적

2 전력

단위 시간 동안 전기장치에 공급되는 전기 에너지, 또는 단위 시간 동안 다른 형태의 에너지로 변환되는 전기 에너지를 말한다.

전력의 단위는 와트(W)를 사용하며, 1W는 1A의 전류가 1V의 전압이 걸린 곳을 흐를 때 소비되는 전력의 크기이다. 기호는 P로 표시하며, 전력과 전압, 전류의 관계는 $P = V \times I$를 만족한다. 따라서, 전력은 전류가 일정할 때 저항에 비례하고, 전압이 일정할 때 저항에 반비례한다. 단, 교류에 의해 공급되는 전기 에너지는 전류와 전압이 계속 변하므로, 보통 1주기 동안 공급되는 전력을 주기로 나눈 평균 전력으로 표시한다.

실생활에서는 단위 시간에 사용하는 전기 에너지인 전력보다 일정 시간 동안 사용한 전체 전기에너지의 양이 중요하다. 그러므로 전력에 사용 시간을 곱한 전력량을 주로 사용한다(전기 요금은 전력량에 따라 부과된다).

$$P = V \times I = \frac{V^2}{R} = I^2 \times R$$

3 전위차(Potential Difference)

전위차란 회로 내에서 어느 두 지점 사이의 전압의 차를 말한다(A 지점의 전압이 20V, B지점의 전압이 15V이면, 두 지점 사이의 전위차는 5V가 된다). 전위차가 발생하면 전자가 이동하여 전류가 흐르고 전위차가 0이 되면 전류는 흐르지 않는다.

실생활에서 새가 전선 위에 있는 경우 양다리 사이의 거리가 짧기 때문에 전위차가 거의 없다. 전류는 전위차가 없으면 흐르지 않기 때문에 새에게는 전류가 흐르지 않게 된다. 가끔 커다란 새가 2개의 전선에 앉으면 감전되어 정전되기도 한다.

4 감전(Electric Shock)

전선 위의 새는 전위차가 없어서 감전되지 않는다.

전선의 절연 유무가 아닌, 구리선은 새보다 저항이 작아 전선 쪽으로 전류가 많이 흐른다. 그러나, 다리 사이에 전구를 연결하고 전구의 저항이 더 크다면, 새 쪽으로 전류가 흘러 감전된다. 날개 또는 꼬리 등의 일부분이 다른 물체나 전선에 닿는 순간 전위차가 발생하여 바로 감전된다. 사람도 새처럼 공중에 매달려 있다면, 감전되지 않으나 새보다 크기가 커서 유도전류에 의해 감전될 수도 있다. 물과 땀에는 이온이 있어 전기가 통하기 쉬워서 감전될 수 있다(물에 젖으면 저항이 감소).

전선으로 흐르는 전압과 새와는 전압차가 없다.

전선에 연결된 전구에 흐르는 전압과 새와는 전압차가 있어 감전된다.

전압의 고저차가 있다.

전압의 고저차가 없다.

5 전기회로

1) 앙페르의 법칙(Ampere's Law)

1820년 프랑스의 수학자 André Marie Ampère가 수학식을 이용하여 나타낸 것으로, 전류 주위에 만들어지는 자기장의 방향과 세기를 결정할 수 있도록 하는 법칙이다. 전류에 의해 생기는 자기장의 방향을 다룬 것이 오른나사법칙으로, 오른손 엄지를 전류가 흐르는 방향을 향하게 하고 다른 손가락으로 도선을 감싸 쥘 때 다른 손가락 방향이 자기장의 방향이 된다는 것이다.

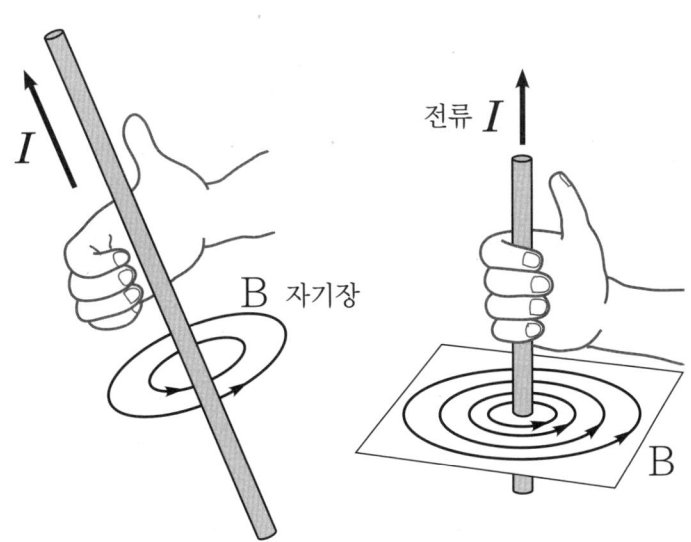

2) 옴의 법칙(Ohm's Law)

1826년 독일의 물리학자 옴(Georg Simon Ohm)이 발견한 것으로, 전기회로 내에서 전류, 전압, 저항 사이의 관계를 나타내는 매우 중요한 법칙이다. 전압의 크기를 V, 전류의 세기를 I, 전기저항을 R이라 할 때, $V=IR$의 관계가 성립한다. 즉, 전류의 세기는 두 점 사이의 전위차에 비례하고, 전기저항에 반비례한다는 법칙이다.

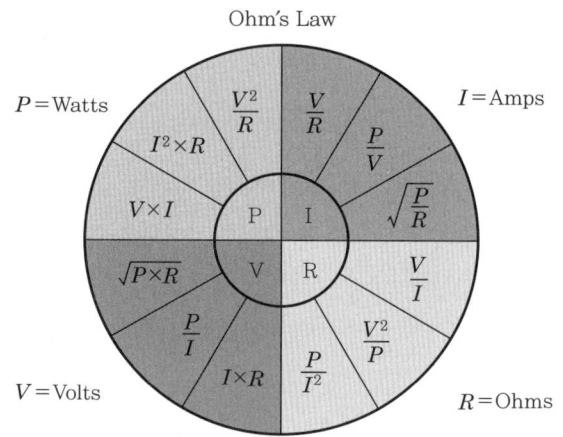

3) 직렬회로

부하에 흐르는 전류가 같으므로 각 부하에 걸리는 전압이 전기저항에 비례한다. 모든 소자에 같은 전류가 흐르며, 각 소자의 전압을 모두 더하면 전체 전압이 된다. 전체 저항은 각 저항의 합이다.

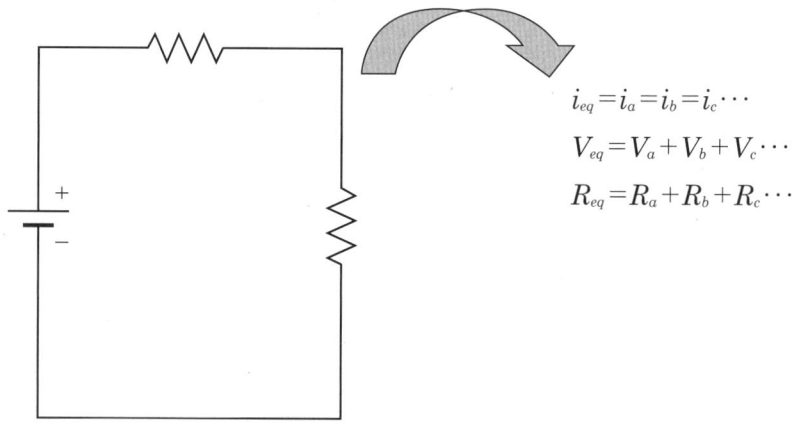

4) 병렬회로

부하에 걸리는 전압이 같으므로 각 부하에 걸리는 전류는 전기저항에 반비례한다(단, 교류회로에서 전압은 다르다). 모든 소자에 같은 전압이 걸리며, 각 소자마다 흐르는 전류가 다르고, 모두 더하면 전체 전류가 된다. 전체 저항은 각 저항의 합이다.

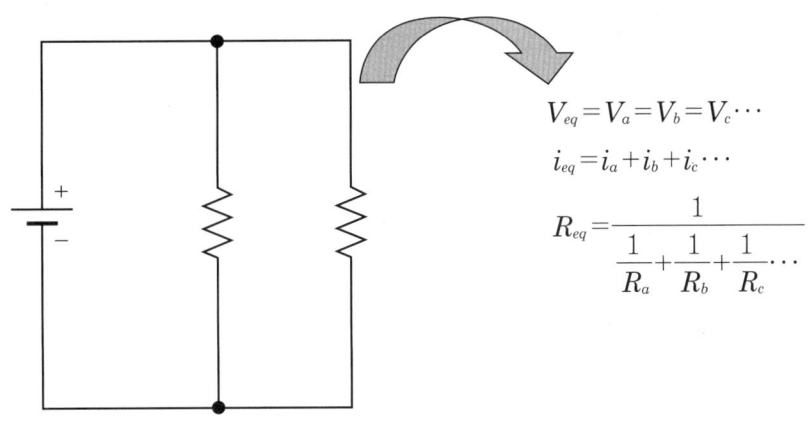

$$V_{eq} = V_a = V_b = V_c \cdots$$
$$i_{eq} = i_a + i_b + i_c \cdots$$
$$R_{eq} = \frac{1}{\frac{1}{R_a} + \frac{1}{R_b} + \frac{1}{R_c} \cdots}$$

5) 직렬·병렬회로

1. 직렬·병렬회로에서 합성저항 R을 계산한다.
2. 전류 I를 계산한다.

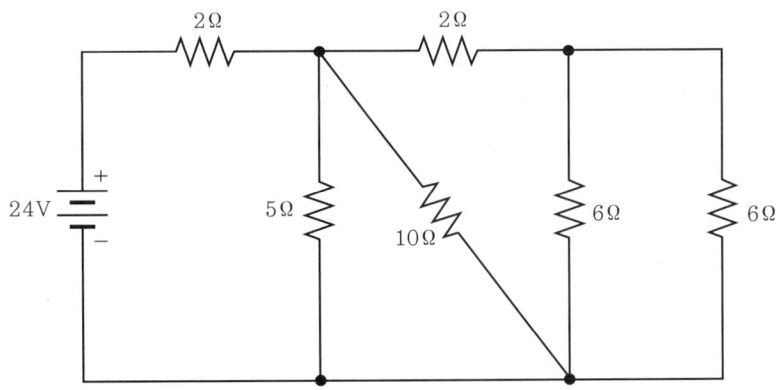

- Explanation
  ① $R_t = 4\Omega$
    ㉠ 병렬: $(1/(1/6+1/6)) = 3\Omega$
    ㉡ 직렬: $2+3 = 5\Omega$
    ㉢ 병렬: $(1/(1/5+1/10+1/5)) = 2\Omega$
    ㉣ 직렬: $2+2 = 4\Omega$
  ② $I_t = V/R = 24/4 = 6A$

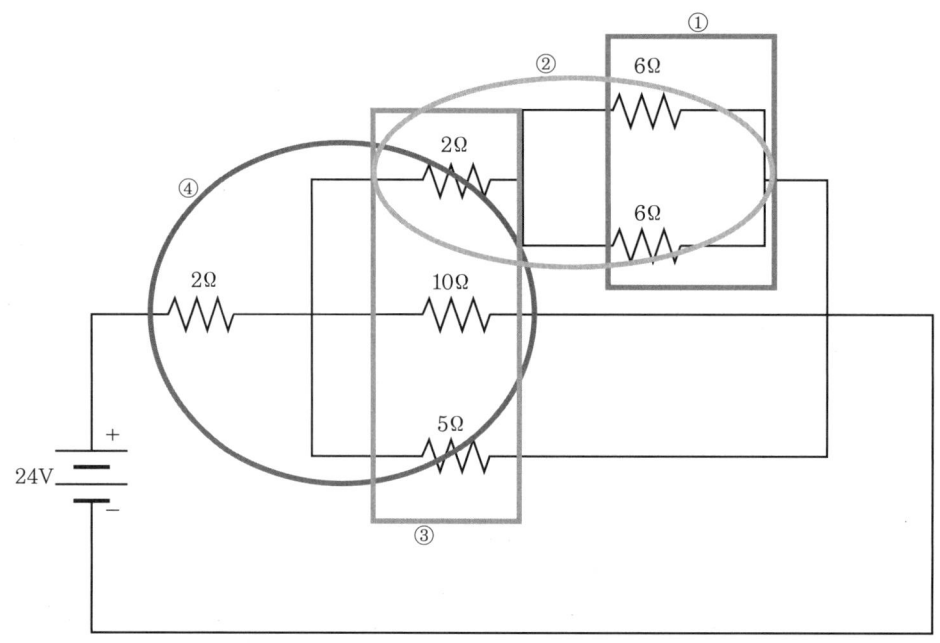

6) 키르히호프의 법칙(Kirchhoff's Law)

1847년 독일의 물리학자 키르히호프(Gustav Robert Kirchhoff)가 옴의 법칙을 확장한 것으로, 제1법칙(전류의 법칙), 제2법칙(전압의 법칙)으로 분류된다.

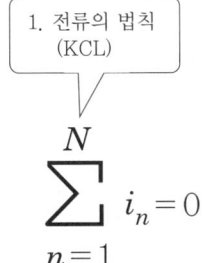
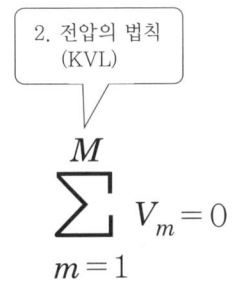

- 전류의 법칙(Law of Current)

키르히호프의 제1법칙: 전류의 법칙(KCL)이다(전하량 보존의 법칙). 회로 내에서 임의의 접속점으로 들어가는 전류의 합과 나가는 전류의 합은 같다.

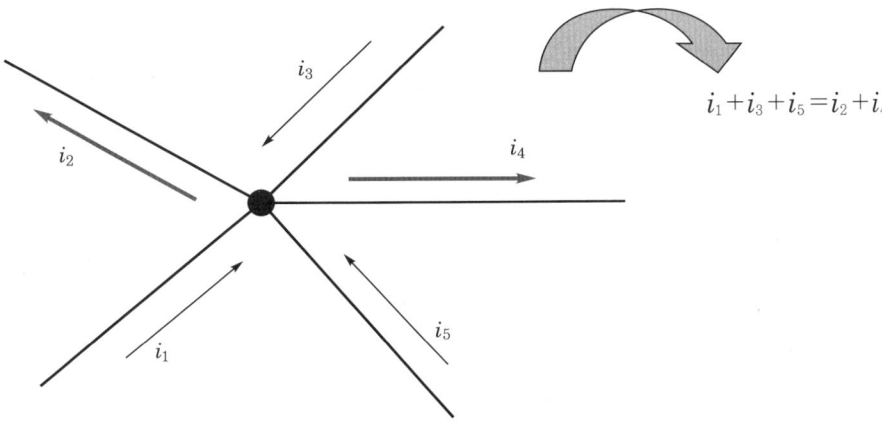

- 전압의 법칙(Law of Volt)

  키르히호프의 제2법칙: 전압의 법칙(KVL)이다(에너지 보존의 법칙). 임의의 폐회로에서 전체 전압은 각 부하에 걸리는 전압의 합과 같다.

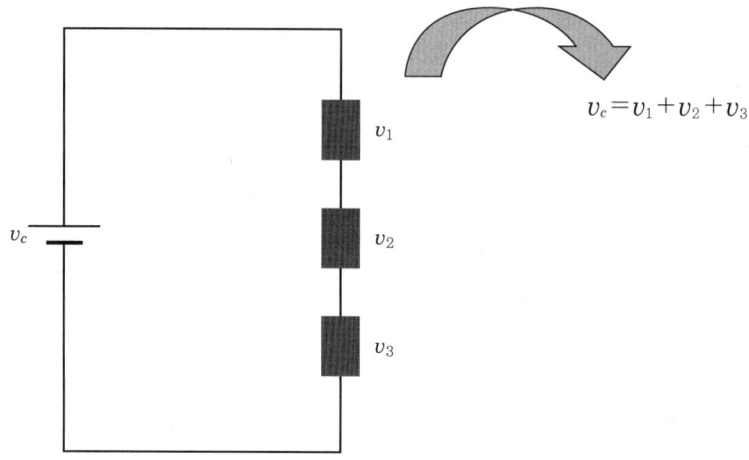

- Example

  ① 키르히호프의 전류, 전압의 법칙을 이용한다.

  ② 옴의 법칙($V=IR$)을 이용한다.

  ③ 폐회로 내에 있는 각 소자에 걸리는 전압과 흐르는 전류를 계산할 수 있다.

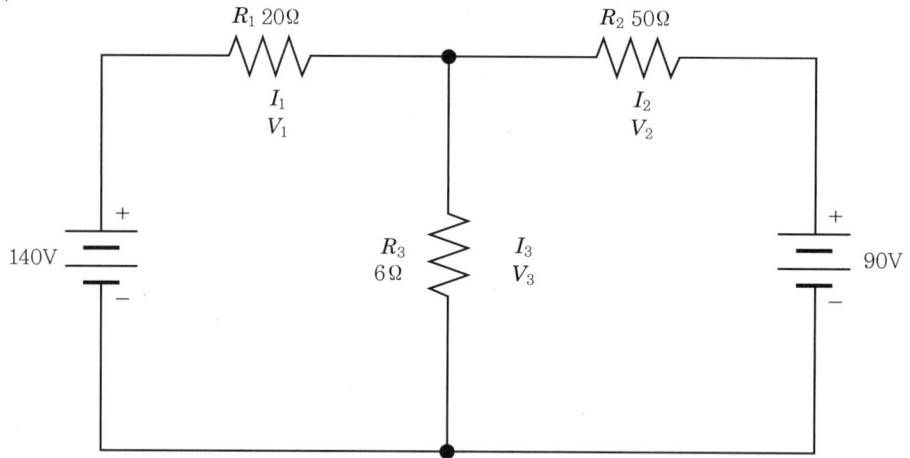

• Explanation

① 키르히호프 전류의 법칙을 이용하면, $I_1+I_2=I_3$.

② 키르히호프 전압의 법칙을 이용하면, $20I_1+6I_3=140$, $5I_2+6I_3=90$.

③ 위의 3개의 식을 연립방정식으로 풀면, $I_1=4A$, $I_2=6A$, $I_3=10A$.

④ 각 부하에 걸리는 전압을 옴의 법칙으로 풀면, $V_1=80V$, $V_2=30V$, $V_3=60V$.

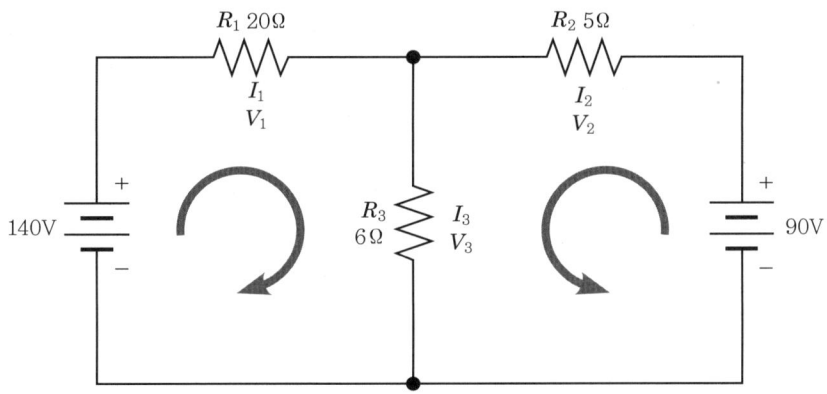

7) 휘스톤 브릿지 회로(Circuit of Wheatstone Bridge)

① 휘스톤 브릿지 회로: R_1, R_2, R_3, R_x 및 전원과 검류계를 연결한 회로를 휘스톤 브릿지라고 한다.

② 표준 저항기(R_1, R_2, R_3)에 의하여 미지 저항을 측정하는 방법이다.

③ 서로 마주보고 있는 저항끼리 곱한다($R_1 \times R_x = R_2 \times R_3$).

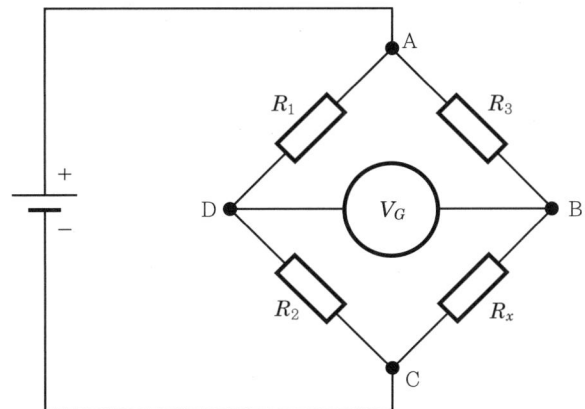

• Example

① 미지의 저항 R을 계산한다.

② 평활회로에 흐르는 전류 I를 계산한다.

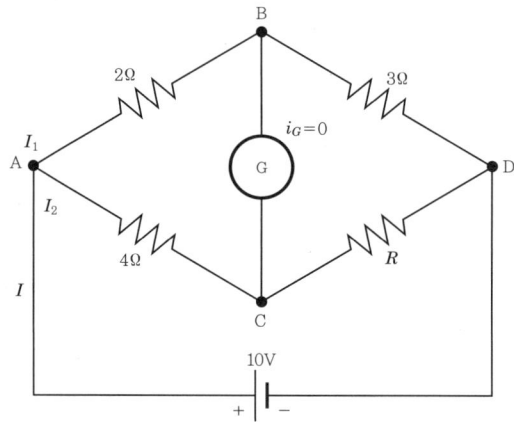

• Explanation

① A, B, D 구간의 합성저항: $2[\Omega]+3[\Omega]=5[\Omega]$

② A, C, D 구간의 합성저항: $4[\Omega]+6[\Omega]=10[\Omega]$

③ 회로 전제 합성저항: $1/(1/5[\Omega]+1/10[\Omega])=10/3[\Omega]$

④ 회로 전체에 흐르는 전류 I를 옴의 법칙으로 풀어내면, $I=V/R=10[V]/(10/3[\Omega])=3[A]$.

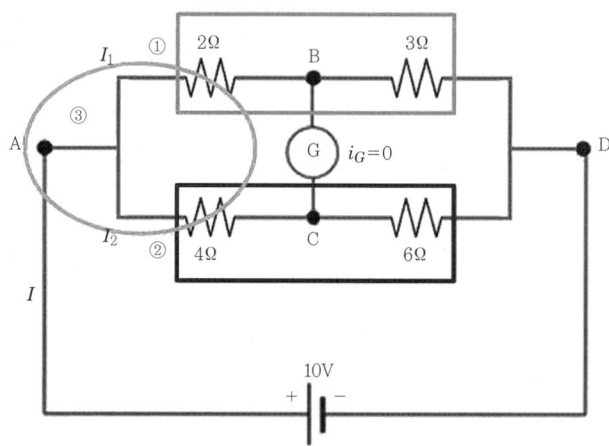

6 전기와 자석

1) 전자기 유도(Electromagnetic Induction)

코일을 통과하는 자속을 변화시켜 코일에 전기를 만들어내는 현상이다. 막대자석을 코일에 가까이 하였다 멀리 하였다 하여 코일 속을 지나는 자기력선에 변화를 주면 코일에 전기가 발생한다.

이때 전류의 세기는 코일의 감은 횟수와 자기력선의 변화에 비례하여 커지는데 교류 발전기는 이 원리를 이용한 것이다.

유도전류의 세기는 자기장의 변화가 심할수록, 자석을 움직이는 속도가 빠를수록, 자석의 세기가 강할수록 커진다. 전류의 방향은 가까이 할 때와 멀리 할 때 반대가 되며, 극도 반대가 된다(자석을 그대로 하고 코일을 움직여도 동일하다).

자기장의 변화에 의해 도체에 기전력이 발생하는 현상을 전자유도라고 한다. 이 기전력을 유도 기전력이라 하며, 흐르는 전류를 유도전류라고 한다. 발전기(Generator), 전동기(Electric Motor), 변압기(Electric Transformer)에 많이 사용된다

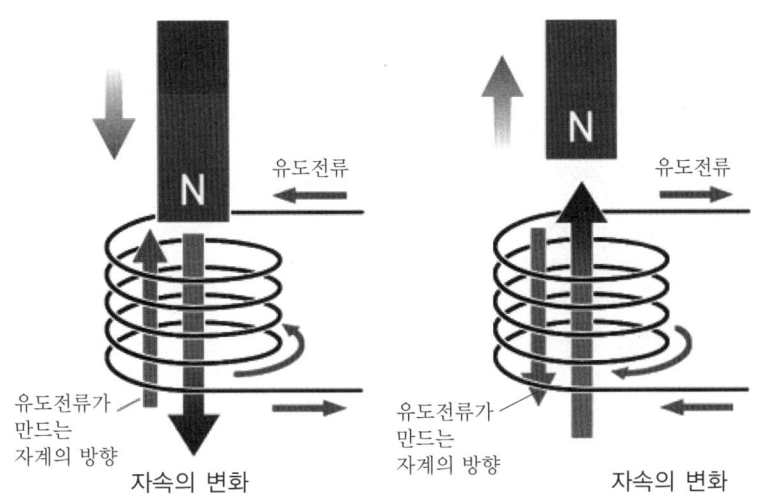

2) 유도 기전력(Induced Electromotive Force)

전자유도작용에 의해서 발생하는 기전력이다. 패러데이 법칙에 의해 하나의 회로에 발생하는 유도 기전력의 크기는 단위 시간에 쇄교하는 자속에 비례한다. 변압기나 발전기에 생기는 기전력 등이 있다.

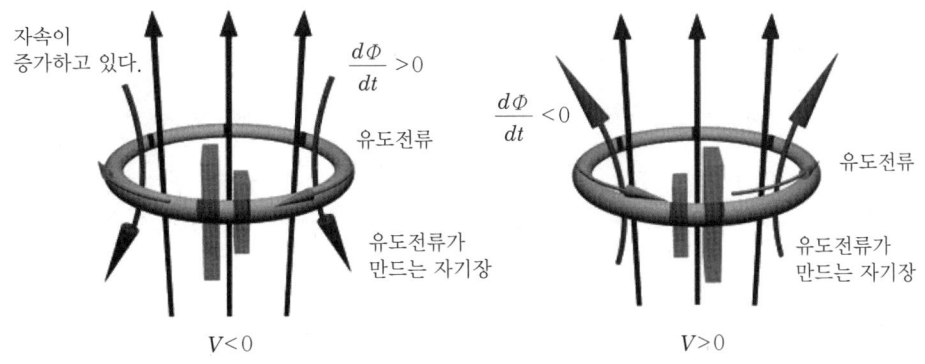

3) 패러데이의 법칙(Faraday's Law)

영국의 물리학자이자 전자기학자인 패러데이(Michael Faraday)가 1831년 회로의 개폐에 의하여 전류가 자기장을 형성한다는 사실이 알려지고 자기장을 이용해 전류를 만들고자 코일 속에 자석을 넣었다 뺐다 하는 단순한 운동으로 전선 속에 전류가 흐른다는 것을 발견하였다. 기전력을 만드는 것은 코일에 대한 자석의 상대적인 운동에 의한 자기장의 변화이다.

자석이 도체 주위를 움직이거나 도체가 자석 주위를 움직이는 두 가지 경우 모두 전선에 기전력이 유도되며 도선에 유도전류가 흐른다. 도선에 흐르는 전류의 크기는 코일에 감긴 전선의 수와 코일을 통과하는 자기장의 시간당 변화율에 비례한다. 전자기 유도에 의해 회로 내에 유발되는 기전력의 크기는, 회로를 관통하는 자기력선속의 시간적 변화율에 비례한다는 법칙이다.

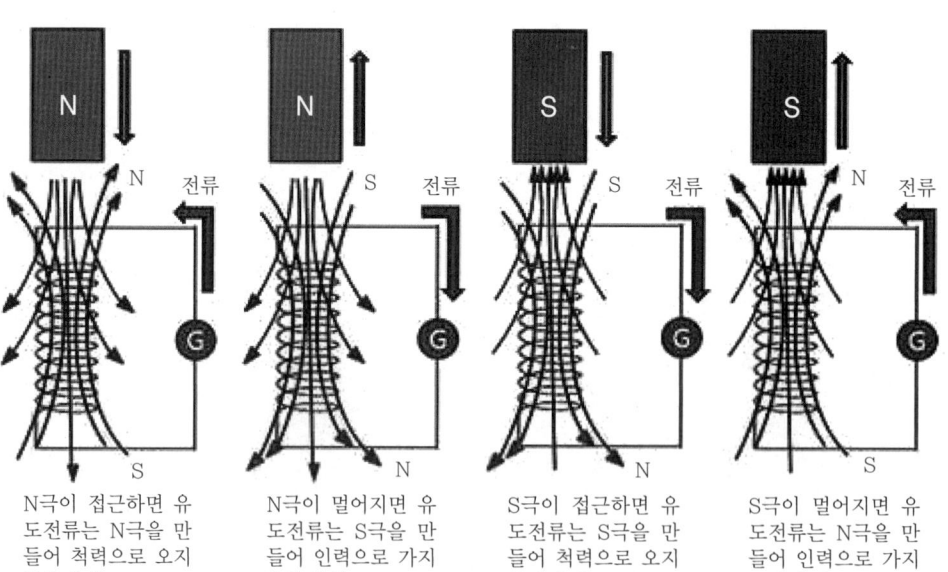

N극이 접근하면 유도전류는 N극을 만들어 척력으로 오지 못하게 함.

N극이 멀어지면 유도전류는 S극을 만들어 인력으로 가지 못하게 함.

S극이 접근하면 유도전류는 S극을 만들어 척력으로 오지 못하게 함.

S극이 멀어지면 유도전류는 N극을 만들어 인력으로 가지 못하게 함.

4) 렌츠의 법칙(Lenz's Law)

독일의 과학자 렌츠(Heinrich Friedrich Emil Lenz)가 1834년에 패러데이의 전자기 유도 발견 소식을 듣고 더욱 자세히 연구하여 발표하였다. 전자기 유도의 방향에 관한 법칙으로 전자기 유도에 의해 만들어지는 전류는 자속의 변화를 방해하는 방향으로 흐른다(자속: 어떤 면을 지나는 자기력선의 수). 코일을 향하여 자석을 움직이면 코일 속을 지나는 자속은 증가한다. 이때 코일에 유도되는 전류는 자속의 증가를 방해하는 방향으로 흐른다. 반대로 자석을 코일에서 빼면 코일 속을 지나는 자속은 감소한다. 이 때 코일에 유도되는 전류는 자속의 감소를 방해하는 방향으로 흐른다.

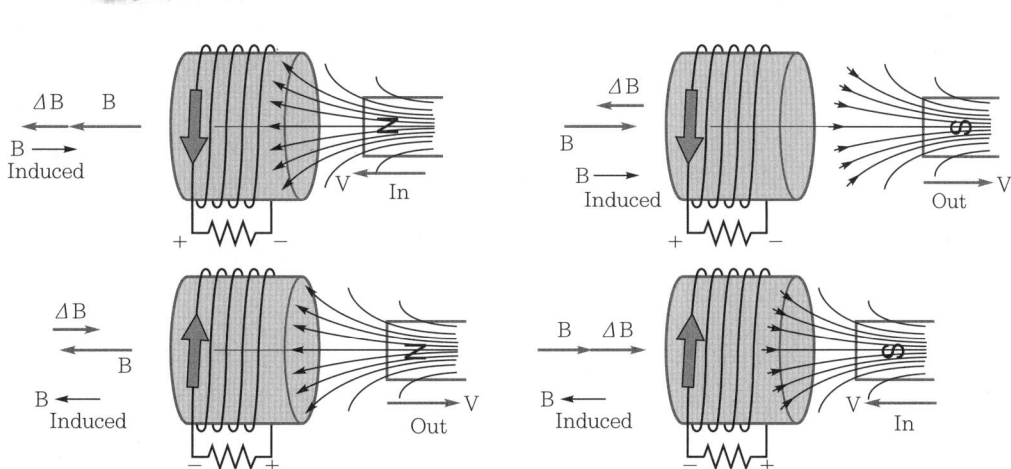

제4장 직류와 교류

1. 직류(Direct Current, DC)
2. 교류(Alternating Current, AC)
3. 주파수(Frequency)
4. 교류의 최대값, 평균값(Maximum & Mean Value of AC)
5. 교류의 P to P값, 실효값
   (P to P & Effective Value of AC)
6. 직류회로와 교류회로의 특징
   (Characteristic of DC & AC)

1 직류(Direct Current, DC)

1. **직류**: 일정한 크기와 방향으로 흐르는 전류를 말한다.
   직류에서의 전압은 거의 변화가 없지만 전류의 크기는 변화한다.

2. **장점**
   ① 저장이 가능하다.
   ② 전원 이동이 가능하다(소형으로 휴대 용이).
   ③ 전원이 교류에 비해 안정적이다(전압이 일정하여 품질 우수).
   ④ 직류 모터는 속도 조정이 용이하다.
   ⑤ 정밀 제어에 유리하다.
   ⑥ 무효전력이 발생하지 않아 전력소모가 적고 힘이 좋다.
   ⑦ 주파수가 없어 통신장애가 발생하지 않는다.

3. **단점**
   ① 전압이 일정하여 전압의 변경이 어렵다.
   ② 많은 전기를 저장하기 어렵다.
   ③ 대용량 전기 공급 및 장거리 송전이 교류보다 불리하다.
   ④ 방전이 되면 충전하거나 교체해야 한다.

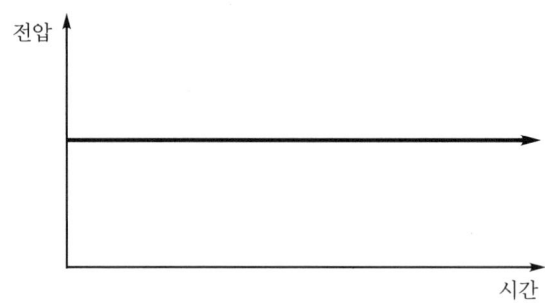

2 교류(Alternating Current, AC)

1. **교류**: 시간의 경과에 따라 일정한 주기를 가지고 크기와 방향을 바꾸는 전류를 말한다.

2. **장점**:
   ① 3상 전력의 생산이 가능하며 전압의 변경이 용이하다.
   ② 대용량의 에너지를 사용하거나 장거리 송전에 유리하다.
   ③ 대용량의 모터 제작이 가능하다.
   ④ 충전이나 전력 교체가 필요 없다.

3. **단점**
   ① 전기를 저장할 수 없다.
   ② 직류에 비해 안정적이지 못하다.
   ③ 교류 모터는 속도 조정이 용이하지 않다.
   ④ 전자기파가 발생하여 통신장애가 발생한다.
   ⑤ 정전 용량 및 리액턴스에 의한 대책이 필요하다.
   ⑥ 고압 송전으로 인하여 환경에 유해하다.

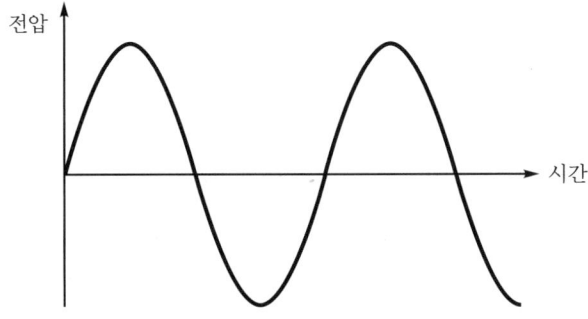

3 주파수(Frequency)

1. 사이클(Cycle): 주기와 주기 사이를 1사이클이라 한다.
2. 주기(Period): 1사이클 동안 걸리는 시간을 말한다.
3. 주파수(Frequency): 1초 동안의 사이클 수를 말한다(국내 일반 주파수는 60Hz).

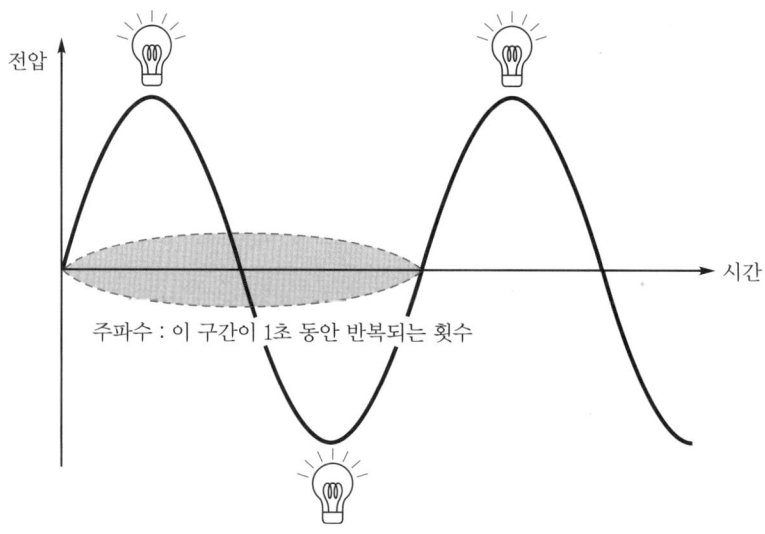

주기와 주파수는 반비례 관계이고 주기가 작을수록 주파수는 높다.

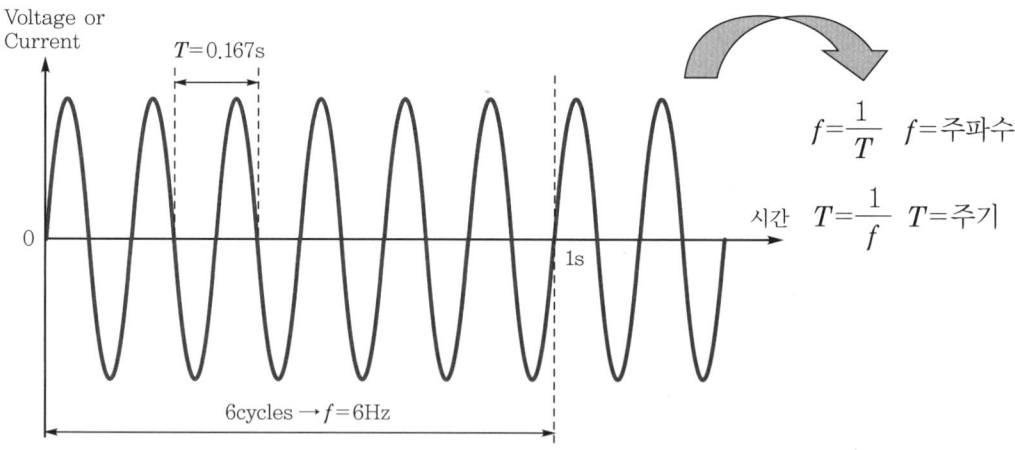

$f = \dfrac{1}{T}$ f=주파수

$T = \dfrac{1}{f}$ T=주기

제4장 직류와 교류

4 교류의 최대값, 평균값(Maximum & Mean Value of AC)

1. **직류파형**: 최대값(피크값)은 평균값 및 실효값이 된다.
2. **교류파형**: ① 최대값: 정현파의 반주기 동안 90° 지점에서 전압이 최대가 된다(Vp-p/2).
   ② 평균값: 최대값의 0.637배이다(교류전류의 평균값은 직류전류의 평균값에 비하여 전력효과가 같지 않아 사용되지 않는다).

$$V_{avg} = \frac{2}{\pi} V_{peak}$$

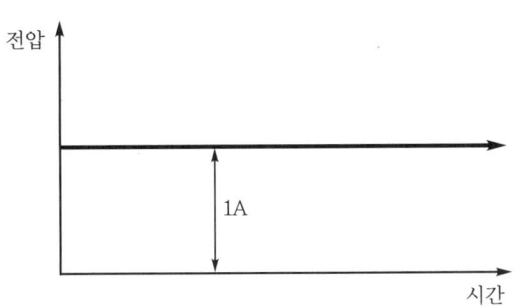

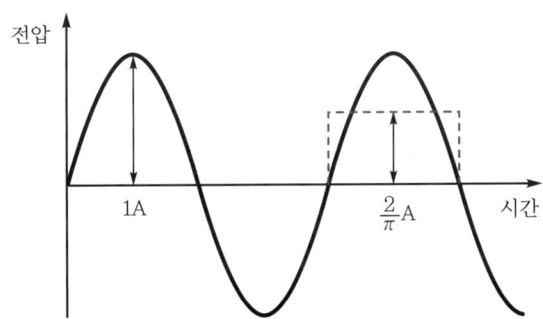

5 교류의 P to P값, 실효값
(P to P & Effective Value of AC)

1. 교류파형
   ① Peak to Peak 값: 정현파의 한 주기 동안의 최대값에서 최대값을 더한 값이다.
   ② 실효값: 직류와 같은 크기의 열량을 내는 교류의 크기를 표시하는 것으로, 정현파의 반주기 동안의 최대값의 $1/\sqrt{2}$배이다.

$$V_{rms} = \frac{V_{peak}}{\sqrt{2}}$$

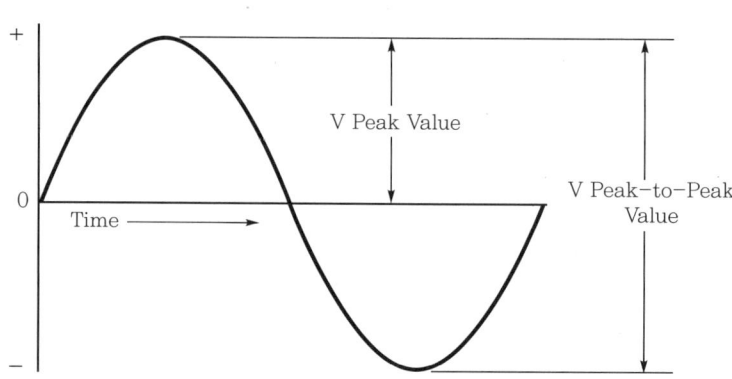

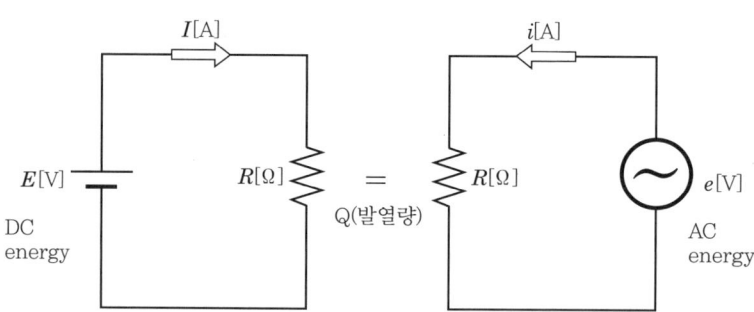

6 직류회로와 교류회로의 특징
(Characteristic of DC & AC)

1. **직류회로**: 전기가 흐를 때 회로 내의 저항만을 고려하여 전류의 크기를 산출한다.
2. **교류회로**: 시간에 따른 전압의 변화로 회로 내의 코일과 같은 인덕턴스나 캐패시터(축전기)와 같은 용량이 있을 때, 전류의 흐름이 변화되므로 직류회로에 비하여 복잡하다.
   ① 인덕턴스(Inductance): 회로에 흐르는 전류의 변화에 의해 전자기유도로 생기는 역기전력의 비율을 나타내는 양(단위: H(헨리), 기호: L)이다.
      • 자체 인덕턴스: 역기전력이 자기 자신의 회로에 흐르는 전류의 변화로 유도.
      • 상호 인덕턴스: 결합되어 있는 상대방의 회로에 흐르는 전류의 변화로 유도.
   ② 캐패시턴스(Capacitance): 전하를 저장할 수 있는 전기용량(단위: F(패럿), 기호: C).
   ③ 리액턴스(Reactance): 교류회로에서 전류의 방향이 바뀌어 흐름을 방해하는 작용(단위: Ω, 기호: X).
      • 유도 리액턴스(Inductive Reactance): 인덕터에 의한 작용.
      • 용량 리액턴스(Capacitive Reactance): 캐패시터에 의한 작용.
   ④ 임피던스(Impedance): 교류회로에서는 저항(R)과 리액턴스(인덕턴스와 캐패시터)를 저항에 합성한 저항(단위: Ω, 기호: Z).

1) 유도 리액턴스(Inductive Reactance)

교류회로에서 전류의 흐름을 방해하는 코일의 저항을 말한다. 교류 전류를 코일에 흘려주면 방향이 변하면서 자기장이 형성되는데, 자기장의 변화를 방해하는 방향으로 유도 기전력이 형성되어 공급된 전류의 방향과 반대가 되어 코일이 저항 역할을 하게 된다.

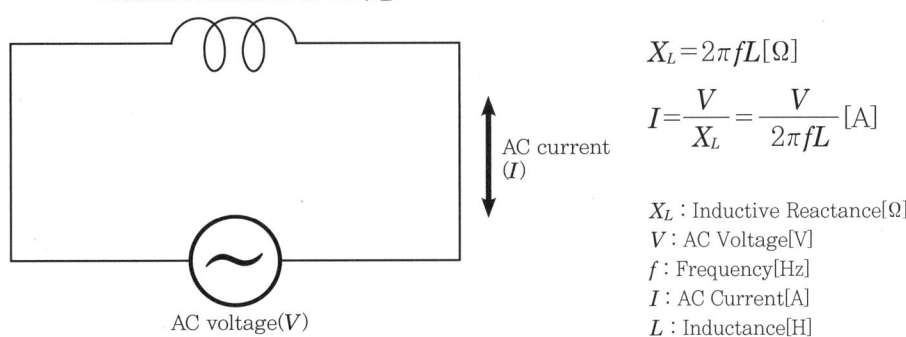

$$X_L = 2\pi f L [\Omega]$$

$$I = \frac{V}{X_L} = \frac{V}{2\pi f L} [A]$$

X_L : Inductive Reactance[Ω]
V : AC Voltage[V]
f : Frequency[Hz]
I : AC Current[A]
L : Inductance[H]

2) 용량 리액턴스(Capacitive Reactance)

축전기 양극에 전압을 걸면 전하가 모여 안의 두 개의 판 사이에 외부 전압과 같은 전압이 형성된다. 외부 전압이 낮아지면 축전기 내부의 전하를 다시 이동시켜 항상 외부 전압과 같은 전압이 되고자 한다. 이때 흐르는 전하는 외부 전압 변화를 거스르는 방향이며 이로 인해 발생하는 저항이다.

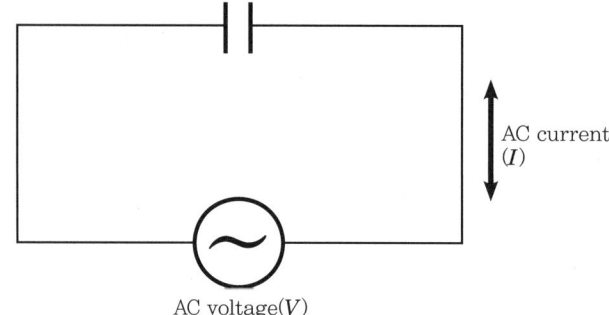

$$X_C = = \frac{1}{2\pi fC} = \frac{1}{\omega C}[\Omega]$$

$$I = \frac{V}{X_C} = 2\pi fCL[A]$$

X_C : Capacitive Reactance[Ω]
V : AC Voltage[V]
f : Frequency[H]
I : AC Current[A]
C : Capacitance[F]

3) 임피던스(Impedance)

교류회로에서 저항(R), 코일(L), 캐패시터(C) 등의 요소가 조합되어 있다.

$$Z = \sqrt{R^2 + (X_L - X_C)^2} \quad \text{(For Series Circuit)}$$

$$Z = \frac{RX}{\sqrt{R^2 + X^2}} \quad \text{(For } R \text{ and } X \text{ in Parallel)}$$

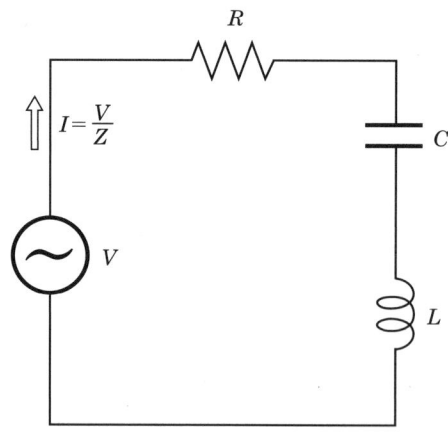

4) $R-L-C$ 회로

① $R-L-C$ 직렬회로

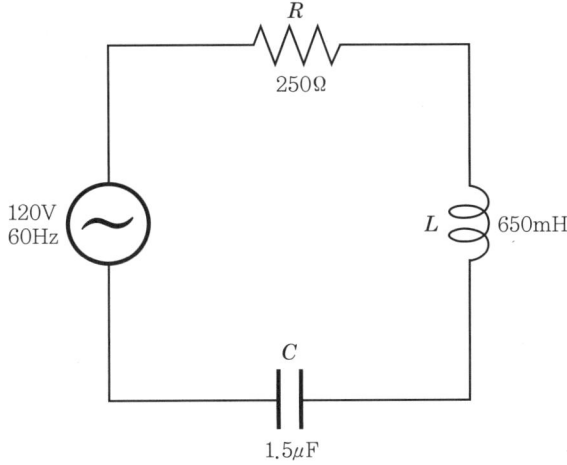

② $R-L-C$ 병렬회로

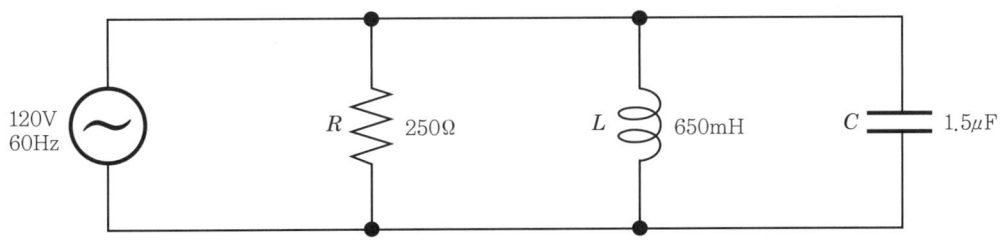

③ $R-L-C$ 직병렬회로

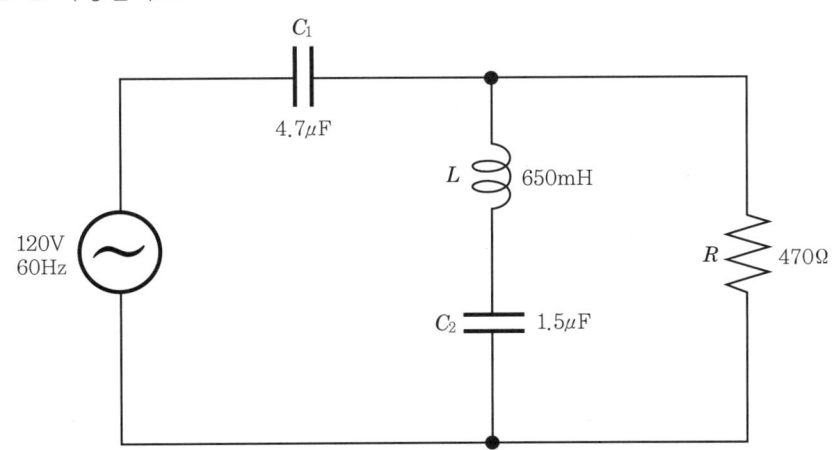

제5장 전자

1. 저항률(Resistivity)
2. 주기율표(Periodic Table)
3. 전자수 & 전자배치
4. 도체(Conductor)
5. 절연체(Insulator)
6. 반도체(Semi-Conductor)
7. 초전도체(Super-Conductor)
8. Valence & Free Electron
9. Hole & Carrier
10. Intrinsic & Extrinsic Semi-Conductor
11. Unstable State
12. P형 반도체(P-Type Semi-Condutor)
13. N형 반도체(N-Type Semi-Conductor)
14. P-N 접합(P-N Junction)
15. 정방향 바이어스(Forward Bias)
16. 역방향 바이어스(Reverse Bias)
17. Junction Type

1 저항률(Resistivity)

전선 등의 도체 재료(동, 알루미늄, 은 등)가 가지고 있는 고유 저항을 저항률 또는 고유저항이라 한다.

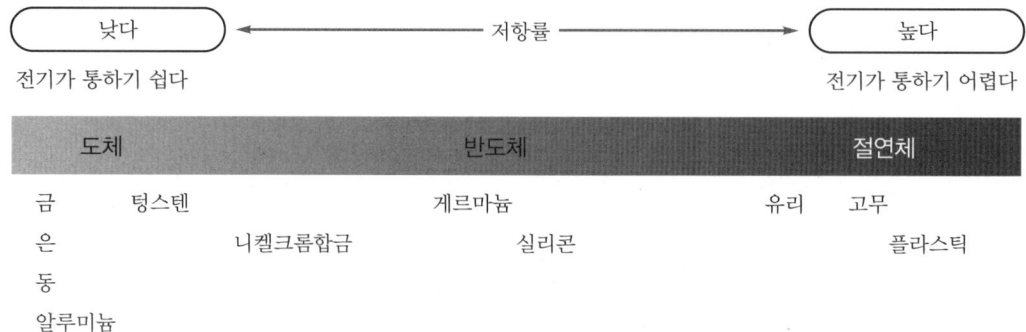

2 주기율표(Periodic Table)

1869년 독일의 마이어 및 러시아의 멘델레예프가 원자량의 증가 순서로 원소를 배열하여 만들었다 (현재는 장주기형이 널리 사용된다).

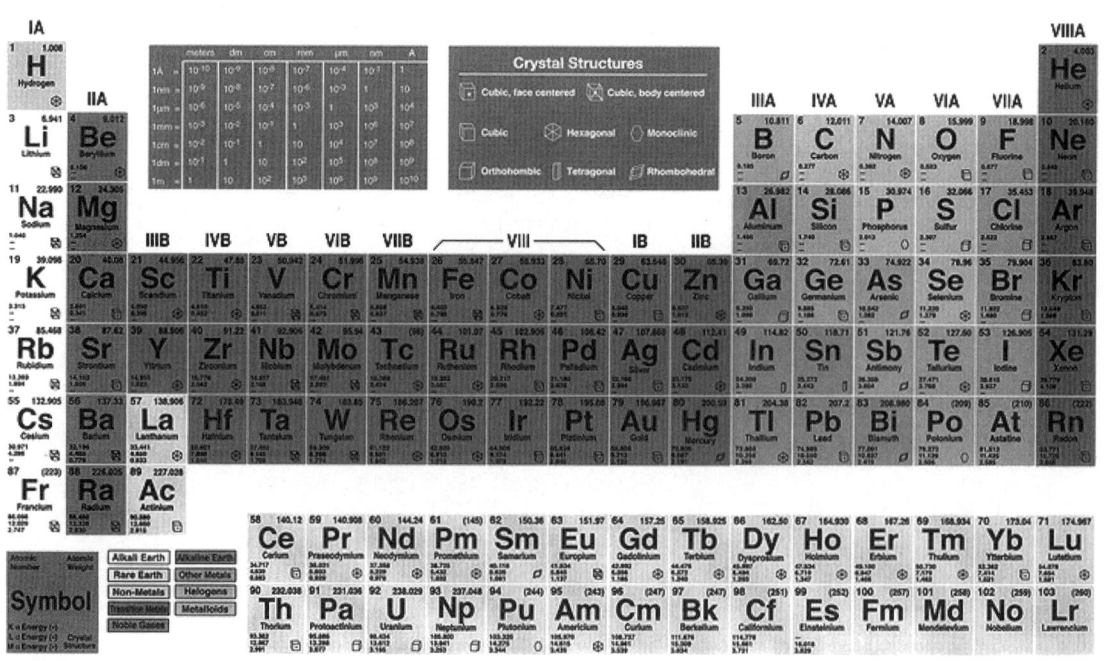

3 전자수 & 전자배치

1. **주기**: 원소가 가지는 전자 궤도의 수(에너지 영역의 연속성과 불연속성을 구분)
2. **최외각전자 수**: 양성자 수(원자번호) $- 2n^2 (n=1,2,3,\cdots)$

   EX Ar(아르곤)은 원자번호가 18번이다. 주기수와 최외각전자 수를 구하시오.

   $\therefore$ 18번 원소 $= (2 \times 1^2) + (2 \times 2^2) + 8$

   즉, Ar은 주기가 3개이고, 최외각전자 8개를 가진 8족 원소이다.

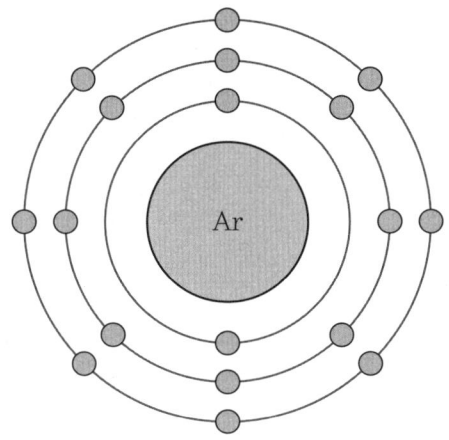

4 도체(Conductor)

전기 또는 열에 대한 저항이 매우 작아 전기나 열을 잘 전달하는 물체이다. 은, 구리, 알루미늄 등이 있으며, 전도체라고도 한다. 자유전자에 의해 전기가 전도되는데, 일반적으로 온도가 높아지면 전기를 잘 전달하지 못하고, 온도가 낮아질수록 잘 전달한다.

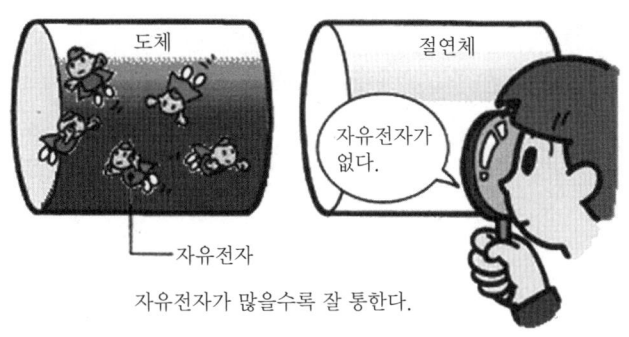

자유전자가 많을수록 잘 통한다.

5 절연체(Insulator)

전기 또는 열에 대한 저항이 매우 커서 전기나 열을 잘 전달하지 못하는 물체이다. 나무, 유리, 고무 등이 있으며, 부도체라고도 한다. 실제로는 매우 적은 양의 열이나 전기를 전달한다. 고온이나 강한 자기장을 가하거나 불순물을 첨가하면 부도체도 전기를 전달할 수 있다.

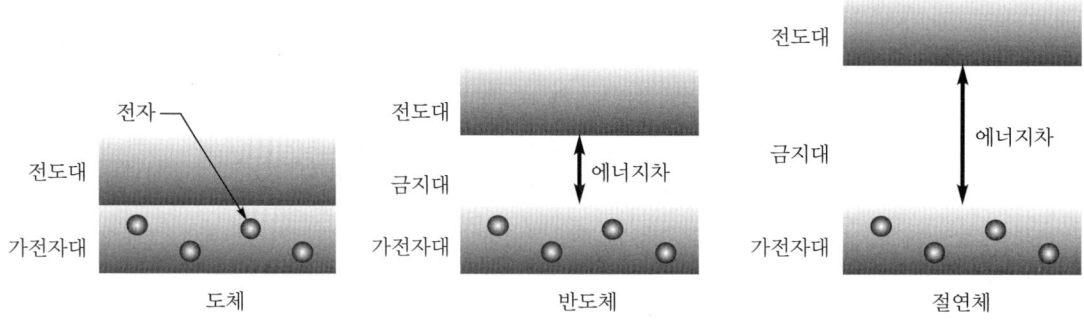

6 반도체(Semi-Conductor)

전기가 잘 통하는 도체와 통하지 않는 절연체의 중간적인 성질을 나타내는 물질이다. 반도체는 순수한 상태에서 부도체와 비슷한 특성을 보이지만, 불순물 첨가에 의해 전기 전도도가 늘어나기도 하고 빛이나 열에너지에 의해 일시적으로 전기 전도성을 갖는다. 현재는 실리콘에 3족의 붕소(B)나 5족의 인(P) 등을 첨가하여 사용한다.

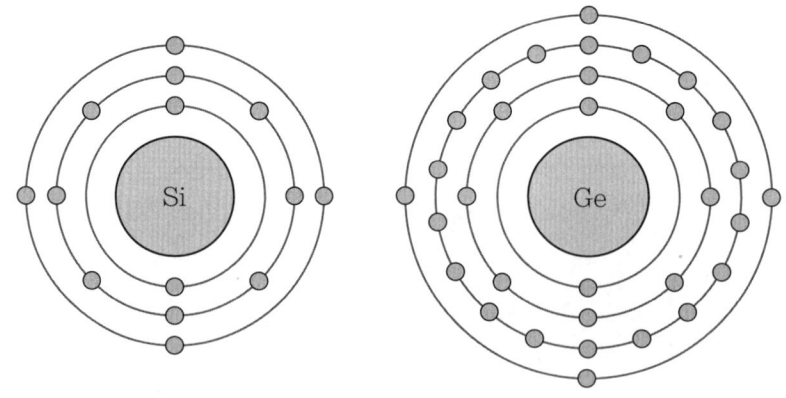

7 초전도체(Super-Conductor)

도체의 경우, 온도가 증가하면 전기저항 역시 증가하여 전기가 잘 흐르지 않고, 온도를 감소시키면 저항이 작아져 전도가 잘 일어난다. 즉, 매우 낮은 온도에서 전기저항이 0에 가까워지는 초전도 현상이 나타나는 도체이다. 내부에는 자기장이 들어갈 수 없고 내부에 있던 자기장도 밖으로 밀어내는 성질이 있다.

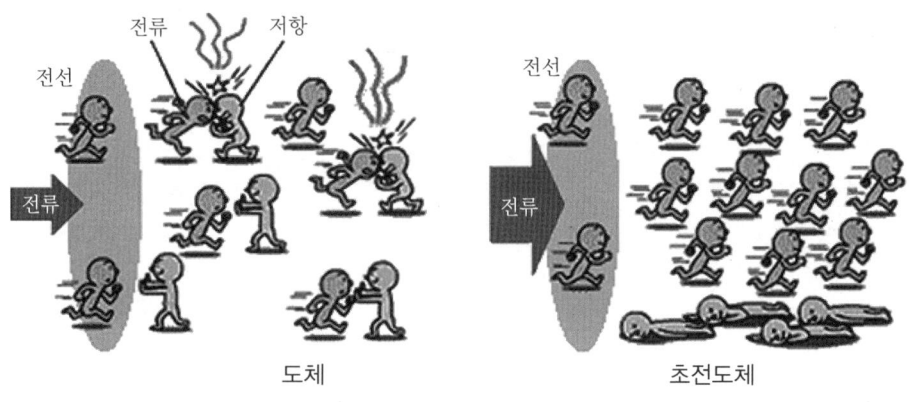

8 Valence & Free Electron

1. **가전자**: 원자핵 주위 궤도 중, 가장 바깥쪽 궤도에 돌고 있는 전자
2. **자유전자**: 원자핵에 가까울수록 전자를 당기고 있어 벗어나기 힘드나, 바깥쪽에 있는 전자들은 영향을 덜 받고 있어 어떤 충격(외부의 열 또는 빛)을 받으면 쉽게 이탈하는데, 이때 이탈된 가전자

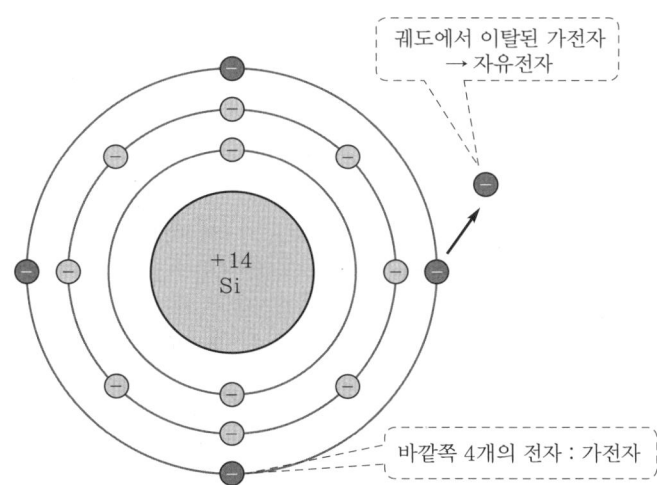

9 Hole & Carrier

1. **정공**: 가전자가 이탈되어 자유전자로 된 자리는 전기적으로 중성 상태이나 양전기를 띠는 구멍
2. **캐리어**: 자유전자는 음의 전기를 운반하고 정공은 양의 전기를 운반하는 이송자

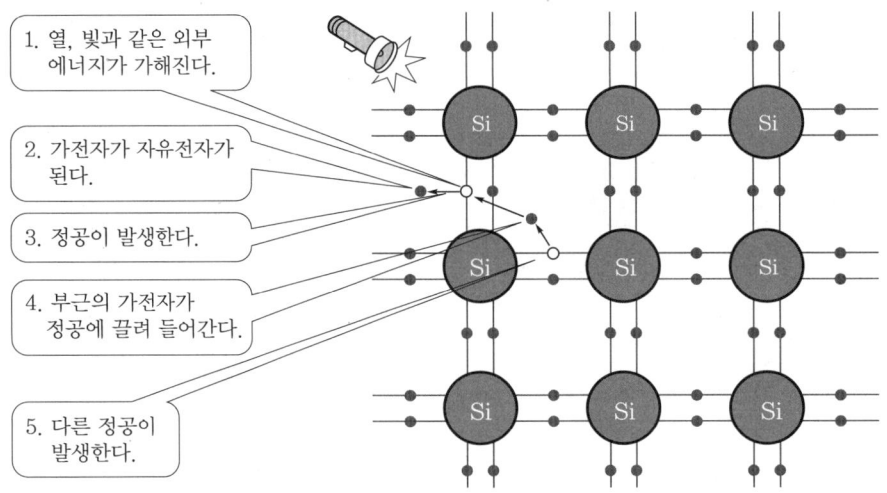

10 Intrinsic & Extrinsic Semi-Conductor

1. **진성 반도체**: 불순물을 첨가하지 않은 순수한 반도체(4족 원소)
2. **불순물 반도체**: 불순물(3족 및 5족 원소)이 첨가되어 도너 또는 억셉터로 작용하는 것
3. **도핑(Doping)**: 진성 반도체에 불순물을 주입하는 것
4. **억셉터(Acceptor)**: 전자를 받아들일 수 있는 정공
5. **도너(Donor)**: 전자를 추가로 제공하는 것

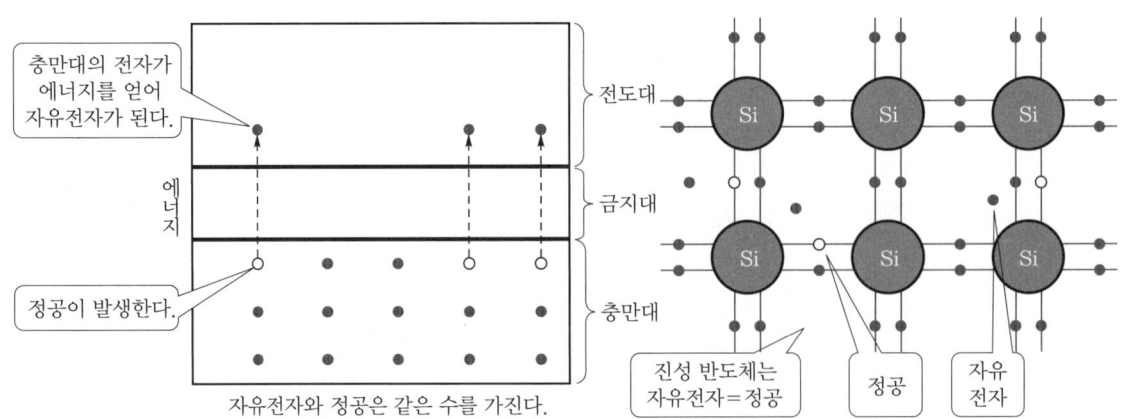

11 Unstable State

1. 가전자가 8개가 되지 않은 원소들은 불안정
2. 각 원소들은 서로 공유하여 8개의 가전자를 보유

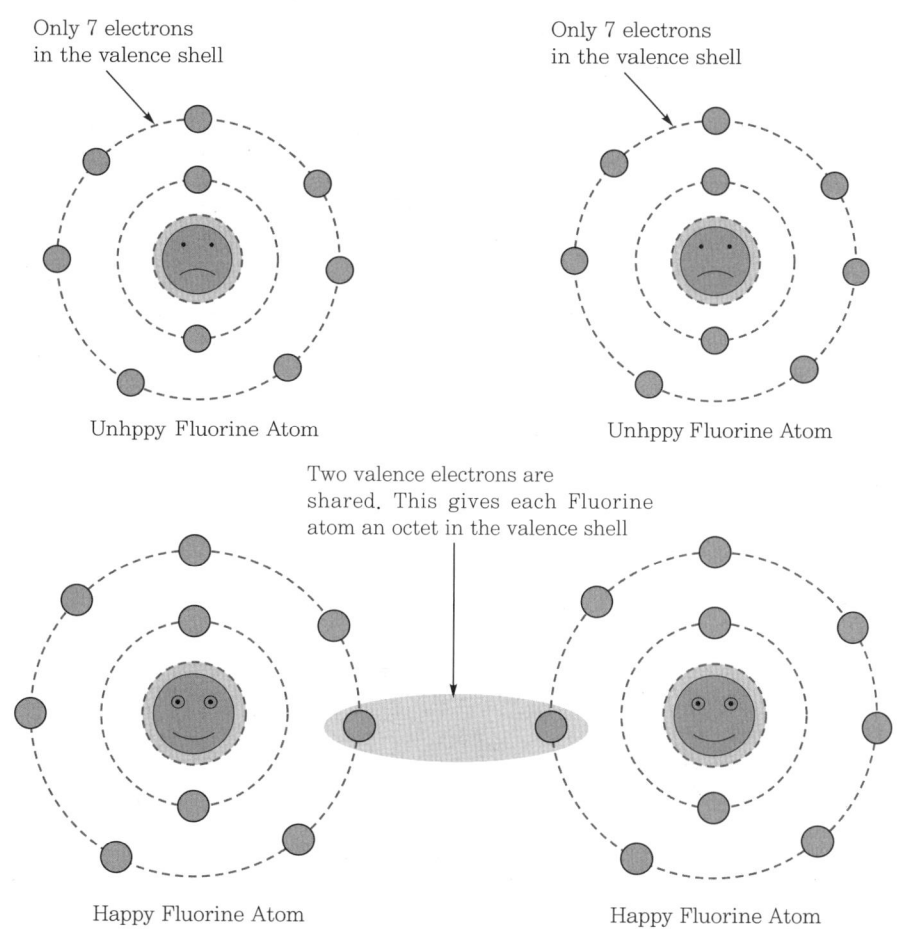

12 P형 반도체(P-Type Semi-Condutor)

Si의 진성 반도체 내에 가전자가 3가인 In(인듐)이나 B(보론)을 첨가하면 가전자가 하나 부족한 상태가 된다. 자유전자보다 양의 전기를 가진 정공의 농도가 높은 것을 의미한다.

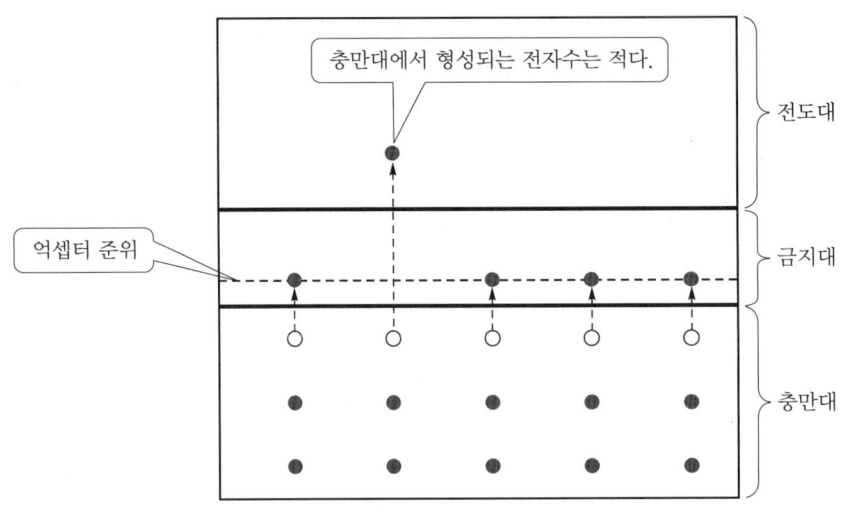

13 N형 반도체(N-Type Semi-Conductor)

Si의 진성 반도체 내에 가전자가 5가인 As(비소)나 P(인)을 첨가하면 가전자가 하나 남는(과잉) 상태가 된다. 자유전자보다 음의 전기를 가진 전자의 농도가 높은 것을 의미한다.

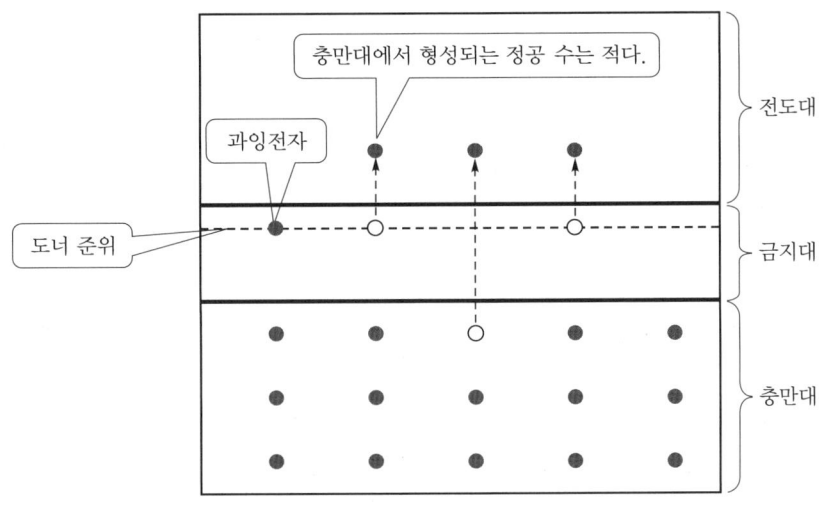

자유전자가 많다.

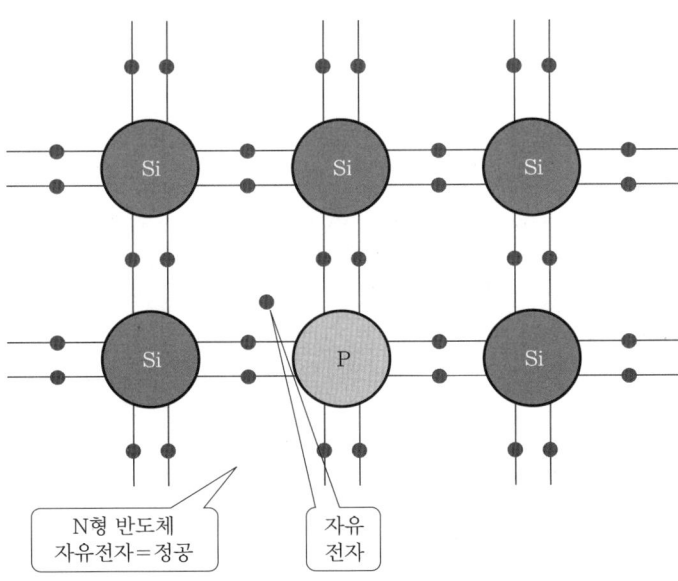

14 P-N 접합(P-N Junction)

1. **P-N 접합**: P형 반도체와 N형 반도체를 금속학적으로 접합한 것
   농도 차에 의해 P형의 정공과 N형의 전자는 확산하게 된다(P 영역에는 정공, N 영역에는 전자가 부족).
2. **공핍층**: 접합부의 좁은 영역에서 정공과 전자가 결합, 소멸하여 결핍한 영역이 발생하는 층(캐리어가 존재하지 않는 층)
   공핍층 내의 (+), (−) 이온 전하에 의해 양쪽 경계면에 내부 전위장벽을 만들어 정공과 전자가 확산되는 것을 방지한다(전위장벽을 통과하기 위해서는 0.7V의 전압을 걸어 전기를 통과시킨다).

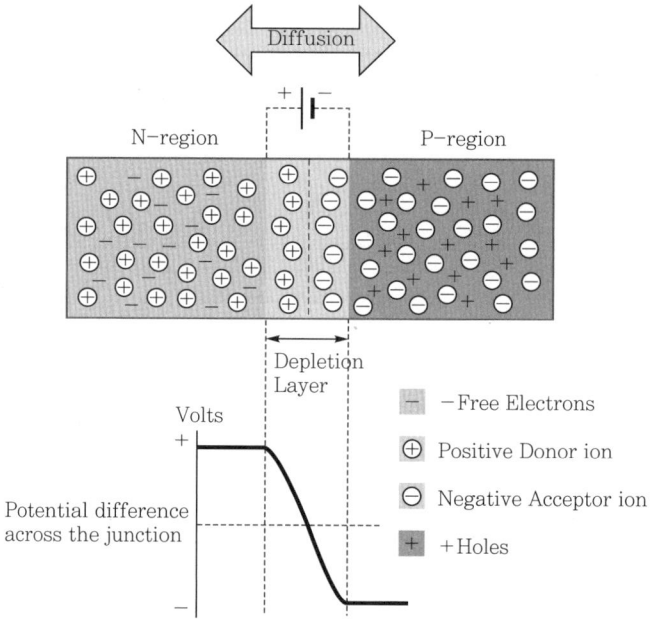

15 정방향 바이어스(Forward Bias)

P형에 (+)전압과 N형에 (−)전압을 걸어주는 것이다. P 영역의 정공과 N 영역의 전자가 중앙의 접합면 쪽으로 끌려온다(P 영역에 걸린 양전하가 정공을 밀어내고, N 영역에 걸린 음전하가 전자를 밀어낸다). 따라서 공핍층(Depletion Layer)이 줄어들게 된다. 결국 접합면의 전위장벽이 줄어들고 전기저항이 낮아져 전류가 흐르게 된다.

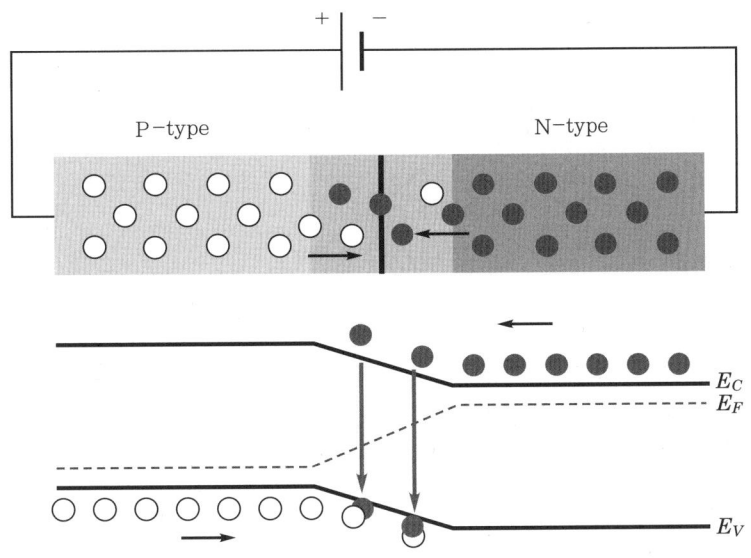

16 역방향 바이어스(Reverse Bias)

P형에 (−)전압과 N형에 (+)전압을 걸어주는 것이다. 내부확산 전위장벽의 평형 상태보다 높아져 캐리어들이 반대영역으로 움직일 수 없다. 따라서 전류가 흐르지 않는다(단, 높은 역방향 바이어스를 걸어주면 항복(Break Down)에 의해 역방향으로도 전류가 흐른다).

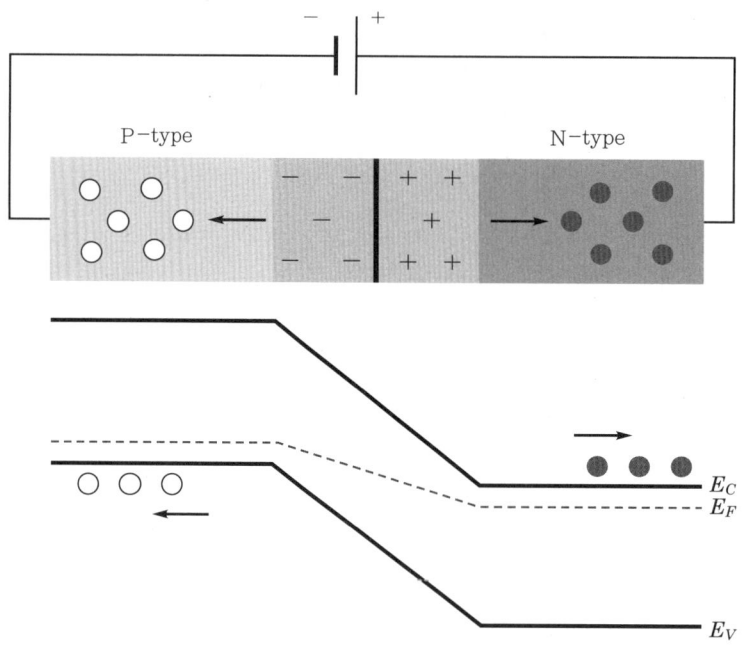

17 Junction Type

반도체의 접합에 따른 종류

종류	PN 접합도	반도체 명칭
무 접합	P or N	서미스터, 광전도, 셀, CDS 등
단 접합	P N	다이오드, 제너 다이오드, LED, 포토 다이오드, 전계효과 트랜지스터(FET) 등
이중 접합	P N P or N P N	PN 접합 트랜지스터(BJT), 포토 트랜지스터
다중 접합	P N P N	사이리스터(SCR), 다이악(DIAC), 트라이악(TRIAC) 등

제6장 전자부품

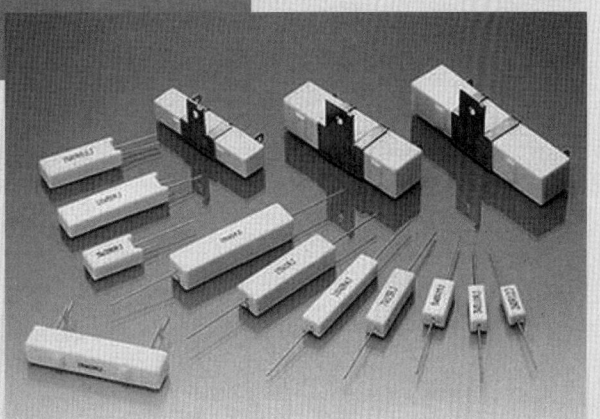

1. 캐패시터(Capacitor)
2. Capacitor Construction
3. Capacitance of Capacitor
4. Electrostatic Capacity
5. Charge & Discharge
6. Connected in Series
7. Connected in Parallel
8. Types of Capacitor
9. 서미스터(Thermistor)
10. 다이오드(Diode)
11. Types of Diode
12. 트랜지스터(Transistor)
13. Types of Transistor
14. 사이리스터(Thyristor)
15. 트라이액(Triac)
16. 저항기(Resistor)
17. Resistor Color-Coding
18. Types of Resistor
19. 릴레이(Relay)
20. 접점(Contact)
21. Cut-off Counter Electromotive Force
22. 스위치(Switch)
23. 스위치 종류
24. 푸시 버튼 스위치 (Push Button Switch)
25. 슬라이드 스위치 (Slide Switch)
26. 토글 스위치(Toggle Switch)
27. 트랜스포머 (Electric Transformer)
28. Type of Transformer

1 캐패시터(Capacitor)

캐패시터(축전기)는 일반적으로 콘덴서(Condenser)라고 불리는 축전기를 말한다. 두 도체 사이의 공간에 Electric Field(전기장)를 모으는 역할을 한다. 전기를 저장하였다가 필요할 때 방전시키는 원리로 전기회로에 이용한다.

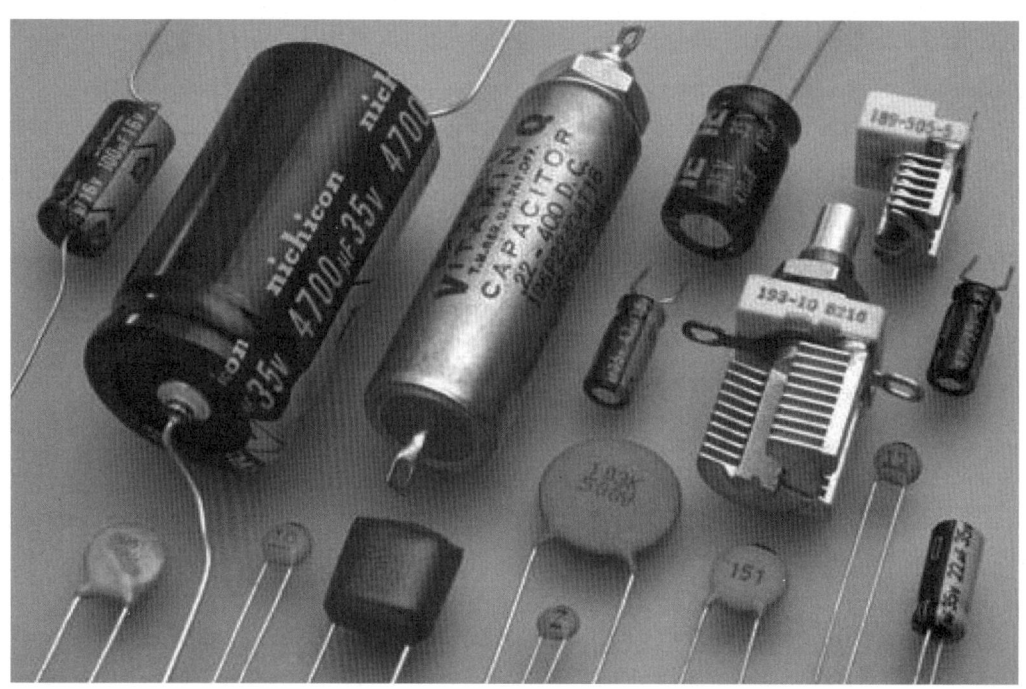

2 Capacitor Construction

1. **발전 과정**: 미국인 최초 모든 분야에서 활동했던 정치가이자 과학자였던 벤자민 프랭클린(Benjamin Franklin)이 1752년 연을 이용한 실험을 통하여 번개와 전기의 방전은 동일한 것이라는 가설을 증명하고, 전기 유기체설을 제창하였다(100달러 지폐에 실린 초상화 속의 실제 인물).

제6장 전자부품

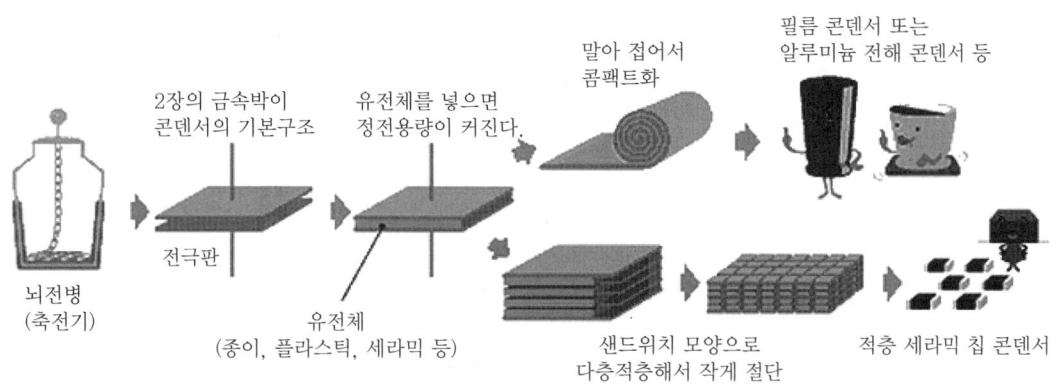

2. **구조**: 2장의 얇은 금속도체와 그 사이에 있는 절연체로 구성되며, 전하를 축적할 목적으로 만들어진 소자이다.

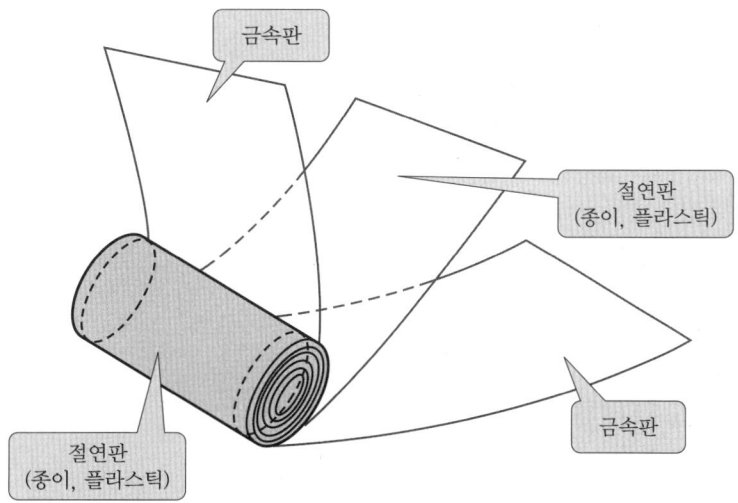

3 Capacitance of Capacitor

캐패시터에 충전된 전하의 양(Q)은 정전용량(C)과 정격전압(V)에 비례한다.
① C가 크면 낮은 전압에서도 많은 전하를 축적
② C가 작으면 높은 전압에서도 적은 전하를 축적
③ 정격전압을 초과하면 절연이 파괴되어 통전

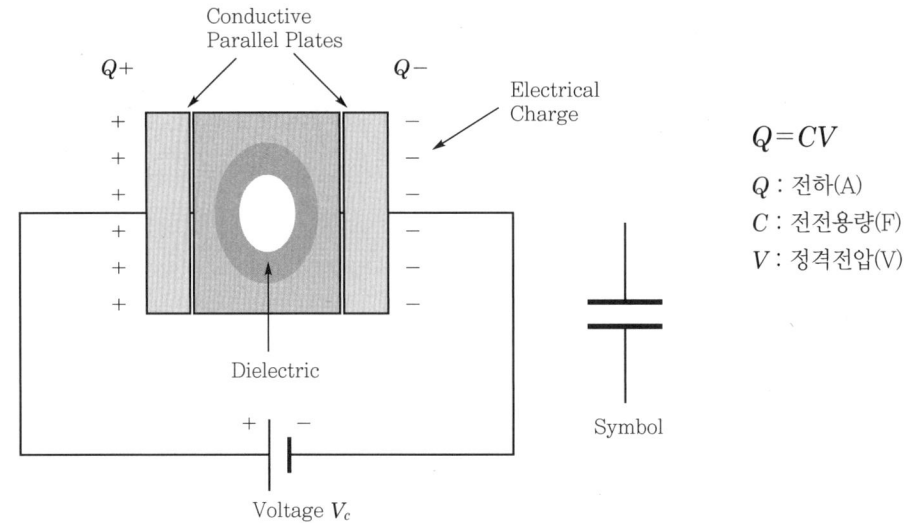

$Q = CV$
Q : 전하(A)
C : 전전용량(F)
V : 정격전압(V)

4 Electrostatic Capacity

정전용량(C)의 단위는 패럿(F)으로 나타낸다.
① 절연체의 유전율에 비례
② 전극판의 면적에 비례
③ 전극판 사이의 거리에 반비례

$$C = \varepsilon \frac{A}{d} \text{ (Farads)}$$

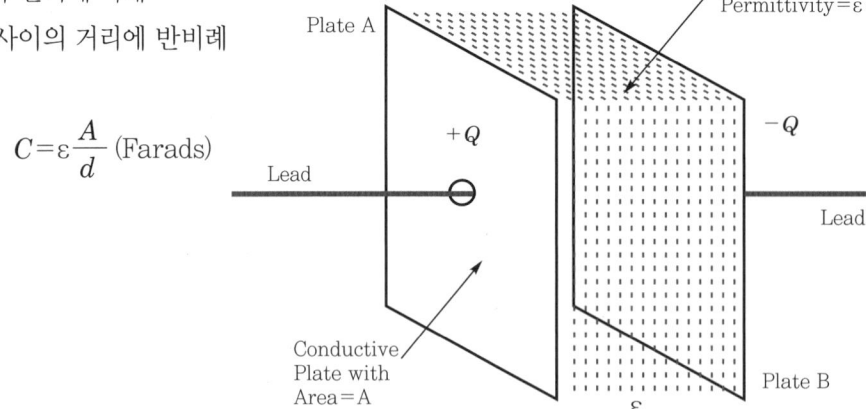

5 Charge & Discharge

① 교류의 경우 전류는 계속해서 흐르나 직류의 경우는 콘덴서 전압이 일정하게 된 뒤에는 흐르지 않는다.
② 주파수가 높을수록 많은 전류가 흐른다.
③ 전류는 전압의 변화가 클수록 많이 흐르고, 정전용량이 클수록 많이 흐른다.
반대로 용량이 작을수록 전류는 흐르기 어렵게 된다.

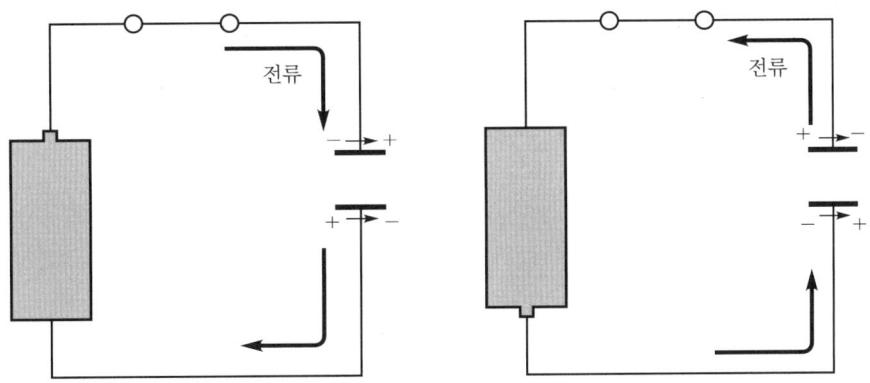

6 Connected in Series

① 캐패시터의 직렬접속은 정전용량을 감소시킨다.
② 캐패시터 각각의 정전용량과 관계없이 똑같은 양의 전하가 각 콘덴서에 충전된다.

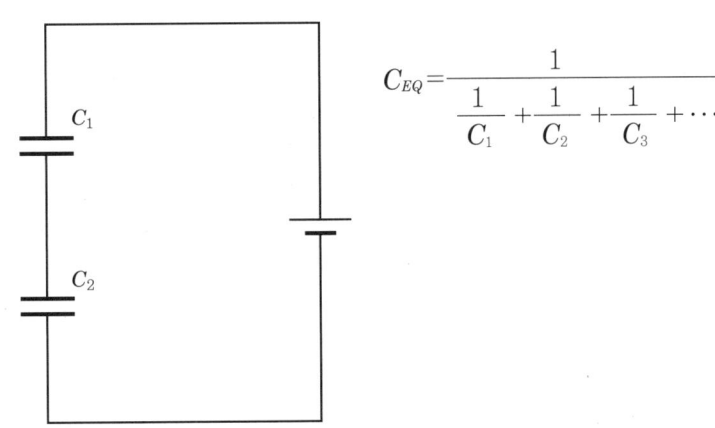

$$C_{EQ} = \frac{1}{\frac{1}{C_1} + \frac{1}{C_2} + \frac{1}{C_3} + \cdots}$$

7 Connected in Parallel

① 여러 개의 캐패시터를 병렬로 접속하면 전극판의 면적을 증가시키는 것과 동일하다.
② 총정전용량은 각 캐패시터 용량의 합과 동일하다.

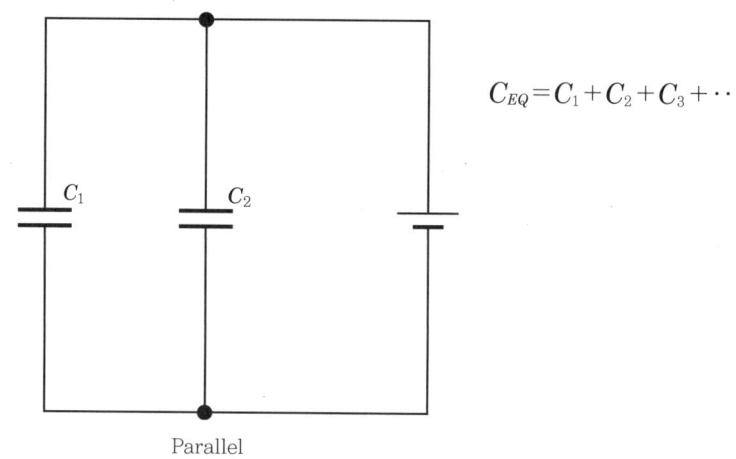

8 Types of Capacitor

다음과 같이 캐패시터를 분류할 수 있다.

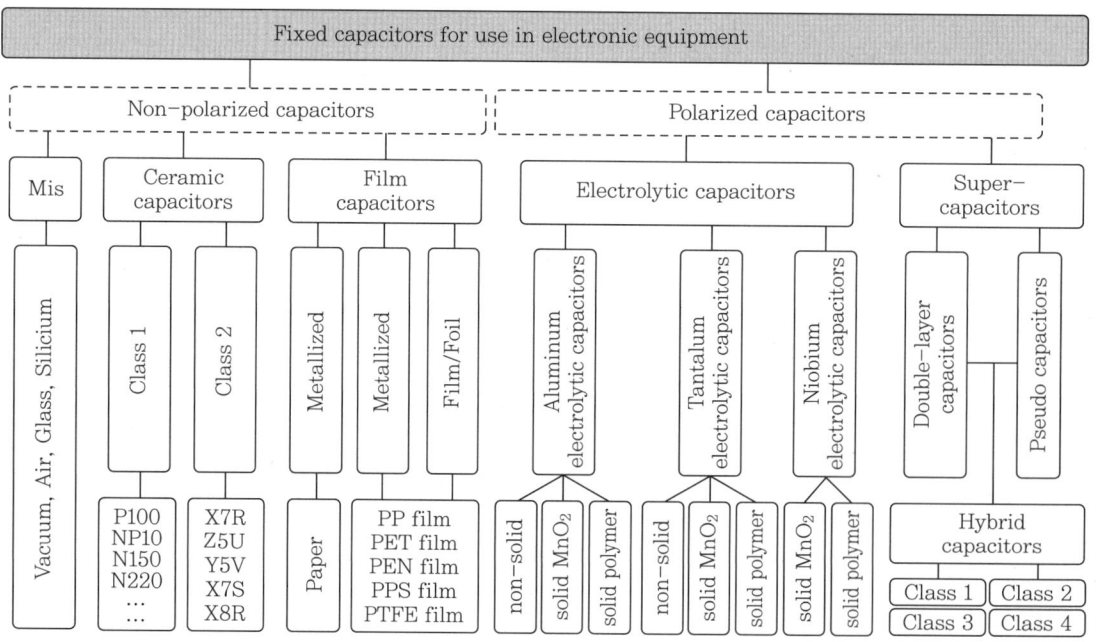

1. 알루미늄 전해 콘덴서(전해 콘덴서 또는 케미컬 콘덴서)
   ① 유전체로 얇은 산화막을 사용하고, 전극판으로 알루미늄을 사용한다.
   ② 유전체를 매우 얇게 할 수 있으므로 콘덴서의 체적에 비해 큰 용량을 얻을 수 있다.
   ③ 극성이 있다(콘덴서에 (−)측 리드 마크가 표시되어 있고, 회로 기호에는 (+)측 표시가 되어 있다).
   ④ 내압 및 용량이 표시되어 있다(내압보다 과전압이 인가되면 파열된다).
   ⑤ 주로 전원의 평활회로, 저주파 바이패스에 사용된다(저주파 성분을 어스시켜 회로 동작에 악영향을 주지 않는다).
   ⑥ 코일 성분이 많아 고주파에는 적합하지 않다(주파수 특성이 나쁘다).

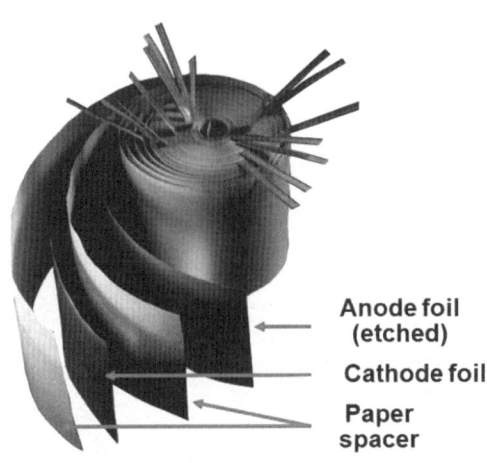

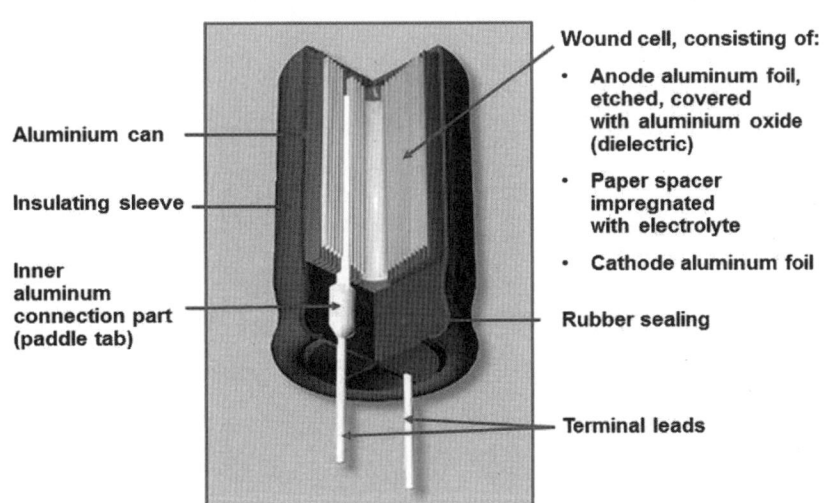

⑦ Axial Electrolytic Capacitor

⑧ Radial Electrolytic Capacitor

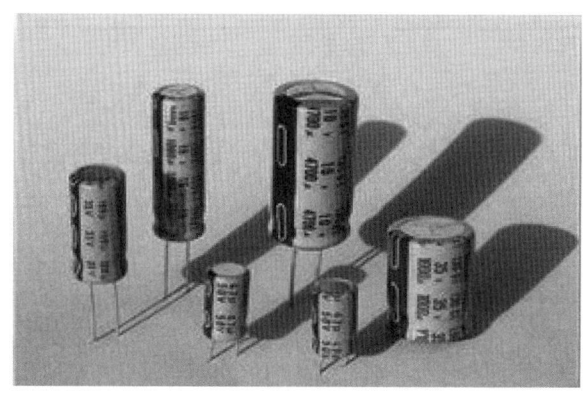

2. 탄탈 전해 콘덴서(탄탈 콘덴서)
   ① 전극에 탄탈륨 파우더를 소결하여 빈틈을 이용하는 구조이며, 비교적 큰 용량을 얻는다.
   ② 온도 특성(온도 변화에 따라 용량 변화), 주파수 특성이 알루미늄 콘덴서보다 우수하다.
   ③ 극성이 있다(콘덴서에 (+)측 리드 마크 표시가 되어 있다).
   ④ 가격은 전해 콘덴서보다 높다.
   ⑤ 온도에 따른 변화가 엄격한 회로, 어느 정도 주파수가 높은 회로 등에 사용한다.
   ⑥ 스파이크 형상의 전류가 나오지 않아 아날로그 신호계에서 사용한다.

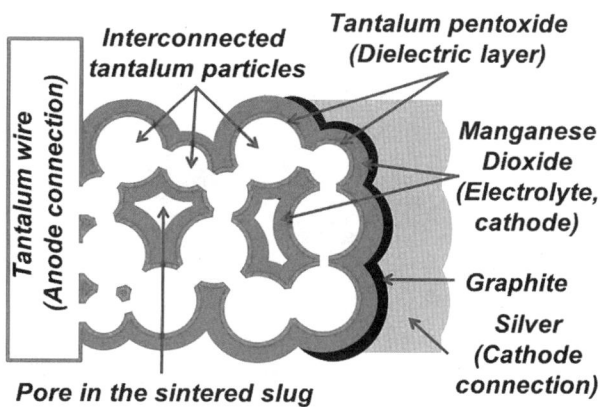

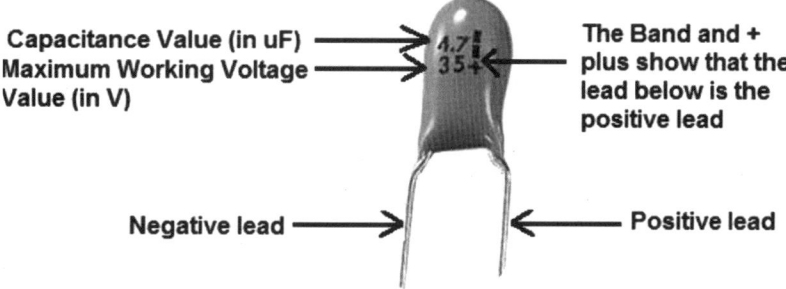

⑦ Axial Tantalum Capacitor

⑧ Radial Tantalum Capacitor

⑨ Tantalum Chip Capacitor

3. 세라믹 콘덴서

① 두 전극 간의 유전체로 티탄산 바륨과 같은 유전율이 큰 재료를 사용한다.

② 인덕턴스(코일)가 적어 고주파 특성이 양호하다.

③ 고주파 바이패스(고주파 성분 또는 잡음을 어스 시킴)에 사용한다.

④ 용량은 비교적 작다.

⑤ 극성이 없다.

⑥ 강한 유전체로 아날로그 신호계 회로에서 신호 일그러짐 발생으로 사용 불가하다.

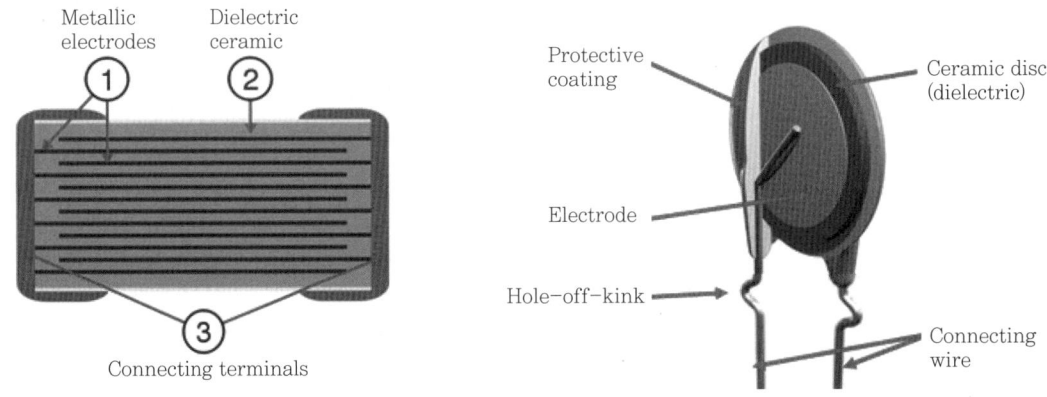

⑦ Multilayer Ceramic Chip Capacitor

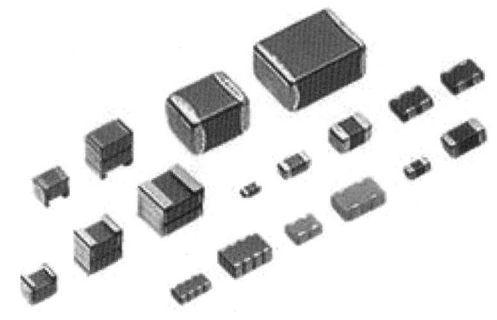

⑧ Ceramic Disc Capacitor

4. 필름 콘덴서

① 플라스틱 필름을 유전체로 이용한 콘덴서이다.
② 기름, 파라핀을 함유시킨 종이를 알루미늄 박으로 감싼 종이 콘덴서이다.
③ 금속박 대신에 종이에 직접 금속을 증착시킨 후 감은 MP(Metalized paper) 콘덴서이다.
④ 적층 세라믹 칩 콘덴서처럼 소형화는 어려우나 절연저항이 높고 신뢰성이 우수하다.

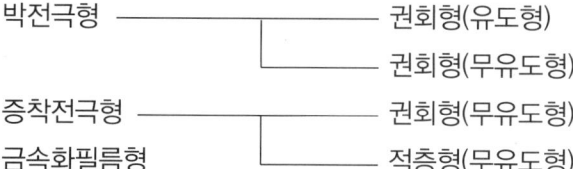

5. 박전극형 필름 콘덴서

① 내부전극인 금속박으로 플라스틱 필름을 겹쳐 롤 형태로 감은 권회형 필름 콘덴서이다.
② 유도형은 내부전극에 리드선을 연결한 후 감은 타입이다.
③ 무유도형은 단면에 리드선, 단자전극을 연결한 타입이다(유도형보다 인덕턴스 성분이 작아 주파수 특성이 우수).

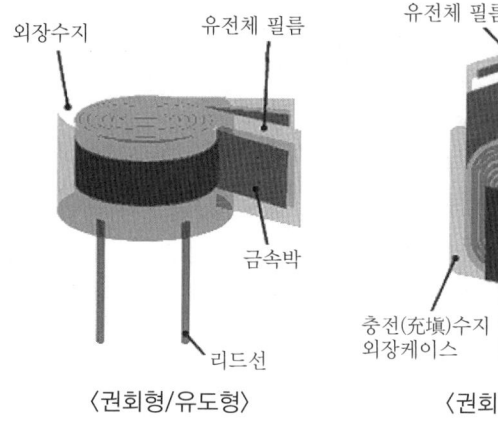

6. 증착전극형(금속화 필름형) 필름 콘덴서

① 플라스틱 필름에 금속을 증착시켜 내부전극을 형성한 타입의 필름 콘덴서이다.

② 증착막이 대단히 얇기 때문에 소형화가 가능하다.

③ 단면에 전극을 연결한 무유도형이나 제조공법적으로 권회형과 적층형이 있다.

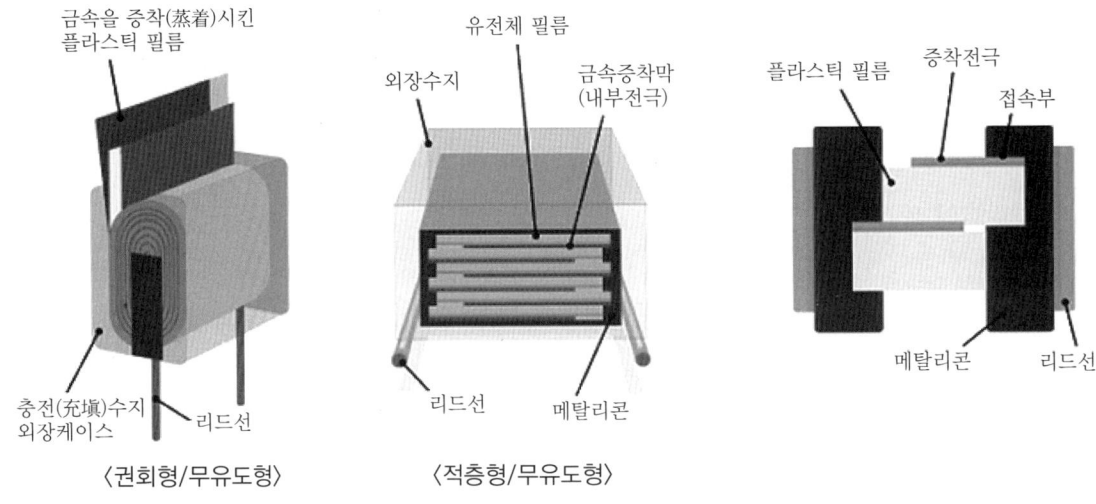

〈권회형/무유도형〉　　〈적층형/무유도형〉

7. 스티롤 필름 콘덴서

① 전극 간의 유전체로 폴리스티렌(PS) 필름을 사용(동박, 알루미늄박 사용)한다.

② 필름을 감은 구조이며, 인덕턴스(코일) 성분이 크다.

③ 고주파에 사용 불가하다.

④ 극성이 없다.

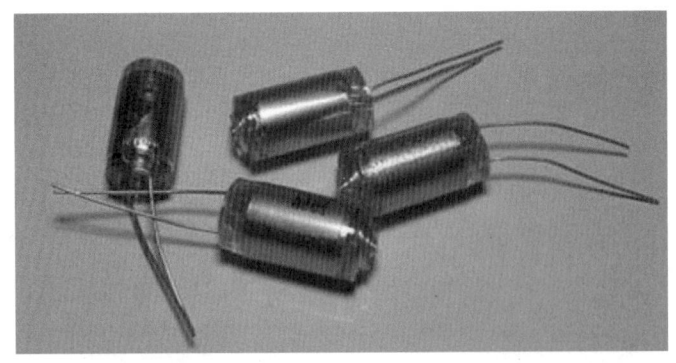

8. 폴리에스테르 필름 콘덴서(마일러 콘덴서)

① 얇은 폴리에스테르(PET) 필름을 양측에서 금속으로 삽입하여 원통형으로 감은 것이다.
② 저가격이나 높은 정밀도는 없다(오차는 ±5%~±10%).
③ 극성이 없다.

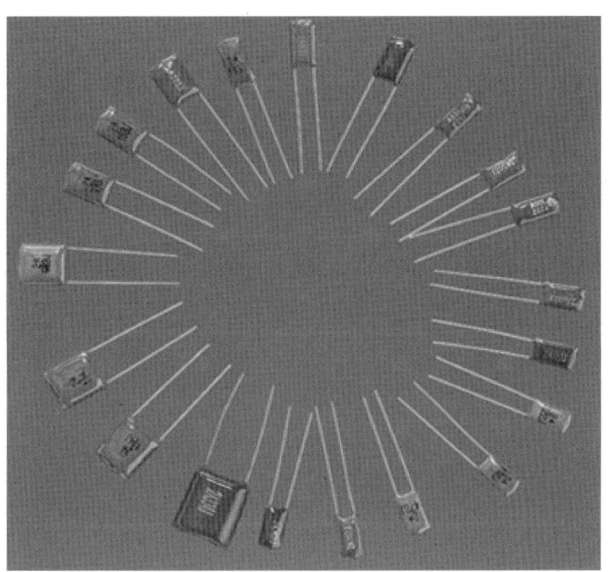

9. 폴리프로필렌 필름 콘덴서

① 폴리에스테르 콘덴서보다 높은 정밀도가 요구되는 경우에 사용한다.
② 유전체는 폴리프로필렌 필름을 사용한다.
③ 100kHz 이하의 주파수에서 사용하면 거의 용량의 변화가 없다.
④ 기호로 오차를 표시한다.

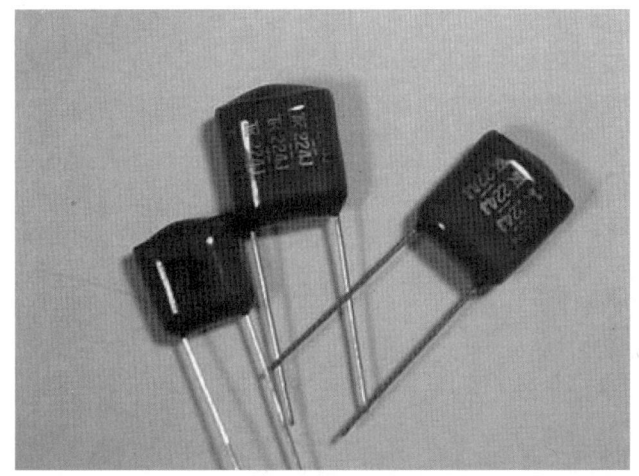

B	±0.1%
C	±0.25%
D	±0.5%
F	±1%
G	±2%
J	±5%
K	±10%
M	±20%
N	±30%
P	+100%-0%
Q	+30%-10%
T	+50%-10%
U	+75%-10%
V	+250%-10%
W	+100%-10%
X	+40%-20%
Y	+150%-10%
Z	+80%-20%

10. 메탈라이즈드 폴리에스테르 필름 콘덴서(시멘트 MKT 적층 콘덴서)
① 전극으로 증착 금속 피막을 사용한 폴리에스테르 필름 콘덴서이다.
② 전극이 얇아 소형화 및 대용량화가 가능하다.
③ 리드선이 떨어지기 쉬워 취급에 주의해야 한다(떨어지면 재사용 불가).
④ 전극의 극성이 없다.
⑤ 전극이 단락을 일으켜도 전극금속이 용융, 증발하여 기능을 회복하는 작용이 있다.

11. 마이카 콘덴서
① 주석박과 Mica(운모)를 사용하며 스택형이다(최근 마이카에 은을 소착시켜 전극으로 사용하는 실버 마이카 콘덴서가 일반적이다).
② 온도계수가 작고, 주파수 특성이 양호하다.
③ 고주파에서 공진회로나 필터 회로 등에 사용한다.
④ 전극의 극성이 없다.
⑤ 용량이 크지 않고, 가격이 비싸다.

12. 슈퍼 캐패시터

① 전기 2중층 콘덴서(Electric Double-Layer Capacitor, EDLC)라고 한다.
② 전기 2중층 현상을 이용하여 축전량을 현저하게 높인 캐패시터로, 울트라 캐패시터 또는 슈퍼 캐패시터로 불린다.
③ 대용량으로 전류가 계속 유입되므로 과전류로 인해 파손 우려가 있고, 전자기기 메모리 등 단시간 백업 등에 사용된다.
④ 내부 저항이 낮아 단시간에 충·방전한다(충·방전에 의한 노화가 작아 제품 수명이 길다).
⑤ 전압이 낮고, 방전에 의해 소실되는 전기가 많으며, 가격이 비교적 비싸다.
⑥ 전극에 극성이 있다.

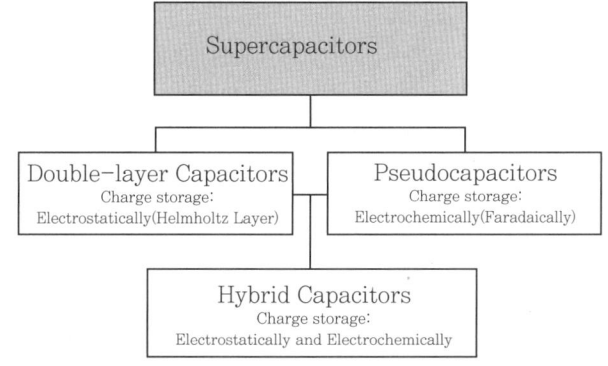

13. 슈퍼 캐패시터 구조

① 권선형

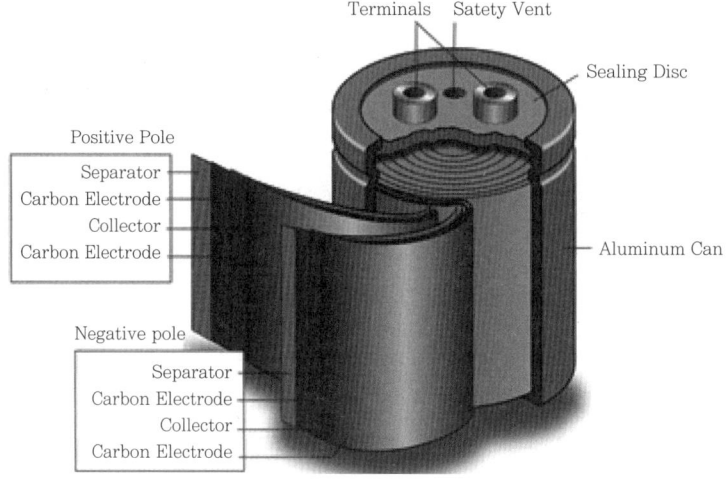

② 적층형

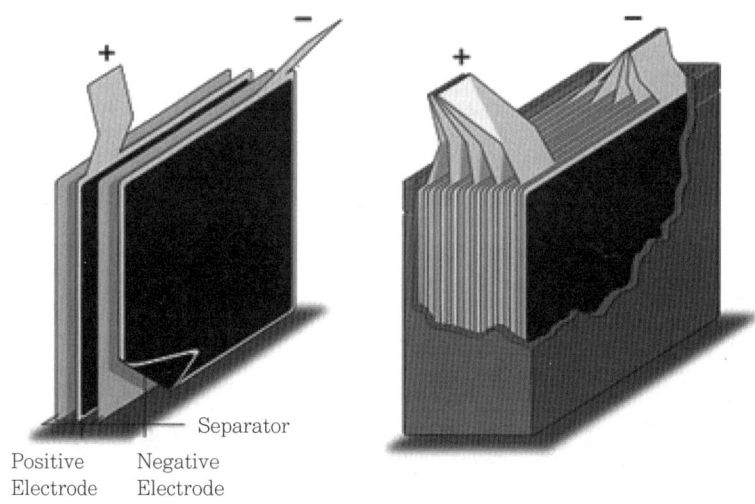

14. 가변 용량 콘덴서

① Vari-Con(Variable Condenser)이라고 한다.
② 라디오, 텔레비전의 방송용 수신기 및 송신기 등의 동조용 콘덴서로 사용한다.
③ 유전체로 자기, 플라스틱 필름, 공기를 사용한다.
④ 내부의 고정자(스테이터) 사이에 회전자(로터) 판이 회전하여 면적을 변화시켜 정전용량을 가감한다.

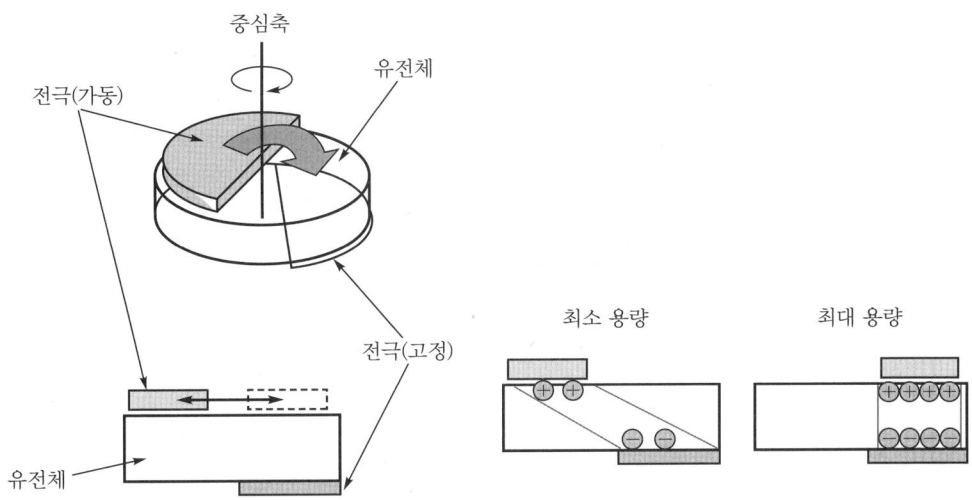

⑤ 공기 가변 콘덴서: 라디오나 통신기의 동조회로 또는 발진회로에 사용한다.

⑥ 자기 가변 콘덴서: 산화티탄계 자기를 폴리싱하여 사용한다.
　Ag 전극을 인쇄한 2장을 고정자로, 금속 원판을 회전자로 하여 스프링 압착한 구조이다.

⑦ 플라스틱 필름 가변 콘덴서: 폴리에틸렌이나 폴리스틸렌 필름을 열이나 접착제로 고정자에 붙인 구조로, 폴리 배리콘이라 하며, 주로 폴리에틸렌을 사용한다.

15. 트리머 캐패시터

① 미세 용량 가변 콘덴서로, 2~30pF 정도의 용량의 것이 많다.
② 동조회로의 보정, 트래킹 조정에 사용한다.
③ 마이카 또는 폴리에틸렌 필름 양면에 스프링 형태의 전극판을 달고 나사로 고정한 구조이다.
④ 나사를 돌려 조이면 용량이 증가, 느슨하면 용량이 감소한 상태이다.

9 서미스터(Thermistor)

전자부품으로 사용하기 쉬운 저항값과 온도 특성을 가진 반도체 디바이스. 원료로 크롬, 코발트, 망간, 니켈, 티탄 등의 산화물을 혼합하여 소결한 것이며, 일반 금속과는 반대로 온도가 오르면 저항값이 감소한다.

① NTC(Negative Temperature Coefficient): 온도가 오르면 저항값 감소
② PTC(Positive Temperature Coefficient): 온도가 오르면 저항값 증가(티탄산 바륨)
③ CTR(Critical Temperature Resistor): 일정 온도를 넘으면 급격하게 저항값 감소

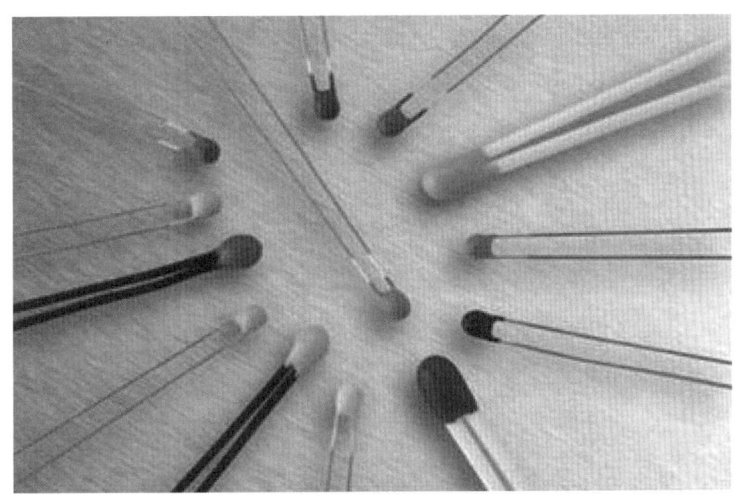

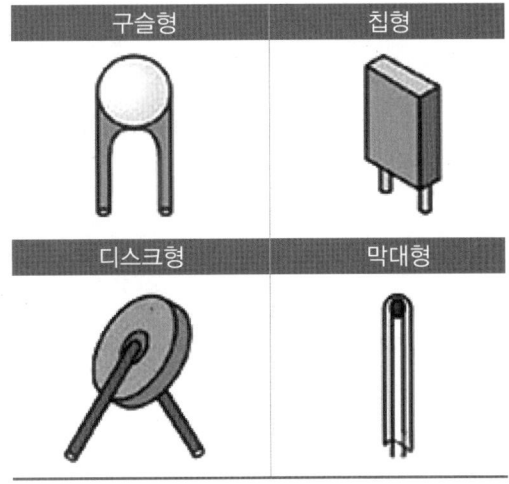

10 다이오드(Diode)

P-N Junction으로 한쪽 방향으로만 전류를 흐르게 하고, 역방향으로 흐르지 못하게 하는 특징을 가진 반도체 소자이다. 띠가 있는 부분은 Cathode(N형 반도체), 없는 부분은 Anode(P형 반도체)라고 한다. Anode가 (+)극에 연결되어 있는 상태를 정방향, 반대로 (-)극에 연결되어 있는 상태를 역방향이라 한다.

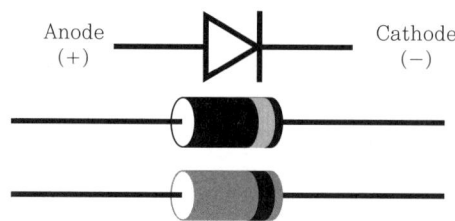

1. 다이오드의 역할

① 역방향으로 전류를 흐르지 않는 역전류 차단작용
② 교류를 직류로 변환하는 정류작용
③ 라디오 고주파에서 신호를 꺼내는 검파용
④ 전류의 ON/OFF를 제어하는 스위치 등에 사용

2. 다이오드의 특성

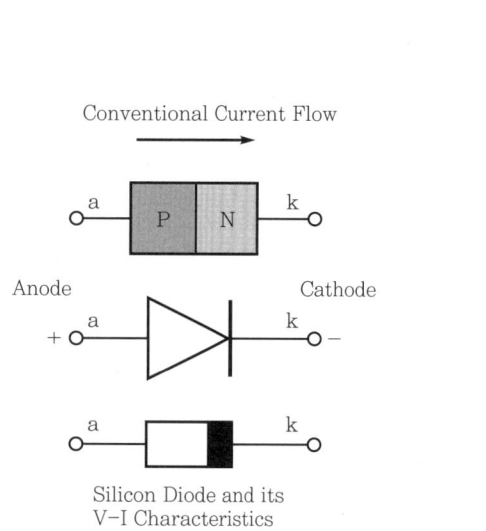
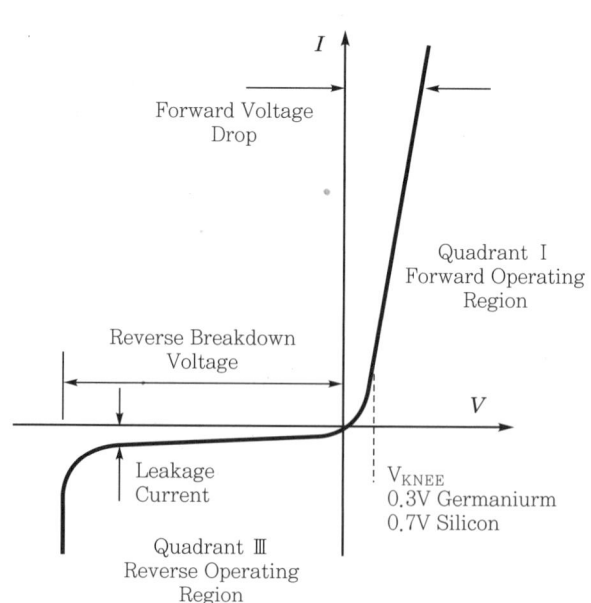

3. 작동 원리
① 전압을 인가하지 않은 열평형 상태, 재결합 후 공핍층 생성
② 정방향 전압 인가 시 전류 흐름(실리콘 다이오드는 0.7V)
③ 역방향 전압 인가 시 전류 차단(적은 양의 누설전류 있음)

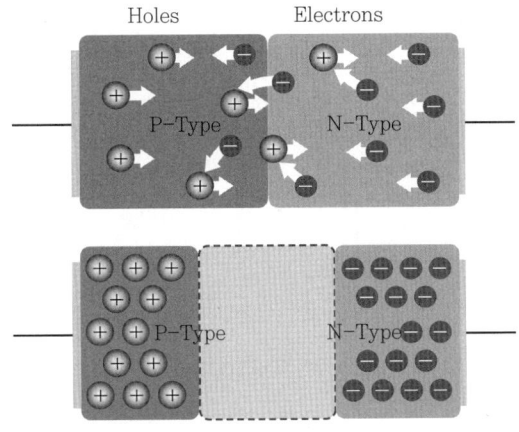

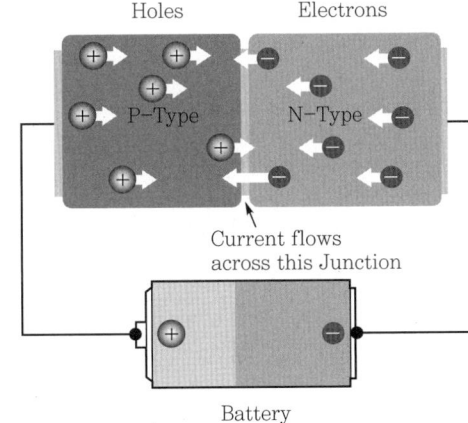
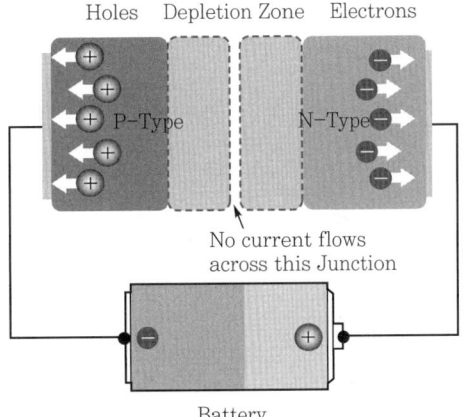

4. 전파 정류회로(Full-Wave Rectifier): 변압기와 정류소자를 이용해서 AC(교류)를 DC(직류)로 변환하는 정류회로

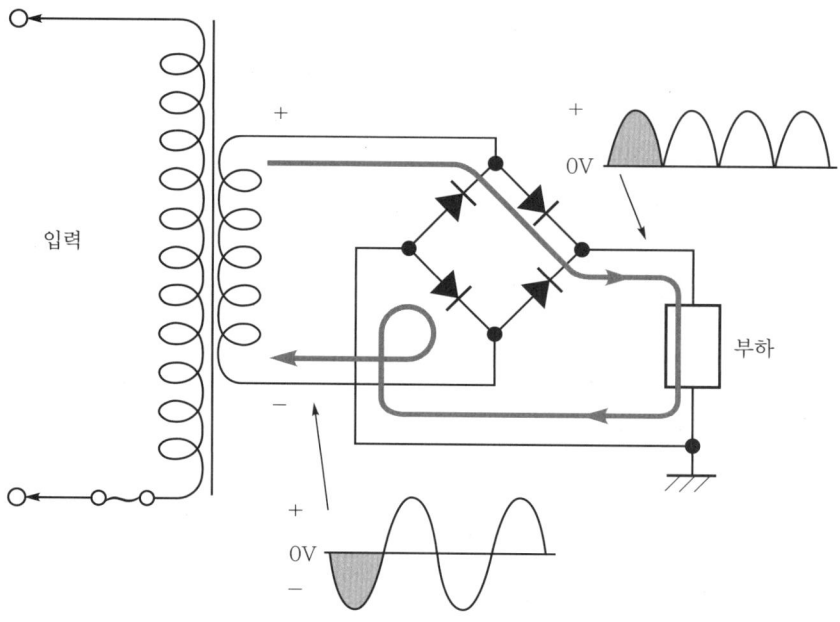

5. 종류별 다이오드의 전자 기호(Electronic Symbols)

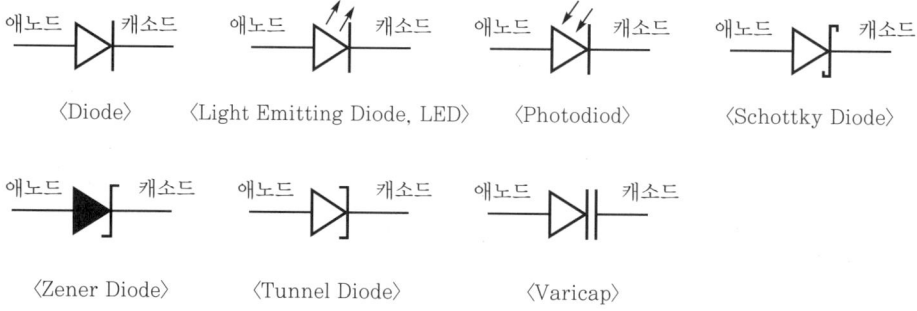

11 Types of Diode

1. **정류 다이오드(Rectifier Diode)**: PN 접합으로 이루어진 기본적인 실리콘 다이오드이다. 가장 중요한 기능은 한쪽으로 전류를 흐르게 하는 정류 작용이다. 전력제어 및 신호처리를 위해 역방향으로 전류를 흐르지 않게 한다.

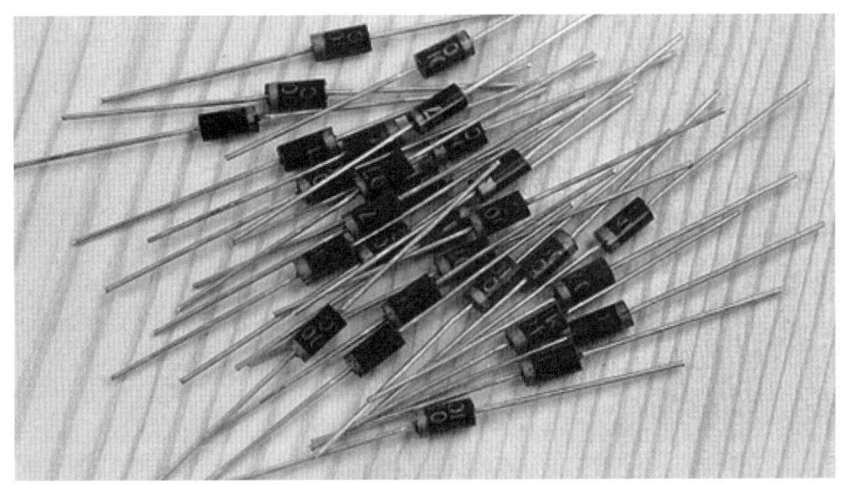

2. **정전압 다이오드(Zener Diode)**: 불순물 농도를 높게 한 실리콘 다이오드에 역방향 바이어스 전압을 인가하면, 전압이 낮은 경우에는 역방향 전류는 거의 흐르지 않고 어느 특정 전압이 걸리면 역방향으로 급격히 많은 전류가 흐르게 된다(제너 효과). 회로의 전압을 일정하게 유지하여 회로를 보호할 필요가 있는 회로에 주로 사용한다.

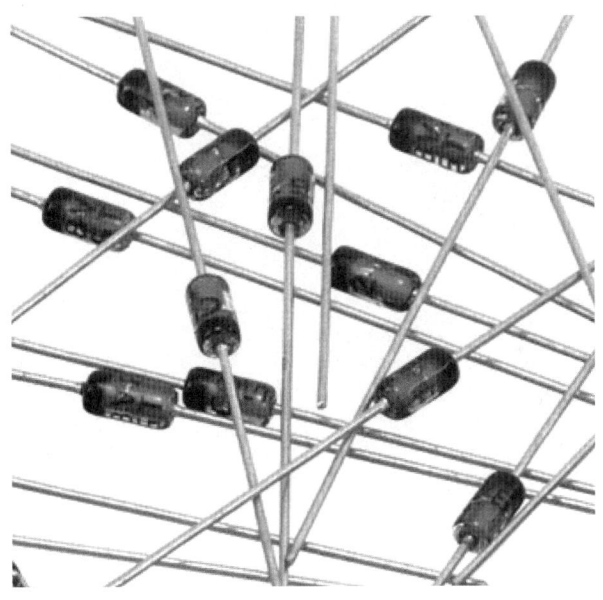

3. **제너 다이오드의 특징**: 일반 다이오드는 역방향으로 전압을 증가시키면 전압을 이기지 못하고 파괴된다(항복: Break Down). 파손된 다이오드는 전류를 통과시키게 되어 필요없게 된다. 반면, 제너 다이오드는 항복 상태에서 파손되지 않아 역방향으로 전압을 인가하여도 제너 전압을 넘어서면 전류를 통과시키고, 낮아지면 차단시킨다. 회로를 보호할 필요가 있는 회로에 병렬로 연결하여 역방향 전압이 크게 들어오면, 전류를 바이패스시켜 과전류로부터 회로 또는 소자를 보호한다. 단, 역방향 허용 최대 전류값을 넘어서면 파괴되므로 저항을 연결하여 전류를 제어한다.

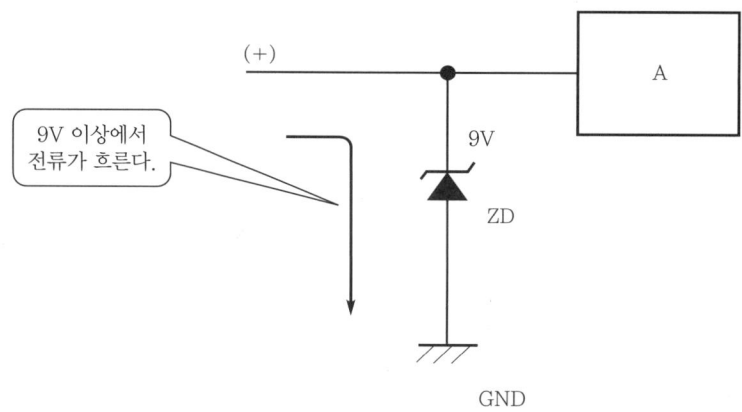

4. **발광 다이오드(Light Emitting Diode)**: 반도체를 이용한 PN 접합으로 이루어진 구조이다. 발광은 PN 접합에서 전자가 가지는 에너지가 직접 빛 에너지로 변환한다(열이나 운동 에너지 불필요). 전극으로부터 반도체에 주입된 전자와 정공은 PN 접합면을 넘어 재결합한다. 재결합 시 상당한 에너지가 빛으로 방출된다.

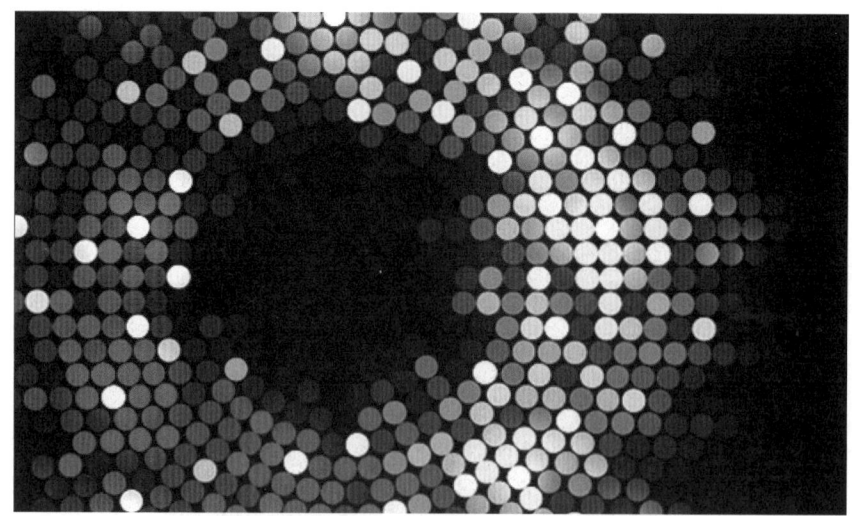

5. **LED 구조**: PN 접합 반도체로 극성이 있어 정방향으로 전압이 인가되면 빛을 낸다. 역방향으로는 작동하지 않으며, 일반 다이오드보다 내압이 낮아 파괴된다(정류 작용 불가).

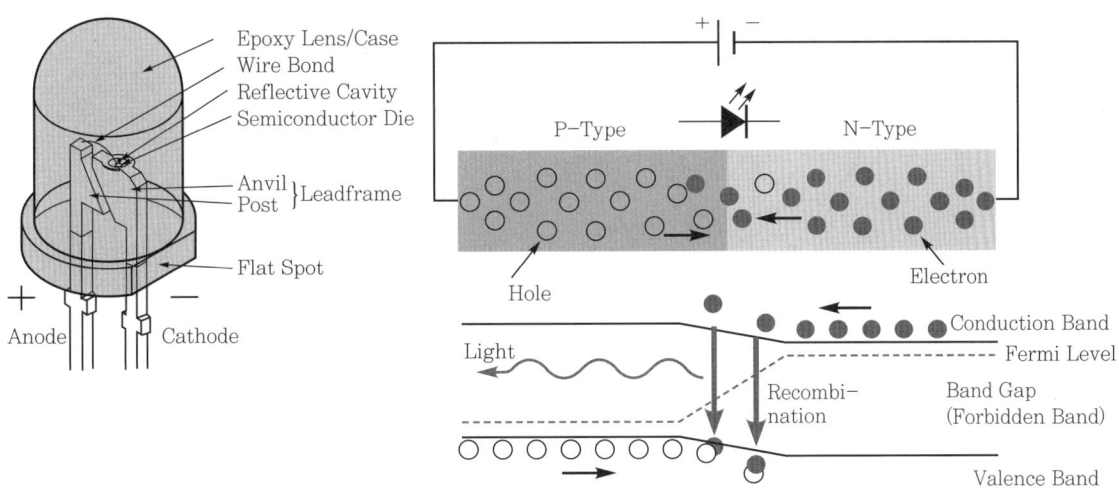

6. **LED 사용 시 주의사항**

① 정격전압과 지정된 전류를 데이터 시트에서 확인할 것.
② 항상 정확한 저항값을 산출하여 저항과 직렬연결해서 사용할 것.

색상	구분	최소전압	최대전압	전류(일반)	전류(최대)
적 ●	Red	1.8V	2.3V	20mA	50mA
등 ●	Orange	2.0V	2.3V	30mA	50mA
황 ●	Real Yellow	2.0V	2.8V	20mA	50mA
초 ●	Emerald Green	1.8V	2.3V	20mA	50mA
초 ●	Real Green	3.0V	3.6V	20mA	50mA
청 ●	Sky Blue	3.4V	3.8V	20mA	50mA
청 ●	Real Blue	3.4V	3.8V	20mA	50mA
자 ●	Pink	3.4V	3.8V	20mA	50mA
백 ○	White	3.4V	4.0V	20mA	50mA

7. **터널 다이오드(Tunnel Diode)**: 1975년 일본의 물리학자 에사키 레오나에 의해 발명된 PN 접합 다이오드이다(에사키 다이오드라 한다. 1973년 터널 효과로 노벨상 수상). 불순물 농도를 증가시킨 반도체에서 터널효과(전류반송파의 양자역학적인 관통 현상)가 발생되며, 급격히 전류가 흐르게 되며 정방향 상태에서 부성저항 특성이 나타난다(부성저항: 전압은 증가하는데 전류는 감소되는 특성). 고주파 특성이 양호해서 마이크로파 발진, 증폭, 고속 스위칭에 이용한다. 그러나 방향성이 없고 잡음이 있다.

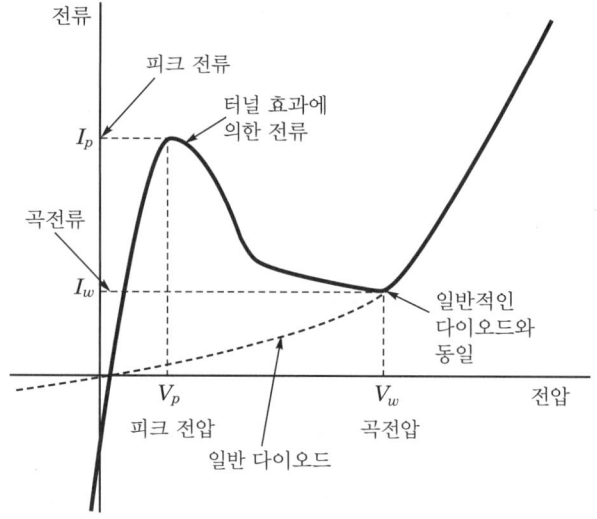

에사키다이오드/전압·전류의 특성

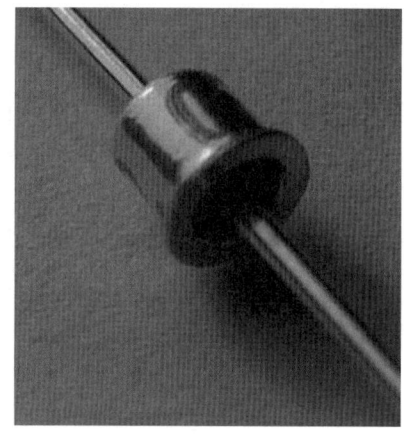

8. **쇼트키 다이오드(Schottky Barrier Diode)**: PN 접합의 실리콘 다이오드와 유사하나 N형 반도체에 금속을 접합하여 쇼트키 장벽의 정류 작용을 이용한 다이오드이다. 정방향으로 전압을 인가하면, 열전자(핫 캐리어)가 금속에 주입된다. 금속 재료로 몰리브덴, 티탄, 금 등이 사용된다. 일반 다이오드에 비해 정방향 Threshold Voltage가 낮다(역방향 누설 용이). 정방향과 역방향 전환 시 전하량 충전이 작아 고속 복구 시간을 갖는다. 고속 스위칭 회로, 신호처리, 전력제어, 고주파 검파용에 이용한다.

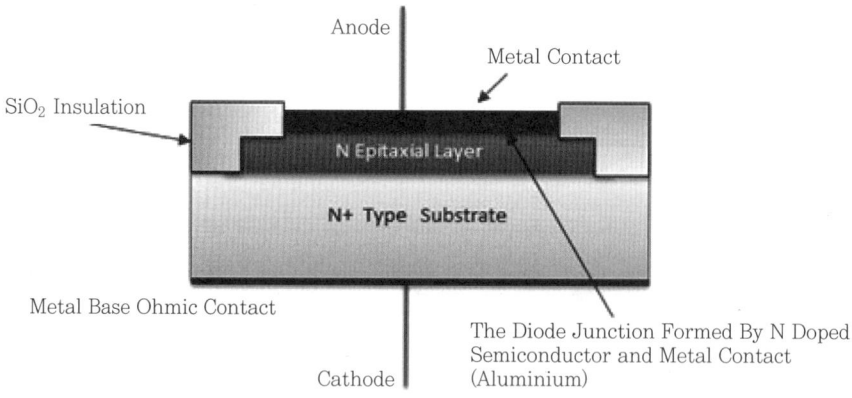

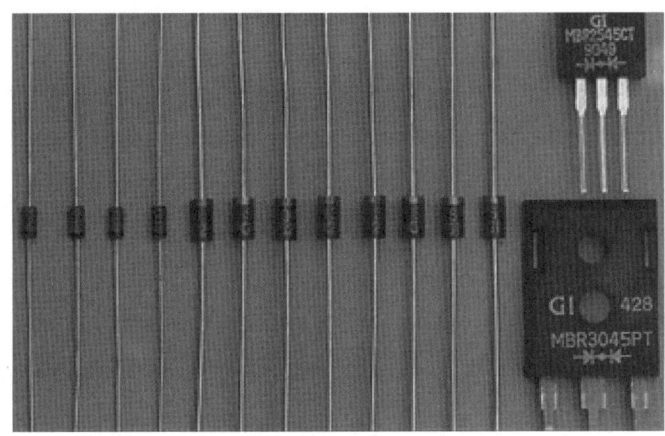

9. 광 다이오드(Photo Diode): PN 접합으로 빛이 다이오드에 닿으면 정공과 전자가 생겨서 전류가 흐른다(전압의 크기는 빛의 강도에 거의 비례한다). 특징으로는 응답속도가 빠르고, 감도 파장이 넓고, 광전류의 직진성이 양호하다(리모콘 수신부, 화재경보기, 빛의 세기 측정 등에 사용).

① PIN 포토 다이오드: PN 접합 중간에 I층(캐리어가 적어 저항이 큰 진성 반도체 층)이 있는 구조이다.

② APD(애벌랜치 포토 다이오드): PN 접합 중간에 Avalanche 층이 있고, 광 다이오드에 빛을 입사하여 역바이어스 전압을 증가시키면, 높은 전계에서 전자가 가속되어 새로운 전자와 정공이 발생하는 효과를 이용한다. 전류 증폭 작용으로 신호 대 잡음비가 높고, 고속 디지털 회선에 적합하나 바이어스 전압이 높고, 온도 의존성이 크다는 단점이 있다.

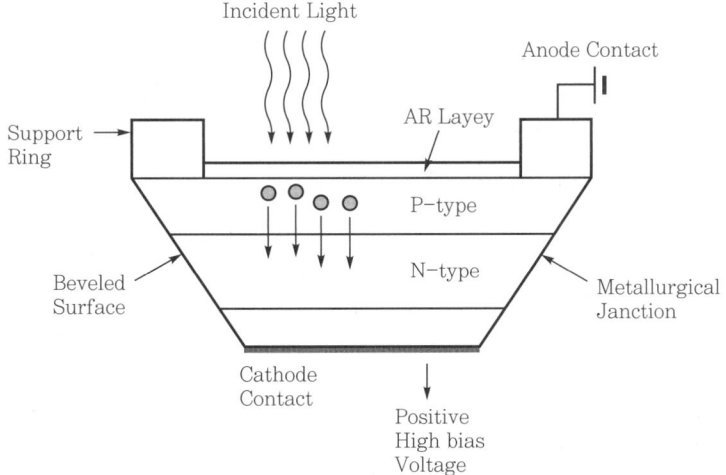

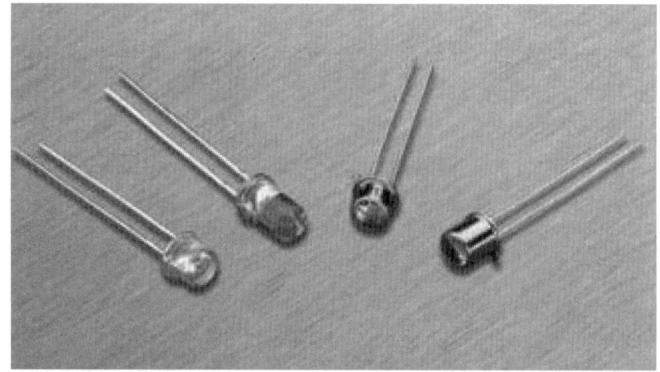

10. 가변용량 다이오드(Variable Capacitance Diode): 배리캡 다이오드, 배랙터 다이오드, 배리어블 리액턴스 다이오드.
PN 접합 다이오드로 양단에 걸리는 전압에 의해 정전용량이 변화한다.

① 용도: VCO(Voltage-Controlled Oscillator, 전압으로 발진주파수를 제어하는 발진기), 위상동기회로, 주파수 신시사이저 등에 사용된다. 전압으로 제어하는 콘덴서로서 사용되지만 정류기로 사용되기도 한다.

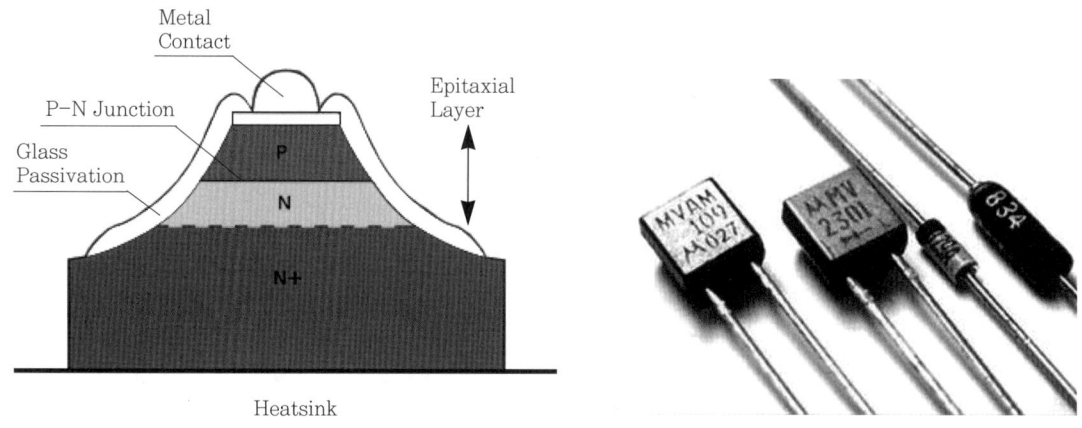

② 역할(Function): 역방향 바이어스를 걸어 사용하기 때문에 전류는 흐르지 않지만 공핍층의 폭이 바이어스 전압의 변화에 의해서 정전용량이 변화한다. 모든 다이오드가 역방향 전압에 의해 공핍층이 형성되지만, 가변 용량 다이오드는 정전용량과 그 변화영역이 커지도록 의도하여 제조된다.

lower bias voltage,
narrower depletion zone,
higher capacitance

higher bias voltage,
wider depletion zone,
lower capacitance

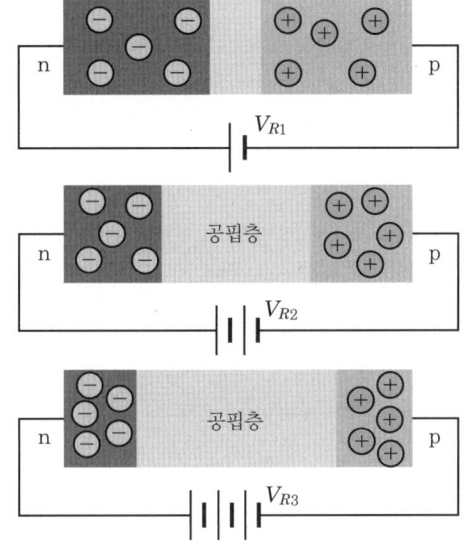

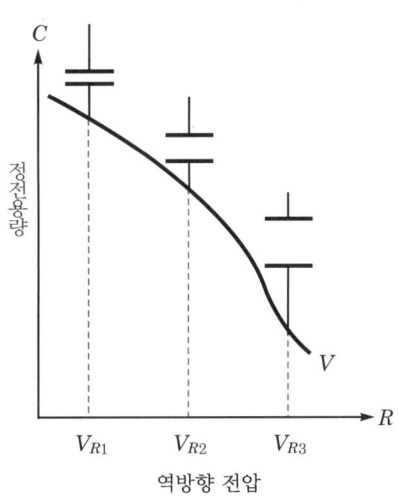

역방향 전압

12 트랜지스터(Transistor)

증폭 작용과 스위칭 작용을 하는 반도체 소자로, 1948년 미국의 벨연구소에서 월터 브래튼, 윌리엄 쇼클리, 존 바딘이 개발하였다(변화하는 저항을 통한 신호 변환기: Transfer of a signal through a varister 또는 Transit resistor). 현대 전자기기를 구성하는 주요 부품으로 전자공학의 대혁신을 일으켰고, 더욱 작고 값싼 라디오, 계산기, 컴퓨터 등이 개발되었다(1956년 노벨 물리학상 수상).

1. **TR 의 개요**: 트랜지스터는 크게 접합형 트랜지스터(BJT: Bipolar Junction Transistors)와 전계효과 트랜지스터(FET: Field Effect Transistors) 로 구분된다. 일반적으로 입력단, 공통단, 출력단으로 구성되며, 입력단과 공통단 사이에 전압(FET) 또는 전류(BJT)를 인가하면 공통단과 출력단 사이의 전기전도도가 증가하게 되고 이를 통해 그들 사이의 전류 흐름을 제어한다. 아날로그, 디지털 회로에서 트랜지스터는 증폭기, 스위치, 논리회로, RAM 등을 구성하는 데 이용한다.

2. TR 의 특징: 증폭 작용과 스위칭 작용을 한다(NPN으로 설명).

① 증폭작용: $E-B$ 사이에 작은 전류를 흘리면, $E-C$ 사이에 그 몇 배의 전류를 흐르게 할 수 있다. $E-B$ 사이의 작은 전류 변화가 $E-C$ 사이의 전류에 커다란 변화가 되어 나타난다.

$E-B$ 사이의 전류를 입력전류로 하여 $E-C$ 사이의 전류를 출력전류로 증폭작용을 얻을 수 있다. 컬렉터 전류(I_c)가 베이스 전류(I_b)의 몇 배가 되는지를 나타내는 직류전류 증폭률(h_{FE})로 나타낸다.

$$h_{FE} = \frac{I_C}{I_B}$$

② 스위칭작용: $E-B$ 사이에 베이스 전류에 의해 $E-C$ 사이에 보다 커다란 컬렉터 전류를 제어할 수 있는 구조를 이용한다. 베이스에 보내는 작은 신호에 의해 보다 커다란 전류를 제어할 수 있어 릴레이 스위치 대신 이용하기도 한다. 일반적인 증폭작용과는 달리 직류전류 증폭률보다 작아도 사용된다(논리회로 등의 디지털 회로에 사용).

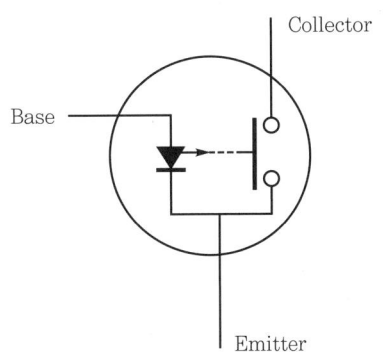

3. TR의 장단점

① 장점: • 수명이 길고 내부 전력 손실이 적다.
- 소형이고 경량이다.
- 기계적으로 강하다.
- 예열하지 않고 작동한다.
- 내부 전압 강하가 매우 적다.

② 단점: • 온도 특성이 나쁘다(적정 온도 이상에서 파괴).
- 과대 전류·전압에 파손되기 쉽다.

4. Part Numbering Standards

트랜지스터의 形名(데이터 코드): BJT 및 FET 모두 JIS(Japanese Industrial Standard)에 의해 1993년부터 규정하였다.

2 S C 1815 A
① ② ③ ④ ⑤

O : h_{FE}=70-140
Y : h_{FE}=120-240
GR : h_{FE}=200-400
BL : h_{FE}=350-700

①의 숫자 : 반도체의 접합면수(일본은 표기, 그 외 비표기)
　0-광 트랜지스터, 광 다이오드
　1-각종 다이오드, 정류기
　2-트랜지스터, 전기장 효과 트랜지스터, 사이리스터, 단접합 트랜지스터
　3-전기장 효과 트랜지스터로 게이트가 2개 나온 것
②의 문자 : S는 반도체의 이니셜(일본은 표기, 그 외 비표기)
③의 문자 : 9개의 문자
　A-PNP형의 고주파용, B-PNP형의 저주파용, C-NPN형의 고주파용
　D-NPN형의 저주파용, F-PNPN 사이리스터, G-NPNP 사이리스터
　H-단접합 트랜지스터, J-P 채널 전계 효과 트랜지스터
　K-N 채널 전계 효과 트랜지스터
④의 숫자 : 등록 순서에 따른 번호(11번부터 시작)
⑤의 문자 : 일반적으로는 없으나 A~J까지 붙인 개량품

5. 종류별 트랜지스터의 전자 기호(Electronic Symbols)

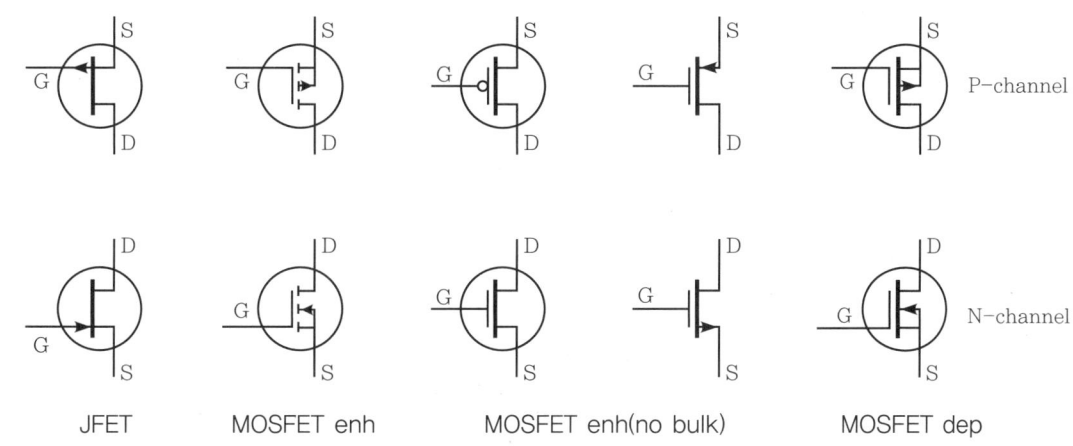

13 Types of Transistor

1. 단접합형 TR: UJT(Uni-Junction Transistor)

기본구조는 2개의 B(저농도 N형 반도체) 중앙 부근에 1개의 E(고농도 P형 반도체)와 접합하는 구조이다. Double Base Diode라고 하며 사이리스터의 트리거 또는 발진회로의 능동소자로 이용한다.

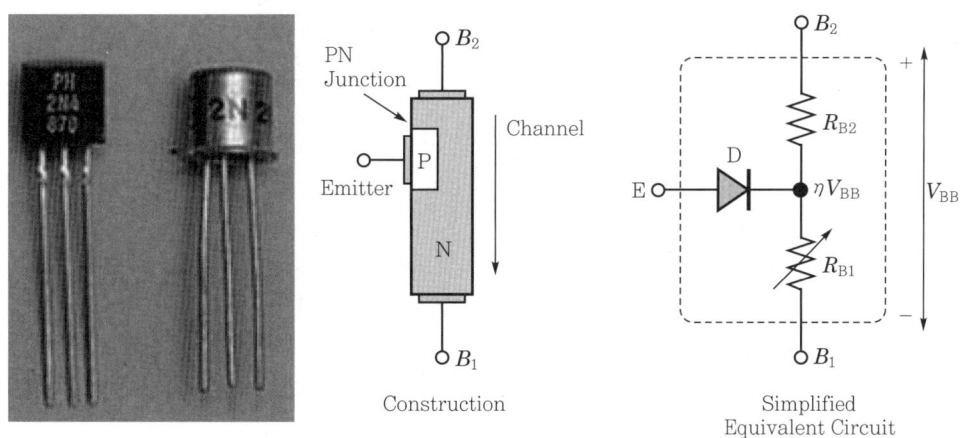

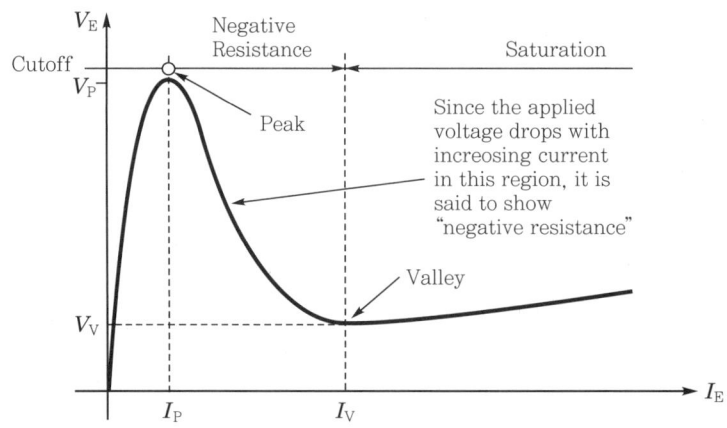

2. 접합형 TR: BJT(Bipolar Junction Transistor)

N형과 P형 반도체가 P-N-P 또는 N-P-N의 접합구조를 가진 3단자 반도체 전류증폭 및 스위칭 기능이 있다. 1970년대까지 게르마늄을 사용한 초기 트랜지스터는 제조가 간단해서 PNP형 TR가 많이 만들어졌다. 실리콘 TR가 주류가 되어 고속 작동, 증폭률, 내전력 등의 특성이 우수한 NPN 형 TR가 많이 사용된다.

① PNP형 트랜지스터: B와 C 사이에는 역방향 전압이 인가되어 전위장벽이 높아 전류가 흐르지 않는다. E와 B 사이에는 정방향 전압이 걸려 있어 전위장벽은 낮게 되어 있다. E의 P형에는 불순물 농도를 높게 하여 정공이 다수 발생하고 있다. B의 N형은 매우 얇아 불순물 농도가 낮아 전자는 극히 적다. E 내의 정공은 전위 장벽을 뛰어넘어 확산되어 B로 이동하여 전자와 결합하여 소멸한다. 이때 소수의 전자는 전원의 (−)극에서 계속 보급하므로 약한 B 전류가 흐른다. B의 전자와 결합하지 못한 E의 정공은 C의 전압에 의해 C로 이동하여 C 전류가 된다. E

의 정공은 전원의 (+)극에서 점차 보급되어 E 전류가 되어 대부분은 C 전류가 되고, B 전류가 되는 것은 극히 적다.

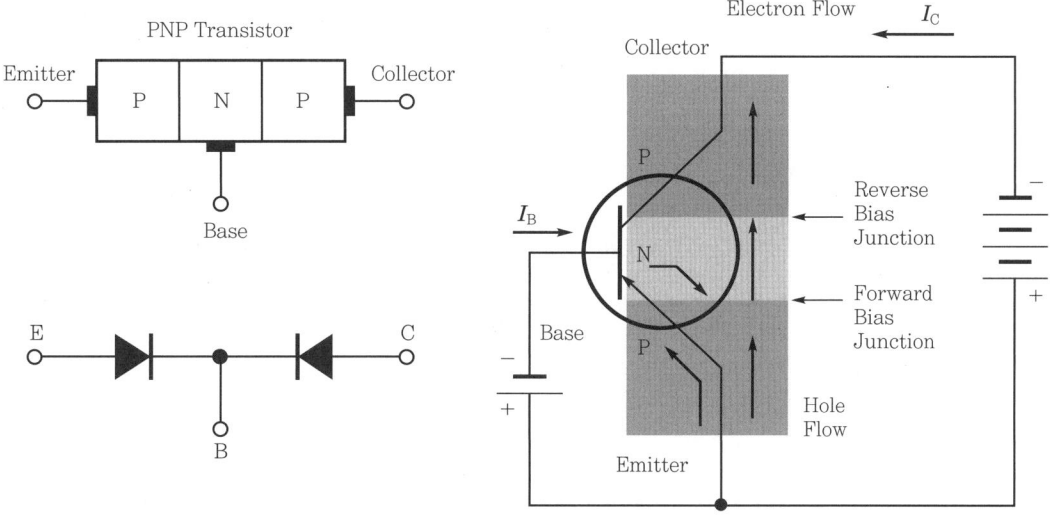

② NPN형 트랜지스터: C와 B 사이에 역방향 전압을 가하면 전위장벽이 높아 전류는 거의 흐르지 않는다. E와 B에 정방향 전압을 가하면 전위장벽은 낮아지고, E의 N형에서는 불순물의 농도를 높였기 때문에 전자가 많이 발생한다. B의 P형은 매우 얇기 때문에 불순물의 농도가 낮아 정공이 적다. E 내의 전자는 전위장벽을 뛰어넘어 확산에 의해 B로 들어가 그 일부분의 B 정공과 결합하여 소멸한다. 이 소수의 정공은 전원의 (+)극이 계속 보급하므로 약간의 B 전류가 된다. B의 정공과 결합하지 못한 E에서 온 전자는 C의 전압에 의해 C로 이동하여 C 전류가 된다. 통상 E 전류 중 95~98%가 C 전류가 되고 나머지 2~5%가 B 전류가 된다.

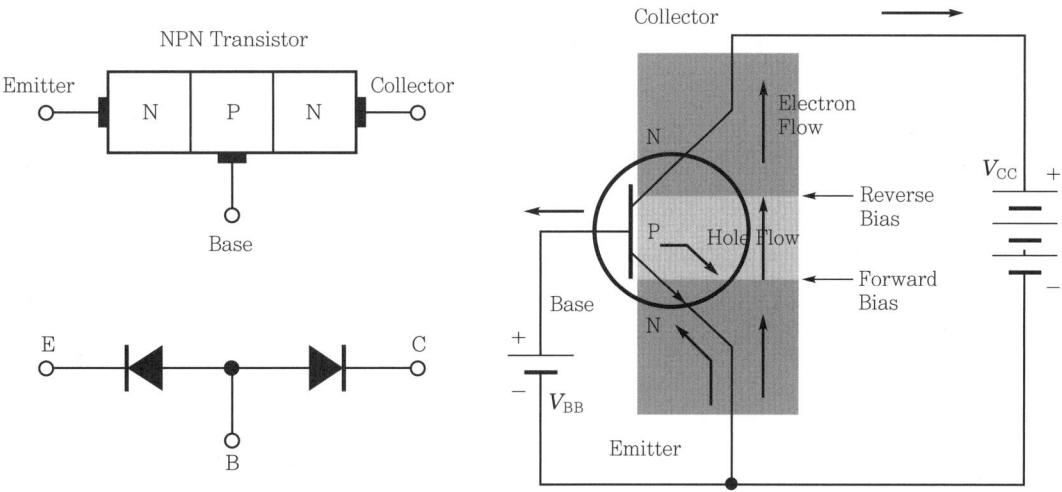

3. **전계효과 TR**: FET(Field Effect Transistor)는 G(게이트), D(드레인), S(소스) 3개의 단자가 있고, G에 전압을 걸어 D, S단자 사이에 전류를 제어하는 트랜지스터이다. BJT는 전자와 정공 2종의 캐리어의 움직임에 의해 동작하지만, FET는 전자 또는 정공 1종의 캐리어 움직임만으로 동작하는 유니 폴라 트랜지스터이다. FET는 주로 JFET(접합 FET)와 MOSFET로 구분된다.

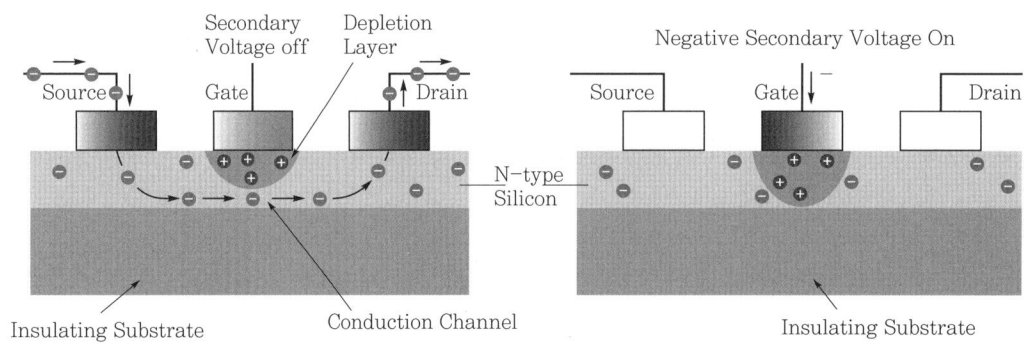

① **접합 FET**: JFET(Junction Field Effect Transistor)는 D에 (+)극을 연결하고 S에 (−)극을 연결하면, 캐리어(자유전자)는 S에서 D로 이동한다. G에 역방향 바이어스 전압을 걸면 전압에 비례하여 공핍층의 크기가 커져서 흐르는 자유전자의 수는 감소한다. 즉, 공핍층의 크기를 G의 전압에 의해 S에서 D로 흐르는 자유전자의 수를 제어하여 D에서 S로 흐르는 전류를 제어한다.

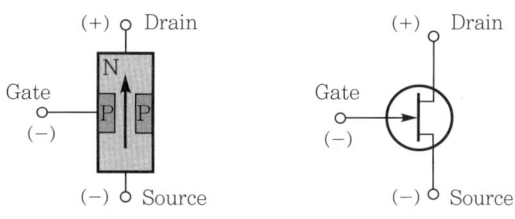

N-Channel JFET

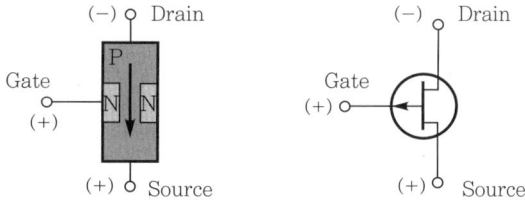

P-Channel JFET

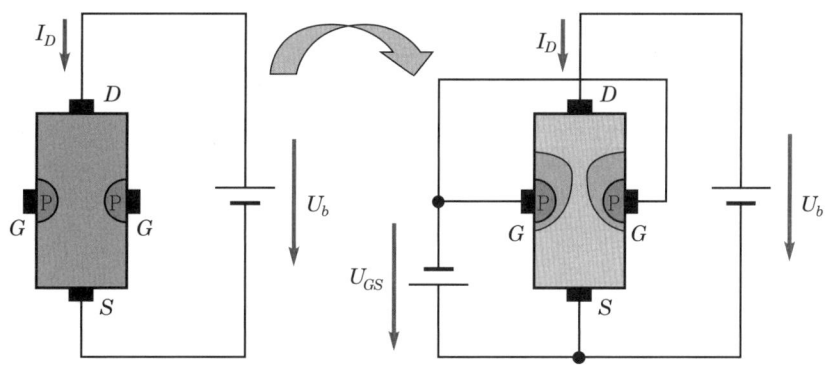

② MOSFET: 금속 산화막 반도체 전계효과 TR(Metal Oxide Semiconductor Field Effect Transistor)

LSI(Large Scale Integrated Circuit: 대규모 집적회로) 중에서도 가장 일반적으로 사용되고 있는 구조이다. 주로 폴리 실리콘 G를 사용하여 IGFET(Insulated-Gate Field Effect Transistor: 저항층 게이트 FET)와 동일하다. 접합형과 같이 N형의 영역을 S, D라 하고, 산화막 전극을 G라 한다. Body가 P형 실리콘이면 N채널, N형 실리콘이면 P채널 MOSFET 이다. 절연막 위의 금속 전극에 가하는 전압에 따라 D, S 사이에 흐르는 전류를 제어할 수 있다.

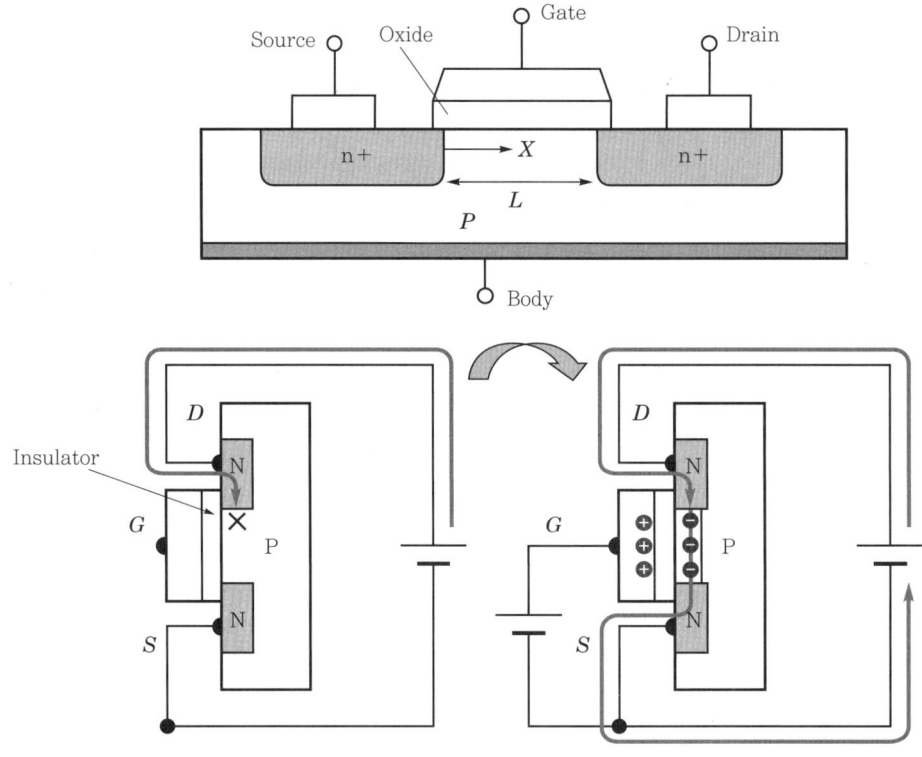

4. 증가형과 공핍형 MOSFET

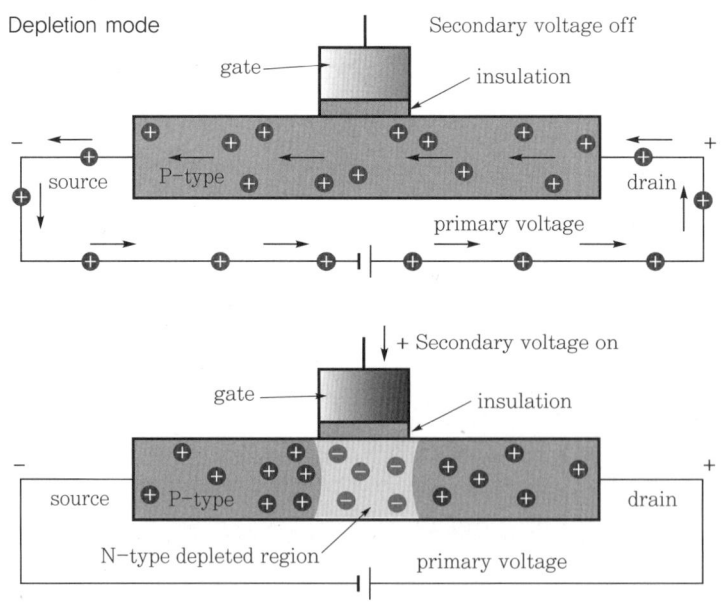

94

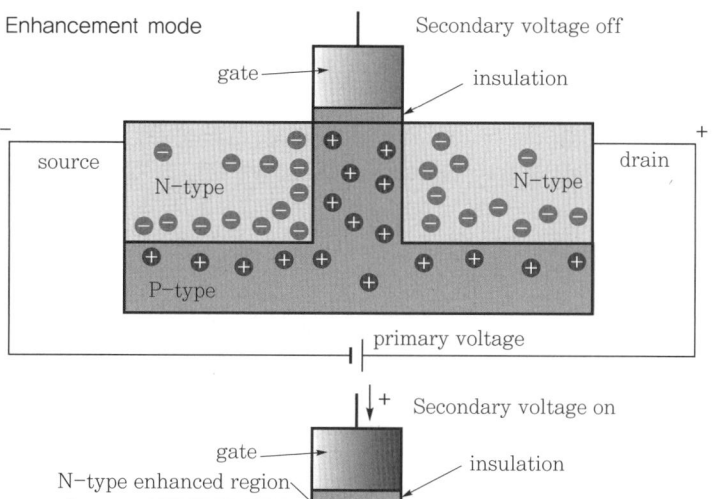

5. **Photo TR**: 빛 E를 전기 E로 변환하는 광 센서로, 빛의 세기에 따라 흐르는 전류가 변화하는 광 기전력 효과를 이용한다. 이 때의 광 전류를 트랜지스터를 이용하여 증폭시킨 것이 포토 트랜지스터이다. 게르마늄을 재료로 사용한 PNP형과, 실리콘을 사용한 NPN형이 있다. 외부의 빛에 잘 감응하도록 유리로 만든 용기에 넣어져 있으며 영화필름의 음성신호를 판독하거나, 컴퓨터의 천공카드 판독에 사용된다. 동작원리로 인해서 빠른 빛의 변화에는 추종하기 힘들며, 20kHz 정도가 한계이다. 포토 다이오드에 비해 감도가 크다. 포토 트랜지스터는 빛을 쪼였을 때 전류가 증폭되어 발생하기 때문에 포토 다이오드에 비해 빛에 더 민감하고 반응속도는 느리다.

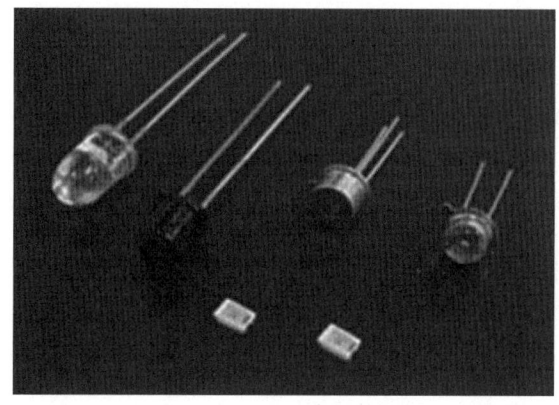

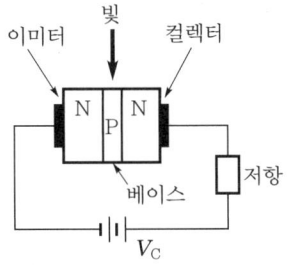

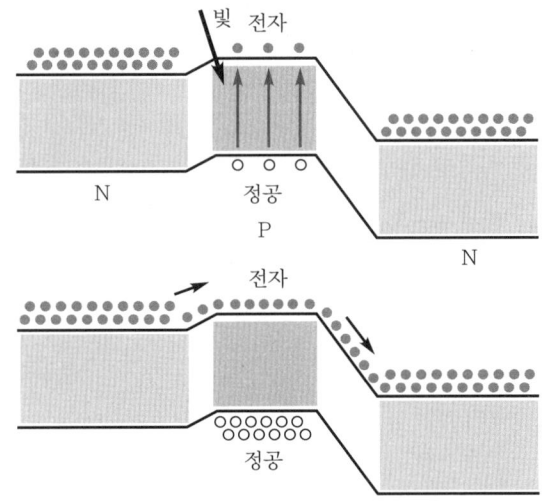

14 사이리스터(Thyristor)

실리콘 제어 정류기(SCR: Silicon Controlled Rectifier)라고 부르기도 한다. 제어단자(G)로부터 음극(K)에 게이트 전류를 흘려주어 양극(A)에서 음극(K)으로 도통시킬 수 있는 3단자 반도체 소자이다(PNPN 4중 구조). P형 반도체로부터 게이트 단자를 내고 있는 것을 P게이트, N형 반도체로부터 게이트 단자를 내고 있는 것을 N게이트라고 한다(PNP, NPN 트랜지스터를 조합). 최근에는 스위칭 주파수를 높게 얻을 수 있는 트랜지스터가 대두되고 있지만, 트랜지스터에 필적하는 스위칭 주파수를 가진 제품이나 사이리스터의 특색인 큰 전력에도 견딜 수 있는 성능, 그리고 새로운 반도체 재료나 PIN 접합으로 설계할 수 있는 등, 사이리스터의 매력은 크다. 게이트에 일정 전류를 통과시키면 양극과 음극이 도통(turn on)한다. 정지(turn off)시키기 위해서는 전류를 일정치 이하로 해야 한다. 도통시키면 통과전류가 0이 될 때까지 도통 상태를 유지할 곳에 사용된다. 큰 전력을 제어할 경우 전류 0의 타이밍에 OFF가 되어 서지 방지가 우수하다(카메라의 스트로보 제어).

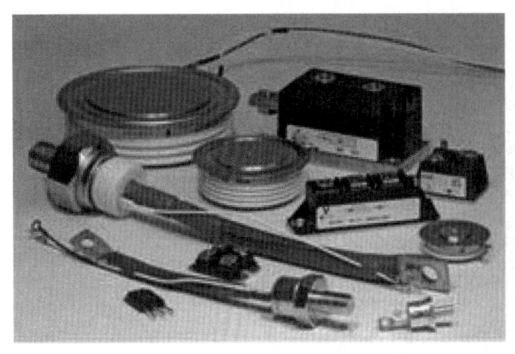

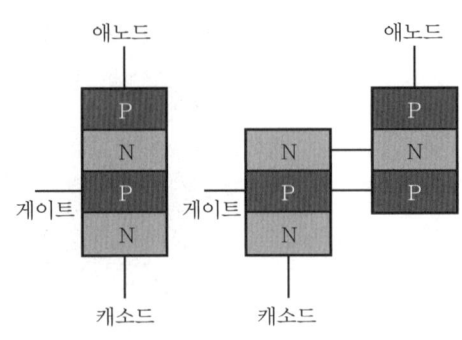

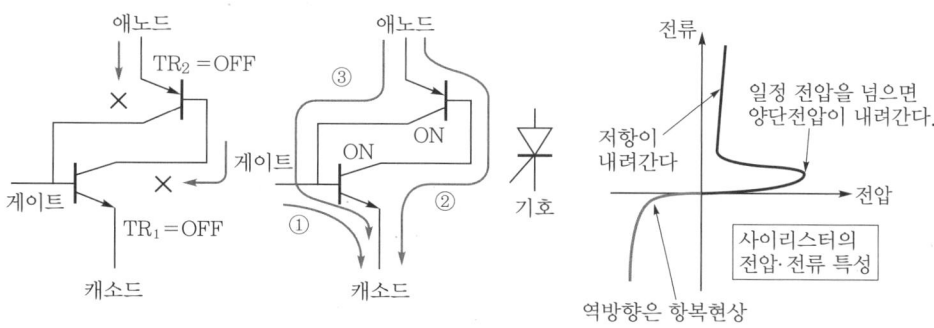

15 트라이액(Triac)

쌍방향 사이리스터(Triode AC Switch)라고 하며, 1964년 GE사에서 최초로 개발하였다. 2개의 사이리스터를 역병렬로 접속하여 쌍방향에 전류를 통하도록 하여 교직양용으로 사용할 수 있게 했다(실제로 소자 2개를 접속한 것이 아니고, 모노리식 구조). 교류의 쌍방향 스위칭 제어에 사용된다.

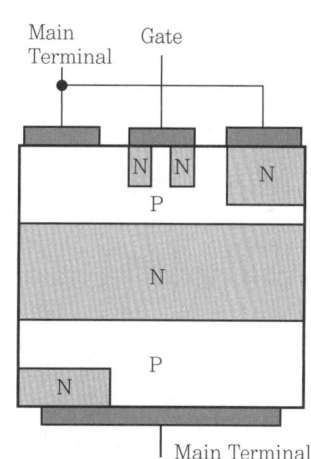
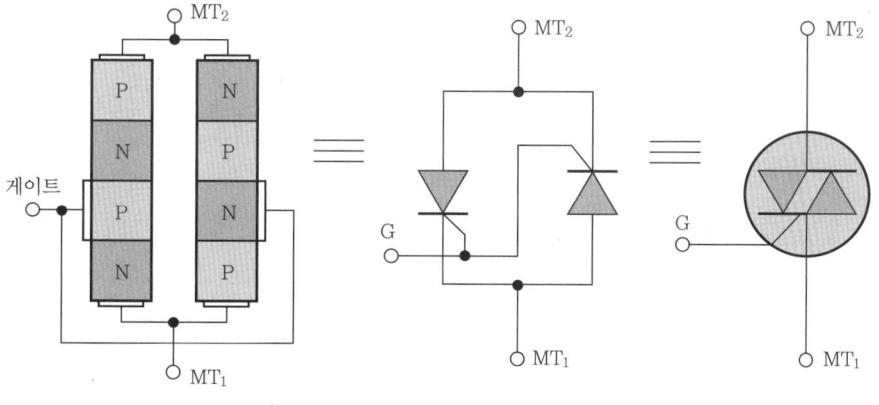

Physical Construction   Two-Thyristor Analogy   Circuit Symbol

16 저항기(Resistor)

일정한 전기 저항값을 얻는 목적으로 사용되는 전자부품으로 수동소자이다(일반적으로 저항이라고 한다). 저항기는 여러 방법으로 종류를 나누는데, 일반적으로 소모 가능한 최대 전력으로 분류한다. 저항기에 따라 최대 허용전력이 다른 것은 저항기에서 소모되는 전력이 열에너지로 전환되기 때문이다. 이 열에너지 때문에 저항기의 온도가 상승하는데, 허용온도를 초과하는 경우 저항기가 타버리게 된다. 전기회로용 부품으로 전류의 제한, 전압의 분압 등의 용도로 사용된다.

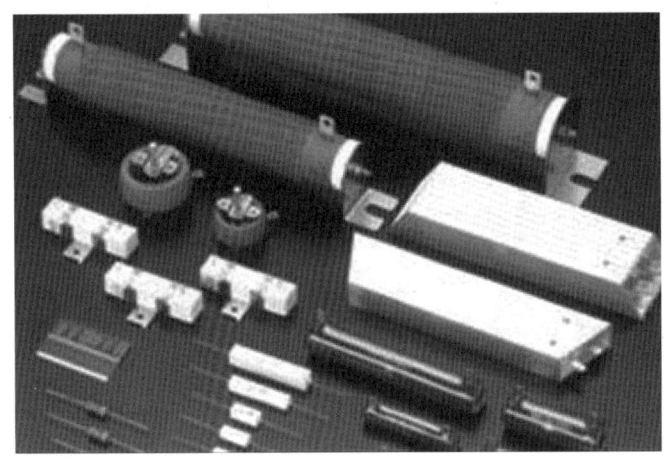

$$P = V \times I = \frac{V^2}{R} I^2 \times R$$

P = 저항기기에서 소모되는 전력
V = 저항기 양단에 걸린 전압
I = 저항기를 통해 흐르는 전류
R = 저항기의 저항

1. 저항기의 분류

① 고정 저항기
- 탄소피막 저항기
- 솔리드 저항기
- 권선 저항기
- 금속피막 저항기
- 어레이 저항기
- 시멘트 저항기

② 가변 저항기
- 가변 저항기
- 반고정 저항기

17 Resistor Color-Coding

1. 저항값 읽는 법: 컬러 코드는 금속피막 저항기, 산화금속피막 저항기, 탄소피막 저항기 등의 저항값 표시에 이용된다.
2. 컬러 코드 표: ICE(국제전기표준회의: International Electrotechnical Commission)에 의한 국제 규격으로 작은 소자에 저항값, 허용오차 등을 기술할 수 없어 색상으로 표시한 방법이다.

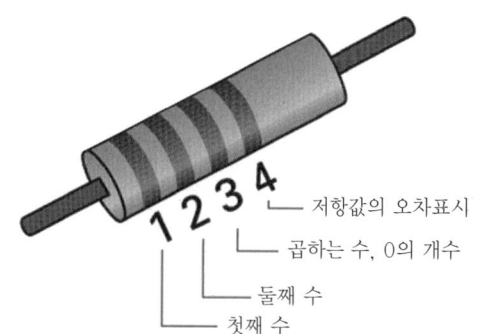

색	첫 번째 띠	두 번째 띠	세 번째 띠(단위)	네 번째 띠(오차)	열계수
검정	0	0	$\times 10^0$		
갈색	1	1	$\times 10^1$	±1%(F)	100ppm
빨강색	2	2	$\times 10^2$	±2%(G)	50ppm
주황색	3	3	$\times 10^3$		15ppm
노랑색	4	4	$\times 10^4$		25ppm
초록색	5	5	$\times 10^5$	±0.5%(D)	
파랑색	6	6	$\times 10^6$	±0.25%(C)	
보라색	7	7	$\times 10^7$	±0.1%(B)	
회색	8	8	$\times 10^8$	±0.05%(A)	
흰색	9	9	$\times 10^9$		
금색			$\times 0.1$	±5%(J)	
은색			$\times 0.01$	±10%(K)	
없음				±20%(M)	

색	첫 번째 띠	두 번째 띠	세 번째 띠	네 번째 띠(단위)	다섯번째 띠(오차)
검정	0	0	0	$\times 1$	
갈색	1	1	1	$\times 10^1$	±1%(F)
빨강색	2	2	2	$\times 10^2$	±2%(G)
주황색	3	3	3	$\times 10^3$	
노랑색	4	4	4	$\times 10^4$	
초록색	5	5	5	$\times 10^5$	±0.5%(D)
파랑색	6	6	6	$\times 10^6$	±0.25%(C)
보라색	7	7	7	$\times 10^7$	±0.1%(B)
회색	8	8	8	$\times 10^8$	±0.05%(A)
흰색	9	9	9	$\times 10^9$	
금색				$\times 0.1$	±5%(J)
은색				$\times 0.01$	±10%(K)
없음					±20%(M)

18 Types of Resistor

1. **탄소피막 저항기**: 카본 저항기(Carbon Film Resistor)라고 하며, 세라믹에 탄소를 열분해시켜 표면에 피막을 만들어 단자를 붙이고 일정 저항값이 되도록 표면에 나선형으로 홈을 파고 외부에 절연 처리를 한 저항기이다. 안정성은 보통이나 잡음 특성은 조금 나쁘지만 가격이 매우 저렴해서 많이 사용하고 있다.

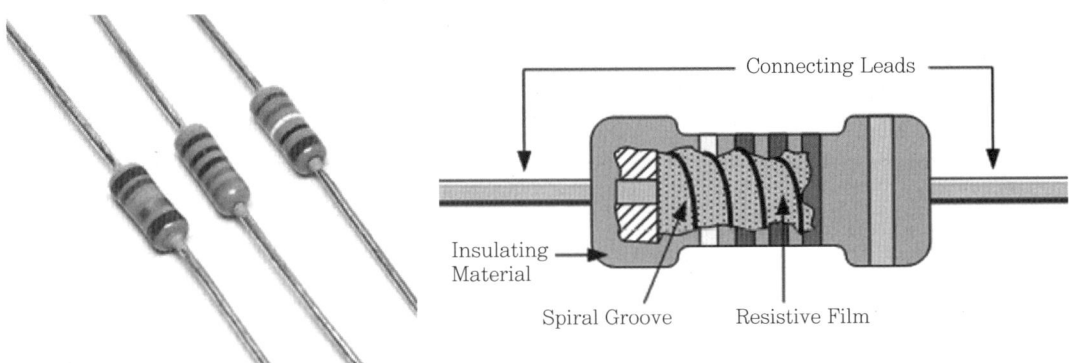

2. **솔리드 저항기**: 탄소체 저항기(Carbon Composition Resistor)라고도 한다. 구조는 탄소분말, 무기질 재료, 수지 등을 적당한 비율로 혼합해서 몰드로 외부를 씌워 단자를 붙인 것이다. 양산에 적합하고 값이 저렴하며 소형이라는 장점을 갖는다. 저항값의 정밀도가 나쁘고 저항 잡음이 크며 탄소피막 저항보다 성능이 떨어진다.

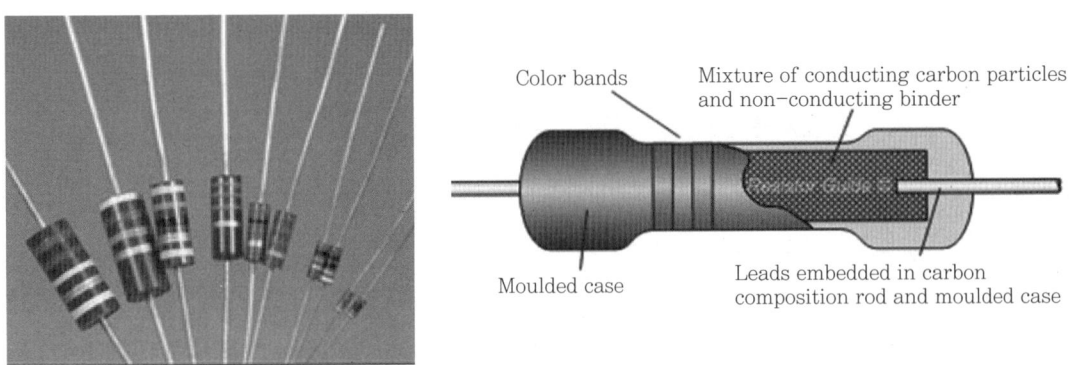

3. **권선 저항기**: Wire Wound Resistor라고 한다. 니켈-크로뮴계, 구리-니켈계, 구리-망가니즈계의 합금으로 가는 선을 만들어 세라믹 또는 합성수지에 감은 저항기로 큰 전류가 흐르는 부분에 사용한다. 다른 저항기에 비해 낮은 잡음, 작은 온도 계수, 높은 정밀도를 얻는 장점이 있으나, 높은 저항값으로 제작 불가능하며, 고주파 회로의 용도로는 적합하지 않은 단점이 있다. 주로 정밀

계기용으로 사용한다.

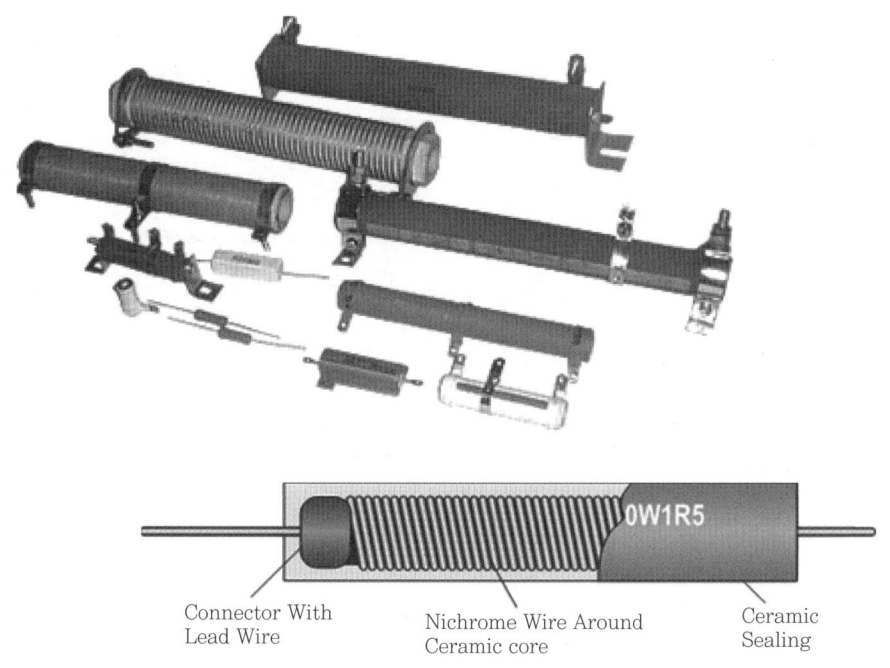

4. **금속피막 저항기**: Metallic Film Resistor라고 한다. 오차범위 1% 정도의 고정밀도 저항기이다. 알루미나계의 세라믹 기판에 니켈-크로뮴 합금 등을 증착시켜 만든 금속피막을 저항체로 사용한다. 성능은 권선 저항기에 가깝고 그보다 높은 저항값으로 만들 수 있다. 탄소피막 저항기보다 고가이다.

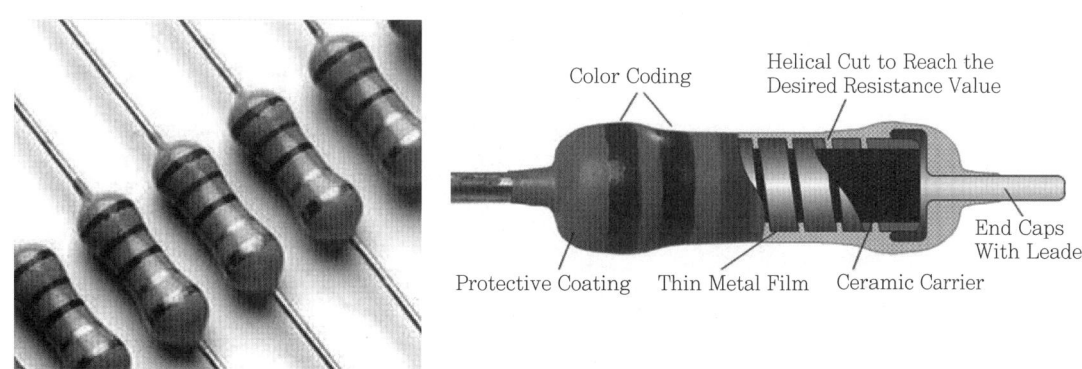

5. **어레이 저항기**: 집합 저항기(Array Resistor)라고 한다. 동일한 값의 저항이 여러 개 묶음으로 구성되어 있는 저항기로서 가격은 다소 비싸지만, PCB(프린팅 기판) 공간 활용적인 측면이나 작업성이 뛰어나 많이 사용하고 있다.

외관에 ● 표시가 있는 리드선 쪽이 COM 단자가 된다. 저항값은 숫자로 표시된다(ex. 331: 33× 10^1=330Ω).

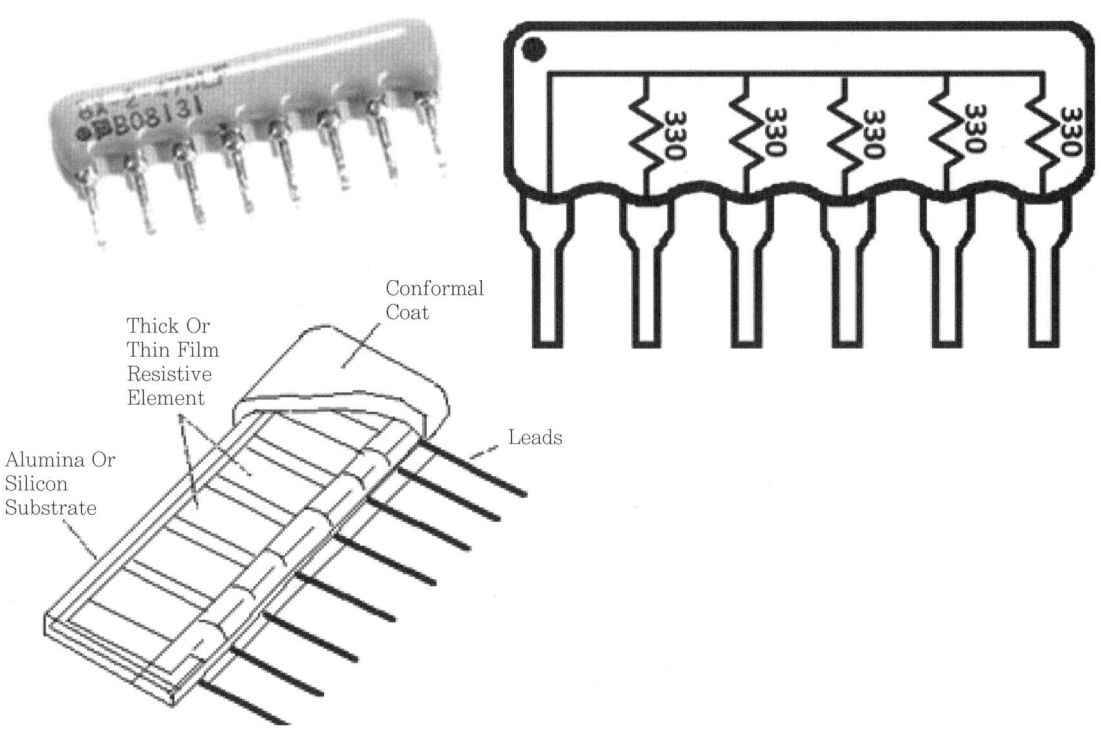

6. **시멘트 저항기**: Cement Resistor라고 한다. 권선 저항기 중 큰 소비 전력(2~20W)용으로 널리 사용된다. 저항체에 금속 저항선을 나선형으로 감아 세라믹 케이스에 넣어 시멘트를 충전한 것이다.

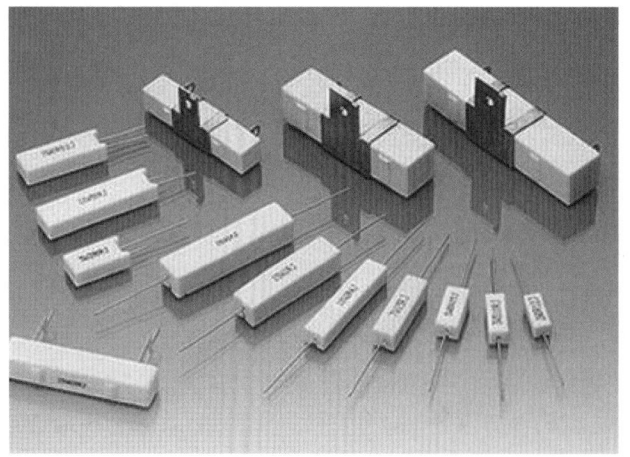

A: Ceramic Core E: Ceramic Shell
B: Alloy Lead   F: Lead
C: End Cap
D: High Stable Stuff

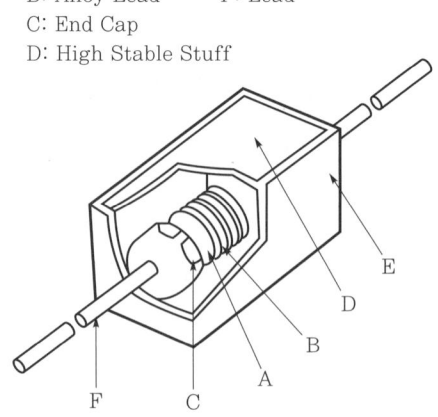

7. **가변 저항기**: Variable Resistor 또는 Potentiometer라고 한다. 회전축에 연결되어 있는 노브를 돌려가며 회전각을 변경시켜 저항값의 변화를 줄 수 있다. 일반적으로 가변 저항기는 3개 또는 5개의 리드선으로 구성되며, 저항에 걸리는 전압을 분압 또는 전류를 분류하는 데 사용하는 소자이다. 원형 타입과 슬라이드 타입이 있으며, 음량 조절 등에 사용된다.

Shaft Potentiometer

Precision Shaft Potentiometer

Trim Potentiometer

Slide Potentiometer

Linear Potentiometer

Hollow Shaft Potentiometer

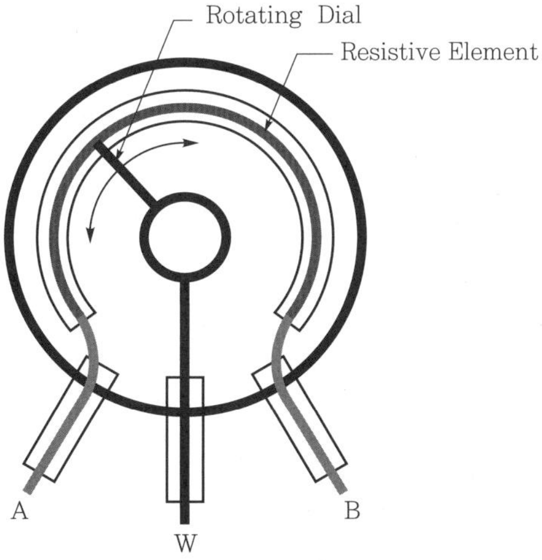

Rotating Dial
Resistive Element
A
W
B
Connection Leads

8. **반고정 저항기**: Semi-Variable Resistor 또는 Trimmer Potentiometer라고 한다. 가변 저항기와 동일하나 회전축에 (+) 또는 (−) 드라이버를 사용하여 회전각을 변화시켜 저항값을 변경한다. 카본 타입에 3개의 리드선으로 구성되었으며 값이 저렴하여 널리 이용된다. 가변 저항기처럼 저항값을 변화시킬 수 있으나 조정한 값을 변화시키지 않는 곳에 사용한다.

9. 저항값 표시: 고정 저항기와 다르게 컬러 코드가 아닌 숫자로 표시한다.

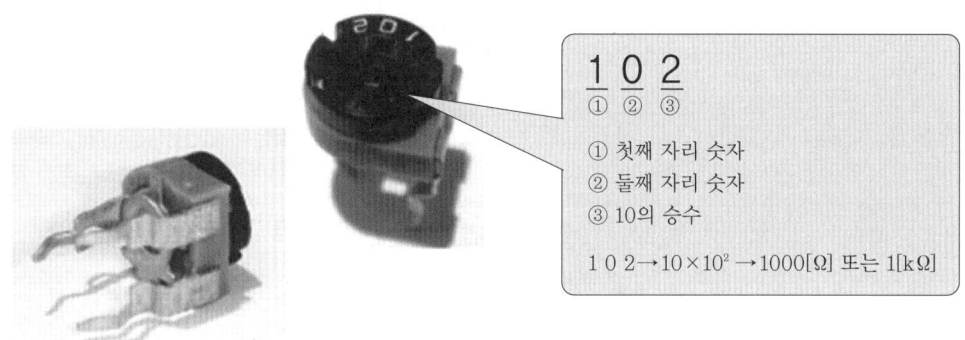

10. 션트(Shunt) 저항기: 분류기라고도 하며, DC 전류를 측정할 때 응용하는 저항으로 매우 낮은 저항값($0.2m\Omega$)을 갖는다. 전류값이 매우 커서 메타로 측정 불가 시 측정하고자 하는 회로에 션트 저항을 연결하여 양단에 걸리는 전압을 측정하여 옴의 법칙($V=IR$)을 이용해서 전류값을 측정할 수 있다.

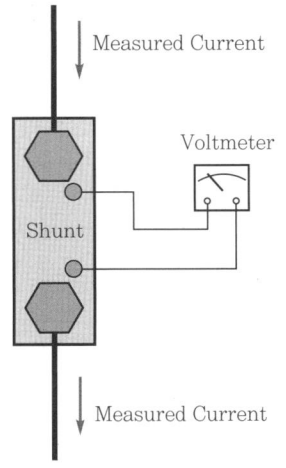

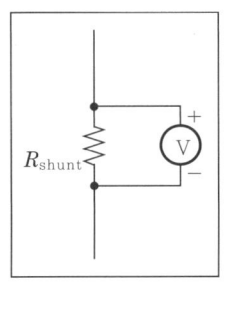

19 릴레이(Relay)

1. **개요**: 1835년 미국의 물리학자 죠세프 헨리(Joseph Henry)가 발명하였으며, 계전기라고 한다. 동작 스위치, 물리량, 전력기기 등의 상태에 따라 제어 또는 전원용 전력으로 출력하는 전력기기이다. 유선 전신의 전송로의 전기저항에 의해 약해진 신호를 중계하기 위한 것으로, 소전력을 입력해서 대전력 on/off를 제어할 수 있다. 감전 방지 등의 안전성, 설치의 자유도, 원격조작 등의 조작성, 조작의 확실성으로 광범위하게 사용된다.

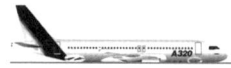

2. **구조**: 전자 릴레이(Electromagnetic Relay)는 전자석에 의해 접점을 물리적으로 움직여 개폐하는 계전기이며, 특징으로는 소비전력이 크고, 동작이 느리고, 과전압·과전류에 강하고 고주파 제어가 가능하다.

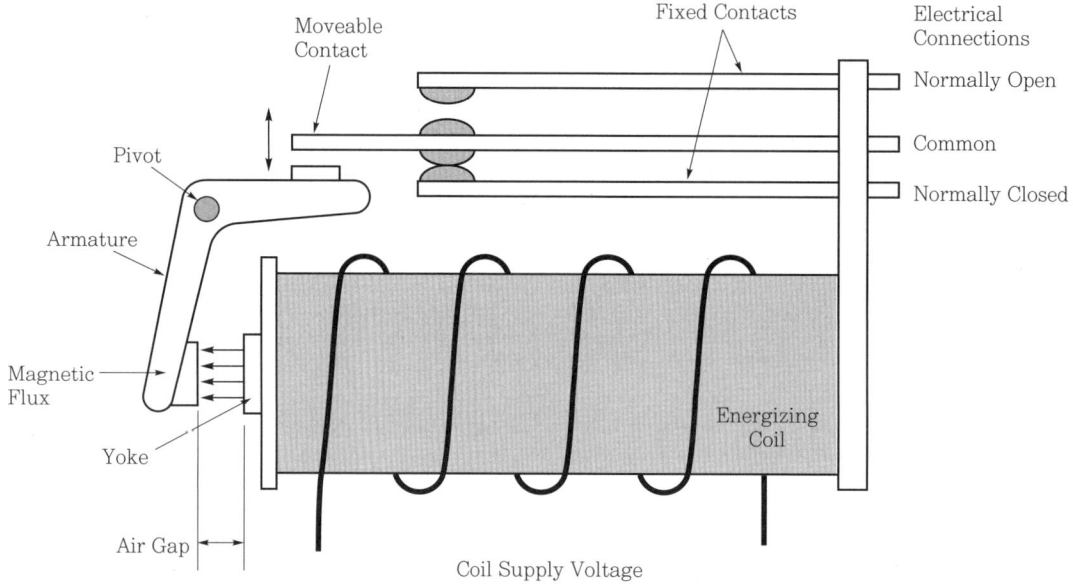

20 접점(Contact)

1. **접점**: 릴레이의 각 접점에는 명칭이 정해져 있고, 회로도 상의 기호에 맞게 접점을 연결해야 한다.

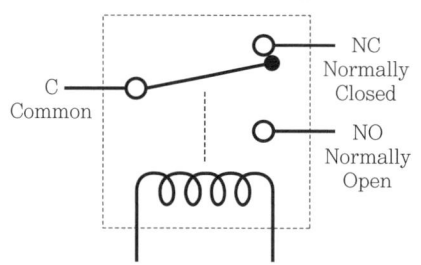

명칭	의미	해석
X1	Power	전원단자
X2	Ground	접지단자
COM	Common	공통단자
NC	Normal Close	작동 전에 닫혀있는 접점
NO	Normal Open	작동 전에 열려있는 접점

제6장 전자부품

2. 회로도에 맞추어 필요한 Relay를 선택하여 사용하고, 각 Relay의 pin 수에 따른 각 접점 위치는 상이해서 바르게 연결해야 한다.

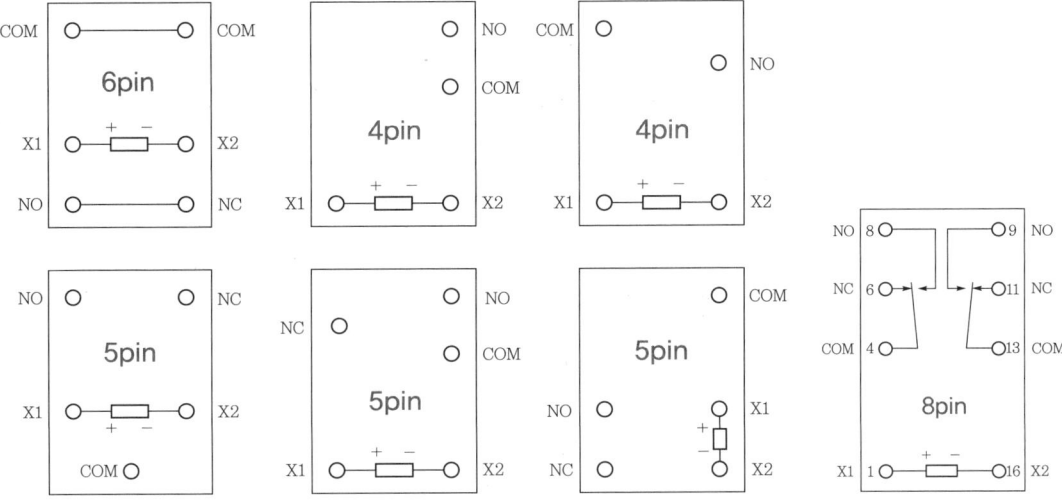

21 Cut-off Counter Electromotive Force

Flyback Diode(환류 다이오드): 스위칭 회로 등에서 관성소자(인덕터)에 축적된 자기 에너지를 스위치의 개방 시에 원활하게 전원으로 반환, 혹은 소산할 수 있도록 유도하기 위한 바이패스에 사용되는 다이오드를 말한다. 코일에 전류를 흘려주다가 전류를 끊게 되면 코일에 남아 있는 에너지가 역으로 흐르게 되어 역기전력이 발생한다. 역기전력의 전압은 $L \times dI/dT$로, 인덕터값과 전류변화에 비례하고 시간변화에 반비례하는데, 이때 전류를 끊어주는 시간은 거의 0에 가깝기 때문에 역기전력은 수천~수만[V]가 발생할 수 있어 코일을 구동하는 드라이브장치나 TR 등이 역기전력으로 인해 파괴될 수 있기 때문에 코일과 병렬연결로 V_{cc}에 역방향으로 다이오드를 넣어 역기전력이 V_{cc}쪽으로 흡수 또는 다이오드 쪽으로 유도하여 전류를 감소시켜 만들어 기기를 보호하거나 릴레이 코일의 수명을 유지시킨다(Free Wheeling Diode라고도 부른다).

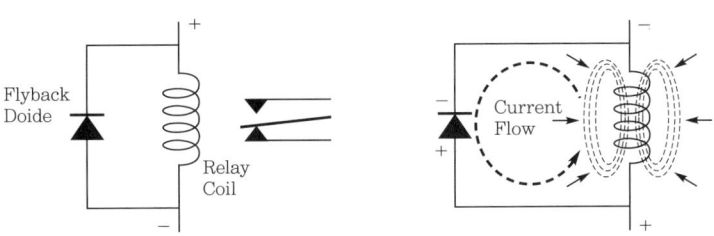

22 스위치(Switch)

개폐기라고 하며, 구조는 접점과 동작시키는 기구로 되어 있다.
① on/off 기능: 회로를 닫아서 전기를 흐르게 하거나 열어서 차단한다.
② 전환 기능: 전기의 흐름을 바꾸어 회로를 컨트롤한다.

23 스위치 종류

① P(Pole): 회로에 연결되어 있는 극
② T(Throw): 접속 또는 전환되는 라인
③ S(Single): 라인 수
④ D(Double): 라인 수

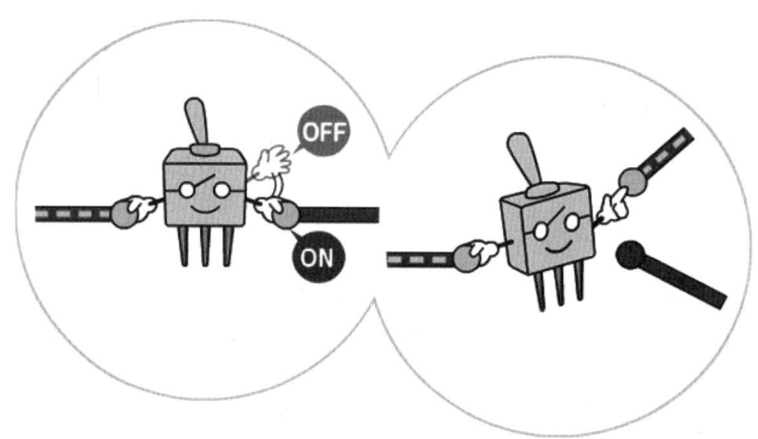

SPST   SPDT   DPST   DPDT

24 푸시 버튼 스위치(Push Button Switch)

하나의 버튼으로 on/off의 기능을 수행하는 스위치이다. 누르면 on, 또 다시 누르면 off가 되거나, 누르고 있으면 on, 놓으면 off가 되는 방식이 있다. 항공기 계기 패널(Instrument Panel)에 많이 사용되며 조종사가 쉽게 식별할 수 있게 되어 있다.

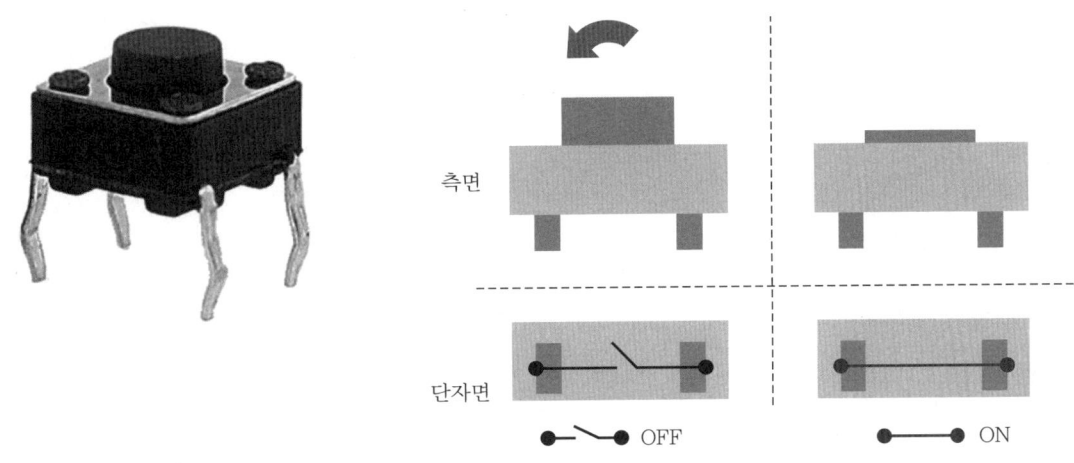

25 슬라이드 스위치(Slide Switch)

레버의 방향에 있는 접점이 연결되는 스위치이다. 3pin 이상의 스위치 사용 시 공통(COM) 단자에 주의해서 사용한다.

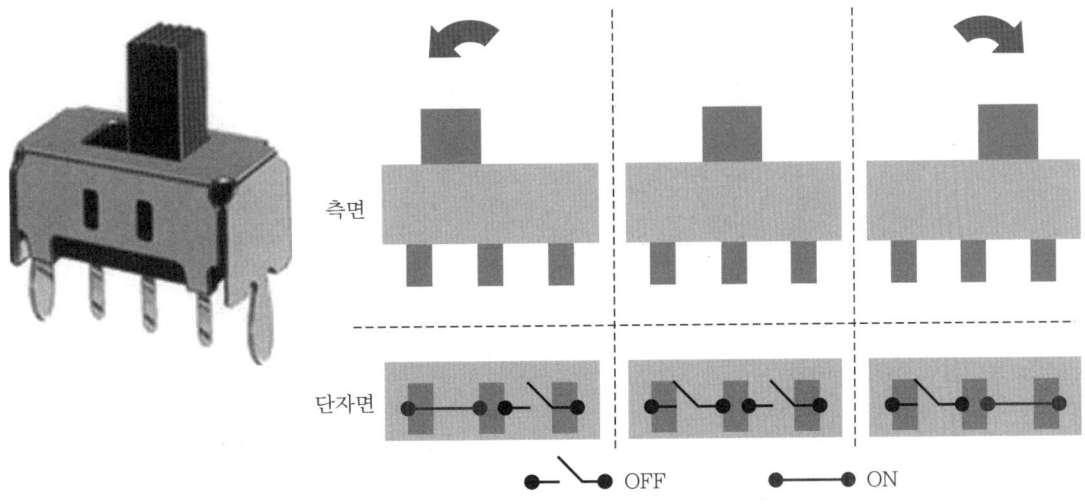

26 토글 스위치(Toggle Switch)

레버의 방향과 반대에 있는 접점이 연결되는 스위치이다(슬라이드 스위치와 반대로 동작). 3pin 이상의 스위치 사용 시 공통(COM) 단자에 주의해서 사용한다. 항공기에서 가장 많이 사용되고, 동작 부분이 노출되지 않도록 케이스에 보호되어 있다.

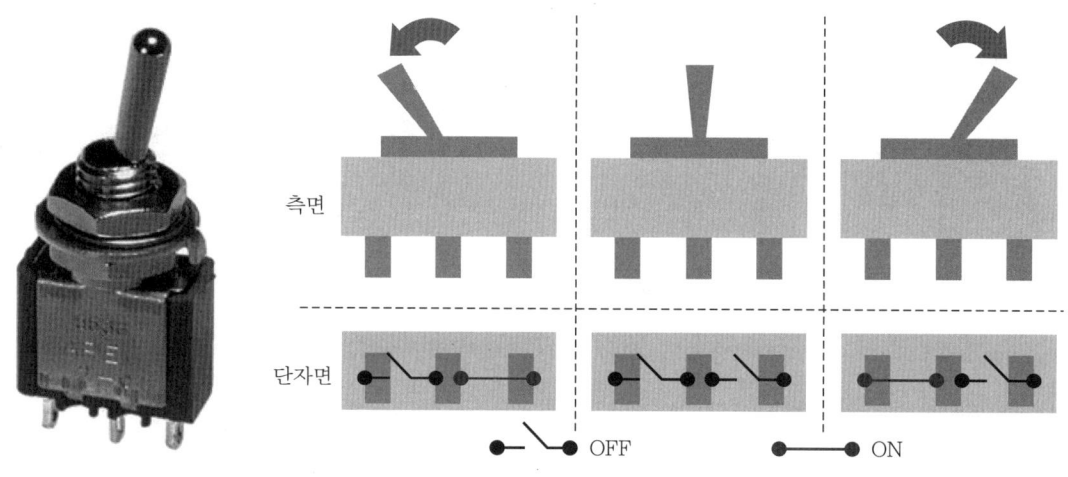

27 트랜스포머(Electric Transformer)

통상적으로 변압기라고 하며, Voltage Converter라고도 한다. 교류전력의 전압의 크기를 전자기 유도 현상을 이용하여 변환하는 전력기기 또는 전자부품이다(전압뿐만 아니라 전류도 변화한다). 교류전압의 변환(변압), 임피던스 매칭(출력과 입력 임피던스를 동일하게 맞춤) 등에 이용한다.

1. **원리**: 철심의 양쪽에 각각 코일을 감은 후 한쪽에는 전원을 연결하고, 다른 한쪽에는 부하를 연결한다. 전원을 연결한 코일에 전류가 흐르면 코일과 철심에 자기장이 형성된다. 전원에서 공급되는 전류가 시간에 따라 변하면 자기장의 크기 또한 같이 변한다. 그리고 철심을 통해 자기장이 전달되어 반대편 코일을 통과하는 자기장의 세기도 시간에 따라 변한다. 반대편 코일에는 전자기 유도로 기전력이 생기고 유도 전류가 흘러 부하에 공급된다.

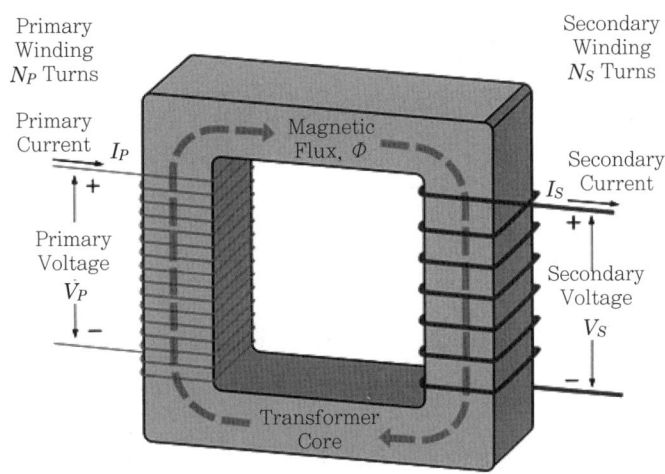

2. **권선비(Turn Ratio)**: 코일의 감은 수와 유도전압 및 유도전류와의 관계이다. 전원이 연결된 쪽의 코일을 1차 코일이라 하고, 코일이 감긴 수를 N_P, 걸린 전압을 V_P라 한다. 그리고, 반대편 코일을 2차 코일이라 하고, 코일이 감긴 수를 N_S, 유도된 전압을 V_S라 한다.

이 때 2차 전압의 크기는 패러데이의 법칙에 따라 코일이 감긴 수의 상대적인 비율에 의해 정해진다. 열 손실을 무시한다면 에너지 보존의 법칙에 의해 1차 코일로 들어간 전력은 2차 코일로 나가는 전력과 같다. 1차 코일에 흐르는 전류를 I_P, 2차 코일에 유도된 전류를 I_S라고 하면, 전력은 전압과 전류의 곱으로 얻어지므로, 유도전류 I_S를 구할 수 있다.

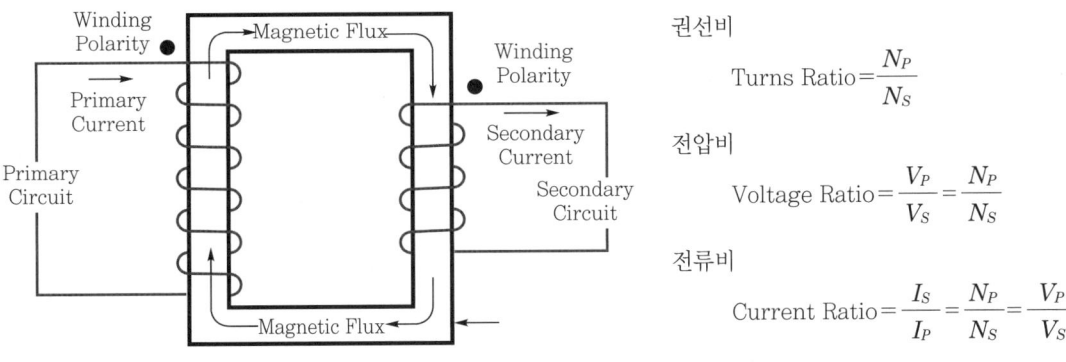

권선비
$$\text{Turns Ratio} = \frac{N_P}{N_S}$$

전압비
$$\text{Voltage Ratio} = \frac{V_P}{V_S} = \frac{N_P}{N_S}$$

전류비
$$\text{Current Ratio} = \frac{I_S}{I_P} = \frac{N_P}{N_S} = \frac{V_P}{V_S}$$

28 Type of Transformer

권선 및 철심에 따른 변압기의 분류이다.

1. **내철형 변압기(Core Type Transformer)**: 철심을 권선으로 감싼 변압기로서, 1차 및 2차 권선을 각각 2분하여 양쪽에 감은 모양으로 누설 자속을 감소시키는 것이 특징이며, 구조상으로 다른 것에 비해 절연하기 쉽다.
2. **외철형 변압기(Shell Type Transformer)**: 권선 바깥쪽에 철심이 루프를 이루고 있는 변압기이다.

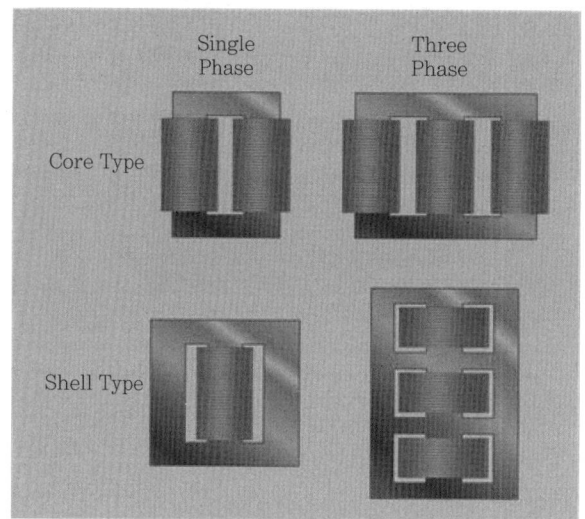

제7장 측정기기

1. 멀티미터(Multi-Meter)
2. 멀티미터의 구조
3. Type of DMM
4. 멀티미터의 기호
5. 저항 측정
6. 전압 측정
7. 전류 측정
8. 다이오드의 불량 검사
9. LED의 불량 검사
10. Division of BJT
11. Contact of Switch
12. 릴레이의 접점 찾기
13. 절연저항계(Megger)
14. 절연저항(Insulation Resistance)
15. 권선저항 측정
16. Malfunction
17. 오실로스코프(Oscilloscope)
18. Type of Oscilloscope
19. Structure of Oscilloscope
20. 프로브 보정
21. Measuring Oscilloscope

1. 멀티미터(Multi-Meter)

멀티 테스터 또는 볼트-옴 미터(VOM)라고 하며, 여러가지의 측정 기능을 결합한 전자 계측기이다. 전압, 전류, 전기저항을 측정하는 기능은 기본적이며, 기기에 따라 기타 측정 기능이 추가된다. 또한, 선로나 회로가 고장이 있는지 2곳의 접점을 연결하여 도통 체크도 한다. 아날로그 멀티미터(Analogue Multimeters)와 디지털 멀티미터(Digital Multimeters: DMM 또는 DVOM)가 있다.

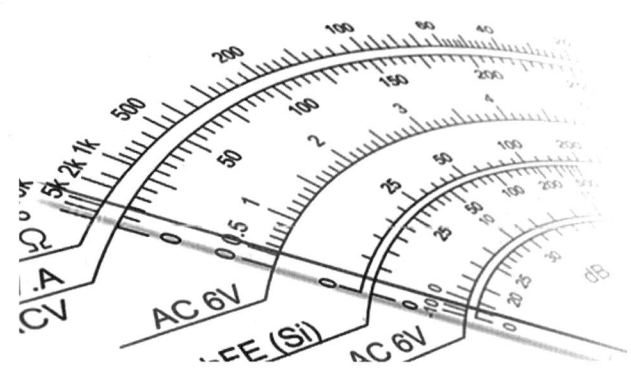

2. 멀티미터의 구조

아날로그 또는 디지털 멀티미터 모두 기본 구조는 동일하다. 저항, 전류, 전압을 측정할 수 있는 실렉터 다이얼이 있고, +(빨강) 리드선과 -(검정) 리드선을 회로 또는 전기소자에 접촉시켜 측정한다. 아날로그와 디지털의 차이점은 바늘에 의한 지시값, LCD 액정에 의한 지시값이다. 아날로그 멀티미터는 오차가 발생하고, 저항 측정 시 리드선의 색과 극성이 반대가 된다.

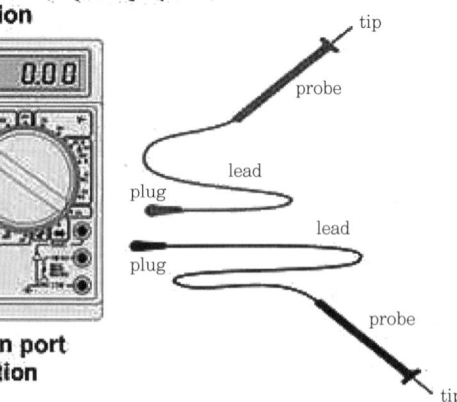

3 Type of DMM

디지털 멀티미터의 종류에는 선택식과 자동식이 있다. 선택식은 저항, 전류, 전압 내에 측정범위를 선택하여 측정하는 것이고, 자동식은 저항, 전류, 전압의 측정범위 없이 바로 측정할 수 있어 편리하다.

There are 2 styles of multimeters

Switched
Manually switch between ranges to get most accurate reading.

Auto Range
Switches between ranges automatically for best reading.

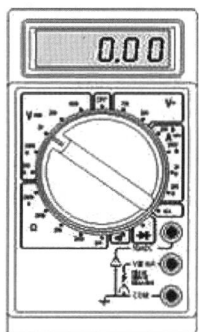
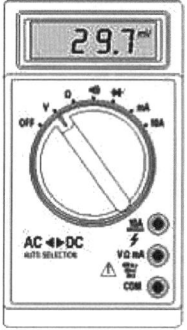

Both of these styles work the same

4 멀티미터의 기호

측정하고자 하는 종류에 따라 각각의 기호로 표시되어 있다. AC와 DC 측정 시 항목을 잘못 선택하면 파손의 우려가 있다.

Common DMM Symbols

기호	의미	기호	의미
~	AC Voltage	⏚	Ground
-----	DC Voltage	⊣⊦	Capacitor
Hz	Hertz	μF	Micro Farad
+	Positive	μ	Micro
—	Negative	m	Milli
Ω	Ohms	M	Mega
⊸⊷	Diode	K	Kilo
•)))	Audible Continuith	OL	Overload

These symbols are often found on multimeter and schematics.
They are designed to symbolize components and reference values.

5 저항 측정

① 2개의 Lead 선을 손이 닿지 않게 겹친 후 0Ω ADJ 다이얼을 돌려 0Ω 조정을 해준다(디지털 멀티미터는 0Ω 조정 불필요).
② 측정하고자 하는 Load(부하)와 병렬연결시킨다.(반드시 전원 차단 또는 단선 후 측정).

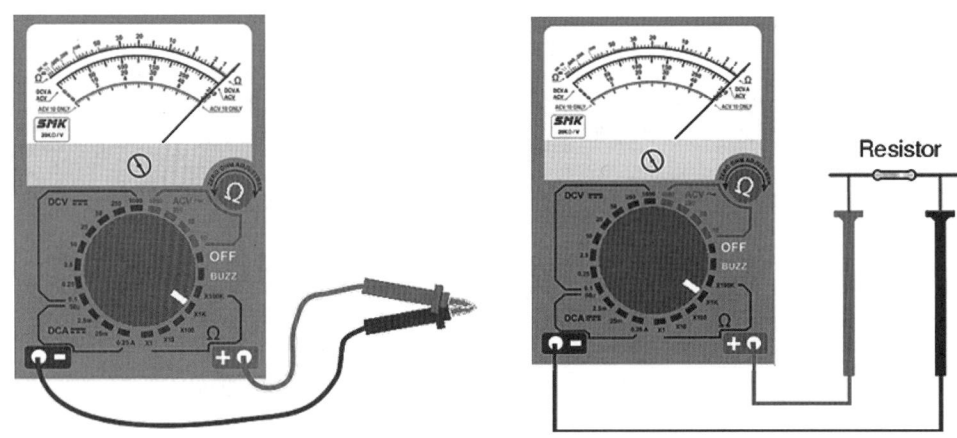

③ 낮은 배율(×1)부터 큰 배율(×10K) 순으로 바꾸며, 읽기 쉬운 배율에 놓는다(바늘이 스케일의 중앙 정도 위치).
④ 측정값에 배율을 곱하면 저항값이 나온다.

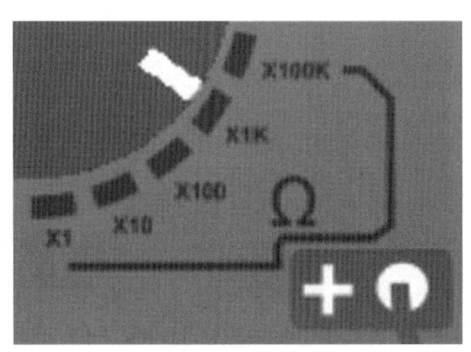

6 전압 측정

① 측정하고자 하는 회로 또는 Load(부하)와 병렬연결시킨다.
② 회로에 전원을 인가하여 전압을 걸어준다.

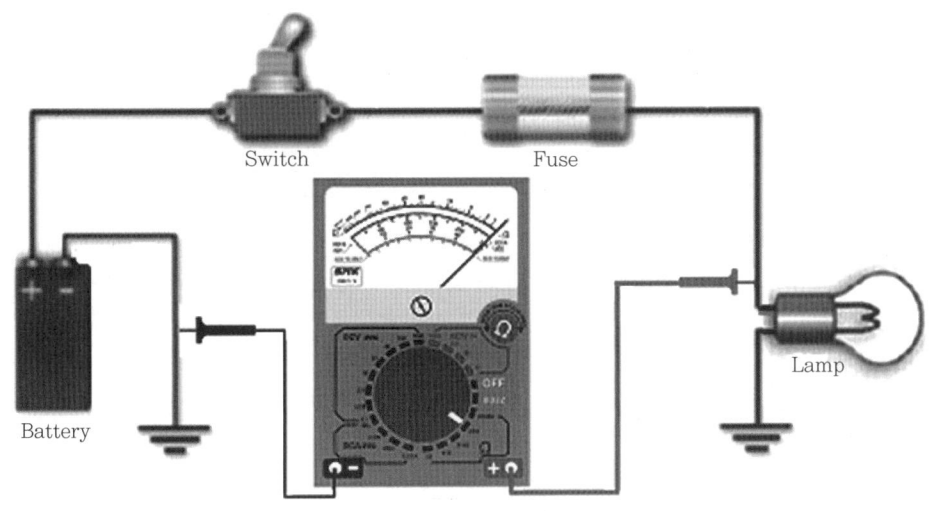

③ 측정하고자 하는 전압이 AC(교류) 또는 DC(직류)인지 확인하고 실렉터를 맞게 조정한다.
④ 큰 배율부터 낮은 배율 순으로 바꾸며 실렉터의 배율과 눈금의 배율을 비교하여 측정값을 읽는다.

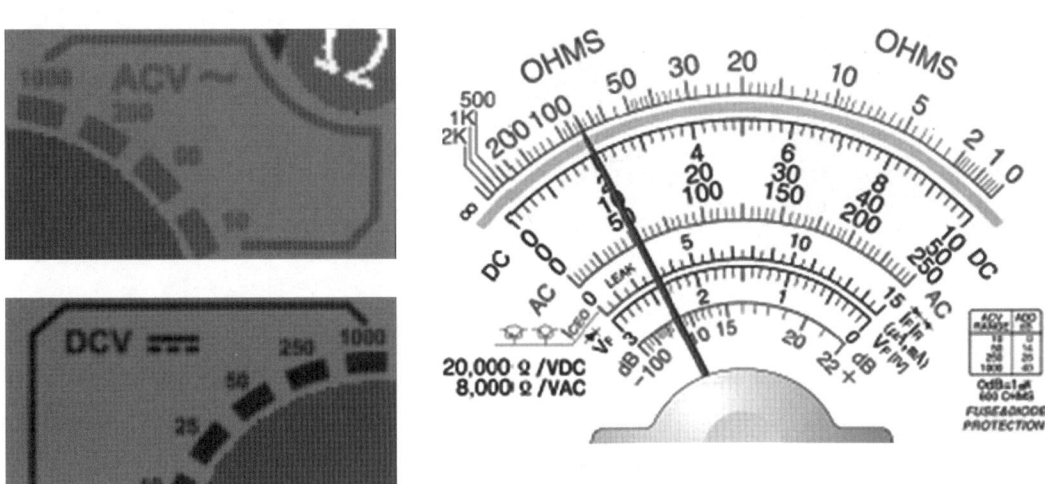

7 전류 측정

① 전자기기 또는 회로의 전원을 차단한다.
② 측정하고자 하는 Load(부하)와 반드시 직렬연결시킨다(쇼트 주의).

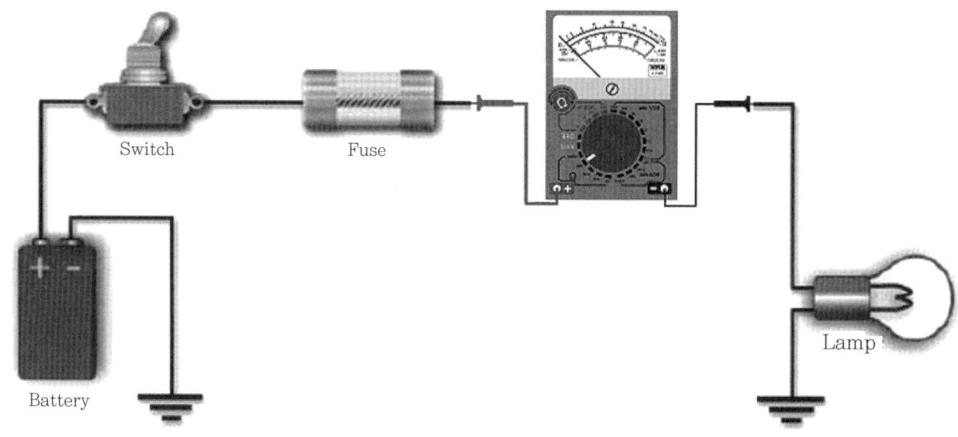

③ 전자기기 또는 회로의 전원을 넣어 전압을 인가한다.
④ 큰 배율부터 낮은 배율 순으로 바꾸며 실렉터의 배율과 눈금의 배율을 비교하여 측정값을 읽는다.

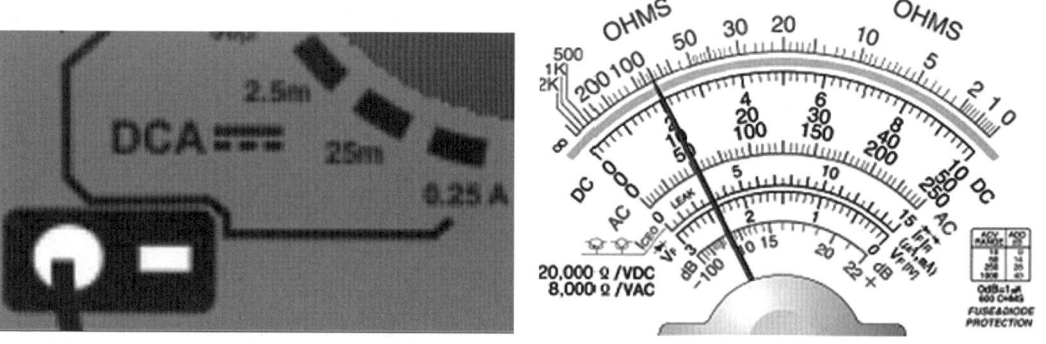

8 다이오드의 불량 검사

1. **아날로그 멀티미터**: 실렉터를 저항 ×10 위치에 놓고, 다이오드의 양쪽 단자를 번갈아 가며 측정한다. 정방향(다이오드 (+)단자와 검정 리드선을 접촉)의 경우, 낮은 저항값이 표시되며, 역방향(다이오드 (+)단자와 빨강 리드선을 접촉)의 경우, 무한대의 저항값이 표시되면 정상인 부품이다. 어느 조건도 맞지 않으면 불량인 부품이다.

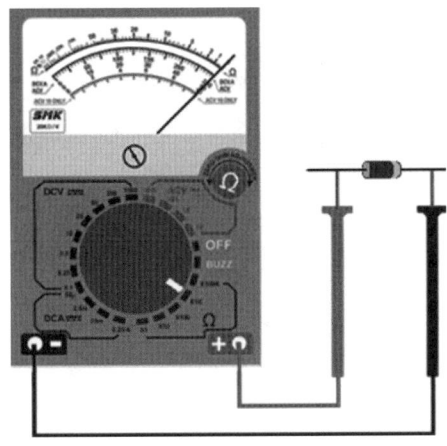

2. **디지털 멀티미터**: 실렉터를 다이오드 마크 위치에 놓고, 다이오드의 양쪽 단자를 번갈아 가며 측정한다. 정방향(다이오드 (+)단자와 빨강 리드선을 접촉)의 경우, 낮은 전압값이 표시되며, 역방향(다이오드 (+)단자와 검정 리드선을 접촉)의 경우, 1 또는 OL(Over Load) 값이 표시되면 정상인 부품이다. 어느 조건도 맞지 않으면 불량인 부품이다.

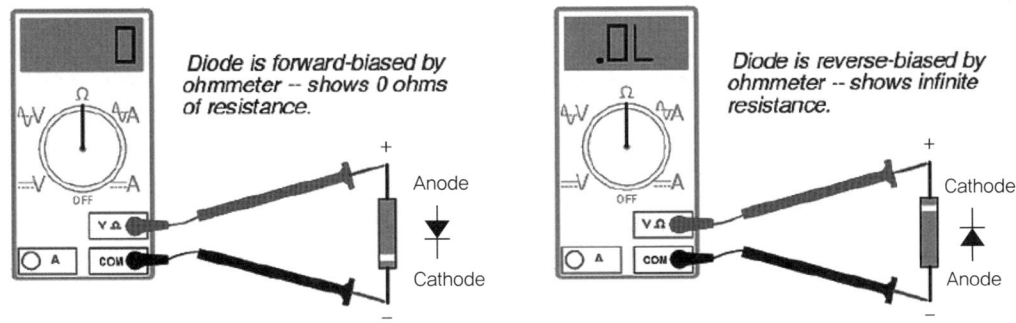

9 LED의 불량 검사

1. 아날로그 멀티미터: 실렉터를 저항 ×1 위치에 놓고, LED의 양쪽 단자를 번갈아 가며 측정한다. 정방향(LED (+)단자 또는 리드선의 길이가 긴 쪽과 검정 리드선을 접촉)의 경우, LED가 ON이 되며, 역방향(LED (+)단자 또는 리드선의 길이가 긴 쪽과 빨강 리드선을 접촉)의 경우, LED가 OFF가 되면 정상인 부품이다. 어느 조건도 맞지 않으면 불량인 부품이다.

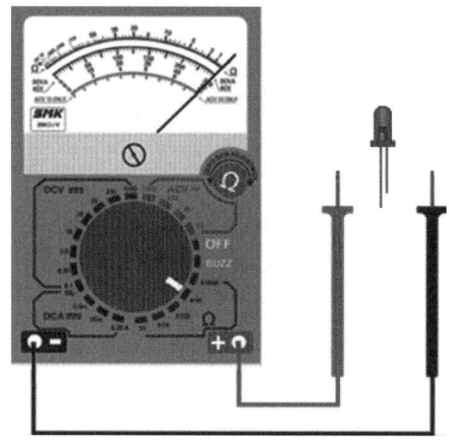

2. 디지털 멀티미터: 실렉터를 다이오드 마크 위치에 놓고, LED의 양쪽 단자를 번갈아 가며 측정한다. 정방향(LED (+)단자 또는 리드선의 길이가 긴 쪽과 빨강 리드선을 접촉)의 경우, LED가 ON이 되며, 역방향(LED (+)단자 또는 리드선의 길이가 긴 쪽과 검정 리드선을 접촉)의 경우, LED가 OFF가 되면 정상인 부품이다. 어느 조건도 맞지 않으면 불량인 부품이다.

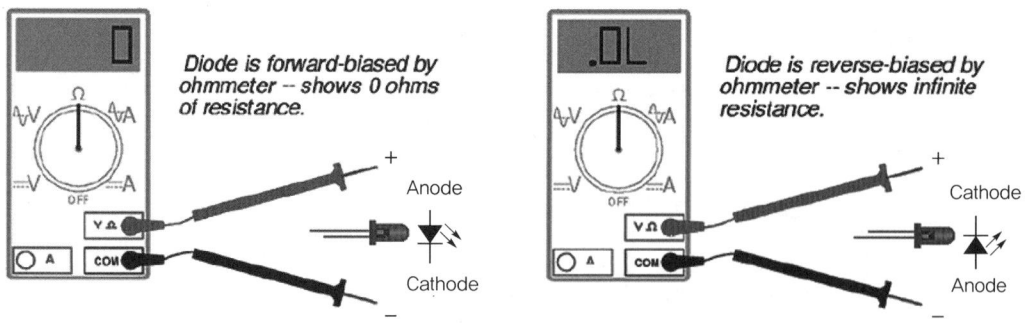

10 Division of BJT

1. BJT 판별: BJT는 데이터 코드의 영문 기호를 보고 종류를 판별할 수 있다.

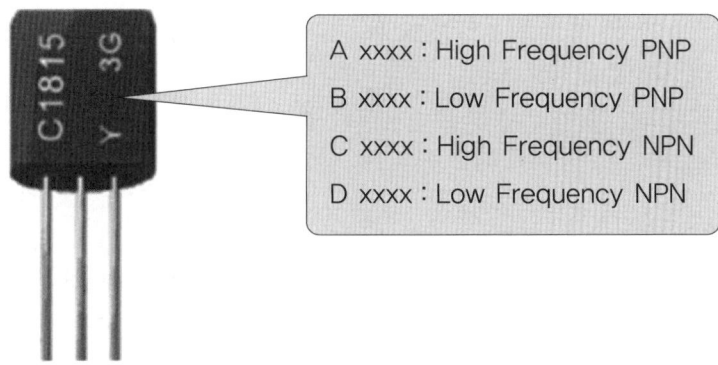

A xxxx : High Frequency PNP
B xxxx : Low Frequency PNP
C xxxx : High Frequency NPN
D xxxx : Low Frequency NPN

2. 아날로그 멀티미터 NPN 판별
   ① 실렉터를 저항 ×10 위치에 놓는다.
   ② 검정 리드선을 임의 단자에 놓고 빨강 리드선을 나머지 양쪽에 번갈아 접촉시키면서 저항값 변화를 확인한다.
   ③ 낮은 저항값이 나올 때 검정 리드선에 공통적으로 접촉된 단자가 Base가 된다.
   ④ 실렉터를 저항 ×10K 위치에 놓는다.
   ⑤ Base 단자를 제외한 두 단자에 검정 리드선과 빨강 리드선을 번갈아 접촉시키면서 저항값 변화를 확인한다.
   ⑥ 낮은 저항값이 나올 때 검정 리드선에 접촉된 단자가 Emitter가 된다.

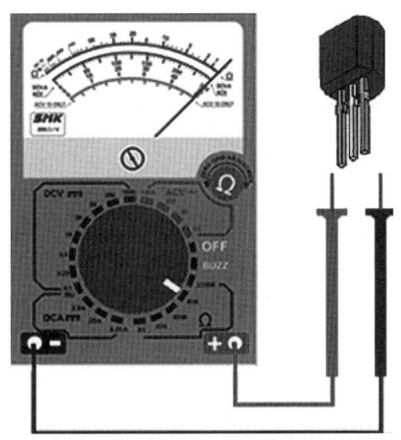 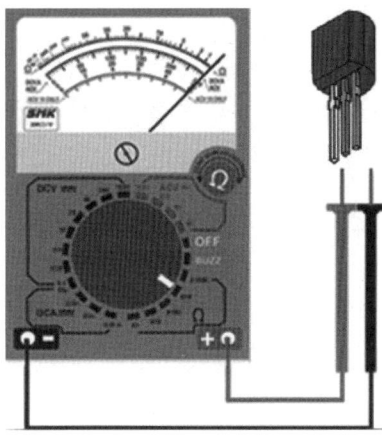

3. 아날로그 멀티미터 PNP 판별

① 실렉터를 저항 ×10 위치에 놓는다.
② 빨강 리드선을 임의 단자에 놓고 검정 리드선을 나머지 양쪽에 번갈아 접촉시키면서 저항값 변화를 확인한다.
③ 낮은 저항값이 나올 때 빨강 리드선에 공통적으로 접촉된 단자가 Base가 된다.
④ 실렉터를 저항 ×10K 위치에 놓는다.
⑤ Base 단자를 제외한 두 단자에 검정 리드선과 빨강 리드선을 번갈아 접촉시키면서 저항값 변화를 확인한다.
⑥ 낮은 저항값이 나올 때 빨강 리드선에 접촉된 단자가 Emitter가 된다.

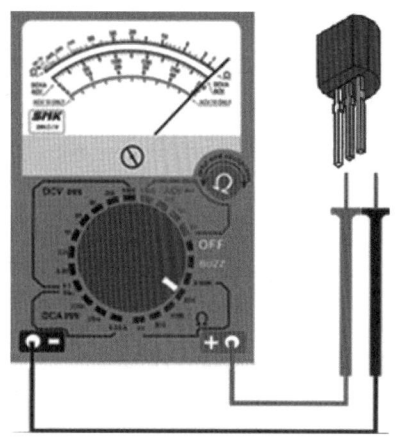 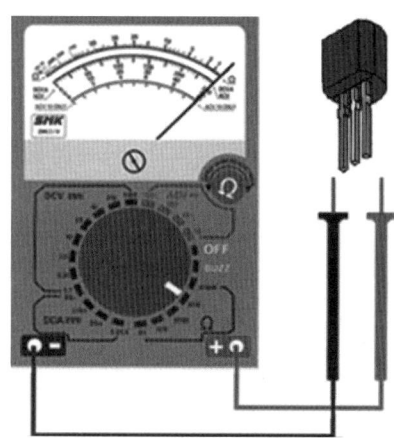

4. 디지털 멀티미터 NPN 판별

① 실렉터를 다이오드 마크가 있는 위치에 놓는다.
② 검정 리드선을 임의 단자에 놓고 빨강 리드선을 나머지 양쪽에 번갈아 접촉시키면서 전압값 변화를 확인한다.
③ 낮은 전압값이 나올 때 빨강 리드선에 공통적으로 접촉된 단자가 Base가 된다.
④ 나머지 2개의 단자 중 약간 높은 전압값이 나왔을 때 검정 리드선에 접촉된 단자가 Emitter가 된다.

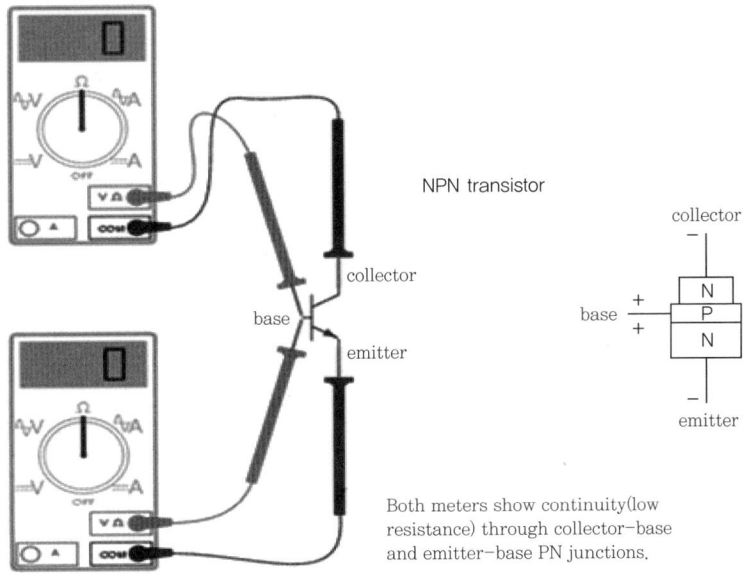

5. 디지털 멀티미터 PNP 판별

① 실렉터를 다이오드 마크가 있는 위치에 놓는다.

② 검정 리드선을 임의 단자에 놓고 빨강 리드선을 나머지 양쪽에 번갈아 접촉시키면서 전압값 변화를 확인한다.

③ 낮은 전압값이 나올 때 검정 리드선에 공통적으로 접촉된 단자가 Base가 된다.

④ 나머지 2개의 단자 중 약간 높은 전압값이 나왔을 때 빨강 리드선에 접촉된 단자가 Emitter가 된다.

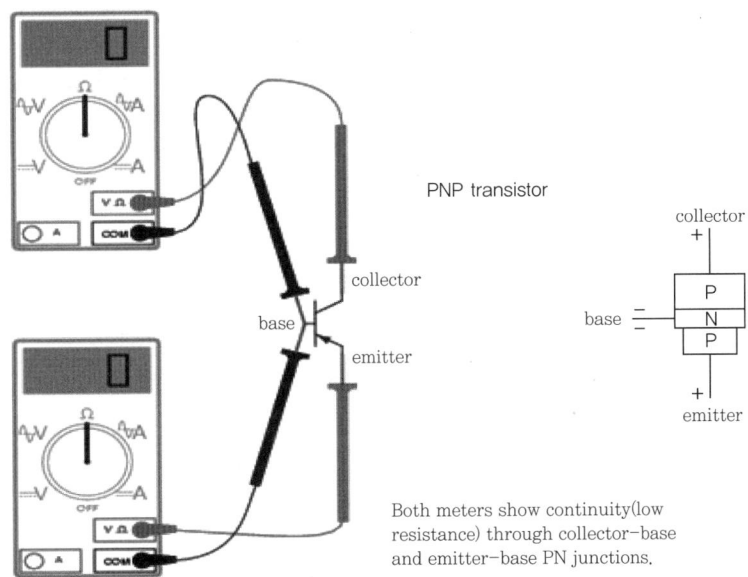

11 Contact of Switch

1. Push Button S/W의 접점 찾기
   ① 우선 스위치의 작동 상태에 대해서 알아야 한다. 통상적으로 누르지 않으면 OFF, 누르면 ON 상태가 된다(반대인 경우도 있다).
   ② 누르지 않아 OFF 상태라면, 전류가 흐르지 않아 ∞값을 나타낸다.
   ③ 눌러서 ON 상태라면, 전류가 흐르게 되어 낮은 저항값을 나타낸다.
   ④ 양방향 모두 ON 상태가 되었을 때 공통적으로 연결된 접점을 COM 단자라 한다(3pin S/W 이상).

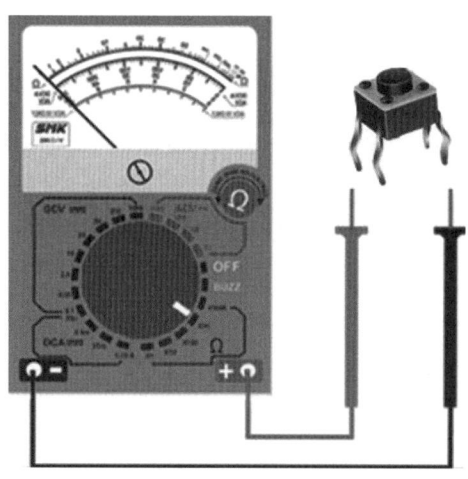
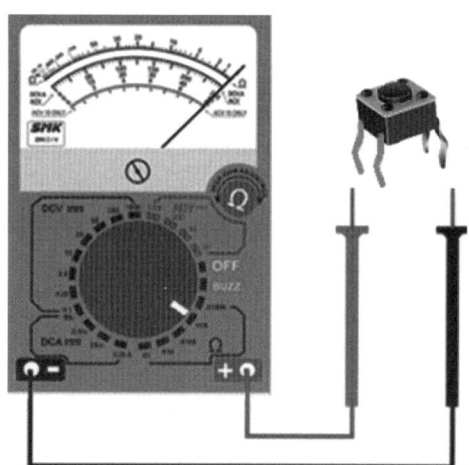

2. Slide S/W의 접점 찾기
   ① 우선 스위치의 작동 상태에 대해서 알아야 한다. 통상적으로 슬라이드시킨 방향으로 접점이 연결된다.
   ② 슬라이드 된 방향에 연결된 2개의 접점은 ON 상태가 되므로 전류가 흐르게 되어 낮은 저항값을 나타낸다.
   ③ 슬라이드 된 방향에 연결되지 않은 접점은 OFF 상태가 되므로 전류가 흐르지 않아 ∞값을 나타낸다.
   ④ 양방향 모두 ON 상태가 되었을 때 공통적으로 연결된 접점을 COM 단자라 한다(3pin S/W 이상).

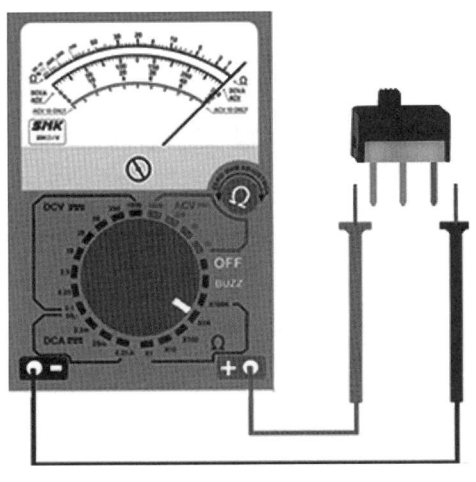 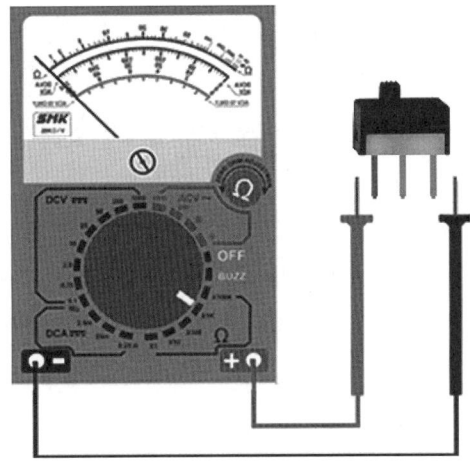

3. Toggle S/W의 접점 찾기

① 우선 스위치의 작동 상태에 대해서 알아야 한다. 통상적으로 슬라이드시킨 반대 방향으로 접점이 연결된다.

② 슬라이드 된 방향에 연결된 2개의 접점은 OFF 상태가 되므로 전류가 흐르지 않아 ∞값을 나타낸다.

③ 슬라이드 된 방향에 연결되지 않은 접점은 ON 상태가 되므로 전류가 흐르게 되어 낮은 저항값을 나타낸다.

④ 양방향 모두 ON 상태가 되었을 때 공통적으로 연결된 접점을 COM 단자라 한다(3pin S/W 이상).

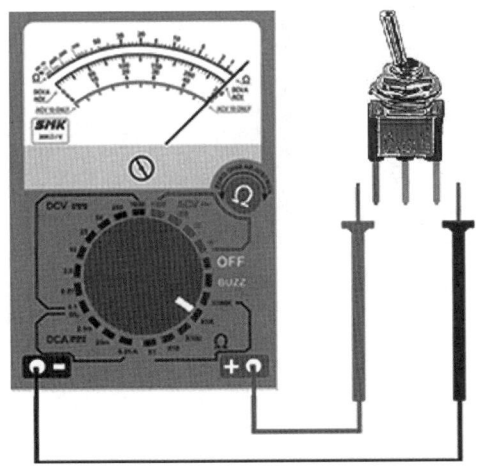 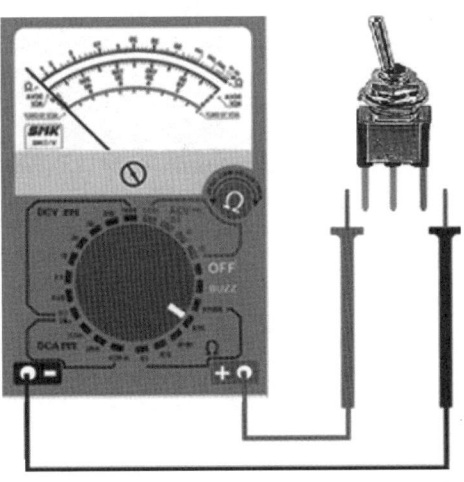

12 릴레이의 접점 찾기

① 우선 릴레이의 작동 상태에 대해서 알아야 한다. 통상적으로 코일 2개, COM, NC, NO 접점이 있다.
② COIL 찾기: 실렉터를 저항 ×1 위치에 놓고 임의의 2접점을 측정했을 때, 500~1,000Ω 정도의 높은 저항값이 나타난 접점이 코일 단자가 된다.
③ NC 찾기: 코일에 전류가 흐르지 않은 상태에서 실렉터를 저항 ×1 위치에 놓고 코일 2개의 단자를 제외한 나머지 임의의 2접점을 측정했을 때, 0 또는 낮은 저항값이 나타난 접점이 NC 단자가 된다.
④ NO 찾기: 코일에 전류가 흐르는 상태에서 실렉터를 저항 ×1 위치에 놓고 코일 2개의 단자를 제외한 나머지 임의의 2접점을 측정했을 때, 0 또는 낮은 저항값이 나타난 접점이 NO 단자가 된다.
⑤ COM 찾기: NC 및 NO 찾기에서 0 또는 낮은 저항값이 나타났을 때, 공통적으로 연결된 접점이 COM 단자가 된다.

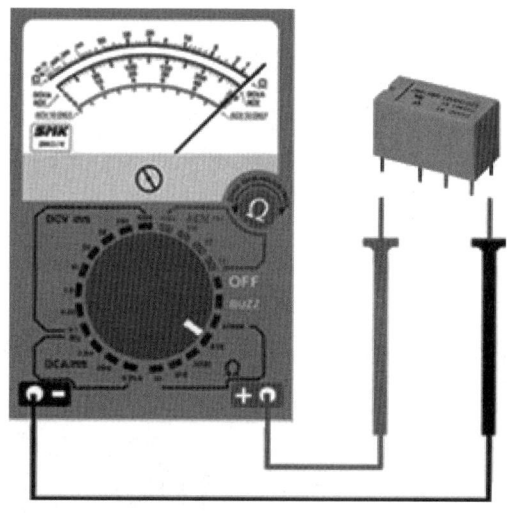

13 절연저항계(Megger)

옥내 배선 또는 전기기기의 절연저항을 측정할 때 사용하는 장비이다. 수동식은 발전기의 원리를 이용해 손잡이를 돌려 전기를 발생시켜 측정하고, 자동식은 버튼을 눌러 측정한다. 일반적으로는 500V이며, 특고압으로 1,000V까지 측정 가능하기 때문에 그에 비례해서 저항값도 1MΩ (1,000,000Ω) 단위부터 시작된다. 각 단자 사이에는 높은 전압이 나타나므로 측정할 때 감전에 유의해야 한다.

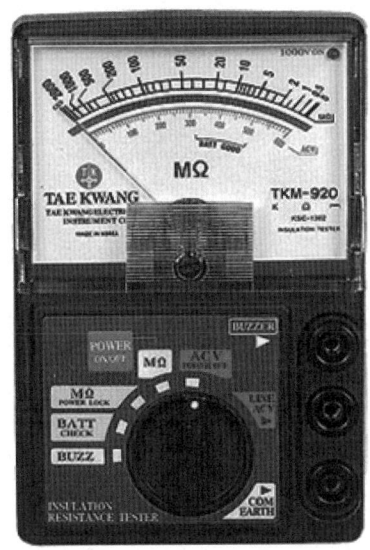

14 절연저항(Insulation Resistance)

1. 절연저항

   2개의 절연체에 직류 전압을 가하면 표면과 내부에 매우 작은 누설 전류가 흐른다. 이 때의 전압과 전류의 비로 구한 저항을 절연저항이라 한다. 전류가 절연체의 표면에 흐르면 표면 절연저항, 내부에 흐르면 체적 절연저항으로 구분한다. 온도나 습도의 증가에 따라 감소하고, 단위는 MΩ이다. 전류가 도체에서 절연체를 통하여 새면, 보통보다 낮은 저항이 되며, 감전이나 과열에 의해 큰 화재가 발생한다.

2. 누전(Electric Leak)

   전선 피복이 벗겨져 절연 상태가 불량하거나 전선이 끊어져 전기회로 바깥으로 누설되는 전류를 말한다(회로 내에서 두 접점 사이가 연결된 Short와는 다르다).

1mA
찌릿한 정도

5mA
상당히 아픔

10mA
견딜 수 없이 찌릿찌릿

20mA
근육 경직 및 호흡 곤란으로
죽을 수도 있음

50mA
단시간에 생명이
매우 위험

100mA
치명적 장애가 발생하거나
죽을 수 있음

3. 측정 절차

① Megger의 Battery 용량을 체크한다.
② Megger의 Line 리드선과 Earth 리드선을 접촉시키지 않은 상태에서 지시값이 ∞인지 확인한다.
③ Line 리드선과 Earth 리드선을 접촉시켜 Power ON을 눌러 지시값이 0인지 확인한다. 일치하지 않으면, ZeroΩ ADJ를 돌려준다.
④ 반드시 측정하고자 하는 곳의 전원을 차단하고 Line 리드선을 전원부에, Earth 리드선을 접지부에 연결시키고 Power ON을 눌러 절연저항을 측정한다.

4. 주의사항

① 통전 중에는 절대로 측정을 해서는 안 된다.
② 측정 시, 차단기를 OFF시켜야 하며, 전기전자 용품의 전원 플러그는 탈착해야 한다.
③ 측정하기 위해 Power ON을 누를 때, 연결된 Line 리드선을 만지거나 접촉해서는 안 된다.

5. 측정 방법

배선 또는 기기의 전원부와 외부(접지)를 연결하여 절연저항을 측정한다. 저항값이 높으면 절연 상태가 좋아 누설이 없고, 저항값이 규정보다 낮으면 절연 상태가 나쁘기 때문에 누설이 생긴다. 전기의 누설 여부를 확인하기 위해 모든 산업 분야에 사용된다.

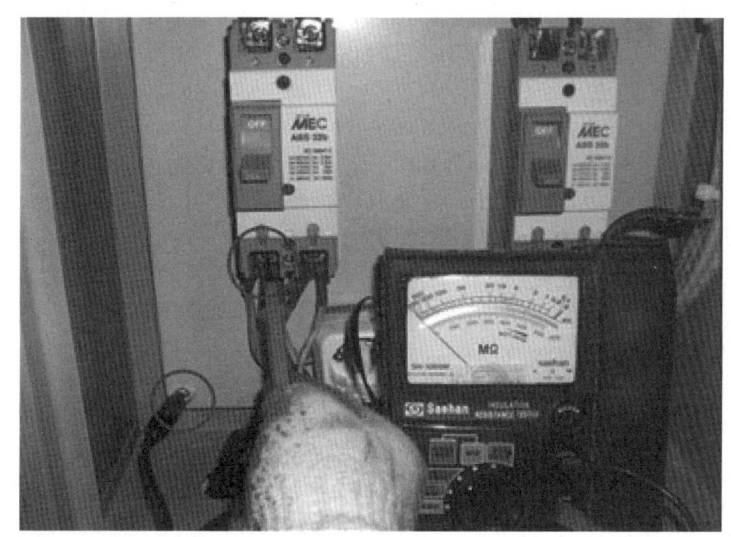

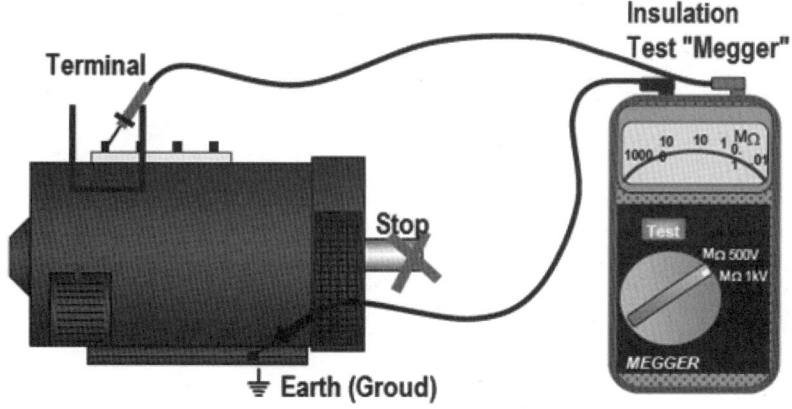

15 권선저항 측정

변압기 및 3상 유도 전동기 등에서 코일의 단선 또는 단락을 확인하고 고장 및 화재를 방지하기 위함이다. 1Ω 이하(대용량)에는 켈빈 브리지 또는 더블 브리지, 1Ω 이상(소용량)에는 휘트스톤 브리지를 사용한다. 변압기에서 고압측은 멀티미터로 측정하고 저압측에서는 저저항계(mΩ 미터)로 측정한다. 3상의 권선저항값을 비교하여 동일하면 정상이다(저항이 같아도 절연이 0에 가까우면 소손 상태).

① 선간저항: 각 선 사이의 저항

$$R-S(R_1+R_2값),\ S-T(R_2+R_3값),\ T-R(R_3+R_1값)$$

② 상간저항: 각 선과 접지선(N) 사이의 저항

$$R(R_1값),\ S(R_2값),\ T(R_3값)$$

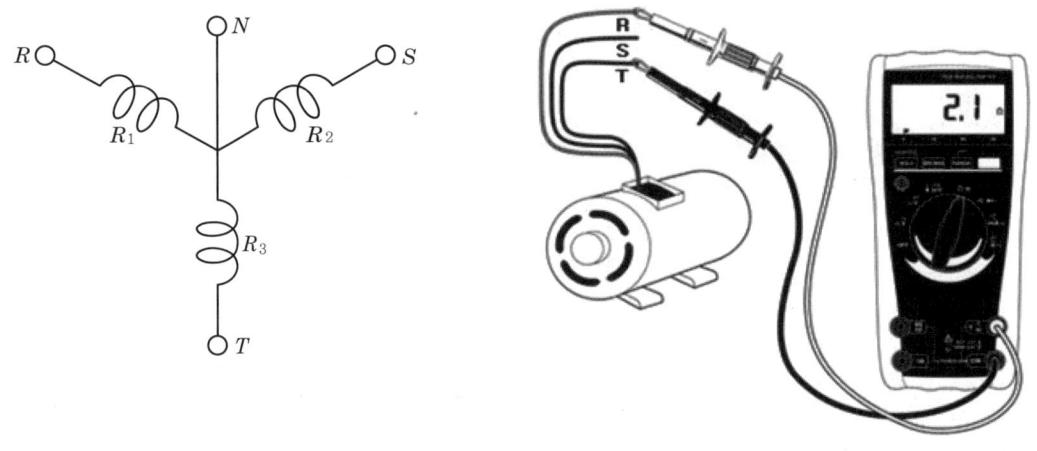

16 Malfunction

① 용단: 과부하에 의하여 Fuse가 끊어지는 상태
② 소손: 기계적인 마찰 및 고정자에 과전류가 흘러 열에 의해 타버리는 상태
③ 단락(Short): 고장 또는 과실로 인하여 선로의 전기저항이 작아진 상태 또는 저항 없이 접촉하여 큰 전류가 흐르는 상태(절연피복이 손상되거나 전동기의 과부하로 인하여 발생)
④ 단선(Cut Off): 선로가 끊어져 전류가 흐를 수 없는 상태

17 오실로스코프(Oscilloscope)

특정 시간 간격(대역)의 전압 변화를 볼 수 있는 장치이다. 주로 주기적으로 반복되는 전자 신호를 표시하는 데 사용하고, 시간에 따라 변화하는 신호를 주기적이고 반복적인 하나의 전압 형태로 파악할 수 있다(신호의 입력은 2개 또는 4개의 신호를 동시에 표시). 일반적으로 오실로스코프는 전자적 신호의 특정 파형 관찰에 이용되고, 대부분의 기기에는 사용자가 눈으로 신호를 파악할 수 있도록 시간과 전압에 따른 눈금이 표시되어 있다. 파형의 전압 최소·최대치, 주기적 신호의 빈도, 펄스 간의 시간, 관련 신호 간의 시차 등을 분석할 수 있다. 멀티미터가 전압, 전류, 저항 등의 신호의 크기만 표시한다면 오실로스코프는 신호의 시간적 변화에 따른 신호 모양까지 표시하므로 회로 설계자에게 신호 처리 시 많은 정보를 준다. 오실로스코프는 전자공학의 핵심 장비로 모든 산업에서 측정 장비로 사용된다.

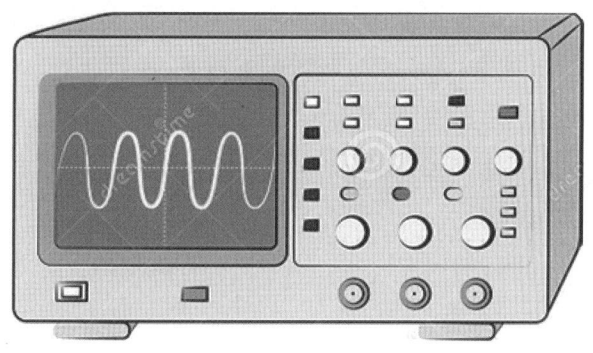

18 Type of Oscilloscope

1. 아날로그 오실로스코프

신호처리 방식에서 초기에는 아날로그 방식으로 처리하여 음극선관(CRT: Cathode-Ray Tube)에 표시하는 방식이며, 전자를 쏘아 마스크에 충돌시켜 화면을 보여주는 장치이다. 카를 페르디난트 브라운이 발명하여 브라운관이라고 한다. 수집된 신호를 저장하기 어렵고, 단발성 신호 포착이 어렵다.

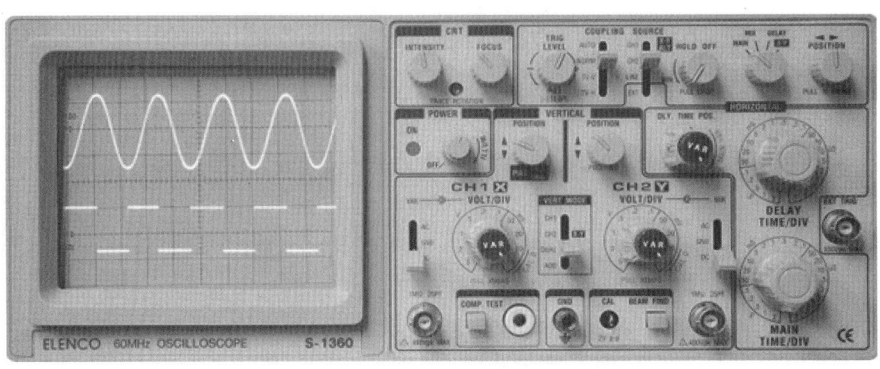

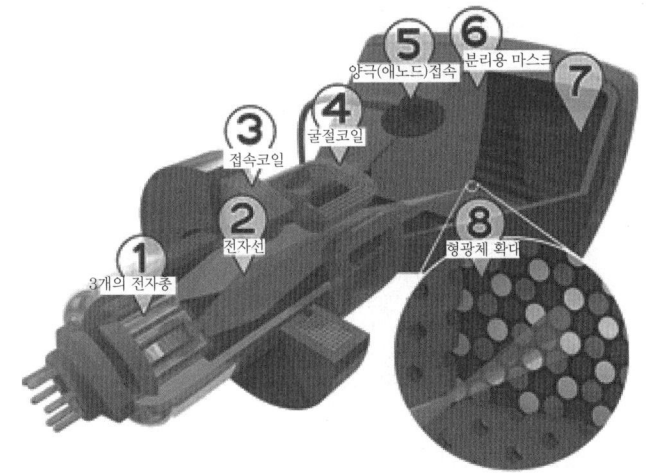

2. 디지털 오실로스코프

전자공학이 전반적으로 디지털 방식으로 발전함에 따라 신호를 ADC (Analog-Digital Converter)를 사용하여 디지털로 변환하여 메모리에 저장하고, CPU를 통해 신호처리를 하여 연결하는 방식의 디지털 오실로스코프를 주로 사용한다.

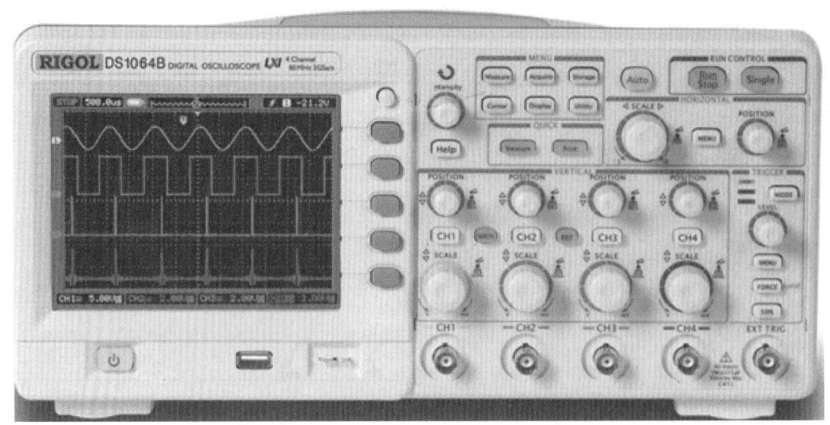

19 Structure of Oscilloscope

1. 오실로스코프의 구조

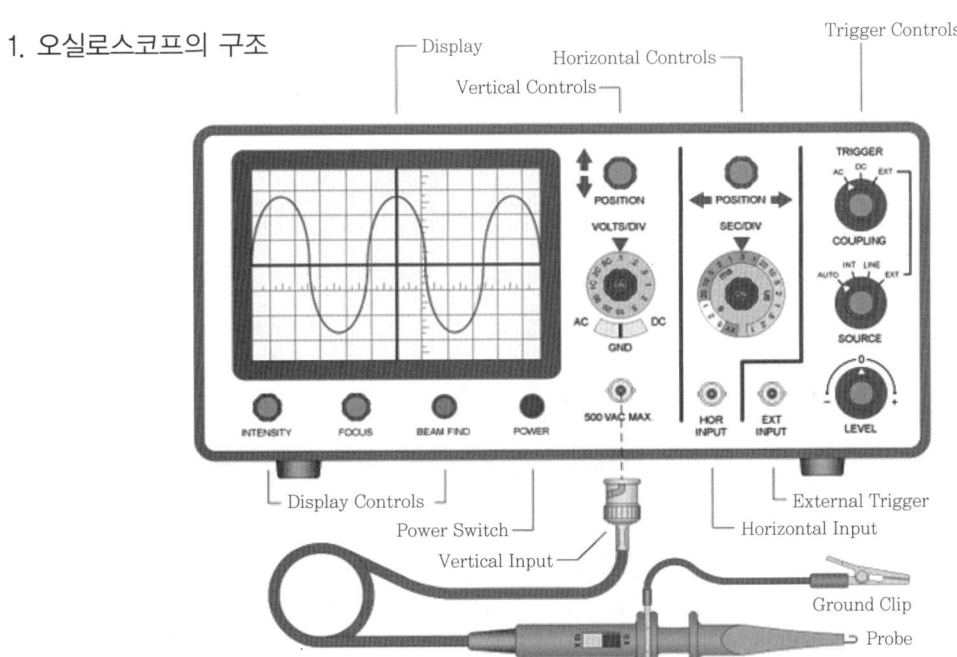

2. 오실로스코프 주요 패널

① Vertical Controls: CH1, 2에 2개의 신호 입력, Volt/DIV 조절, 수직축 위치 조정

② Horizontal Controls: Time/DIV 조절, 수평축 위치 조정

③ Trigger: 입력된 신호를 정지시켜 보기 쉽게 조정

④ Auto Set: 자동측정

⑤ Measure, Cursor: 수동측정

⑥ 전압, 시간, 주파수, 주기, 평균값, P to P값, 실효값, 최솟값

⑦ Probe CAL

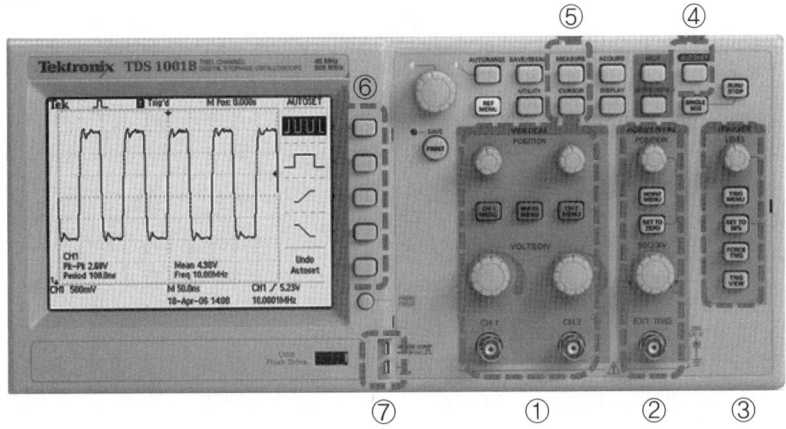

20 프로브 보정

기본적으로 보정이 되어 있으나 구형파가 바르게 나타나지 않으면 조정해야 한다.
　① 프로브의 감쇄비를 10 : 1로 맞춘다(1 : 1에서는 보정 불가).
　② CH1의 INPUT 단자에 프로브를 연결한다.
　③ 프로브의 팁을 Probe COMP에 걸어준다.
　④ Auto Set 버튼을 누른다.
　⑤ 0.5V, 1kHz의 수평의 구형파가 나타나는지 확인한다.
　⑥ 구형파가 휘어져 있다면 프로브의 트리머를 조정해 준다.

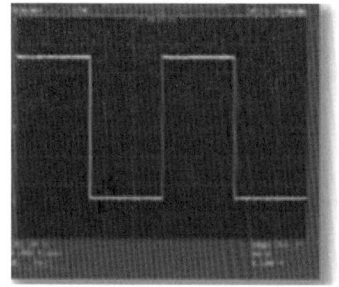 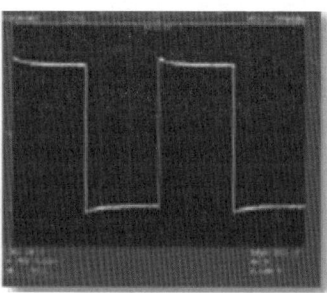 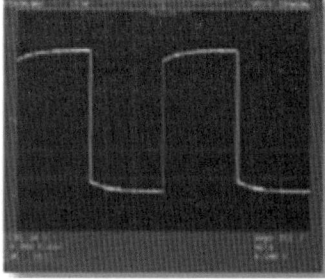

Properly Compensated　　　　　Over Compensated　　　　　Under Compensated

21 Measuring Oscilloscope

1. **직류전압 측정**: Volt/DIV를 50[mV/DIV]에 맞추었다고 했을 때, 이동한 거리가 3DIV가 되었다면, 직류전압＝수직이동거리(DIV)×수직감쇄 지시값(Volt/DIV)×프로브 감쇄비
$$= 3\text{DIV} \times 50\text{mV/DIV} \times 1 = 150[\text{mV}]$$
만약, 프로브 감쇄비를 10 : 1로 했다면, 신호값은 10배가 되어
$$= 3\text{DIV} \times 50\text{mV/DIV} \times 10 = 1.5[\text{V}]$$

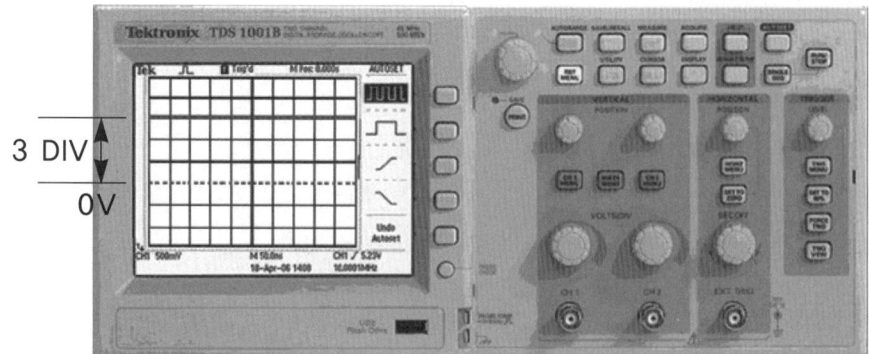

2. **교류 전압 측정**: Volt/DIV를 2[V/DIV]에 맞추었다고 했을 때, 이동한 거리가 4DIV가 되었다면,
V_{P-P}=수직이동거리(DIV)×수직감쇄 지시값(Volt/DIV)×프로브 감쇄비
=4DIV×2 V/DIV×1=8[V]
실효 값(V_{rms})=$V_P/\sqrt{2}$=4V/$\sqrt{2}$=2.83[V]

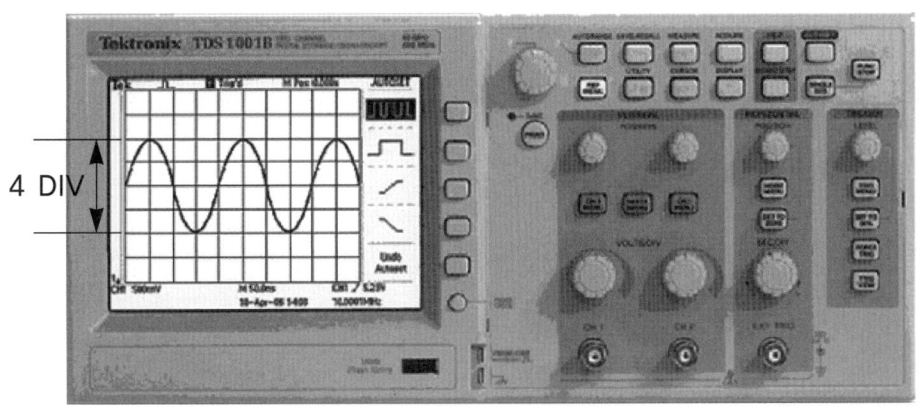

3. **주기 및 주파수 측정**: Time/DIV를 1[mS/DIV]에 맞추었다고 했을 때, 이동한 거리가 8 DIV가 되었다면, 주기(T)=수평이동거리(DIV)×수평감쇄 지시값(Volt/DIV)×프로브 감쇄비
=8 DIV×1 mS/DIV×1=8[mS]
주파수(F)=1 /(8×10^{-3})=125[Hz]

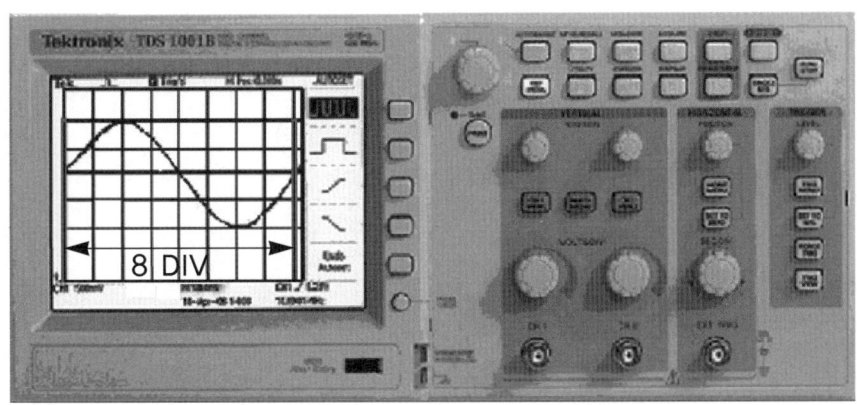

제8장 Wiring

1. 배선작업(Wiring)
2. 배선도(Wiring Diagrams)
3. 배선 종류(Wiring Types)
4. 배선 규격(Wire Size)
5. 배선 기호(Wiring Symbols)
6. 스플라이싱(Splicing)
7. 공구(Tools)
8. 배선 라우팅(Wire Routing)
9. How to Splice Wire
10. How to Wrap Soldering Wire
11. 커넥터(Connector)
12. 커넥터 핀 식별(Contact Color Code)
13. 커넥터 핀 정보(Contact Spec)
14. How to Crimp Contact Pin
15. How to Insert Contact Pin
16. How to Remove Contact Pin
17. Contact Pin in Locked Position
18. Wire Group & Bundles & Routing
19. Lacing and Tying Wire Bundles
20. Clamp Installation
21. Slack in Wire Bundle
22. Wire Chafing
23. Bonding and Grounding
24. Bonding
25. Grounding
26. ESD
27. Static Discharger

1 배선작업(Wiring)

항공기 내외의 동일 장소를 지나가는 전선들을 정리하여 실(면, 나일론 등)로 결속하여 Wire Bundle로 하고, 절연물이 붙은 클램프로 지지하여 클램프를 기체 구조에 고정시킨다. 클램프를 구조에 고정시키는 데는 클램프 너트나 지지대를 사용하고 허니컴 재료에 고정하는 경우에는 너트를 사용한다. 항공기용 전선 피복은 매우 얇으므로 Wire Bundle과 클램프에 간격이 벌어지면 클램프 속에서 전선과 전선이 스쳐서 피복이 마모되어 단락(Short)되는 경우가 발생하므로 적절한 직경의 클램프를 선택하여 사용해야 한다. 또한, Wire Bundle이 구조 재료나 배관, 다른 Wire Bundle 등에 직접 접촉되지 않도록 한다. 기기를 기체 구조에 접지하거나 전기적인 접속이 충분하지 않은 구조 재료를 완전히 접지하기 위해 접지선(Bonding Jumper, Bonding Wire)이 사용된다.

2 배선도(Wiring Diagrams)

항공기 내의 전기 배선도는 대부분 항공기의 서비스 매뉴얼에 포함되어 있고, 사용되는 전선의 크기와 단자의 형태 등의 정보를 명시한다.
일반적으로 부품번호와 일련번호로 시스템 내의 각 Component들을 식별한다.
배선도는 전기적인 기능불량의 문제해결(Trouble Shooting)에 사용된다.

1. Block Diagrams: 복잡한 전기시스템과 전자시스템의 문제해결에 보조자료로 사용된다. 회로기판 또는 교체 가능한 모듈의 형태로 구성되어 항공기 전기시스템의 구성도를 보여준다.

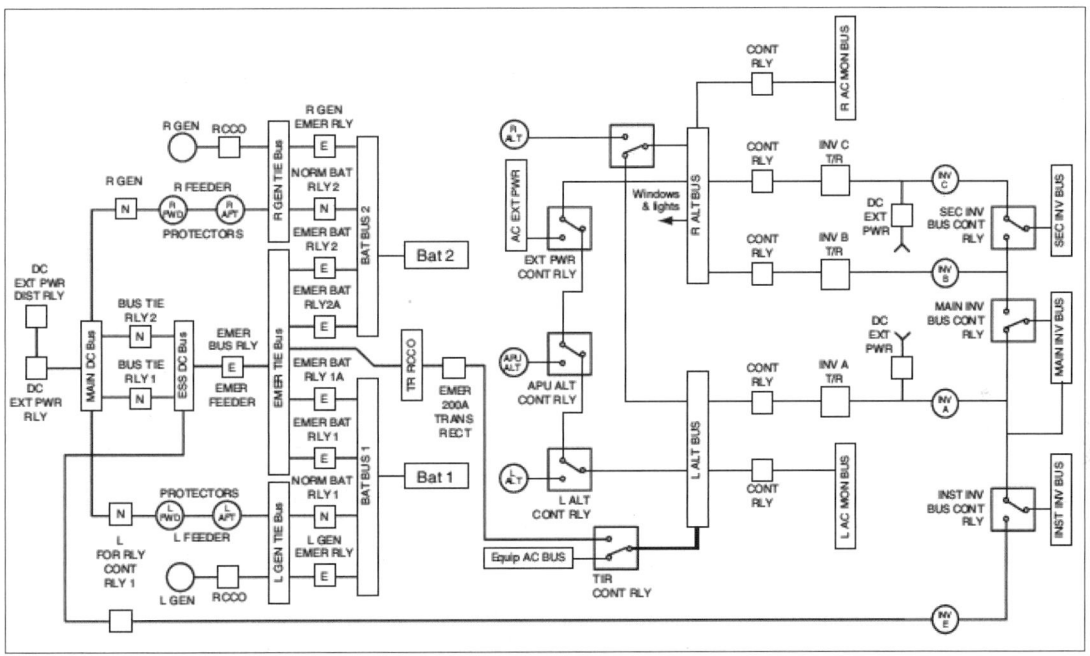

2. Pictorial Diagrams: 배선의 위치 또는 라우트 되는 물리적인 위치에 상관없이 시스템의 다양한 Component들을 나타낸다. 즉, 어떤 Component들이 연결되어 있는지 정비사가 시각적으로 시스템의 작동을 볼 수 있도록 도움을 준다.

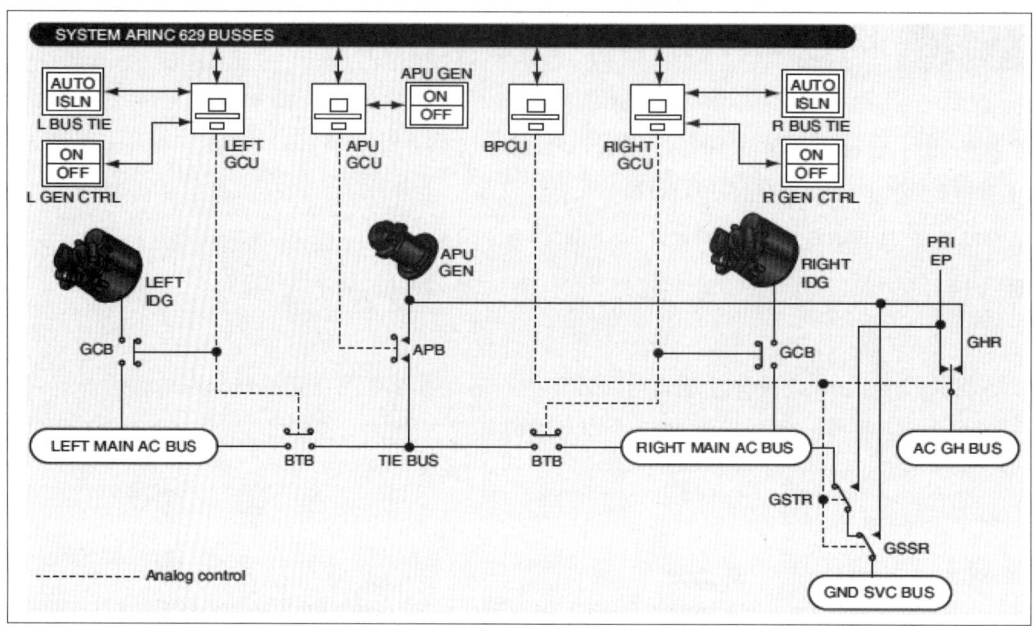

3. **Schematic Diagrams**: 전기소자의 기호(Electrical Symbol)를 이용하여 명확하고 표준이 되는 방식으로 회로 내의 연결을 나타낸다. 회로에서 배선 연결과 각 Component들이 어떻게 관련되어 있는지를 정확하게 다른 엔지니어들에게 전달하기 위한 구성도이다. 또한, 각 Component들의 명칭, 세부사항이 있는 라벨을 제공해 준다.

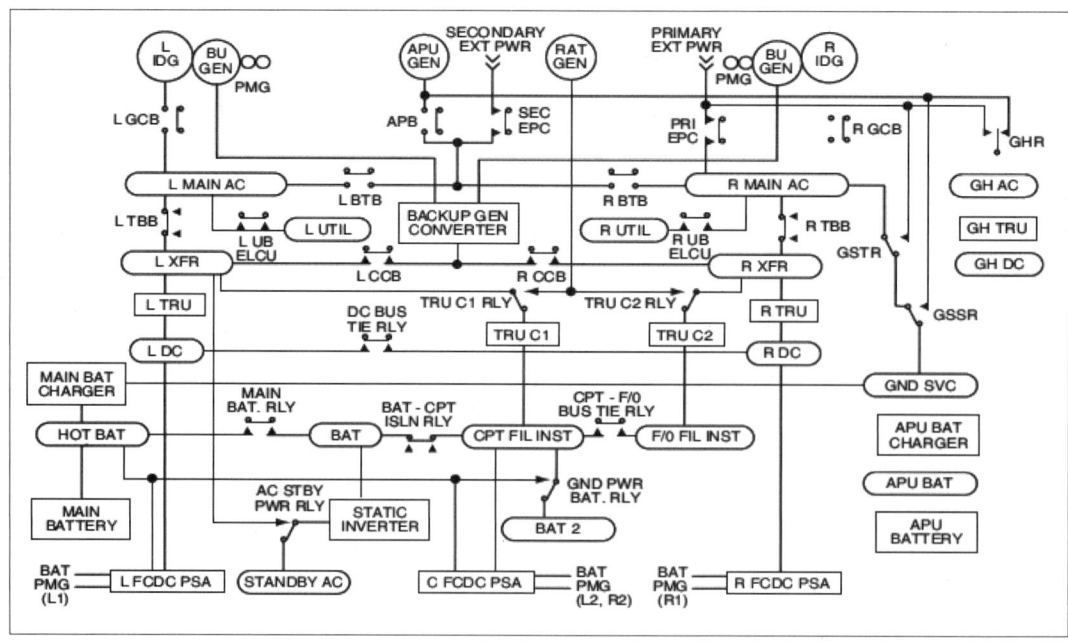

3 배선 종류(Wiring Types)

현대 항공기의 성능은 전기전자 계통의 지속적인 안정성이 중요하다. 부적절하거나 부주의하게 관리된 배선은 잠재적인 위험요소가 될 수 있다. 각 전자전기 계통의 성능은 전선 또는 케이블 설치, 검사, 관리를 하는 정비사의 지식과 기술에 달려 있다.

전선은 단선(Single Conductor), 경선(Solid Conductor), 절연재료로 감싼 연선(Stranded Conductor)으로 분류된다. 전선은 비행 중 진동과 휘어짐으로 인한 피로손상을 방지하기 위해 꼬여 있어야 한다. 항공기 전선의 선정에서 가장 중요한 고려사항은 장착할 주위환경에 맞게 사용해야 한다는 점이다. 전선의 정격온도는 주위 온도와 전류로 인한 온도 상승에 대해서 잘 견딜 수 있는 절연 능력을 가져야 한다.

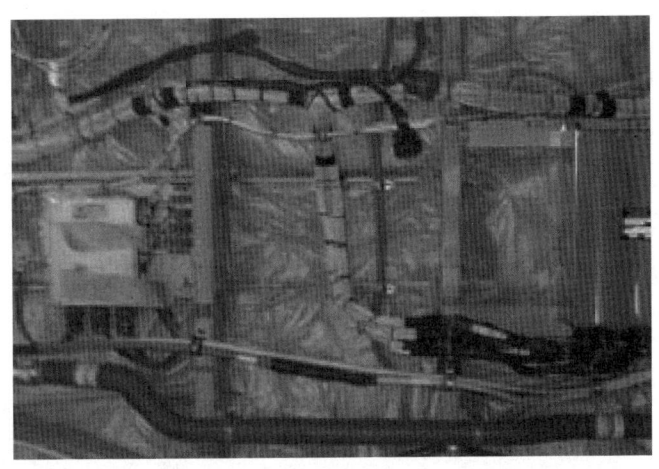

1. Multi-conductor Cable: 심선의 수가 2개 이상인 케이블을 총칭하여 말한다. 심선 사이에는 서로 절연되어 있고, 그 배열은 동심원 모양으로는 되어 있지 않다.

2. Twisted Pair Cable: 각기 절연한 두 줄의 선을 꼬아서 만들어진 케이블이다. 한 줄의 선이 감지 가능 신호를 운반하고, 또 한 줄이 접지되어 있다.

트위스트 페어 케이블은 근처 케이블 등의 강한 전파원에 의해서 일어나는 신호 간섭을 경감하는 데 쓰인다. 접지된 선은 혼신을 흡수하는 경향이 있으며, 이로써 또 한쪽 선으로 운반하고 있는 신호를 보호한다. 잡음에 강한 배선 재료이다.

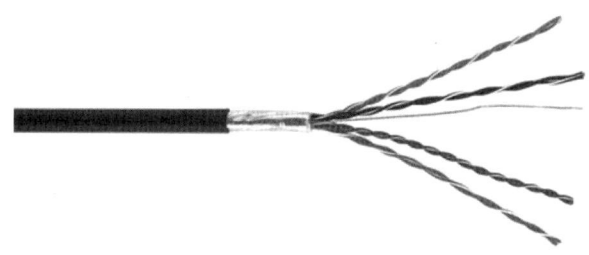

3. Shielded Cable: 코어절연 위에 금속 화성지(金屬化成紙) 또는 구리 테이프의 차폐를 한 선심을 원형으로 모아서 연피 및 외장을 한 구조의 케이블이다.

금속 화성지는 연피와 전기적으로 완전히 접촉되어 있으므로 이와 같은 전기 도체막이 심선 주위에 존재하기 때문에 전위 분포는 절연체의 층방향으로 균일하게 된다. 도선에 전기가 흐르면 주위에 자계가 형성되어 기기에 악영향을 주거나 오작동을 일으키는 노이즈 신호가 발생하는 것을 최소화시켜 준다.

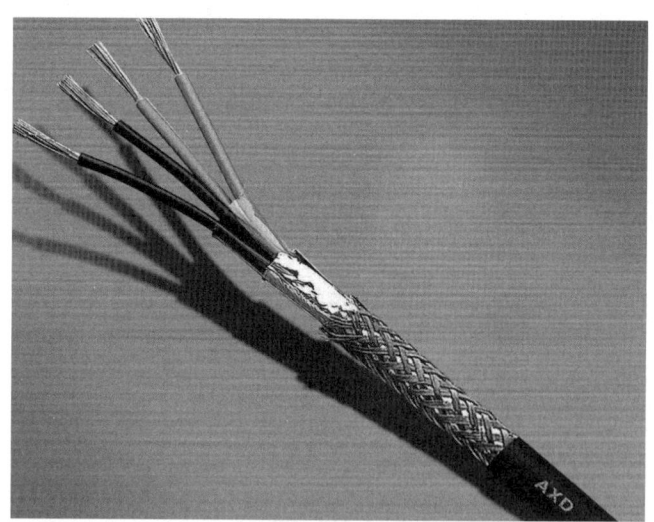

4. Coaxial Cable(Radio Frequency Cable): 한 가닥의 내부 도체를 절연체로 감싸고 그 주위에 파이프 모양의 동축 외부 도체를 감은 구조로 되어 있다. 도체를 왕복 전송로로 사용하고, 주파수가 높은 경우에 사용하는 전송용 케이블이다.

특징으로는 높은 주파수까지 감쇠가 적으므로 광대역 전송에 적합하고, 외부 도체가 있으므로 누설이 적다. 종류에는 특성 임피던스는 50[Ω]과 75[Ω]의 것이 있다.

절연물은 일반적으로 폴리에틸렌을 충전하고 있으나, 굵은 것에서는 원판 모양의 스페이서를 사용하고 있는 것도 있다. 또, 고온용에는 테플론이 사용되는 경우도 있다.

중앙에 있는 구리선을 통해 흐르는 전기신호가 그것을 싸고 있는 외부 구리망 때문에 전기적 간섭을 적게 받아 전력손실이 적어 고주파 신호전송에 사용된다.

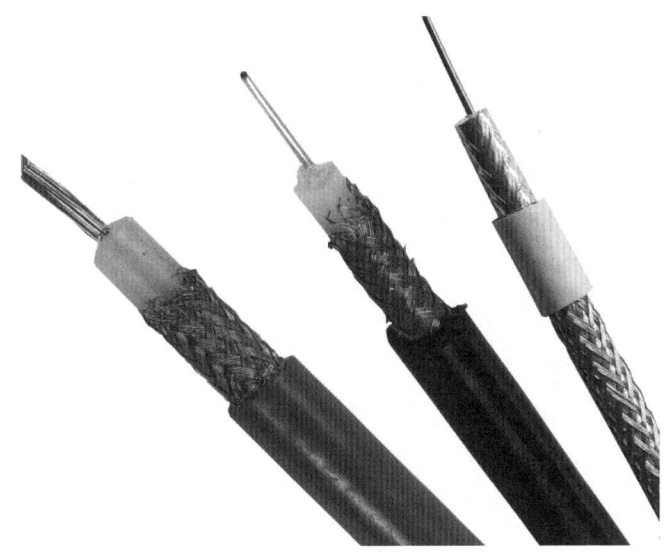

4 배선 규격(Wire Size)

1. 배선 규격

전선은 미국전선규격(AWG: American Wire Gauge) 표준에 따른 크기로 제조된다. 규격번호 (Gauge Number)가 클수록 전선 직경은 작아진다. 일반적인 전선 크기는 No.40에서 No.0000까지의 범위를 정한다.

규격번호는 전선의 직경을 비교하기에 유용하지만, 전선 또는 케이블의 모든 종류의 규격을 정확하게 측정할 수 있는 것은 아니다. 더 굵은 전선은 보통 이들의 유연성을 증대하기 위해 몇 가닥의 전선이 하나로 꼬여져 있다. 이 경우, 총면적은 보통 직경 또는 규격번호를 알고 있을 때, 서큘러밀 (circular mil, 1/1000[inch])로 계산된 전선 또는 케이블의 가닥 개수에 한 가닥의 면적을 곱하여 결정할 수 있다(항공기에서 주로 사용되는 와이어는 No.18, No.20이다).

2. 전선의 크기 선정 시 고려사항

전력을 송전하고 배전하는 전선의 크기를 선정할 때는 여러 가지 요소들이 고려되어야 한다.

① 도선은 충분한 기계적 강도를 갖추어야 한다.

② 저항을 줄여 전력 손실을 줄이기 위해서 도선의 길이와 굵기를 고려하여야 한다. 굵기가 커지면 가격이 비싸고 무겁다는 단점이 있다.

③ 도선에 전류가 흐르면 열이 발생하게 된다. 절연체 보호를 위해 전류의 양을 일정 값 이하로 유지해야 한다.

④ 도선이 비교적 높은 온도의 장소에 장착되는 경우, 외부 원인(엔진)에 의해 발생된 열은 도선 가열의 큰 원인이 된다. 도선의 주변 환경을 고려하여 도선 허용전류 및 온도에 맞추어 선정해야 한다.

3. Standard Wire Gauge

둘레에 도선 또는 와이어의 지름에 해당하는 다수의 노치(notch)가 있는 원형 또는 직사각형으로 된 판으로, 도선을 노치부에 넣어 보고 그 중 맞는 위치에 기록된 숫자로 도선의 호칭지름 또는 게이지 번호를 알 수 있게 되어 있는 것과 쐐기형의 틈새에 철사를 밀어 넣고, 철사가 멎는 위치에서 지름을 확인하는 것이 있다.

영국식, 미국식, 버밍엄식 등의 번호방식이 있는데, 모두 번호의 숫자가 커질수록 지름이 작다. 또 뒷면에 각 번호의 지름을 [mm] 단위로 표시한 것도 있다(해당 도선의 번호를 가지고 Diameter에서 굵기를 알 수 있다).

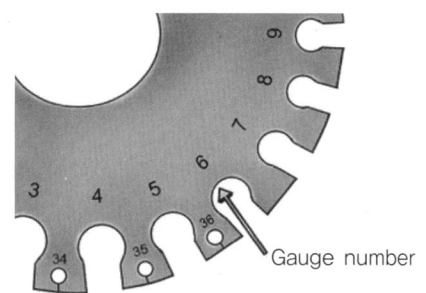

Gauge number

4. 연동선의 미국 표준 배선 규격

Gauge Number	Cross Section			Ohms per 1,000 ft	
	Diameter (mils)	Circular (mils)	Square inches	25 °C (77 °F)	65 °C (149 °F)
0000	460.0	212,000.0	0.166	0.0500	0.0577
000	410.0	168,000.0	0.132	0.0630	0.0727
00	365.0	133,000.0	0.105	0.0795	0.0917
0	325.0	106,000.0	0.0829	0.100	0.166
1	289.0	83,700.0	0.0657	0.126	0.146
2	258.0	66,400.0	0.0521	0.159	0.184
3	229.0	52,600.0	0.0413	0.201	0.232
4	204.0	41,700.0	0.0328	0.253	0.292
5	182.0	33,100.0	0.0260	0.319	0.369
6	162.0	26,300.0	0.0206	0.403	0.465
7	144.0	20,800.0	0.0164	0.508	0.586
8	128.0	16,500.0	0.0130	0.641	0.739
9	114.0	13,100.0	0.0103	0.808	0.932
10	102.0	10,400.0	0.00815	1.02	1.18
11	91.0	8,230.0	0.00647	1.28	1.48
12	81.0	6,530.0	0.00513	1.62	1.87
13	72.0	5,180.0	0.00407	2.04	2.36
14	64.0	4,110.0	0.00323	2.58	2.97
15	57.0	3,260.0	0.00256	3.25	3.75
16	51.0	2,580.0	0.00203	4.09	4.73
17	45.0	2,050.0	0.00161	5.16	5.96
18	40.0	1,620.0	0.00128	6.51	7.51
19	36.0	1,290.0	0.00101	8.21	9.48
20	32.0	1,020.0	0.000802	10.40	11.90
21	28.5	810.0	0.000636	13.10	15.10
22	25.3	642.0	0.000505	16.50	19.00
23	22.6	509.0	0.000400	20.80	24.00
24	20.1	404.0	0.000317	26.20	30.20
25	17.9	320.0	0.000252	33.00	38.10
26	15.9	254.0	0.000200	41.60	48.00
27	14.2	202.0	0.000158	52.50	60.60
28	12.6	160.0	0.000126	66.20	76.40
29	11.3	127.0	0.0000995	83.40	96.30
30	10.0	101.0	0.0000789	105.00	121.00
31	8.9	79.7	0.0000626	133.00	153.00
32	8.0	63.2	0.0000496	167.00	193.00
33	7.1	50.1	0.0000394	211.00	243.00
34	6.3	39.8	0.0000312	266.00	307.00
35	5.6	31.5	0.0000248	335.00	387.00
36	5.0	25.0	0.0000196	423.00	468.00
37	4.5	19.8	0.0000156	533.00	616.00
38	4.0	15.7	0.0000123	673.00	776.00
39	3.5	12.5	0.0000098	848.00	979.00
40	3.1	9.9	0.0000078	1,070.00	1,230.00

5. Conductor Chart

항공기에는 여러 종류의 전선이나 케이블이 사용되고, 각각의 번호가 붙어 있으며, 종류와 두께가 지정되어 있다. 항공기 제조사가 각 항공기에 발행하는 전기 배선도 및 부품표에 기술되어 있어 전선을 수리할 경우, 반드시 전기 배선도를 보고 표시된 전선을 사용해야 한다(도선 차트를 보고 전류, 전압, 온도, 길이에 맞추어 도선을 선택한다).

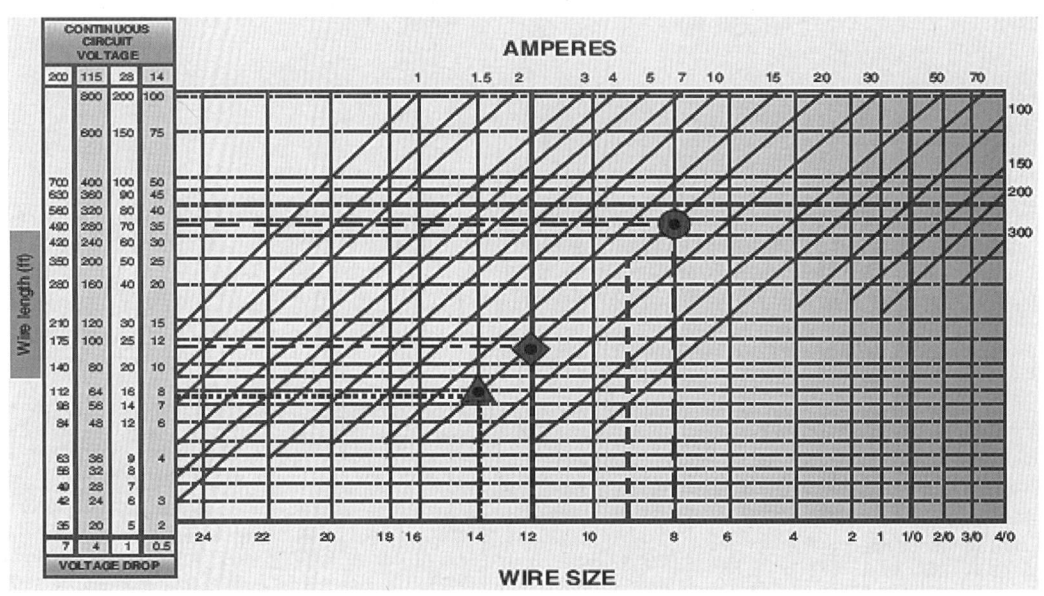

5 배선 기호(Wiring Symbols)

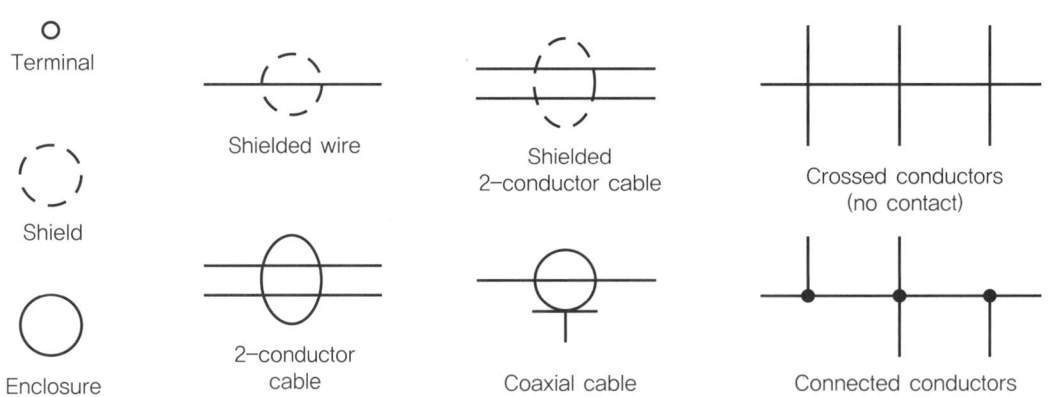

제8장 Wiring

6 스플라이싱(Splicing)

단선된 배선이나 손상된 배선의 연결을 위한 작업으로, 배선의 신뢰성과 전기 & 기계특성에 영향을 주지 않는 한 배선 연결에 허용된다.

끊어진 전선은 압착식 스플라이스를 사용하거나, 터미널 단자의 Tongue이 떨어져 나간 곳에 터미널 러그를 사용해서 끊어진 가닥을 함께 납땜하고 밀봉하여 수리할 수 있다(단, 구리 도선에 적용할 수 있다. 손상된 알루미늄 도선은 임시적으로 접합할 수 없다).

스플라이싱 작업은 오직 임시적인 방법이며, 가능한 빨리 새 것으로 교환하여야 한다. 일부 제작사는 스플라이싱 작업을 금지하기 때문에 반드시 제작사의 사용설명서를 참고한다.

전선의 스플라이싱은 최소로 유지되어야 하며 극심한 진동이 있는 장소에서는 완전히 피해야 한다. 전선 뭉치 또는 다발에 있는 스플라이스는 설계된 공간 내에 번들 조립을 막거나 역으로 정비에 영향을 주는 혼잡함을 일으키는 번들의 크기에 어떤 증대를 최소로 하도록 서로 엇갈리게 해야 한다.

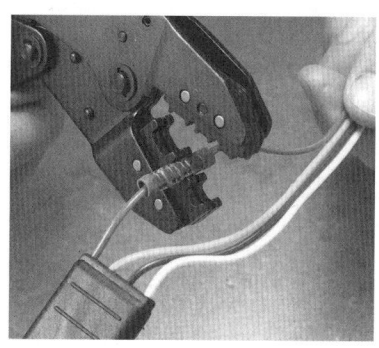
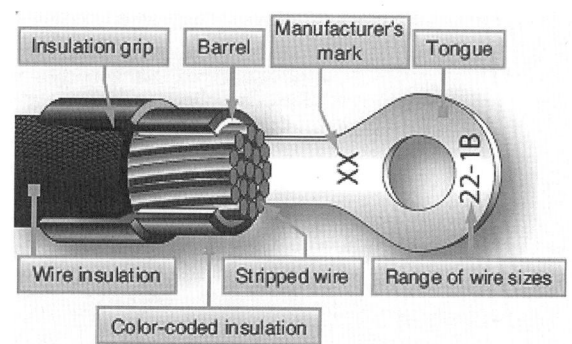

147

7 공구(Tools)

1. **크림퍼(Crimper)**: 배선 연결을 위해 스플라이스 또는 터미널을 장착시킬 때 사용한다. 크림핑, 컷팅, 스트립퍼 등 다목적 용도가 가능한 Multi Purpose Crimper도 있다.

2. **와이어 스트립퍼(Wire Stripper)**: 절연 피복 전선 등의 피복을 벗기는 데 사용한다. 각종 전선의 사이즈에 맞는 크기의 구멍들이 따로 뚫려 있어 구리 신에 손상을 입히지 않도록 되어 있는 것이 특징이다.

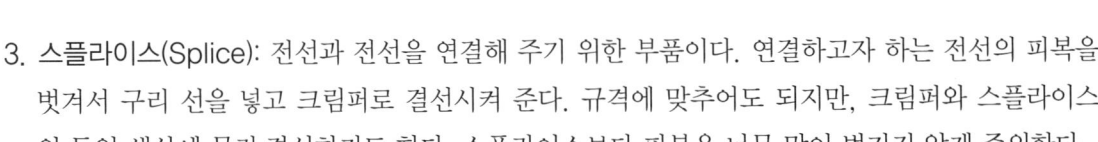

3. **스플라이스(Splice)**: 전선과 전선을 연결해 주기 위한 부품이다. 연결하고자 하는 전선의 피복을 벗겨서 구리 선을 넣고 크림퍼로 결선시켜 준다. 규격에 맞추어도 되지만, 크림퍼와 스플라이스의 동일 색상에 물려 결선하기도 한다. 스플라이스보다 피복을 너무 많이 벗기지 않게 주의한다.

4. **터미널(Terminal)**: 전선과 기기를 연결해 주기 위한 부품이다. 한쪽은 스플라이스와 동일하게 전선을 물려 장착시킬 수 있고, 끝부분에 홈이 있어 회로의 소켓과 같은 곳에 스크류, 볼트, 너트 등으로 장착시킬 수 있다.

5. **초실(Waxed Cord)**: 와이어링 하네스(Wiring Harnesses, 전선 다발)를 정리하기 위해 사용한다. 일반적으로는 Tie Wrap(케이블 타이)으로 묶기 또는 절연 테이프로 감싸서 정리하기도 한다. 특히, 항공기의 엔진부에서는 커다란 진동이 발생하게 되어 마찰에 의해 배선들이 단선되는 것을 방지하기 위해 케이블 타이보다는 Waxed Cord(초실)를 많이 이용한다.

6. **열수축 튜브(Heat Shirink Tube)**: 가열하면 수축하는 튜브로서 전선, 터미널, 스플라이스 연결 작업 후 전기절연 및 방수를 위해 사용된다. 튜브 종류에 따라 온도 특성이 다르고, 자연 수축 튜브도 있다.

7. 콘택트 압착기(Contact Pin Crimper): 커넥터의 플러그와 리셉터클에 삽입할 콘택트 핀(Contact Pin)과 Wire를 연결하기 위한 압착 공구이다.

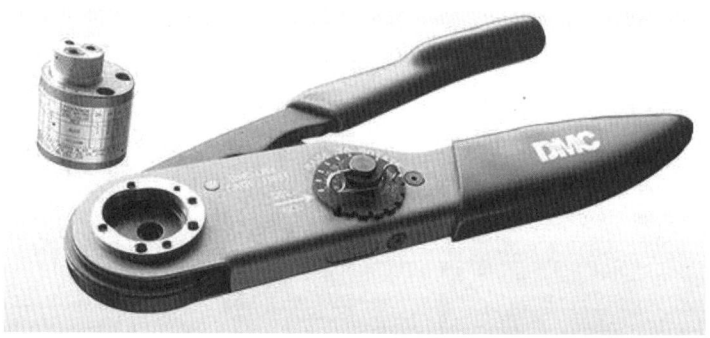

8. 고/노고 게이지(GO/NO-GO gauge): 제품의 합격으로 정해진 오차 범위의 최대 허용치수와 최소 허용치수의 범위 내에 드는지를 조사하기 위해 사용되는 게이지로서, 최대 허용치수를 가지는 GO(PASS) 측과 최소 허용치를 가지는 NO-GO(FAIL) 측이 있다. 제품이 GO 측을 통과하고 NO-GO 측을 통과하지 못하면 합격품으로 판정한다.

- 압착기의 교정(Calibration of Crimper): 정확한 교정을 보상하기 위해 주기적인 측정작업을 해야 한다. Tool selector knob의 #4 위치에 맞추고, GO/NO-GO gauge와 Indenter Closure를 대조하여 쉽게 할 수 있다.

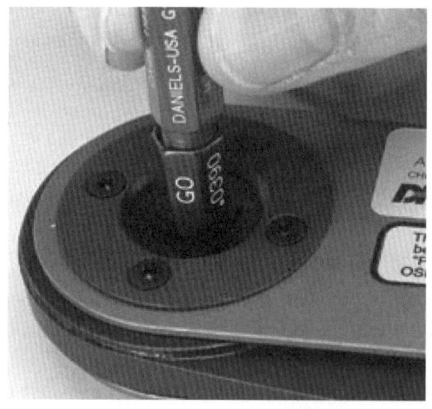 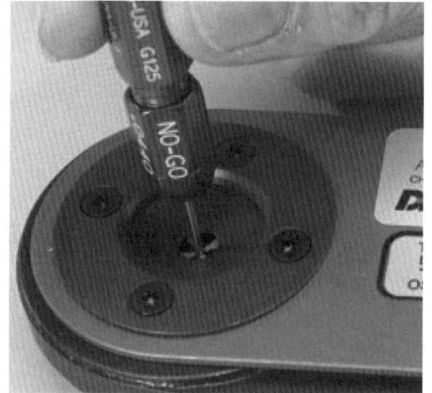

9. 콘택트 핀 장착 & 장탈 공구(Contact Pin Install & Removal Tool): 커넥터의 플러그와 리셉터클에 콘택트 핀(Contact Pin)을 장착 또는 장탈하기 위한 공구이다.

10. 콘택트 핀(Contact Pin): 커넥터의 플러그와 리셉터클을 서로 접속하기 위해 사용하는 금속 핀이다. 숫핀과 암핀으로 구성되어 있고, Barrel에는 핀의 규격을 나타내는 Color Code와 Wire와 핀의 연결 여부를 확인할 수 있는 Inspection Hole이 있다.

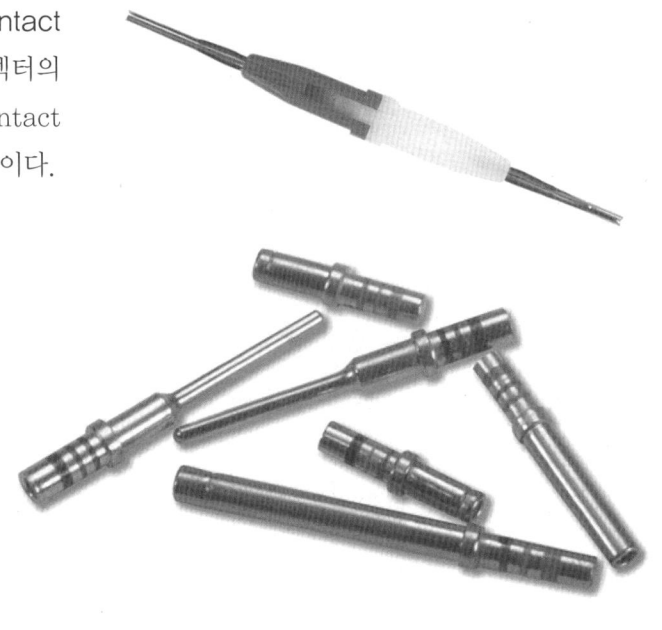

8 배선 라우팅(Wire Routing)

각 Component 또는 본딩, 전기 부품들 간에 알맞게 배치를 하고 선을 연결하여 배선 작업을 하는 것을 라우팅이라 한다. 와이어 하네스가 서로 엉키거나 꼬이지 않게 레이싱 코드 작업 등을 한다.

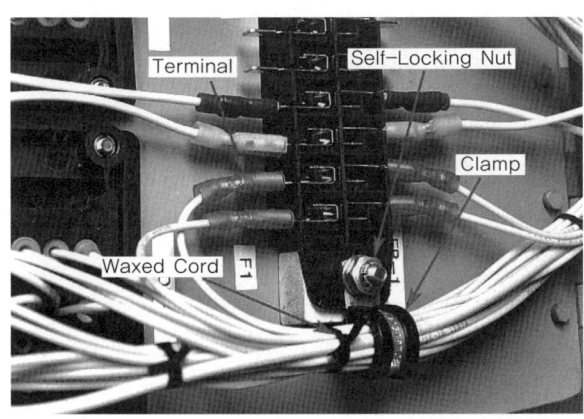

Harness Routing

9. How to Splice Wire

• 터미널과 스플라이스의 구조

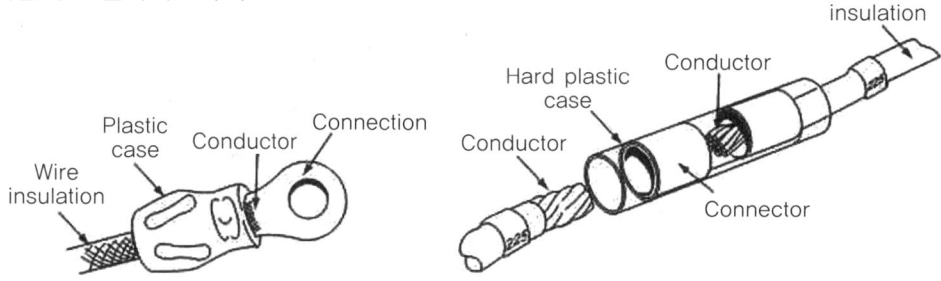

1. 손상된 와이어의 위치를 확인하고 Cutter Plier로 절단한다.

2. Splice 체결부의 길이에 맞추어 Wire Stripper를 이용해서 피복을 벗긴다.

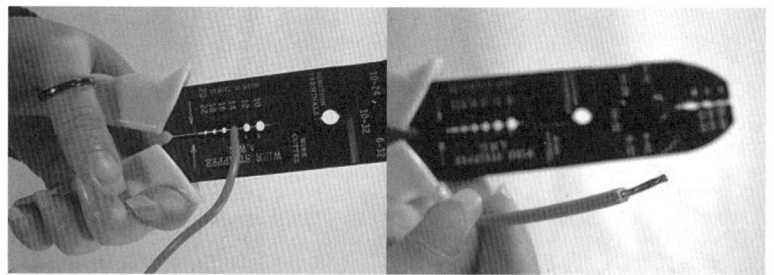

3. Wire를 꼬아서 한 가닥으로 만들어 Splice에 삽입시킨다.

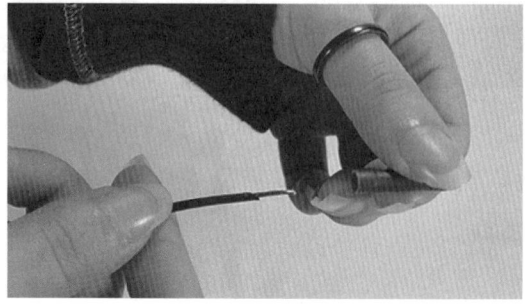

제8장 Wiring

4. Splice와 Crimping Tool의 동일 색상에 물리고 강하게 조인다.

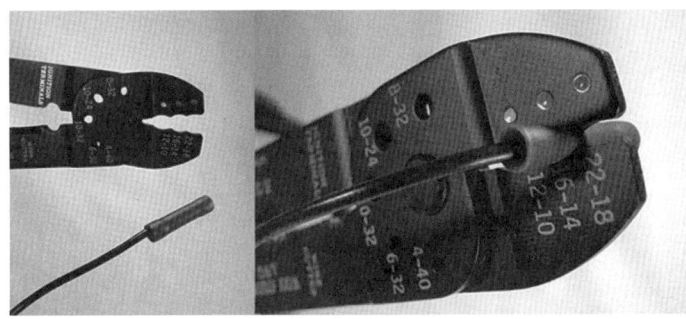

5. Splice에 Wire가 잘 체결되었는지 확인한다.

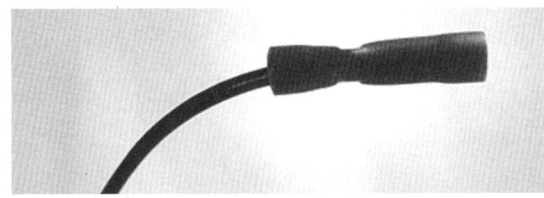

6. 다른 한쪽도 Wire의 피복을 벗기고 꼬아서 한 가닥으로 만들어 Splice에 삽입시킨다.

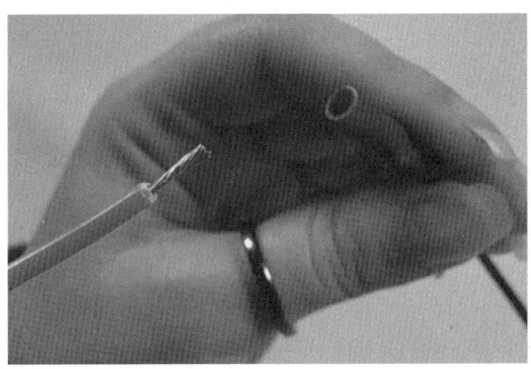

7. 다른 한쪽도 Splice와 Crimping Tool의 동일 색상에 물리고 강하게 조인다.

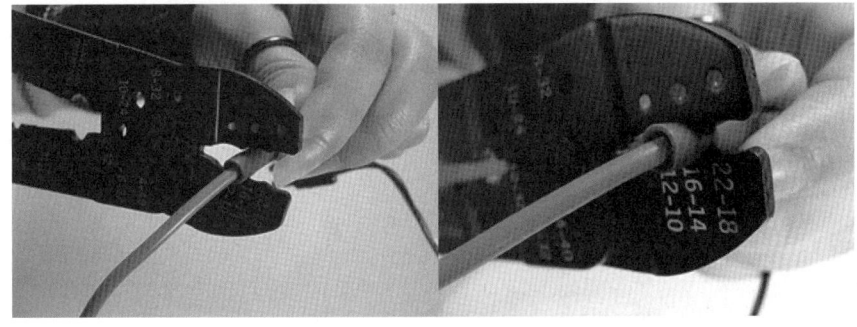

8. Splice 양쪽 모두에 Wire가 잘 체결되었는지 확인한다.

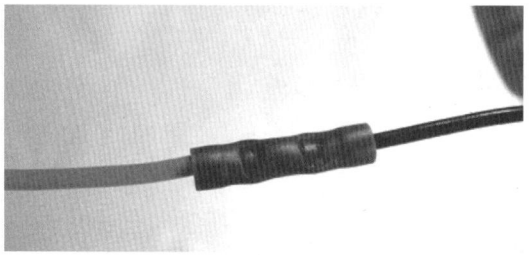

9. Wire의 체결 여부를 확인하기 위해 가볍게 당겨본다.

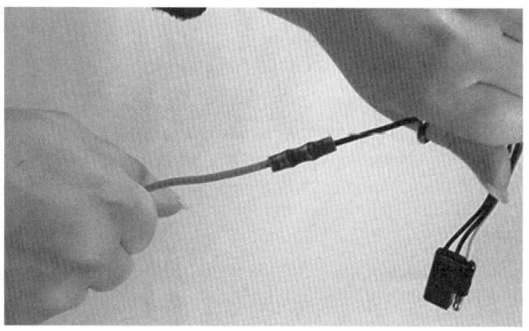

10. Splice 체결과 동일한 방법으로, Crimping Tool을 사용하여 Wire에 Terminal을 체결한다.

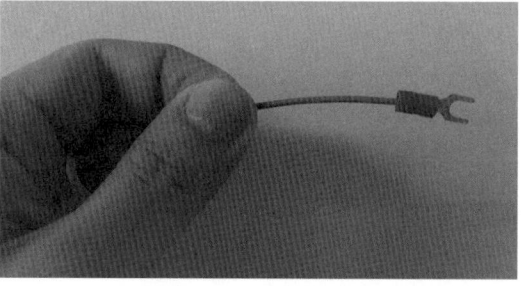

11. 체결하고자 하는 Terminal 단자에 Hand Tool을 사용해서 장착한다.

제8장 Wiring

10 How to Wrap Soldering Wire

1. 손상된 와이어의 위치를 확인한다.

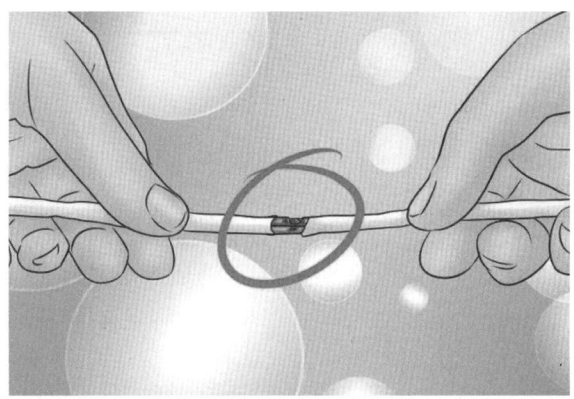

2. 손상된 와이어를 커터 플라이어를 이용해서 제거한다.

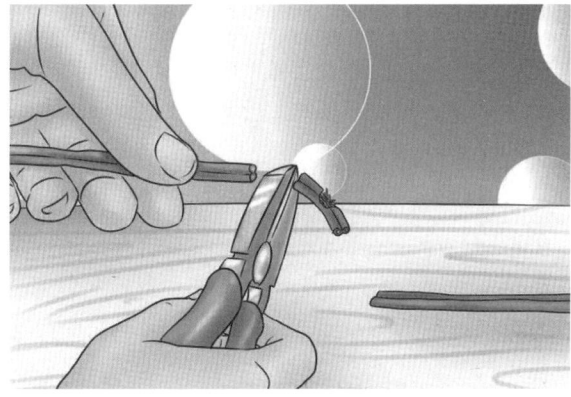

3. 제거된 와이어는 FOD 방지를 위해 버린다.

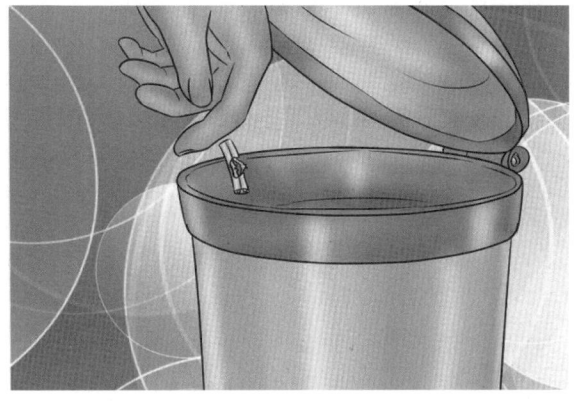

4. 절단면으로부터 약 1인치 길이로 와이어 스트리퍼를 이용해서 피복을 벗긴다.

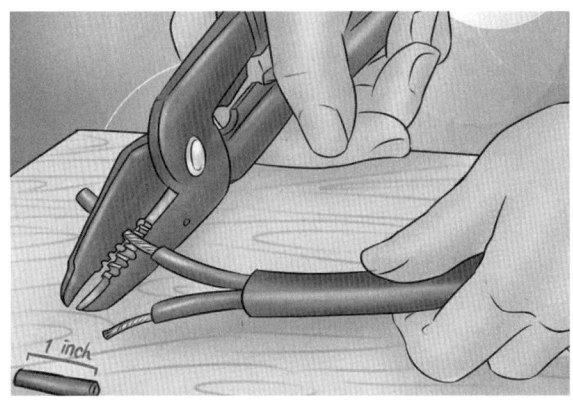

5. 와이어를 꼬아서 한 가닥으로 만들어 작업에 용이하게 한다.

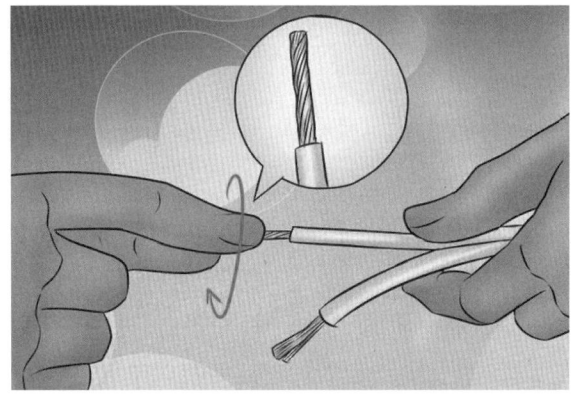

6. 수축 튜브를 한쪽 와이어에 삽입한다.

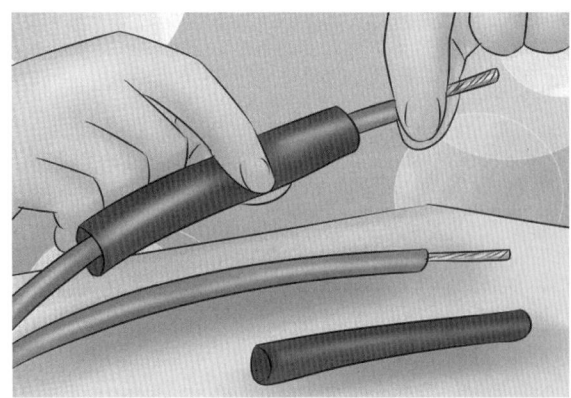

7. 피복을 벗긴 와이어 양쪽을 꼬아서 서로 연결한다.

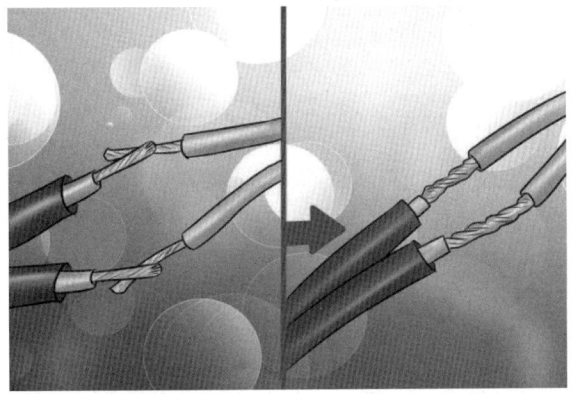

8. 연결한 와이어에 납땜을 한다.

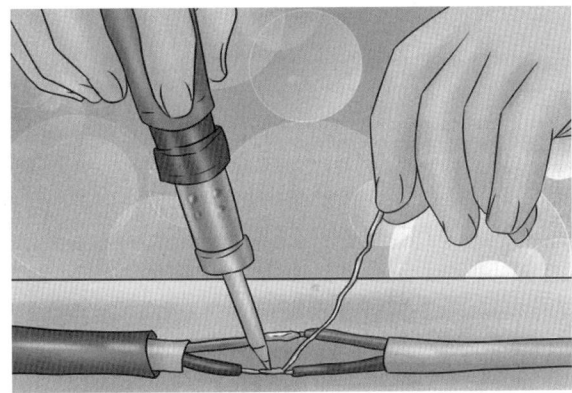

9. 수축 튜브로 감싸고 열을 가해 밀착시켜 준다.

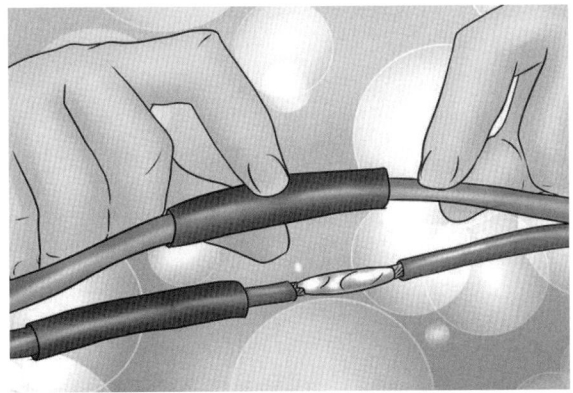

11 커넥터(Connector)

1. 커넥터

전자회로 또는 광통신에 있어서 전자기기 또는 배선을 전기적으로 접속하기 위한 부품, 도구이다. 전선을 납땜 또는 압착, 광화이버를 융착하여 접속한 경우, 장탈 시에 케이블의 절단이 필요하게 되어 재접속이 곤란하게 된다. 그러나, 커넥터를 사용하면 손이나 간단한 공구를 이용하여 편리하게 반복하여 장·탈착이 가능하다. 전자회로에는 복수의 배선을 동시에 접속하는 경우가 많아서 커넥터를 사용한다.

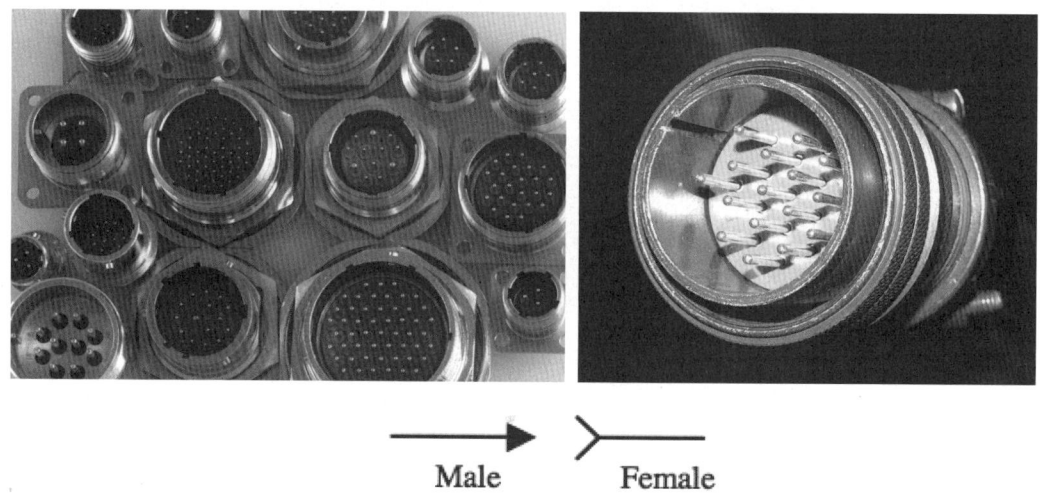

2. 커넥터의 명칭

원형 커넥터, 사각형 커넥터, 평 커넥터들은 가동 파트인 플러그(Plug)와 고정 파트인 리셉터클(Receptacle)로 되어 있다. 리셉터클은 스크류에 의해 구조물의 플랜지에 부착된다. 대부분의 원형 커넥터들은 Thread 또는 Bayonet Locking Type이고, 사각형 커넥터들은 Threads 또는 Special Locking Type이다.

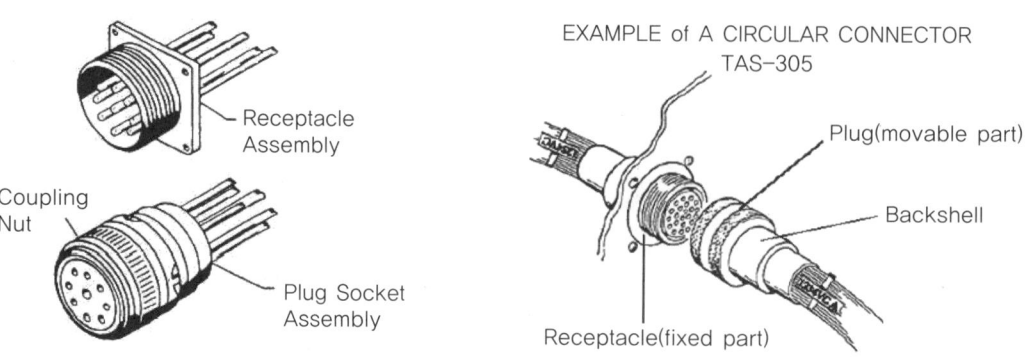

3. 커넥터의 종류

커넥터에는 여러 가지 모양과 치수가 있다. 작은 커넥터에는 전선을 핀에 압착하는 것이 많고, 비교적 큰 커넥터에는 전선을 나사로 고정하거나 납땜으로 접합하는 형식이 있다. 커넥터에 케이블을 접속하는 것과 PCB(인쇄기판)에 직접 삽입하는 것 등 모양과 연결 방법에 따라 여러 종류가 있다. 소켓(Socket)커넥터와 플러그(Plug)커넥터가 결합하여 신호를 전달할 수 있고, 일반적으로 콘택트(단자), 단자를 보호하고 옆 단자와의 단락을 방지하는 절연물, 외장(Shell)으로 구성된다.

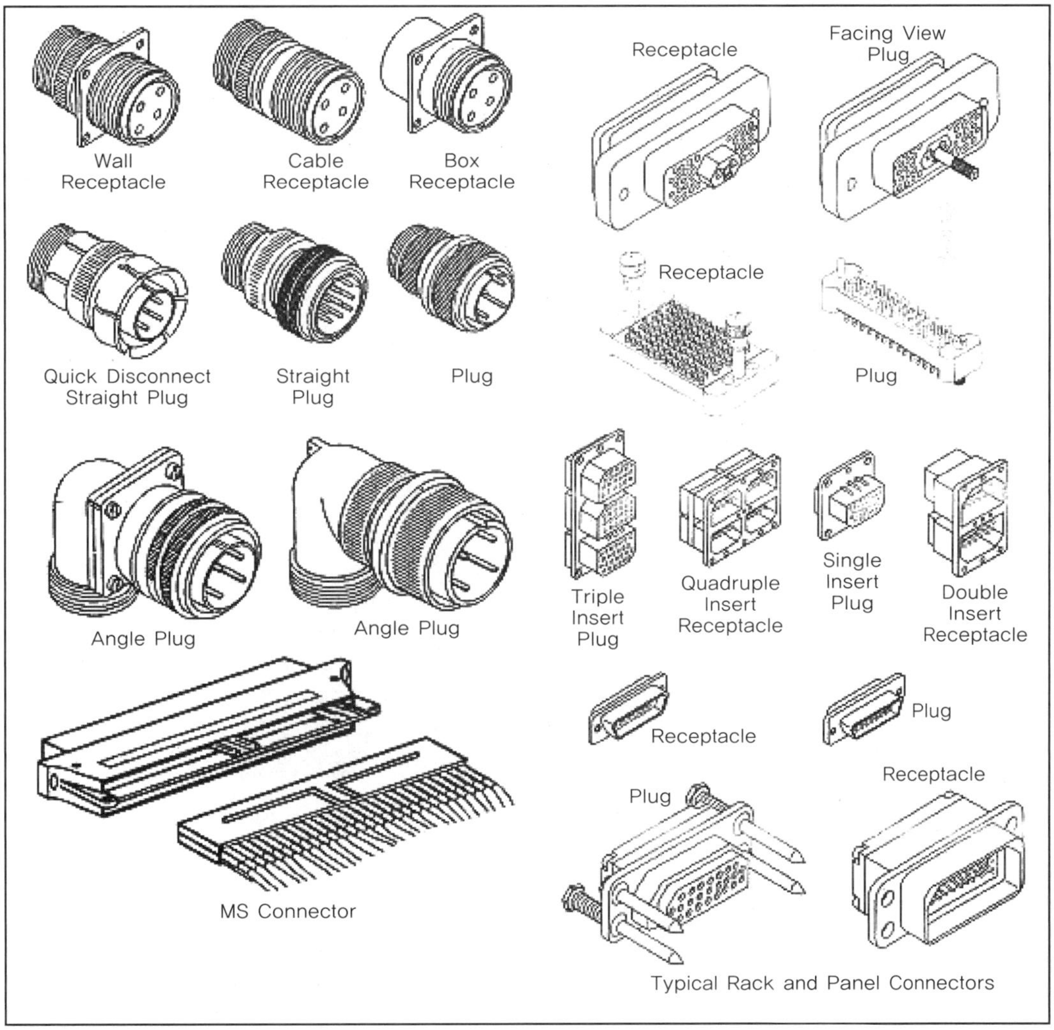

4. Circular Connector
① Thread Locking Type   ② Bayonet Locking Type

5. Rectangular Connector
① Threads Locking Type

② Special Locking Type

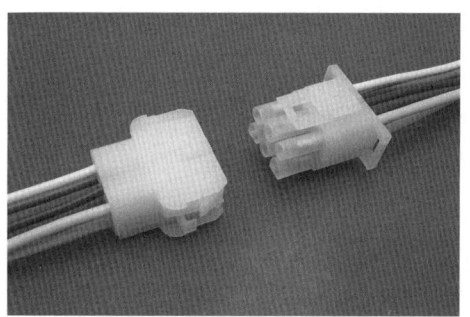

12 커넥터 핀 식별(Contact Color Code)

1. **Contact Color Code**: Wire Barrel 끝에 있는 color band 순으로 읽어 준다(1st band의 크기가 다른 band보다 넓다).
2. **BIN Code**: Basic Identification Number의 약어로서, 이 숫자는 MS 규격의 Military Part Number의 접미사를 뜻한다.

CONTACT COLOR CODE AND BIN*

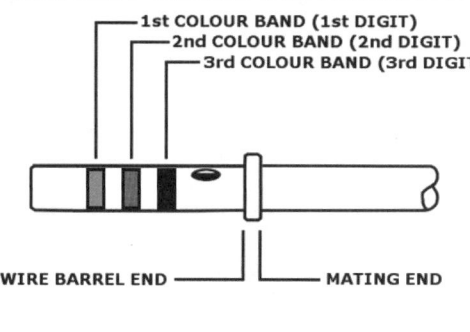

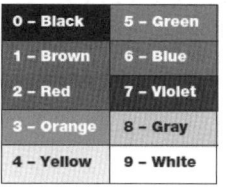

*BASIC IDENTIFICATION NUMBER
- Example shown: 360 (Orange, Blue, Black)
- Manufacturers have the option of identifying contacts by stamping the bin code on the shoulder or the wire barrel (size 16 and larger).

13 커넥터 핀 정보(Contact Spec)

Contact Data Sheet: Contact Color Code에 의한 BIN Code를 이용하여 제조사의 Data Sheet 를 참고하여 해당 Contact Pin에 대한 상세 정보를 얻을 수 있다.

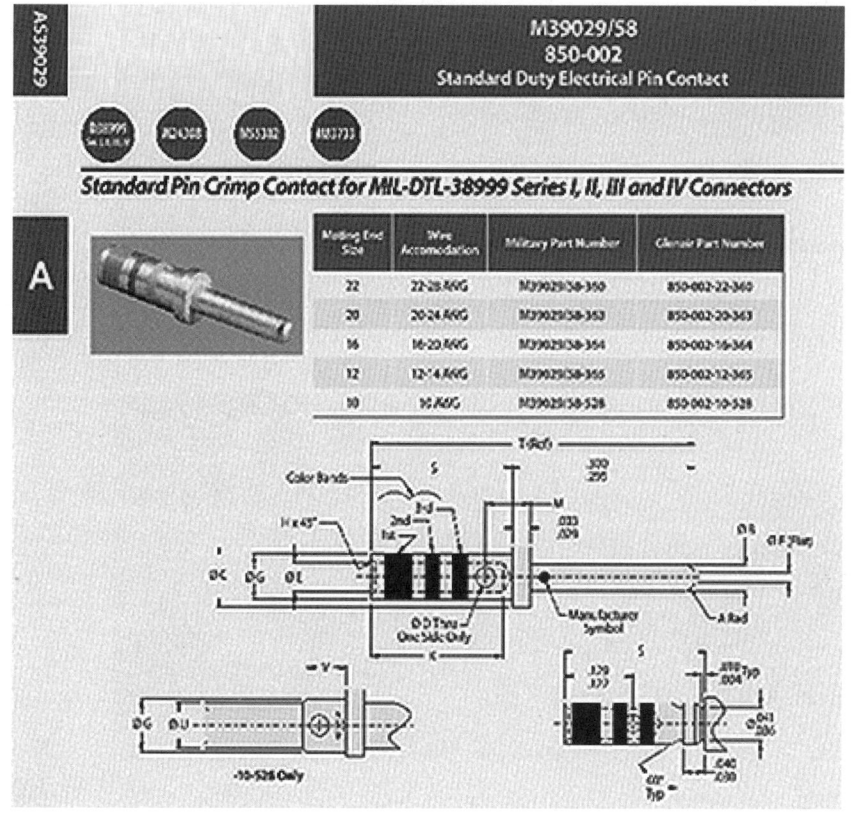

14 How to Crimp Contact Pin

• Turret의 각 명칭

 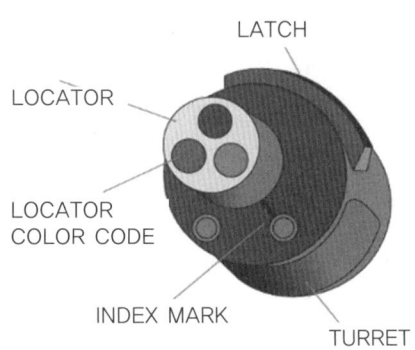

1. Crimper에 Turret을 장착하기 위해서 Alignment Pin을 Retaining Ring의 작은 홈에 일치시킨다.

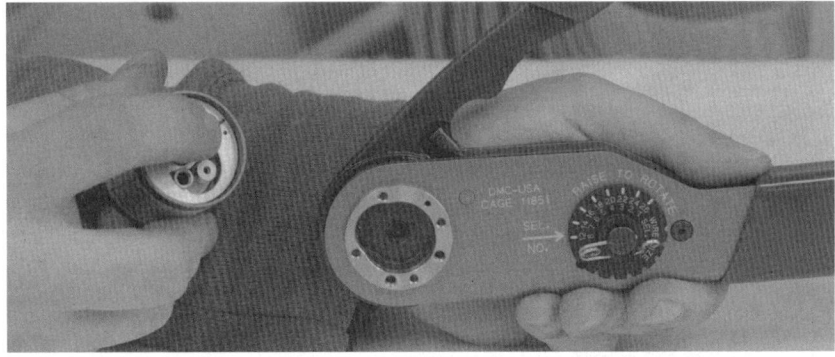

2. 9/24[inch]의 Allen Wrench를 사용해서 Crimper에 Turret을 Locking Screw들로 고정시킨다.

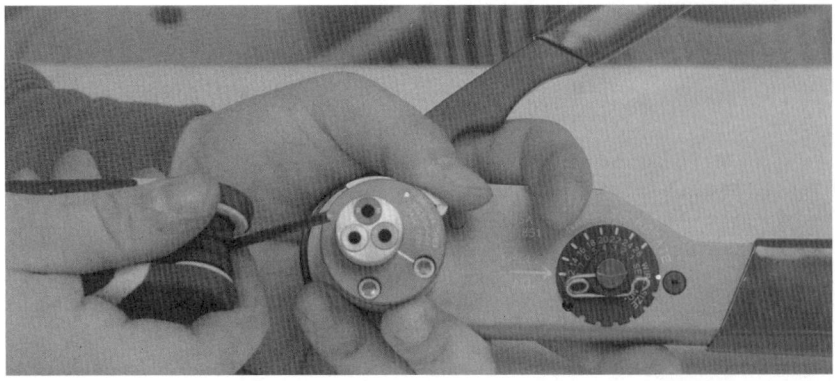

제8장 Wiring

3. Turret의 Locator를 Indicator Line인에 맞추어서 적합하게 될 때까지 회전시킨다.

4. 사용하고자 하는 적합한 Selector Mark를 확인하기 위해 Turret의 Data Plate를 사용한다.

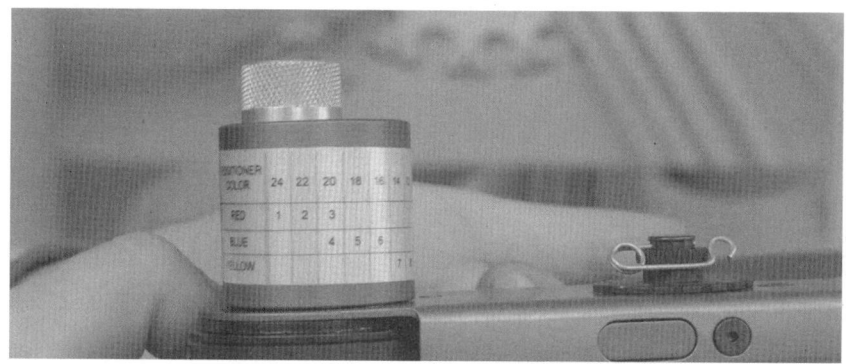

5. Indicator Mark에 적합한 셋팅이 될 때까지 Selector Plate를 회전시키기 위해 들어올린다.

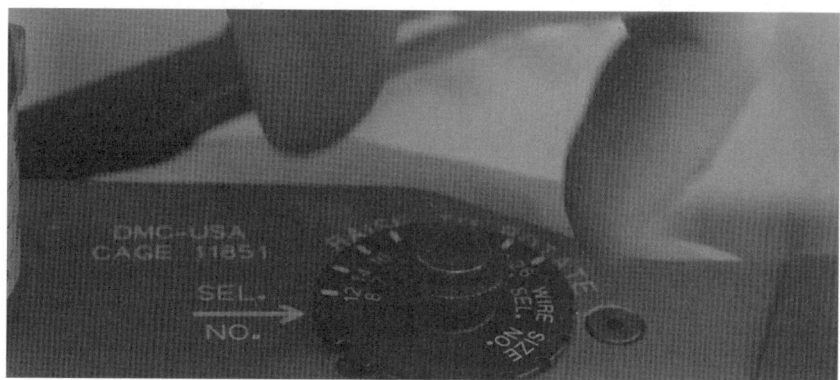

6. Turret을 눌러서 고정시킨다.

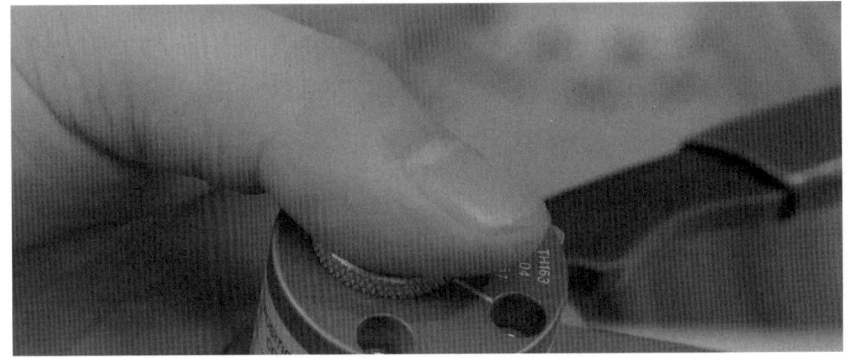

7. Crimper에 장착된 Turret의 반대편 홈에 Contact Pin을 삽입한다.

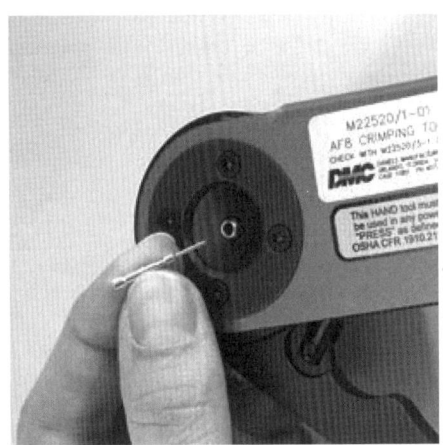

8. 체결하고자 하는 Wire의 끝을 Barrel의 길이에 맞추어 피복을 벗긴 후 Contact Pin에 삽입한다.

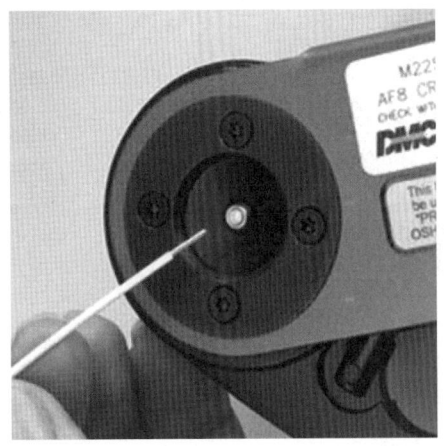

제8장 Wiring

9. Crimper의 손잡이를 잡고 Contact Pin과 Wire를 단단하게 압착시킨다.

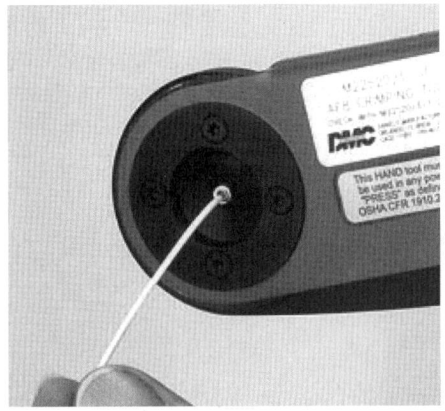

10. Crimper에서 빼낸 후 체결 상태를 Inspection Hole을 통해 확인한다.

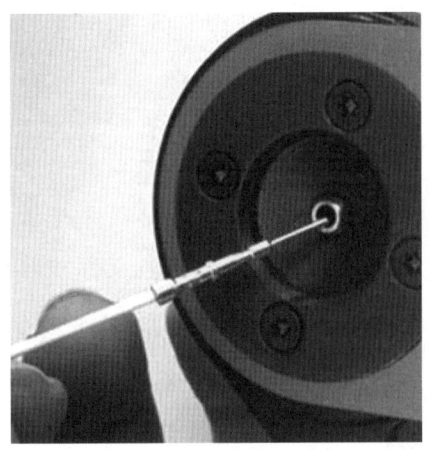

15 How to Insert Contact Pin

1. 작업해야 하는 동일한 사이즈의 Contact Pin, Tool, Wire, Receptacle, Plug를 준비한다.

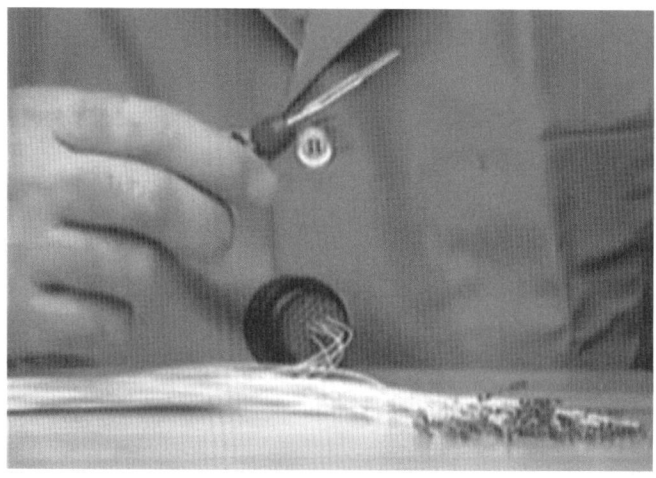

2. Tool의 홈이 파여 있는 부분에 Wire가 체결된 Contact Pin을 삽입한다.

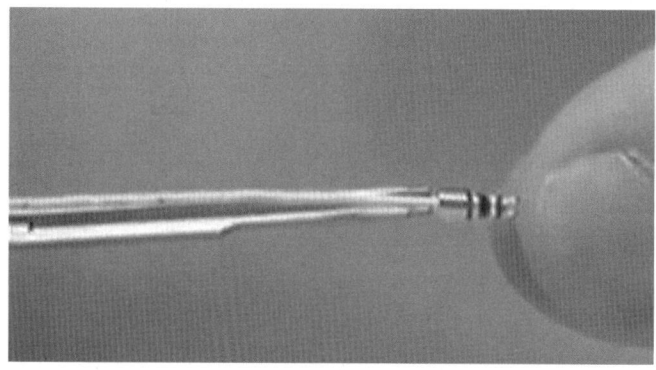

3. Receptacle과 Plug에 Contact Pin을 삽입할 방향을 확인한다.

제8장 Wiring

4. Receptacle과 Plug에 Contact Pin을 손 또는 Plier 등을 사용하여 밀어 넣는다.

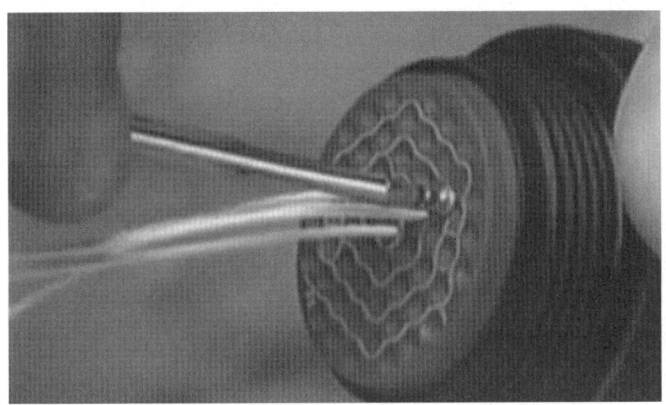

5. Contact Pin이 Retaining Clip에 고정되도록 밀어 넣어 삽입하고 Tool을 빼낸다.

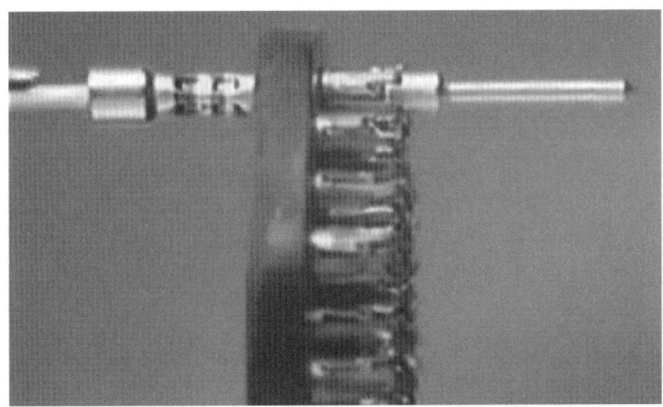

6. Contact Pin의 체결 확인은 잡아당기면서 확인한다.
   (Force gage 측정기준으로 Size 20 : 15 pounds, Size 16 : 20 pounds, Size 12 : 25 pounds가 되어야 한다.)

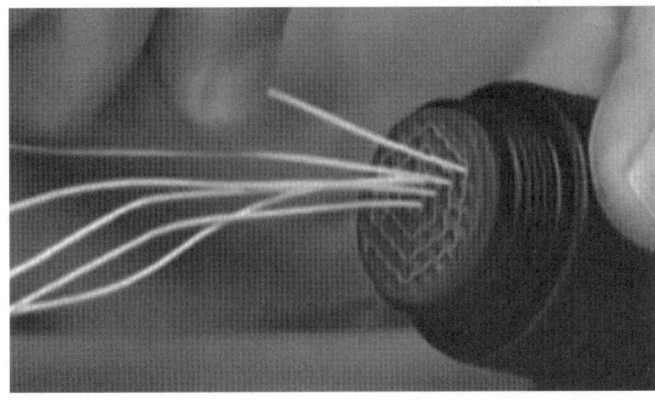

16 How to Remove Contact Pin

1. Receptacle과 Plug에 Contact Pin을 제거할 방향을 확인한다.

2. Receptacle과 Plug에 Removal Tool을 밀어 넣는다.

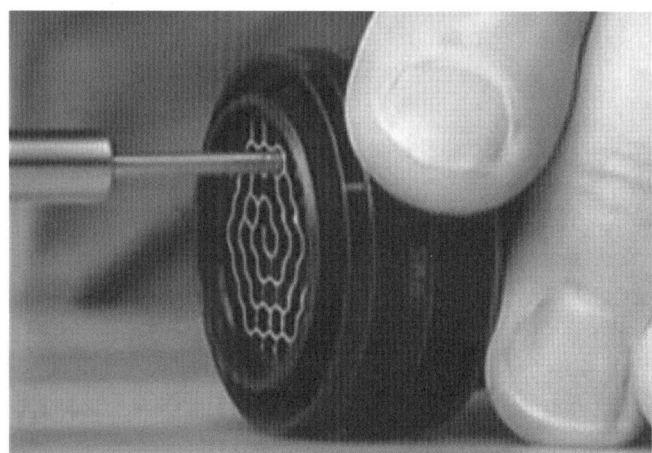

3. Removal Tool을 끝까지 밀어 넣어 Retaining Clip을 벌려준다.

4. Wire를 잡아당기면서 Contact Pin을 제거하면 된다.

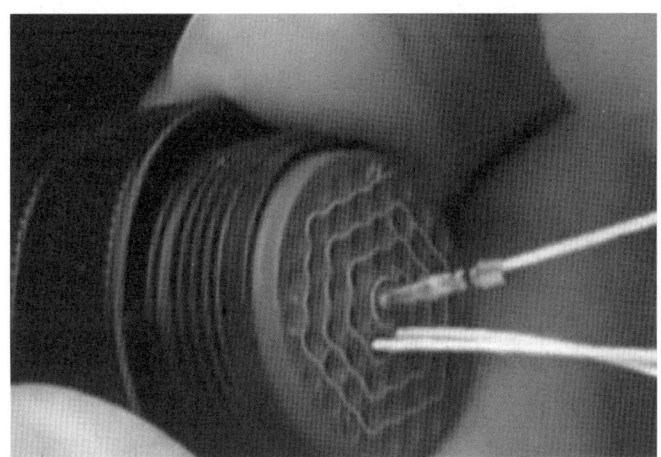

17 Contact Pin in Locked Position

• Contact Pin에 따른 커넥터 체결 단면

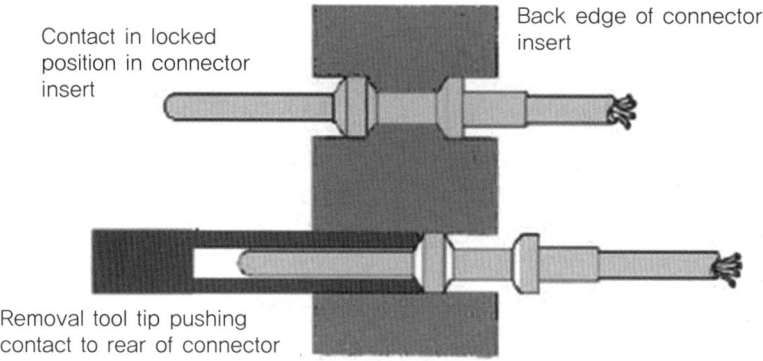

Contact in locked position in connector insert

Back edge of connector insert

Removal tool tip pushing contact to rear of connector

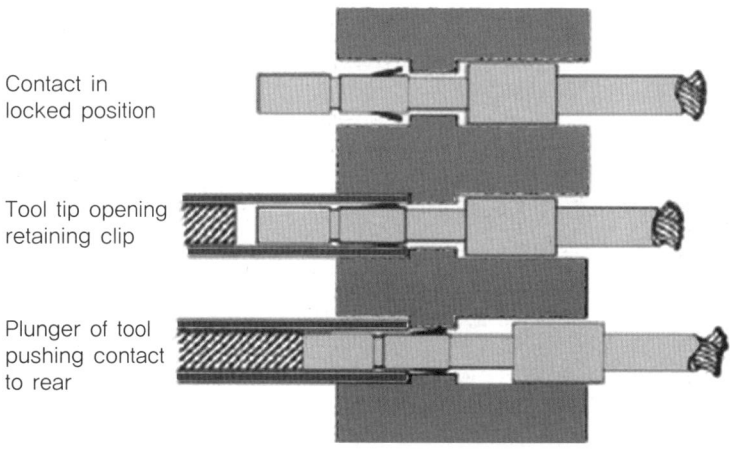

Contact in locked position

Tool tip opening retaining clip

Plunger of tool pushing contact to rear

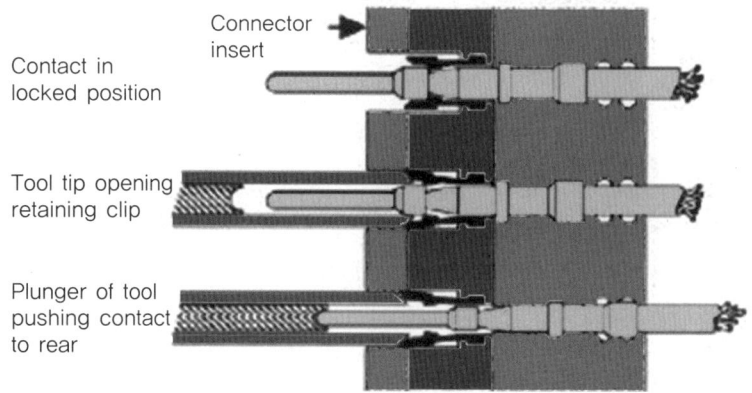

Contact in locked position

Connector insert

Tool tip opening retaining clip

Plunger of tool pushing contact to rear

18 Wire Group & Bundles & Routing

전선 뭉치 & 다발 & 배선: 항공기 전선을 체계적으로 정리하기 위해 다발(Bundle)을 만든다. 전선 다발을 와이어링 하네스라고 부른다. 정비공장 또는 전기 작업장의 지그 보드(Jig Board)에서 전선 다발이 항공기에 적합하도록 만들어진다. 결과적으로, 특정 항공기 장착을 위한 각 하네스의 모양과 길이는 동일하다. 와이어링 하네스(Wiring Harness)는 전자기간섭(EMI)을 피하기 위해 금속 편조(Metal Braid)로 감싸준다. Unprotected Power Wiring과 Duplicate Vital Component로 가는 배선들은 Grouping 또는 Bundling을 하면 안 된다. 전선 다발은 일반적으로 75개 전선 이하, 또는 직경 1.5~2[inch] 이하가 되어야 한다. 여러 전선이 Junction Box, Terminal Block, Panel에서 번들 안의 그룹은 식별할 수 있어야 한다.

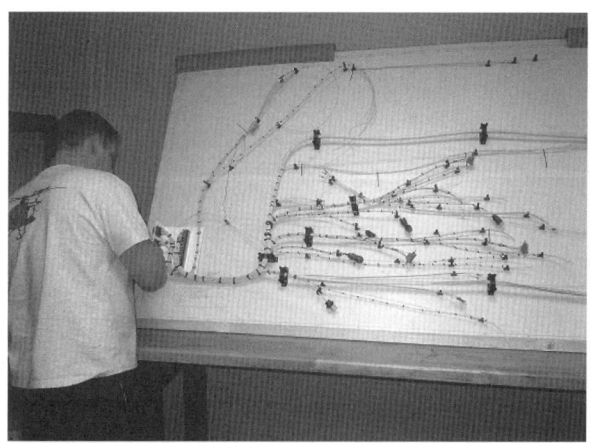

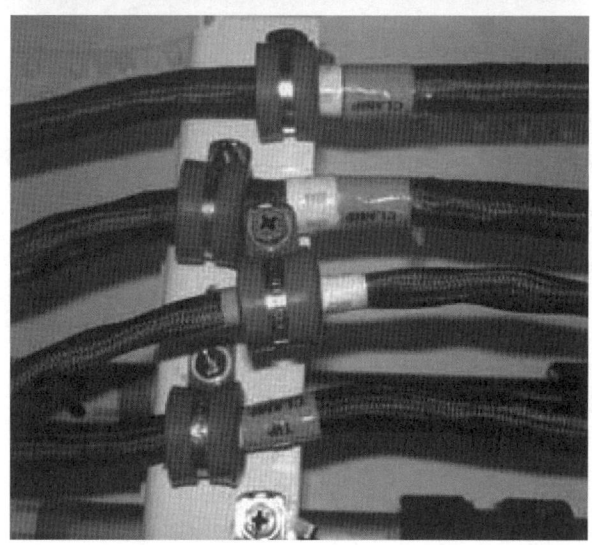

19 Lacing and Tying Wire Bundles

1. 전선 다발 매기와 묶기: 매기, 묶기, 그리고 스트랩(Strap)은 정비, 검사, 그리고 장착의 용이성을 위해 전선 다발의 고정용으로 사용된다. 스트랩은 Wheel Well과 Wing Flap의 근처, 또는 날개가 접히는 곳과 같이 열풍과 습기(SWAMP)가 있는 부분에는 사용할 수 없다. 스트랩의 절연체와 충돌할 위험이 있는 Mechanical Linkage 또는 다른 Moving Mechanical Parts를 손상시킬 수 있는 진동지역에서 사용할 수 없다. 또한, 스트랩은 자외선(Ultraviolet Light)에 노출될 수 있는 곳에는 사용하지 않아야 한다.

전선 다발은 장착, 정비 그리고 검사를 위해서 실로 묶는다.

① Tying은 일정한 간격으로 전선의 뭉치 또는 다발을 실로 묶어 전선을 보호하는 것이다.

② Lacing은 Tying된 실들을 일정한 간격으로 엮어나가 전선을 보호하는 것이다.

Lacing과 Tying을 위해 사용되는 재료들은 면 또는 나일론 실 중의 하나이다. 나일론실은 습기와 곰팡이 방지용이고, 면실은 보호를 위해 사용하기 전에 초(Wax)로 방수처리되어야 한다. Single Cord-Lacing과 Tying Tape는 직경 1[inch] 이하 전선그룹의 번들에 사용한다. Single Cord-Lacing을 시작하기 위한 권장 매듭은 Double-Looped Overhand Knot로 고정된 Clove Hitch(감아 매기)이다. 직경 1[inch] 이상 전선 다발에는 Double Cord-Lacing을 사용한다. Double Cord-Lacing을 사용할 때, 시작 매듭(Starting Knot)으로 Bowline-on-a-Bight를 이용한다. 각 매듭 간격은 1~2[inch] 정도이며, 처음과 마지막 매듭의 끝 부분의 절단길이는 1/4[inch] 정도이다.

2. 매듭(Knot): 항공기에서도 일반적인 로프 매듭법으로 이용해서 매듭 작업을 한다.

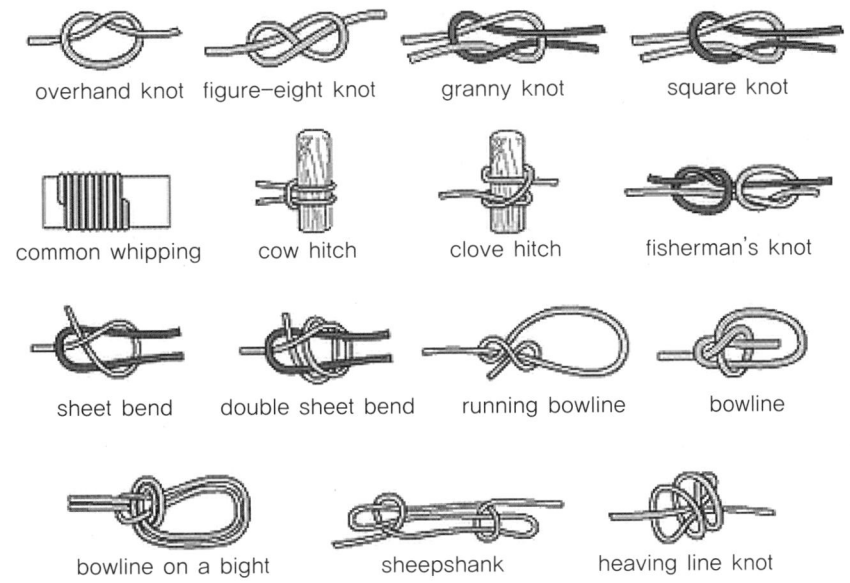

3. Single-Cord Lacing: Lacing의 절차는 전선 뭉치와 다발의 두꺼운 끝에서 Clove Hitch(감아 매기)로 된 매듭에서 시작된다. 그리고 나서 일정한 간격으로 전선 뭉치 또는 다발을 따라서 Half Hitch(반 매듭)를 한다. Half Hitch(반 매듭)들은 일정한 간격이 있어야 그 다발이 깨끗하고 안전하다. Lacing의 끝은 Clove Hitch(감아 매기)로 한다. 매듭이 묶여진 후, 실의 남은 끝은 약 3/8인치 잘라야 한다.

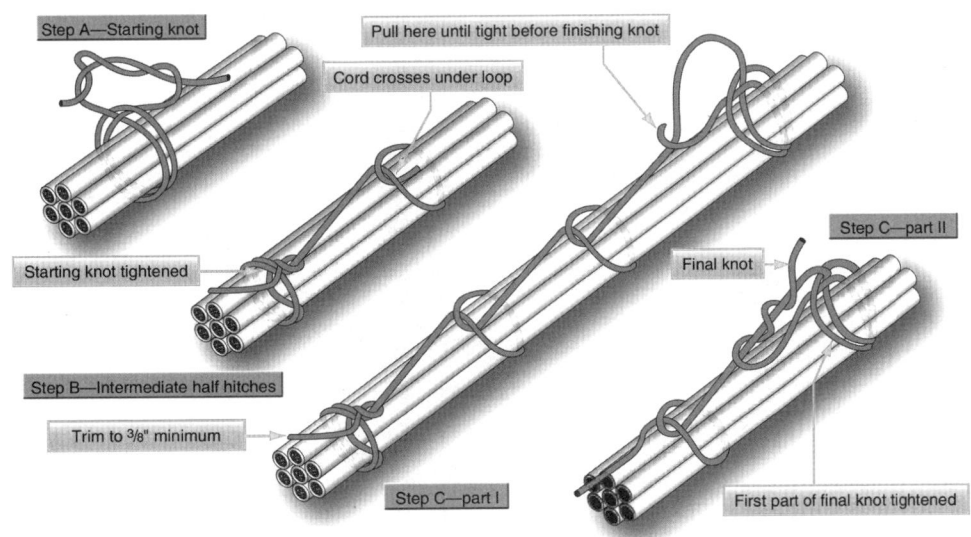

4. **Double-Cord Lacing:** Double-Cord Lacing의 절차는 전선 뭉치와 다발의 두꺼운 끝에서 두 겹 고정 매듭으로 시작된다. 그리고 나서 일정한 간격으로 전선 뭉치 또는 다발을 따라서 이중 실을 쥐고 Half Hitch(반 매듭)를 한다. Half Hitch(반 매듭)들은 일정한 간격이 있어야 그 다발이 깨끗하고 안전하다. 마지막 매듭은 실의 하나는 시계방향으로 그리고 또 다른 실은 시계반대방향으로 그리고 나서 Square Knot(옭, 사각 매듭)로 하고 Half Hitch(반 매듭)로 마무리 한다. 매듭이 묶여진 후, 실의 남은 끝은 약 3/8인치 잘라야 한다.

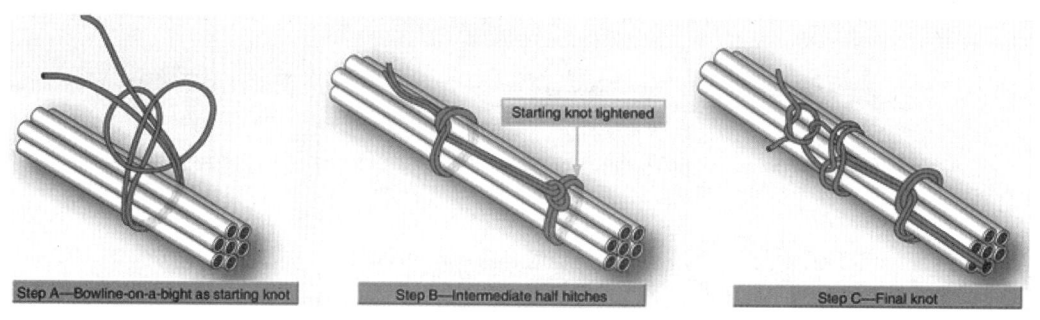

5. **Lacing Branch-Offs:** The branch-off Lacing은 분기되는 지점을 지난 메인 다발에 위치한 매듭에서 시작된다. 일정한 간격으로 전선 뭉치 또는 다발을 따라서 Half Hitch(반 매듭)를 한다. 만약, Double-Cord Lacing이면, 두 개의 실은 같이 고정되어야 한다. Half Hitch(반 매듭)들은 일정한 간격이 있어야 그 다발이 깨끗하고 안전하다. Single or Double-Cord Lacing에 사용된 마지막 매듭은 Clove Hitch(감아 매기)로 마무리하고, 남은 끝 부분은 약 3/8인치 잘라야 한다.

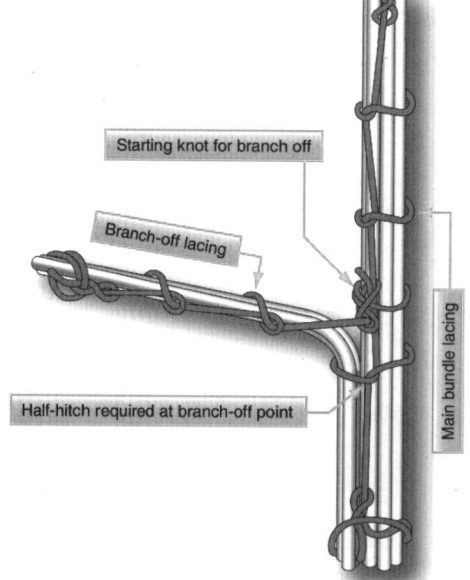

제8장 Wiring

6. **Tying:** 모든 전선 뭉치 또는 다발들이 지지점로부터 12[inch] 이상 떨어져 있는 곳에 매어야 한다. 방수된 면실, 나일론실, 유리섬유실을 사용한다. 테이프로 다발 주변을 3번 돌려 싸야 하고 끝은 테이프가 감겨지지 않는 것을 방지하기 위해 열봉합한다. Square Knot(옭, 사각 매듭)로 고정되고, 전선 뭉치 또는 번들의 주위를 감는 Clove Hitch(감아 매기)로 구성된다.

임시 매기는 때때로 전선 뭉치와 다발을 만들고 설치하는 데 사용된다. 설치가 완료되면 제거해야 하기 때문에 보통 임시 묶기를 하기 위해서는 색이 있는 실을 사용한다.

Lacing이든지 Tying이든지 간에 전선 다발은 미끄러짐을 방지하기 위해 충분히 꽉 조여야 하지만, 너무 강하게 묶으면 실로 인해 절연체가 절단되거나 변형된다. 이는 특히 내부와 외부 도체 사이에 부드러운 절연체를 가진 동축 케이블에 적용된다. 동축 케이블의 절연체는 Lacing 또는 Tying에 의해 가해지는 집중된 힘으로 인해 손상되어 왔다. 신축성 있는 Lacing 재료들, 작은 직경의 Lacing 실, 너무 강한 묶기는 절연체를 변형시키고 단락 또는 저항변화를 초래한다. 얇은 나일론실 Lacing Tape는 동축 케이블을 포함하고 있는 전선 다발을 Lacing 또는 Tying하는 데 사용된다.

전선 안에 있는 전선 뭉치 또는 다발은 Lacing 또는 Tying되어 있지 않지만, Junction Box 내부의 전선 뭉치 또는 다발은 Lacing 또는 Tying해야 한다.

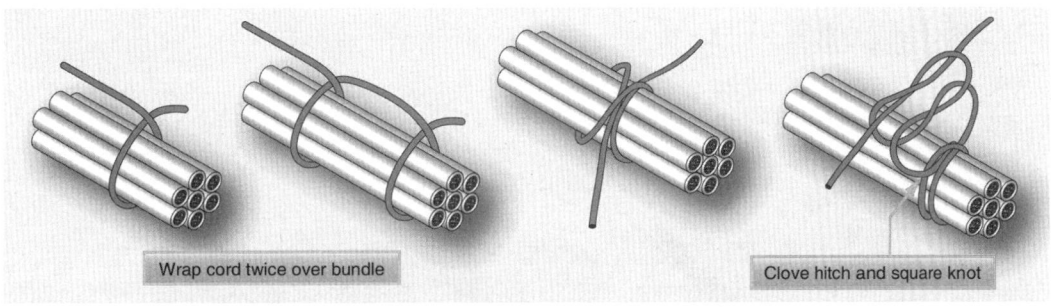

175

20 Clamp Installation

1. 클램프 장착

전선과 전선 다발은 클램프 또는 플라스틱 케이블 스트랩(Plastic Cable Strap)으로 지지되어야 한다. 클램프는 온도, 유체저항(Fluid Resistance), 자외선(Ultraviolet Light)에 노출, 그리고 전선 다발에 걸리는 물리적 부하 등의 모든 면에서 적합한 재료로 구성되어야 한다. 클램프들은 24[inch]를 넘지 않는 간격으로 장착되어야 한다. 클램프에 전선 다발의 전선이 잘못 물리지 않고 꼭 맞도록 선택하여야 한다.

동축 무선주파수 케이블(Coaxial RF Cable)에 금속 클램프(Metal Clamp)의 사용은 만약 클램프 고정이 무선주파수 케이블(RF Cable)의 단면을 왜곡시킬 경우 문제를 일으킬 수 있다. 전선 다발의 클램프는 약간의 축방향 당김(Axial Pull)이 가해졌을 경우 클램프를 통해 움직이는 것이 허용되지 않는다. 클램프가 무선주파수 케이블(RF Cable)을 눌러 파쇄되지 않는 동시에 케이블이 클램프를 통해 움직이는 것을 막기 위한 적절한 사이즈를 선택해야 한다. 그러나 케이블이 가벼운 축방향 당김(Axial Pull)이 가해졌을 때 클램프를 통해 미끄러지는 정도는 허용하여도 좋다. 플라스틱 클램프(Plastic Clamp) 또는 케이블 타이(Cable Tie)는 가동조종장치(Movable Controls), 가동장비와 전선 다발 접촉, 배선의 Chafing Damage에 의해 결함이 발생할 수 있는 곳에서는 사용이 금지된다.

2. 클램프 장착 각도

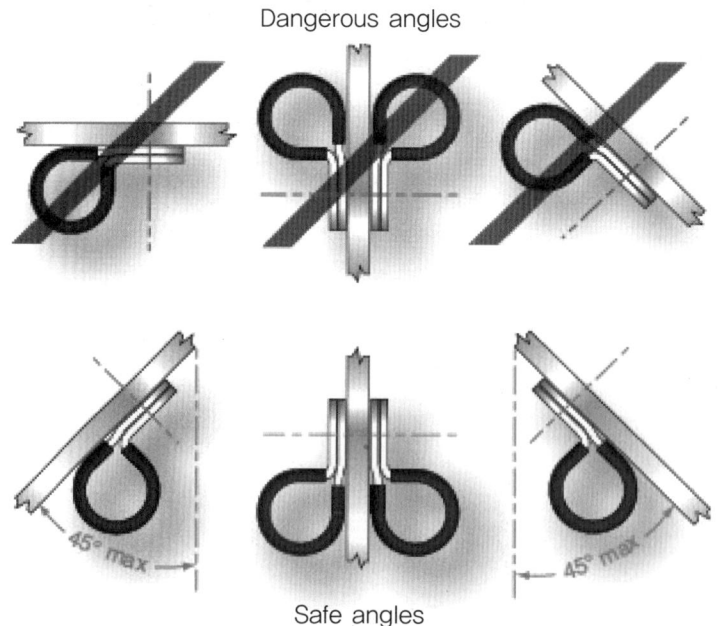

제8장 Wiring

3. 하드웨어를 이용한 클램프 장착 방법

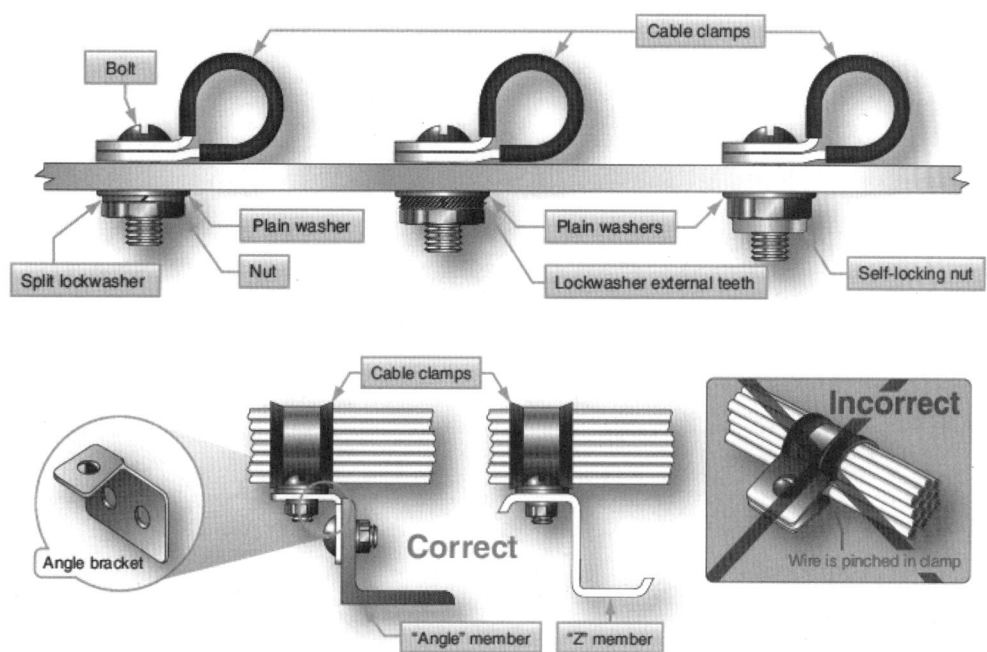

21 Slack in Wire Bundle

와이어 번들의 장력: 배선은 번들과 개별 전선에 장력이 걸리지 않도록 느슨하게 장착되어야 한다. Movable Component 또는 Shock-mounted 장비에 연결된 전선은 번들에 장력이 걸리지 않은 상태에서 충분히 이동할 수 있도록 길이가 넉넉해야 한다. 터미널 러그(Terminal Lug) 또는 커넥터에 배선은 전선의 교체 없이 두 번의 Re-termination을 허용할 수 있는 충분한 여유가 있어야 한다. 이 여유는 드립 루프(Drip Loop)와 Movable Component의 허용오차에 추가되어야 한다. 일반적으로 Wire Group 또는 번들은 클램프 사이에 1/2[inch] 느슨함을 초과하지 않아야 한다. 만약 Wire Group 또는 번들이 Chafing을 일으키는 표면에 닿지 않는다면 이 치수는 초과해도 된다. 양쪽 끝단은 단자(Terminal)의 교환과 정비를 편리하게 할 수 있도록 충분히 느슨해야 하는데, 전선, 케이블, 접합점, 그리고 지주에 기계적 변형을 방지하고, 완충 Shock-mounted 장비와 Vibration-mounted 장비의 자유로운 이동, 필요하면 항공기에 장착되어 있는 동안에 Alignment, Servicing, Tuning, Dust Cover의 제거 및 내부 장비품의 변경을 하기 위해 장비의 이동이 가능하게 해야 한다.

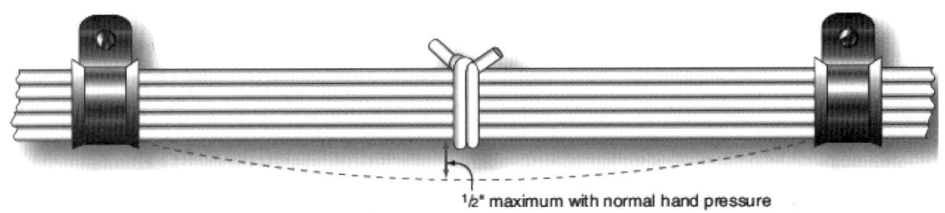

22 Wire Chafing

전선의 마찰: 항공기 전반적으로 전자장비들의 비중이 커지게 됨에 따라, 연결하기 위한 배선들도 많아지고 있다. 이러한 배선들이 꼬이거나 끊어지지 않도록 정리 및 고정 작업을 하고 있지만, 엔진 파트에 있는 배선들은 엄청난 진동으로 마찰에 의해 피복이 벗겨지고, 전기가 누설되어 스파크 및 화재로 이어지기도 한다.

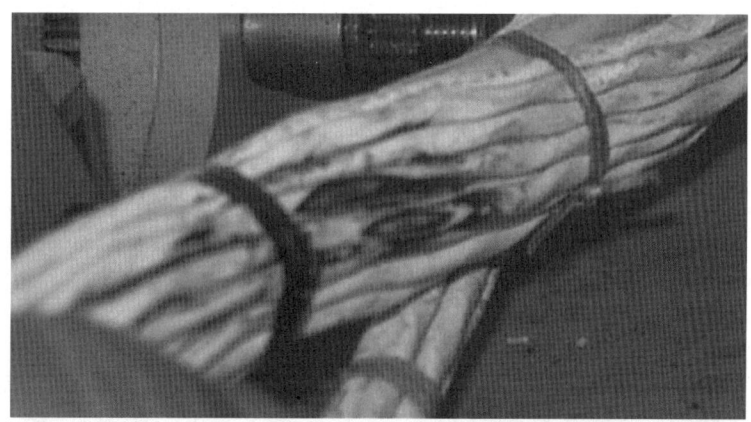

23 Bonding and Grounding

1. 본딩과 접지(Bonding and Grounding)

항공기 전자 계통의 부적절한 결합 또는 접지는 시스템의 작동 오류, 전자기간섭(EMI), 민감한 전자장비에 정전기 방전(Electrostatic Discharge) 손상, 정비사의 감전위험(Shock Hazard), 또는 낙뢰(Lighting Strike)로 인한 손상을 유발한다. 따라서 항공기 전기 계통의 설계와 정비에서 매우 중요한 요인 중 한 가지는 적절한 본딩과 접지이다. 항공기의 주 구조물인 메인 프레임, 기체, 혹은 기체의 날개 구조물에 본딩과 접지를 해준다. Bonding은 전도성 금속구조물들의 전기적인 연결이고, Grounding은 전도성 금속구조물들의 전기적인 연결에 흐르는 전류의 귀환이다.

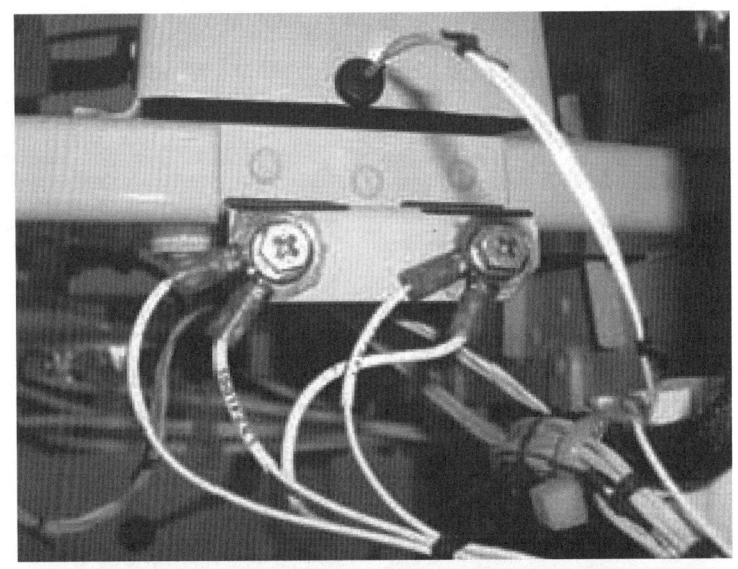

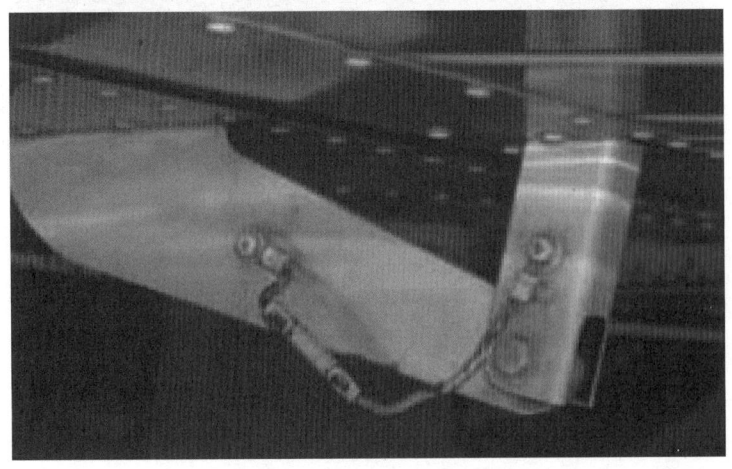

2. Bonding과 Grounding 연결 목적

① 낙뢰로부터 기체와 전자장비를 보호하기 위해서
② 구조물들의 전류 귀환 경로를 제공하기 위해서
③ 무선 주파수 간섭으로부터 보호하기 위해서
④ 전기 쇼크 위험으로부터 인명을 보호하기 위해서
⑤ 무선 전송과 수신의 안정성을 제공하기 위해서
⑥ 정전기의 축적을 방지하기 위해서

3. 일반적인 Bonding과 Grounding 절차

① 메인 기체 구조물의 파트에 Bonding 또는 Grounding을 한다.
② 기체 구조물이 취약해지지 않도록 Bonding 또는 Grounding을 해야 한다.
③ 가능하면 파트별로 Bonding해야 한다.
④ 평평하고 깨끗한 표면에 Bonding 또는 Grounding 체결을 한다.
⑤ Bonding 또는 Grounding 연결로 인해 진동, 팽창 또는 수축, 일반적인 Servicing에 관련된 가동이 연결에 손상을 가하거나 느슨해지지 않도록 해야 한다.
⑥ 보호된 장소에 Bonding과 Grounding 연결을 해야 한다.

4. 본딩 점퍼들(Bonding Jumpers)은 장착할 수 있는 한 짧게 연결해야 하고 설치되어야 한다. 그리고, 저항이 0.003[Ω]을 초과하지 않도록 해야 한다. 본딩 점퍼는 조종면과 같이 가동 기체 Components의 가동을 방해해서는 안 된다. 또한 Components의 가동은 본딩 점퍼에 손상이 생기지 않도록 해야 한다.

구조물에 페인트와 산화 피막층과 같은 절연 작업된 곳에 저저항의 Bonding 단자 연결을 위해서 표면이 깨끗이 제거 되어야 한다. 이종 금속으로 인한 전해작용은 적합한 녹방 작업이 되지 않으면 Bonding 연결을 빠르게 부식시킬 수 있다. 알루미늄 합금 점퍼들은 대부분에 사용된다. 그러나, 구리 점퍼들은 녹슬지 않는 철, 구리, 황동 또는 청동으로 만들어진 구조물들을 서로 연결하기 위해서 사용될 수 있다.

이종 금속들 사이에 접촉을 피할 수 없는 곳에 점퍼와 하드웨어의 선택은 부식이 최소화되어야 한다. 그리고 가장 잘 부식되는 파트는 점퍼 또는 관련된 하드웨어이다. 본딩 점퍼들을 장착하기 위한 땜납의 사용은 피해야 한다. 강관부재들은 점퍼가 부착된 클램프에 의해 연결되어야 한다. 클램프 재료의 적합한 선택은 부식의 가능성을 최소화한다. 접지 귀환 전류가 흐르는 본딩 점퍼의 전류 비율과 전압 강하가 생기는 것을 고려해야 한다.

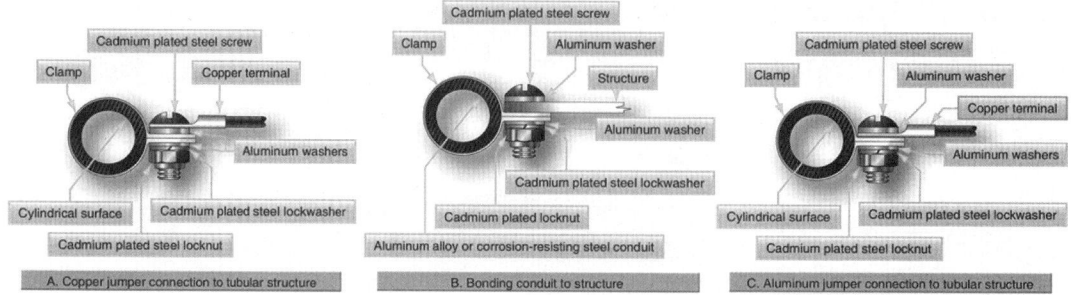

5. Bonding과 Grounding 연결은 일반적으로 설치를 위해 볼트와 스크류에 의해 구조물의 평면에 행해진다.

   ① 볼트와 스크류는 Stud가 되는 구조에 안전하게 체결된다.

   Grounding 또는 Bonding 점퍼들은 구조물로부터 Stud를 장탈하지 않고 Stud의 축에 장탈되거나 장착될 수 있다.

   ② Nut Plate는 수리를 위해 너트에 접근이 어려운 곳에 사용된다. Nut Plate는 구조물의 깨끗한 부분에 리벳이 쳐지거나 용접되어진다.

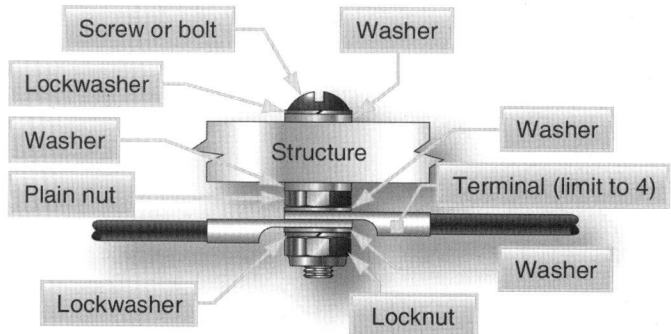

6. Bonding과 Grounding은 구조물에 Tab Rivet으로 연결하기도 한다. 만일 어떤 이유에서 Tab Rivet을 제거해야 한다면 Tab Rivet을 한 규격 더 큰 리벳들로 교체해야 하고, 구조물의 접합면과 Tab Rivet을 깨끗이 해야 하고, 산화 피막도 제거해야 한다.

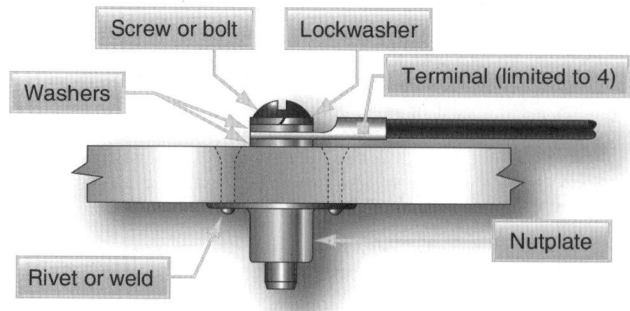

제8장 Wiring

7. Bonding 또는 Grounding 구역은 연결 전에 깨끗이 해야 한다. 구조물과 탭의 후면은 구조물에 탭을 리벳팅하기 전에 깨끗하게 되어 있어야 한다. Bonding 또는 Grounding 연결은 알루미늄 합금, 마그네슘 또는 부식방지 강관부재 구조물에 행해진다.

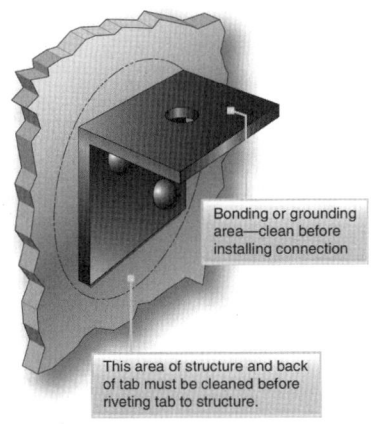

8. 알루미늄 점퍼와 Bonding을 위한 하드웨어와의 체결을 보여준다. 알루미늄 평와셔가 변형되기 쉽기 때문에 반드시 스크류와 너트에 알맞게 장착해야 한다. Bonding 또는 Grounding 연결을 위해 사용된 하드웨어는 기계적 강도, 흐르는 전류, 그리고 설치의 용이함에 기초하여 선택해야 한다. 만일 이종 재료의 구조물에 알루미늄 또는 구리 점퍼들을 연결하기 위해서는 부식방지를 위해 이종 금속들 사이에 적합한 재료의 와셔를 사용해서 장착해야 한다. 하드웨어 재료는 장착되는 구조물의 재료 및 Bonding 또는 Grounding 연결을 위해 지정된 Jumper와 Terminal의 재료에 의해 선별되어야 한다. 지정된 Jumper Terminal을 위한 적절한 규격의 스크류나 볼트가 사용되야 한다. Bonding 또는 Grounding 연결을 수리하거나 교체할 때, 원래 체결에 사용된 같은 형태의 하드웨어가 항상 사용되어야 한다.

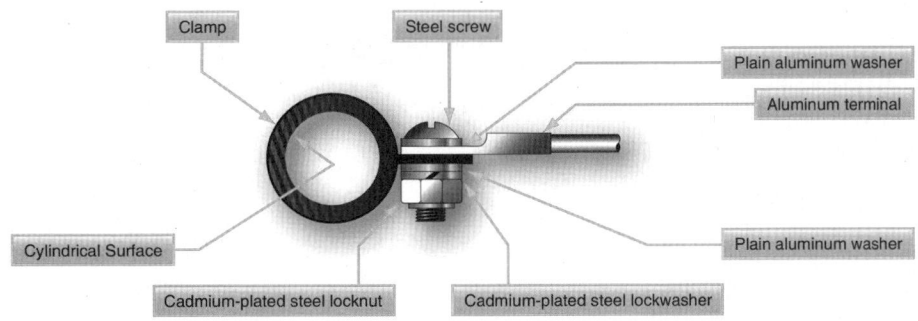

183

24 Bonding

1. **본딩(Bonding)**: 2개 이상의 분리된 금속구조물 또는 기계적으로는 접합되어 있으나, 전기적으로는 연결이 불충분한 금속구조물을 전기적으로 완전히 연결시키는 것이다(전기적 차이로 인한 금속 부식을 방지). 사용되는 도선을 본드선(Bonding Wire) 또는 본딩 점퍼(Bonding Jamper)라고 한다. 본드선은 가능한 한 짧게 하고 전기저항은 3mΩ(0.003Ω) 이하로 한다. 가동 부분에 제약을 받지 않게 하고, 절단되지 않게 해야 한다. 연결하고자 하는 금속 표면의 페인트 등을 제거하고 연결 후 방녹처리를 한다. 전기적 부식을 방지하기 위해 제공사에서 지정한 재료를 조합하여 본딩 작업을 해야 한다.

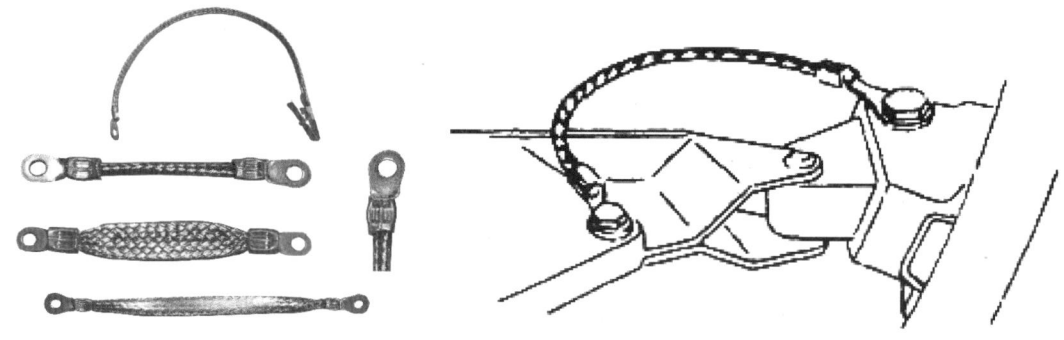

① **장비 본딩(Equipment Bonding)**: 항공기 구조물에 저 임피던스 경로(Low-impedancepath)는 일반적으로 무선주파수 귀환회로(Radio Frequency Return Cir Cuit)를 장치하기 위한 전자장치에, 그리고 전자기간섭(EMI)의 감소를 용이하게 하기 위해 대부분 전기장치에 필요하다. 전자기 에너지를 일으키는 부품의 케이스는 구조물에 접지되어야 한다. 전자장치의 적절한 작동을 보장하기 위해 상호접속, 본딩, 그리고 접지가 수행될 때 시스템의 Installation Specification를 확인하는 것이 중요하다.

② **금속 외부 본딩(Metallic Surface Bonding)**: 기체의 외부에 모든 전도체는 본딩을 통해 기체에 전기적으로 연결되어야 한다. 단, 안테나와 같이 기체로부터 전기적으로 격리되어야 하는 소자는 제외한다.

③ **스태틱 본드(Static Bond)**: 대기 중의 마찰로 인한 정전기 대전(Electrostatic Charging)을 받는 3[inch^2] 이상의 면적과 3[inch^2] 이상의 길이를 갖는 항공기 내외부에 일어날 수 있는 정전기를 방전시키기 위해 기계적으로 확실한 전기접속을 갖추어야 한다.

2. **본딩과 접지 검사**: 항공기의 모든 본딩과 접지 접속의 저항은 통상 0.003[Ω]을 초과해서는 안된다. AN/USM-21A의 낮은 저항값을 정밀하게 측정하기 위해 사용한다.

제8장 Wiring

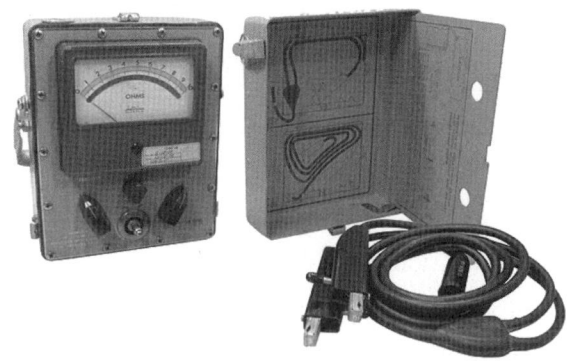

3. **본딩 점퍼의 장착**: 본딩 점퍼는 가능한 한 짧게 만들어 각각의 접속의 저항이 0.003[Ω]을 초과하지 않는 방식으로 장착되어야 한다. Jumper는 Surface Control 등의 Movable Aircraft Components의 작동을 방해하지 않아야 하고 또한 본딩 점퍼에 손상을 초래해서도 안 된다.

4. **본딩 재료의 구성**: 본딩 시, 가장 중요한 것은 전해 부식(Electrolytic Corrosion)인데, 이를 방지하기 위해 재료의 구성에 주의해야 한다. 기체에 본드선을 접속할 경우, 기체 제작사에 의해 지시된 재료를 사용해야 한다. 마그네슘의 함유량이 많은 합금으로 만들어진 부분에는 본딩해서는 안 된다.

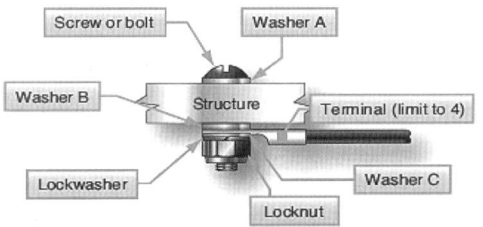

Aluminum Terminal and Jumper					
Structure	Screw or bolt and nut plate	Locknut	Washer A	Washer B	Washer C
Aluminum alloys	Cadmium-plated steel	Cadmium-plated steel	Cadmium-plated steel or aluminum	None	Cadmium-plated steel or aluminum
Magnesium alloys	Cadmium-plated steel	Cadmium-plated steel	Magnesium-alloy	None or magnesium alloy	Cadmium-plated steel or aluminum
Cadmium-plated steel	Cadmium-plated steel	Cadmium-plated steel	Cadmium-plated steel	Cadmium-plated steel	Cadmium-plated steel or aluminum
Corrosion-resisting steel	Corrosion-resisting steel or Cadmium-plated steel	Cadmium-plated steel	Corrosion-resisting steel	Cadmium-plated steel	Cadmium-plated steel or aluminum
Tinned Copper Terminal and Jumper					
Aluminum alloys	Cadmium-plated steel	Cadmium-plated steel	Cadmium-plated steel	Aluminum alloys[2]	Cadmium-plated steel
Magnesium alloys[1]					
Cadmium-plated steel	Cadmium-plated steel	Cadmium-plated steel	Cadmium-plated steel	none	Cadmium-plated steel
Corrosion-resisting steel	Corrosion-resisting steel or cadmium-plated steel	Cadmium-plated steel	Corrosion-resisting steel	none	Cadmium-plated steel

[1] Avoid connecting copper to magnesium.
[2] Use washers with a conductive finish treated to prevent corrosion, such as AN960JD10L.

① 본딩 연결(Bonding Connections): 저저항 접속을 위해 페인트와 양극산화피막(Anodizing Film)은 본딩 터미널(Bonding Terminal)로 접촉시키고자 하는 부착표면에서 제거되어야 한다. 또한, 전기 배선은 마그네슘 부분에 직접 접지하지 않아야 한다.

② 부식 방지(Corrosion Protection): 전기 계통 본딩과 접지에서 결합의 빈번한 실패 원인 중 하나는 부식이다. 본딩 작업이 완료되면 Finish Coating으로 빠르게 마무리해야 한다.

③ 부식예방(Corrosion Prevention): 전해작용(Electrolytic Action)은 적절한 예방책을 취하지 않을 경우 본딩 접속(Bonding Connection)을 빠르게 부식시킨다. 알루미늄 합금 점퍼(Aluminum Alloy Jumper)는 대부분 권장되지만, 구리 점퍼(Copper Jumper)는 스테인리스강, 카드뮴 도금강(Cadmium-plated Steel), 구리, 황동, 또는 청동으로 제작된 부품을 접합하는 곳에만 사용되어야 한다.

④ 본딩 점퍼 부착(Bonding Jumper Attachment): 본딩 점퍼를 부착할 때 땜납을 사용해서는 안 된다. 강관부재(Tubular Member)는 Jumper가 부착되는 곳에 클램프를 이용하여 연결해야 한다. 적절한 클램프 재료의 선정으로 부식을 최소화한다.

⑤ 접지 귀환 연결(Ground Return Connection): 본딩 점퍼가 실질적인 접지 귀환 전류(Ground Return Current)를 운반할 때, 점퍼의 정격전류가 적절해야 하고, 무시할 정도의 전압 강하만 있어야 한다.

25 Grounding

1. 접지(Grounding): 정상회로 또는 결함회로를 안전하게 완성하기 위한 목적으로 Conductive Structure나 또는 다른 Conductive Return Path에 전도성 물체를 전기적으로 연결하는 것이다. 만약 직류발전기와 교류발전기의 신호와 같이 다른 유형의 전원으로부터 Return Current를 운반하는 전선이 동일한 접지지점에 연결되거나, Return Path에 Common Connection을 갖는다면 전류의 상호작용이 일어난다.

잡음이 하나의 공급원에서 다른 공급원으로 연결되어 디지털시스템에 대해 주요 문제가 될 수 있으므로 여러 전원으로부터 Mixing Return Current는 피해야 한다. 여러 Return Current 사이에 상호작용을 최소화하기 위해 서로 다른 유형의 접지가 사용되어야 한다. 최소 3종의 접지유형을 사용해야 하는데, AC Return Ground, DC Return Ground, 그 외 Return Ground이다. 일반적으로 내부에 접지가 되어 있는 장비라도 외부 접지를 연결시켜 안전성을 향상시킨다. 발전기, 배터리와 같은 고전류가 흐르는 장비의 경우, 항공기 구조물과 금속 대 금속 접속을 통해 각각 접지를 시켜야 한다.

2. 하드웨어를 이용한 구조물과의 접지(Grounding) 방법

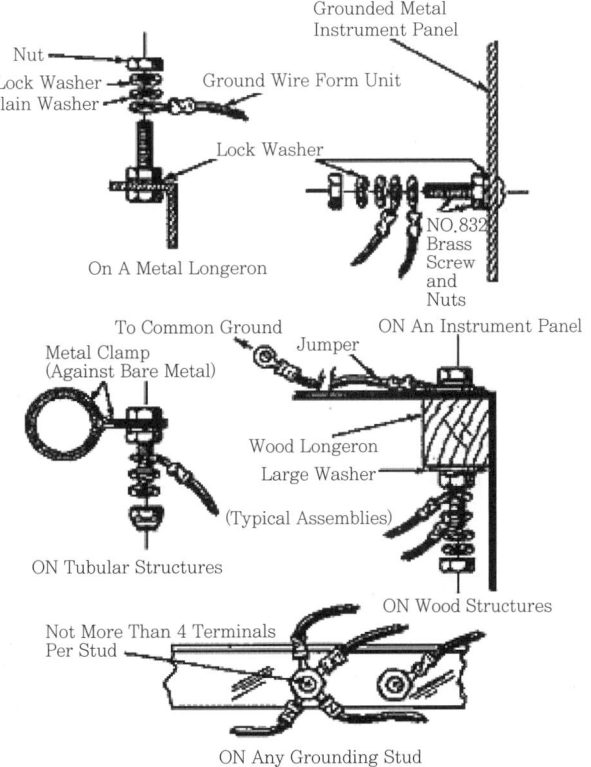

26 ESD

1. **ESD**: Electrostatic Sensitive Device로서 사람, 장비, 공구, 절연체, 반도체들에 의해 발생되는 정전기로부터 손상되기 쉬운 정전기에 취약한 Components를 말한다.

   항공기의 조종과 관련된 전자장비는 트랜지스터나 다이오드 같은 매우 민감한 전자부품으로 만들어져 있어 반드시 정전기 취급에 주의해야 한다.

   일반적인 ESD
   ① 집적 회로(Ics)에 사용되는 MOSFET 트랜지스터
   ② CMOS Ics(chips), Computer CPUs, Graphics Ics
   ③ Computer Cards
   ④ TTL(Transistor-Transistor Logic) Chips
   ⑤ Laser Diodes
   ⑥ Blue Light-Emitting Diodes(LEDs)
   ⑦ High Precision Resistors

2. **ESD 손상의 원인**: ESD 방전은 전자부품의 열화 및 파괴의 원인이 된다.
   ① 인체의 접촉에 의해 제품이 충전되거나 방전되는 경우로, 인체가 움직이고 있는 동안에 인체와 의복 사이에 마찰전기가 Floor와의 대전을 발생시키므로 작업자에 대전된 이러한 정전기를 방지하지 않은 상태로 정전기에 민감한 전자부품을 취급하게 되면 내압이 낮은 실리콘 산화막 등을 Short시킴으로써 부품의 열화와 파손시키는 결과를 초래하는 경우로, 주된 ESD의 피해가 이 경우이다.
   ② 제품 자체가 캐퍼시터의 역할을 함으로써 충전되거나 방전되는 경우로, 운반과정이나 자동이송 공정에서 마찰전기가 발생하기 쉬운 물질(Plastic 종류)이 대전을 하여 전자부품의 낮은 저항 부분인 Pin의 표면 등에 빠르게 방전됨으로써 손상되는 경우이다.
   ③ 전계에 의해 충전된 제품의 충전량이 변화되는 경우로, 대전물과 전자부품 사이의 정전유도가 된 상태에서의 갑작스런 대전물의 위치변화 및 정전유도가 이루어진 전기력선 사이로 다른 대전체가 빠르게 통과할 때 정전유도의 급격한 변화에 의한 절연 및 산화층에 영향을 주어 결과적으로 Short Circuit가 되는 경우이다.

3. ESD 라벨: 정전기에 민감한 전자부품에는 라벨을 부착해서 표시해 둔다.

ESD 경고 라벨   ESD 표시 라벨   GRD 지점 라벨

4. ESD 작업: 인체에는 전기가 흐르기 때문에 정전기가 발생하기 쉽다(순간 최고 전압 3kV). 따라서 작업자가 ESD 전자부품 또는 장치 등을 작업하기 위해서는 ESD 전용 장비를 장착해야 한다. 손목 스트랩, 발판, 신발, 장갑, 작업대 매트 등을 연결하여 GRD시켜 정전기를 방지한다.

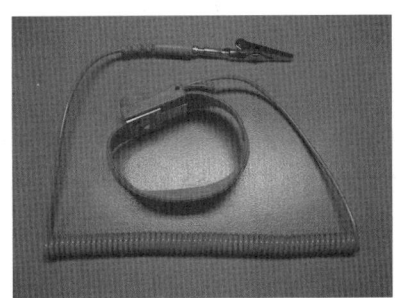

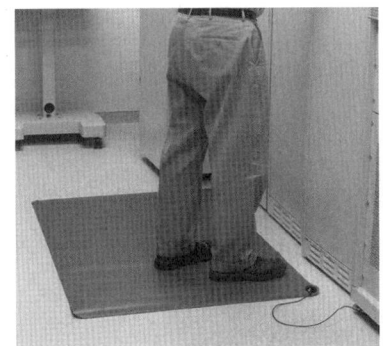

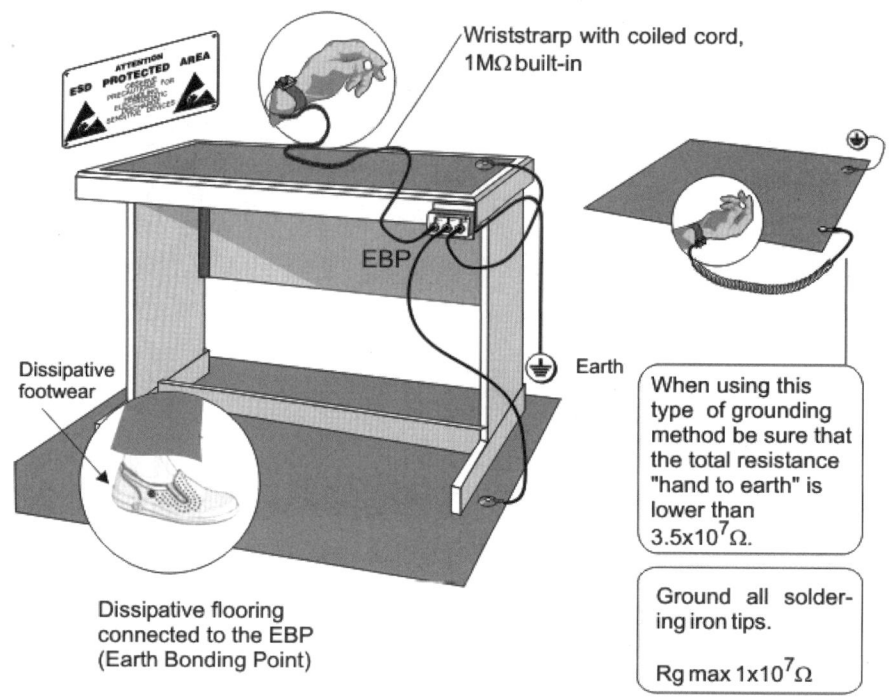

5. ESD 운반: ESD는 반드시 Antistatic Bag, Shielding Bag, Safe Foam, Safe Bag에 넣어서 이동 및 보관해야 한다. 폴리에틸렌 테레프탈레이트(PET)를 주원료로 하는 전자부품을 정전기 방전으로부터 보호하는 가방이다. 용도에 따라 다층구조로 이루어진 제품은 금속 증착 가공이 된 층이 정전기를 감쇠시켜 기기의 회로 및 부품을 대전으로부터 보호한다(대전 방지 가방 또는 정전 실드 가방이라 한다).

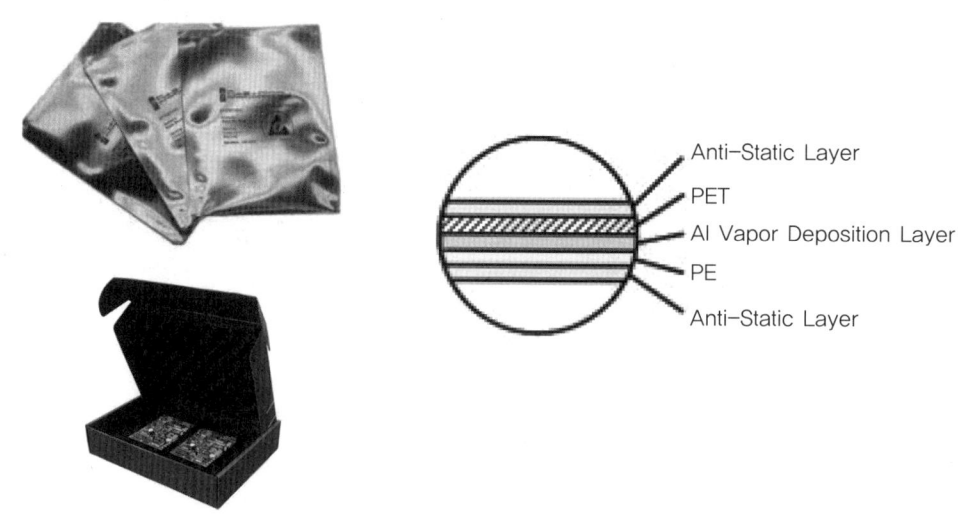

27 Static Discharger

1. 스태틱 디스차저: 항공기가 고속으로 비행하면 공기 중의 먼지, 비, 눈, 얼음 등과의 마찰로 인하여 기체 표면에 대전(帶電)한다. 이 정전기는 점점 축적되어 결국에는 코로나 방전이 시작된다(코로나 방전: 매우 짧은 간격의 펄스 형태로 방전하므로 항공기 무선 통신에 잡음 방해를 준다).
유해한 잡음을 없애기 위해 큰 저항체를 가진 Static Discharger Wick을 Wing Tip에 Pin 형태로 장착한다. 이렇게 함으로써 정전기를 공중에 방전시켜 항공기 내의 ESD 장비들을 보호해 준다.

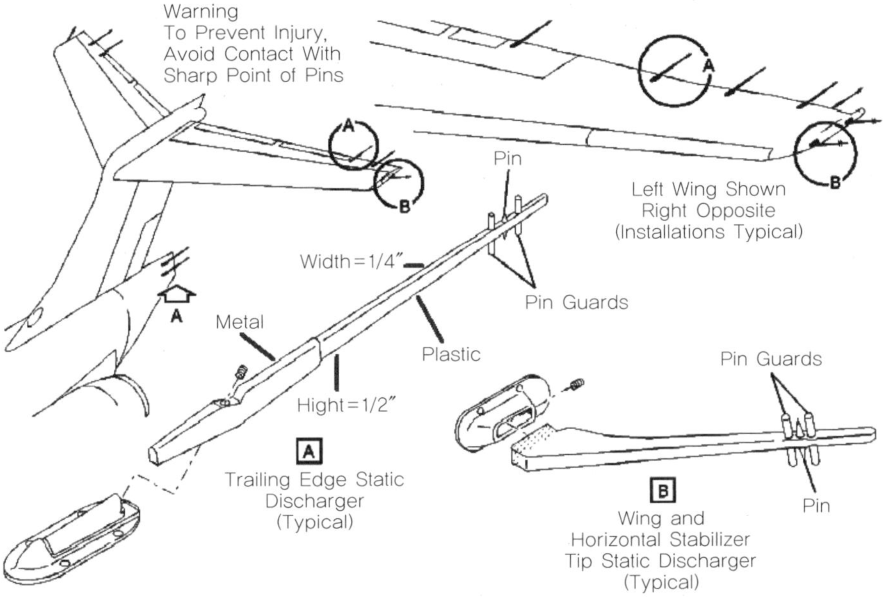

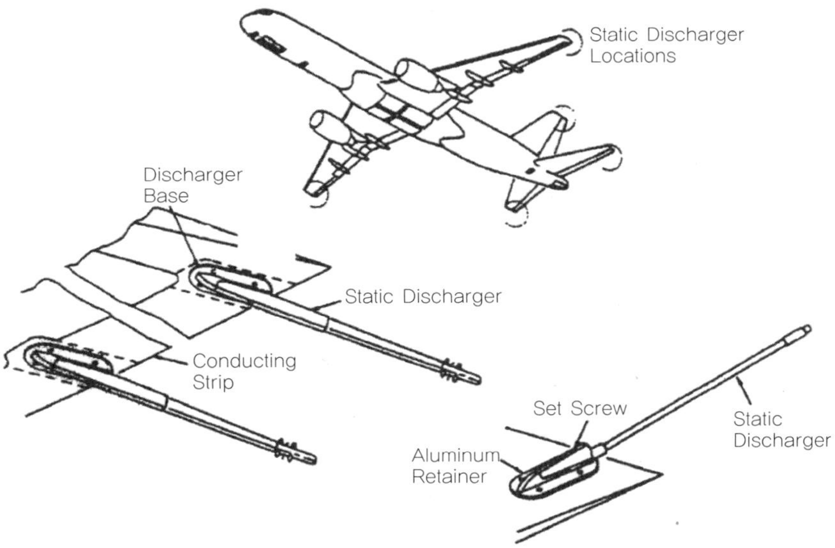

2. **스태틱 디스차저 종류**: 고저항 타입은 금속 베이스에 탄소섬유의 블레이드로 되어 있고, 원료 배합에 의해 전기저항치를 조정한다. 끝단에 복수의 침을 가진 금속 핀이 장착되어 있다. 저저항 타입은 금속 및 탄소의 가는 섬유를 묶어 절연 비닐로 피복된 구조로 되어 있다. 사용 시에는 끝단에 정해진 길이의 피복을 벗겨 섬유를 정해진 직경으로 푼다. 주로 각 날개의 뒷부분에 장착되고, Boing 747 같은 대형기(고저항 타입)에는 무려 50개 이상이다. 소형기에는 저저항 타입을 10개 정도 장착한다. 회전익기에는 방전 대책이 적어서 지상에 있는 사람이 헬리콥터로부터 수하된 케이블이나 훅에 닿아서 방전(감전)되는 경우가 있다. 따라서 호이스트 케이블 접촉 시에는 우선 지표면 또는 해면에 접촉하고 나서 취급하도록 되어 있다.

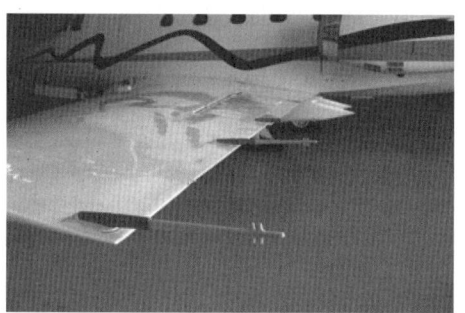

제9장 납땜

1. 납땜(Soldering)
2. 납땜 예제
3. 납땜상태

1 납땜(Soldering)

1. **납땜**: 전자기기 및 통신기기 등의 회로를 구성하고 있는 소자(TR, IC, 저항 콘덴서, 다이오드 등)나 배선 등을 서로 접합하기 위한 작업으로, 기기의 확실한 동작을 위해서는 올바르고 확실한 납땜이 필요하다. 만능기판에는 배선이 되어 있지 않아 부품들의 다리를 배선으로 연결해 가면서 납땜을 해야 한다. 납땜 작업이 미숙하면 회로 접속이 불량하여 동작이 불안정하거나 되지 않을 수 있다.
2. **납땜의 종류**: 봉납, 실납, 크림납, 입상납(주로 실납 사용/0.5~3mm)
3. **납땜 인두 종류**: 만능기판 30W, 배선작업 30~60W, 모재작업 60W

4. 납땜작업의 기본순서

1. Assemble the proper tools.

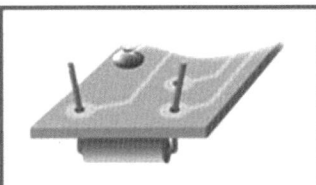

2. Mount component by bending leads out sightly.

3. Heat iron. Clean tip with damp sponge.

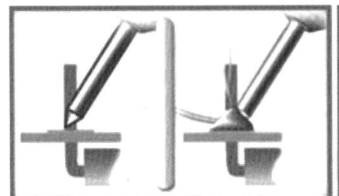

4. Apply heat. Apply solder.

5. Remove Solder. Remove iron

6. Inspect solder. Cut lead.

5. 납땜 방법

① 기판을 기판받침에 올려놓고 전기인두(오른손)와 땜납(왼손)을 사용하여 납땜한다.
② 인두의 끝을 구리판과 부품의 다리가 함께 닿도록 가볍게 댄다.
③ 구리판과 부품의 다리가 충분히 뜨거워져야 튼튼한 납땜이 된다.
④ 땜납을 인두 끝의 밑에 조금씩 밀어 넣는다(45도 각도 적당).
⑤ 땜납이 녹으면서 구리판에 적당히 퍼지면 납을 뗀다(땜납을 먼저 떼고, 인두를 나중에 뗀다).
⑥ 납땜을 하다 보면 인두 팁에 불순물이 붙기에 자주 세척해야 광이 나는 예쁜 납땜을 할 수 있다.
⑦ 부품을 고정할 때는 기판에 부품을 넣고 꺾은 후, 납땜을 해서 고정시키고 불필요한 다리를 끊는다.

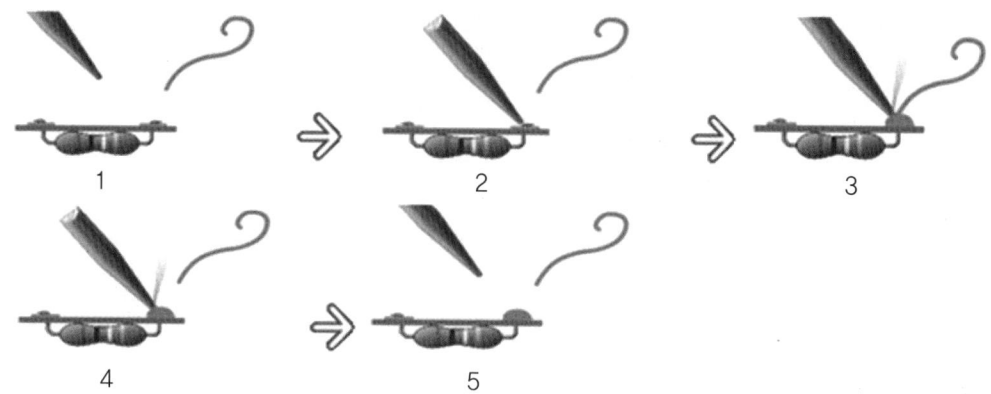

6. 납땜 검사

① 납량이 적당하고, 크기가 일정하며, 표면에 광택이 있는 것이 잘된 납땜이다.
② 검사하여 납땜이 불량이면 납 제거기로 납을 제거한 후 다시 납땜한다.

7. 납땜 시 주의사항

① 인두의 온도가 너무 올라가지 않도록 장시간 가열하여 방치하지 않는다.
② 전자부품은 열에 민감하여 납땜 시 신속히 해야 된다.
③ 인두 팁이 무디어졌을 때는 새로운 것으로 교체한다.
④ 사용 중에는 인두 받침대에 인두를 보관한다.
⑤ 인두 팁이 까맣게 되거나 납이 녹지 않았을 때 윤기가 없다면 온도가 높거나 낮은 것이다

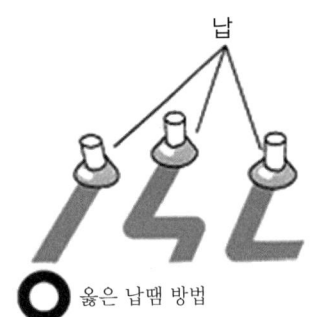

○ 옳은 납땜 방법

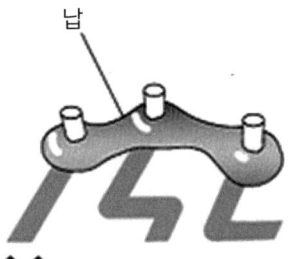

✗ 잘못된 납땜 방법
* 전기가 통하면 안 되는 곳에 전기가 흐르게 된다.

8. 납땜 도구

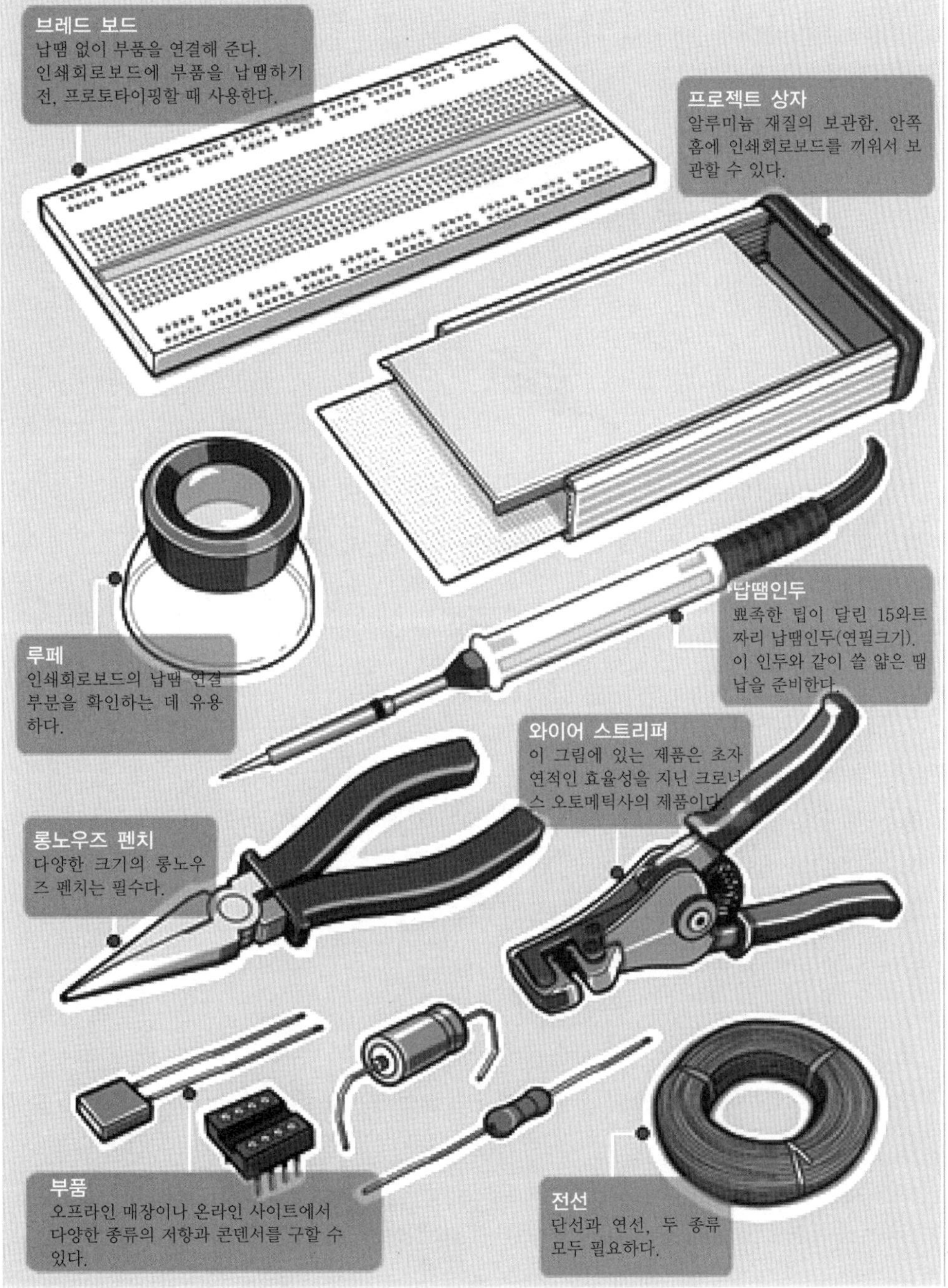

브레드 보드
납땜 없이 부품을 연결해 준다. 인쇄회로보드에 부품을 납땜하기 전, 프로토타이핑할 때 사용한다.

프로젝트 상자
알루미늄 재질의 보관함. 안쪽 홈에 인쇄회로보드를 끼워서 보관할 수 있다.

루페
인쇄회로보드의 납땜 연결 부분을 확인하는 데 유용하다.

납땜인두
뾰족한 팁이 달린 15와트 짜리 납땜인두(연필크기). 이 인두와 같이 쓸 얇은 땜납을 준비한다.

와이어 스트리퍼
이 그림에 있는 제품은 초자연적인 효율성을 지닌 크로너스 오토메틱사의 제품이다.

롱노우즈 펜치
다양한 크기의 롱노우즈 펜치는 필수다.

부품
오프라인 매장이나 온라인 사이트에서 다양한 종류의 저항과 콘덴서를 구할 수 있다.

전선
단선과 연선, 두 종류 모두 필요하다.

1) **전기 인두기**: 회로와 전자소자를 서로 붙이기 위한 기본 공구이며 인두 팁의 형태, 굵기, 사용처에 따라 종류가 다양하다(15~25W급이 적당하며, 세밀한 작업을 위해 팁이 가는 것을 추천).

온도가 높으면 팁이 산화되어 수명이 단축되고 부품이나 동판이 손상되기 쉽다. 반대로 온도가 낮으면 납땜이 잘 되지 않는다(팁의 온도는 280~300℃가 가장 좋다). 납땜이 잘 되지 않으면 인두 팁을 사포나 줄로 갈거나 새로운 것으로 교체해 준다. 인두는 고온이므로 받침대에 두어 화상이나 화재를 방지한다.

① 인두 팁의 조절: 인두기의 조절나사를 이용해서 인두 팁의 길이를 조절한다.
- 팁의 온도가 너무 높으면, 땜 표면의 광택이 없어지고, 기판의 동박이 떨어지거나 파손되기 쉽다(팁의 길이가 짧다).
- 팁의 온도가 너무 낮으면, 냉납이 되어 부품 접촉 불량의 원인이 된다(팁의 길이가 길다).

② 인두기 사용 시 주의사항
- 도금되지 않은 인두 팁은 사포나 줄로 깨끗이 닦아서 사용한다.
- 인두 팁에 스펀지나 물을 적신 휴지를 사용하지 않는다.
- 열을 식히기 위해서 물에 담금질을 하지 않는다(인두 팁을 물에 담금질하면 팁의 강도가 달라지고 열전도율이 변하여 납이 잘 녹지 않게 된다).
- 팁의 빠짐으로 인하여 화재 또는 화상의 위험이 있으므로 가열된 상태에서 팁의 조절나사를 돌리지 않는다.

2) **납 흡입기**: 납땜을 잘못하였거나 파손된 부품을 교체할 때 부품을 기판에서 제거하는 데 사용되는 공구이다. 인두로 납을 녹이면서 흡입기로 납을 흡입하여 제거하도록 피스톤 구조로 되어 있다.

3) **인두 받침대**: 고온에 달구어진 인두기를 안전하게 거치하여 화재 및 화상을 방지하기 위해 사용한다. 일반적으로 동봉된 스펀지에 물을 묻혀 인두 팁을 세척한다.

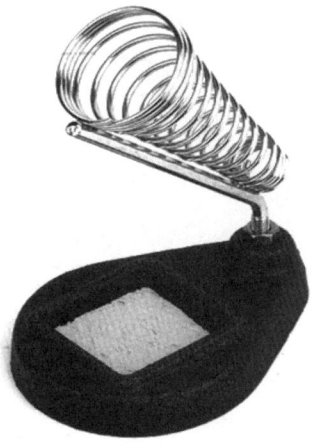

4) **기판 받침대**: 전자소자(부품)의 단차로 인하여 평평한 상태에서 납땜 작업이 불가하여 스탠드에 결합하여 사용한다.

5) **롱노즈 플라이어**: 전자소자(부품), 전선, 납 등 가늘고 작은 물체를 집을 때 사용한다(전선 피복 시 사용). 전선 및 납의 남은 부분까지 사용하기에는 인두기 열로 인하여 뜨거우므로 플라이어를 사용하면 좋다.

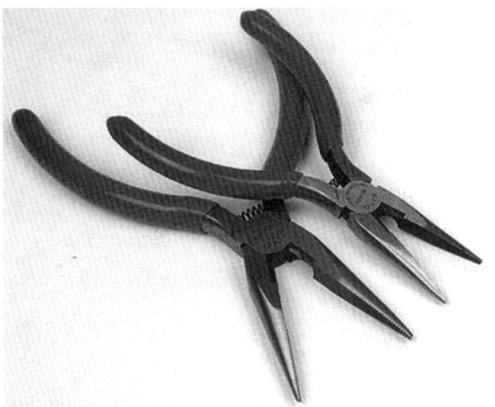

6) 커터 플라이어: 전자소자(부품)의 리드선이나 전선, 납 등을 자를 때 사용한다.

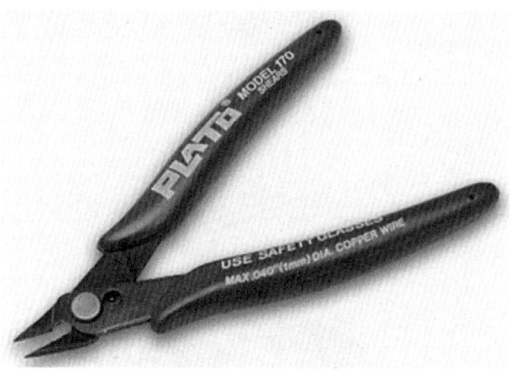

7) 커먼 스크류 드라이버: 일반적인 드라이버 용도 이외에 전자소자(부품)의 리드선을 기판에 구부리거나, 전선을 직각으로 꺾을 때 사용한다. 전선을 기판 구멍에 드라이버로 가볍게 눌러주면 고르고 깔끔하게 납땜할 수 있다.

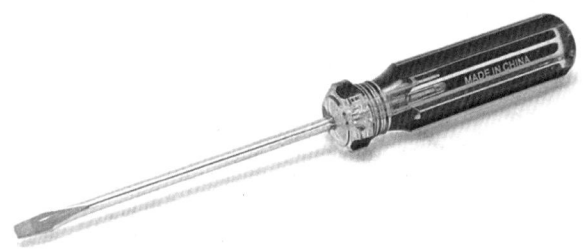

8) 송진 페이스트: 인두 팁을 세척하거나 보호하기 위해 사용한다(오물 및 산화 방지, 모재에 납이 골고루 퍼지게 한다). 고체 상태로 있다가 인두에 의해서 녹았다가 식으면 다시 굳어져서 계속 사용이 가능하다(스펀지 등에 물을 묻혀서 세척해도 좋다).

9) 실납: 전자소자(부품)나 전선을 기판에 고정할 때 사용하는 재료이다. 납과 주석의 비율이 사용하는 곳에 따라 다르며 납(40%) : 주석(60%)의 비율인 실납이 많이 사용된다(굵기: 0.8~1.0mm가 적당).

10) **3색 단선**: 기판에 전자소자(부품)를 고정하고 각 부품을 연결하기 위해 사용하는 전선이다. 피복의 색만 다르며 내부의 와이어는 동일하므로 구별 없이 사용해도 무방하다(굵기: 0.3 또는 0.5mm가 적당). 단, 전원을 인가할 배선은 피복의 색을 구분하여 연결한다(+: 빨강색 / −: 검정색).

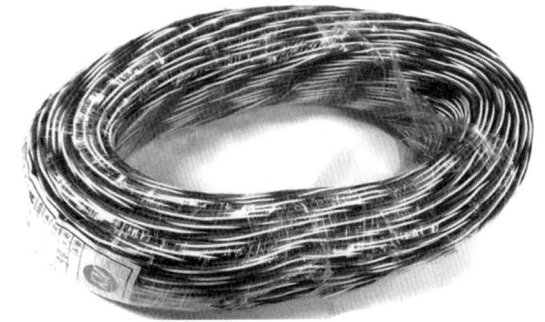

11) **만능기판**: 전자소자(부품)를 장착시킬 수 있는 홀이 있는 기판이다. 기판의 뒷면에 소자를 납땜하여 고정하기 위한 동박이 붙어 있다. PCB 기판(인쇄회로기판, Printed Circuit Board)을 사용하면 편리하나 비용이 비싸다. 간단한 동작을 확인하기 위해 만능기판 또는 브레드 보드를 사용한다.

9. 점 납땜하기

① 만능기판의 각 동박면에 점 납땜을 한다.

② 납땜의 양은 처음부터 끝까지 전부 균일하게 한다.

③ 그을음 또는 냉납이 되거나 흡입기로 인하여 동박면이 떨어지지 않도록 주의한다.

④ 납땜한 곳끼리 서로 하나로 이어지지 않게 주의한다.

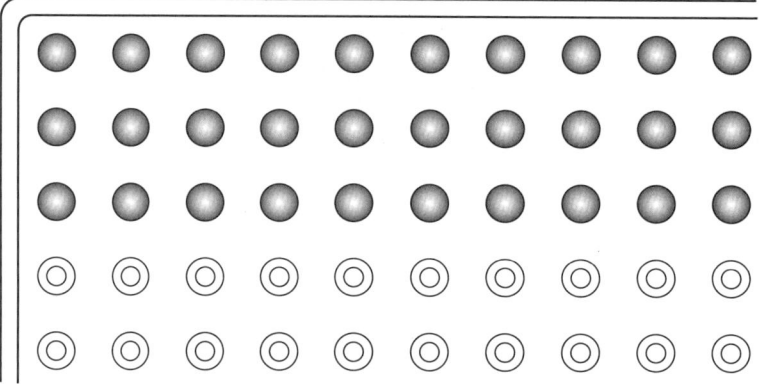

10. 배선 납땜하기

① 만능기판의 시작점의 동박면에 점 납땜을 한 후, 배선을 납땜한다.

② 납땜의 양은 처음부터 끝까지 전부 균일하게 한다.

③ 그을음 또는 냉납이 되거나 흡입기로 인하여 동박면이 떨어지지 않도록 주의한다.

④ 선이 기판에서 뜨지 않아야 하고, 배선과 배선이 서로 접속되지 않도록 주의한다.

⑤ 배선은 수직, 수평, 직각이 되게 작업해야 한다(점프 금지).

⑥ 납땜한 곳끼리 서로 하나로 이어지지 않게 주의한다.

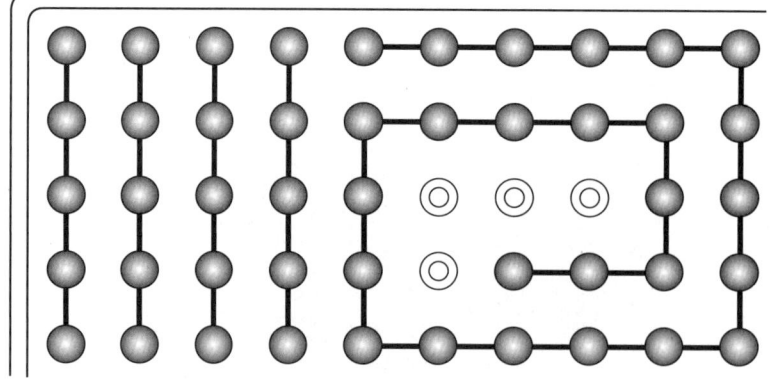

11. 부품 납땜하기

① 부품을 기판에 꽂을 때는 회로기호와 규격 또는 방향이 바뀌지 않도록 모든 부품을 하나하나 확인하며 작업한다.
② 부품의 리드선은 부품의 끝에서 Longnose Plier를 이용하여 직각으로 구부린다.
③ 저항기, 다이오드, 제너다이오드 등 대부분의 소자는 기판면에 거의 닿도록 하여 색띠 방향을 일치시켜 배치한다.
④ 민감하고 열에 약한 트랜지스터는 기판면으로부터 5mm 정도 높이가 되도록 한다.
⑤ 모든 부품들은 구부러지거나 휘어지지 않게 바르게 세워서 배치한다.
⑥ 꽂은 부품의 리드선은 서로 다른 방향으로 구부려야 납땜으로 고정할 때 빠지지 않아 편리하다.
⑦ 동박면을 넘지 않을 길이만큼 구부린 리드선을 절단하고 납땜한다.

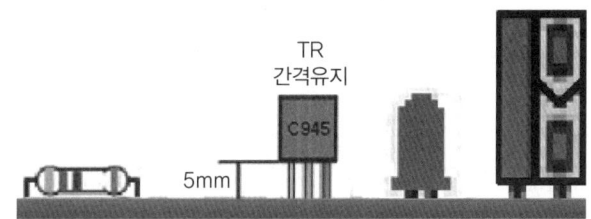
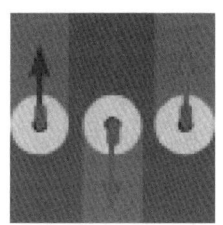
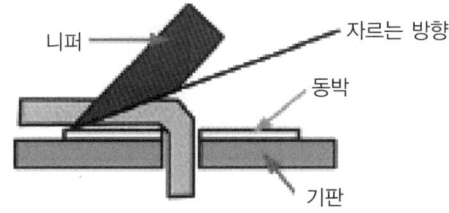

2 납땜 예제

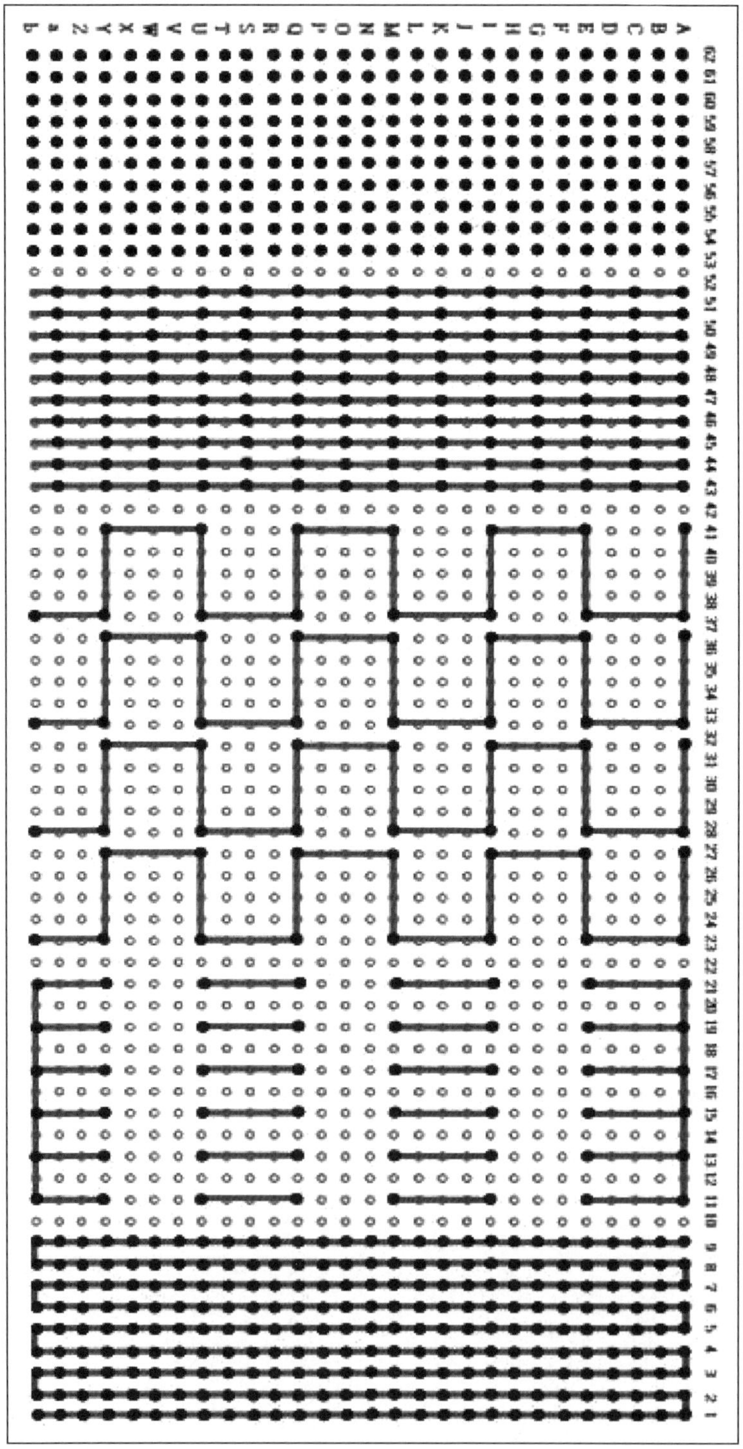

3 납땜상태

1. **가납땜**: 회로를 작동시키기 위해 모든 소자와 도선을 최소한으로 납땜하여 연결한 상태이다.
2. **완납땜**: 가납땜 완료 후, 작동 테스트를 하여 이상이 없다면, 한 칸도 빠짐없이 전부 납땜한 상태이다.

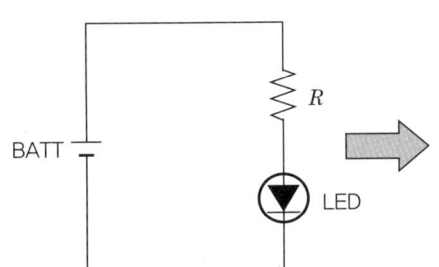

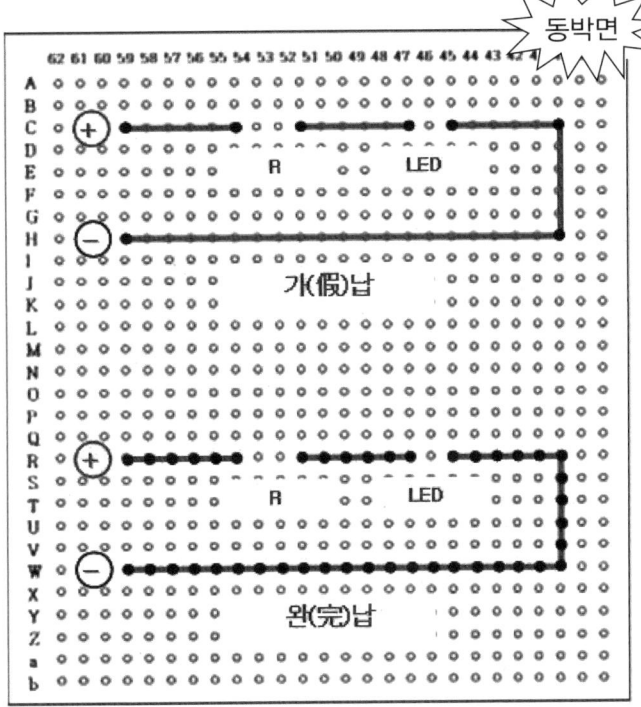

제10장 회로도

1. 회로도(Circuit Diagram)
2. 회로도 기호(Circuit Symbols)
3. 전자기호의 이해
4. 배치도
5. 배치도 연습
6. Cabin Pressure System
7. Air Conditioning System
8. Cabin Pressure Warning 회로
9. Landing Gear System
10. 착륙장치 경고 회로
11. 경고음발생장치 회로 1
12. 경고음발생장치 회로 2
13. 경고 회로
14. Lighting System
15. 조명 계통 회로 1
16. 조명 계통 회로 2
17. Dimming 회로
18. Auxiliary Power Unit
19. APU Air Inlet Door Control 회로
20. Fire Protection System
21. Fire Extinguisher System
22. 발연 감지 경고 회로
23. Logical Circuit
24. AND 회로
25. OR 회로
26. Bread Board
27. Layout of Bread Board
28. Contact of Bread Board
29. Circuit Test on Bread Board
30. 전압 강하
31. 전압 강하의 측정

1 회로도(Circuit Diagram)

1. 회로도

스케매틱(Schematic)이라 하며, 회로소자가 연결되어 있는 상태를 나타내는 도면이다. 다이오드, 트랜지스터, 저항, LED 등의 회로소자를 기호로 각각 나타내고 이들을 선으로 연결한다. 즉, 전기가 흐를 수 있도록 설치된 회로다.

2. 회로의 분류

1) 공급되는 전류의 형태에 따른 분류
① 직류회로: 직류전류가 흐르는 전기 회로
② 교류회로: 교류전류가 흐르는 전기 회로

2) 처리하는 신호의 종류에 따른 분류
① 아날로그 회로: 아날로그 신호를 처리하는 전기회로로서, 아날로그-디지털 변환 회로가 있다.
② 디지털 회로: 디지털 신호를 처리하는 전기 회로로서, 디지털-아날로그 변환 회로가 있다.
③ 논리회로: 입력신호를 통해 논리적 연산을 수행하는 회로로서 AND, OR, NAND, NOR를 수행하는 회로가 있으며 이를 조합하여 다양한 연산을 할 수 있다.

2 회로도 기호(Circuit Symbols)

1. **부품의 기호**: 전선, 저항기, 트랜지스터 등의 전기전자 기기들을 전자회로 도식으로 나타내는 데 사용되는 그림이다.

ELECTRONIC CIRCUIT SYMBOLS

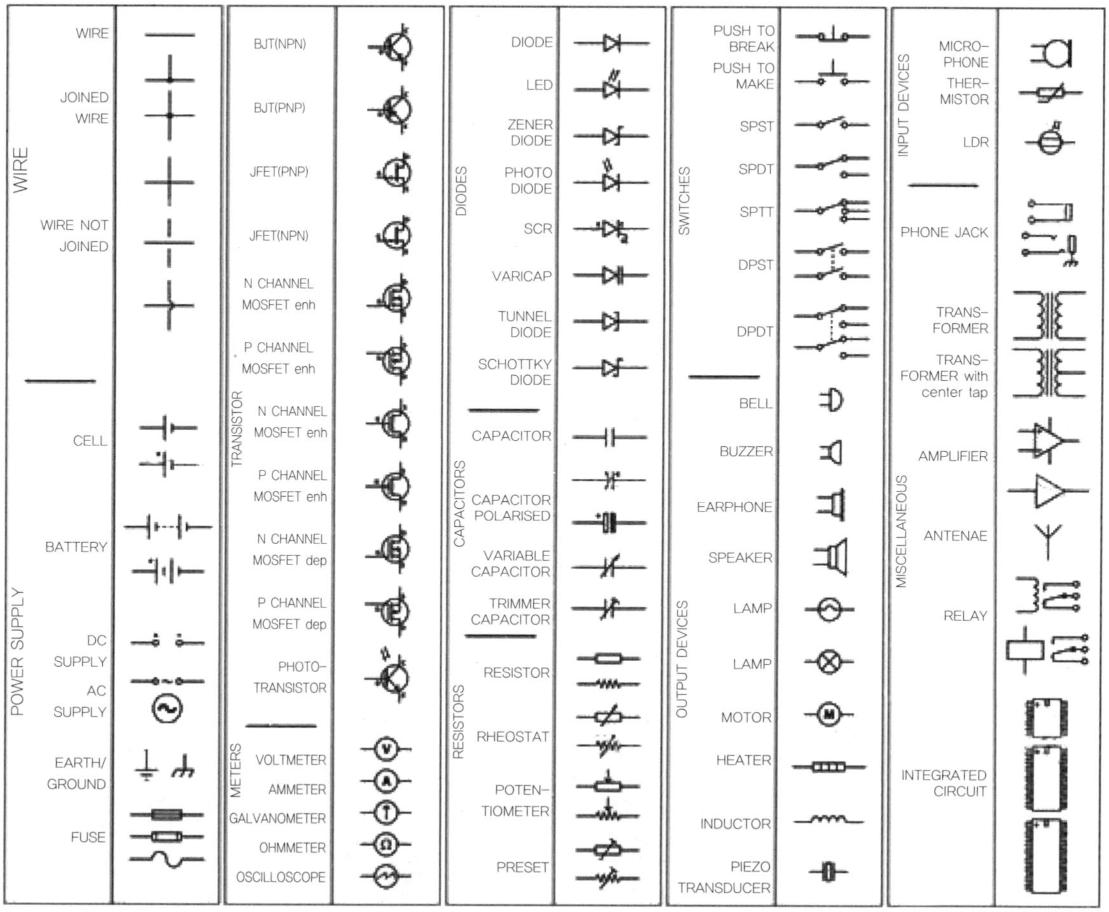

WIRE	WIRE		**TRANSISTOR**	BJT(NPN)	**DIODES**	DIODE	**SWITCHES**	PUSH TO BREAK	**INPUT DEVICES**	MICROPHONE	
	JOINED WIRE			BJT(PNP)		LED		PUSH TO MAKE		THERMISTOR	
				JFET(PNP)		ZENER DIODE		SPST		LDR	
	WIRE NOT JOINED			JFET(NPN)		PHOTO DIODE		SPDT			
				N CHANNEL MOSFET enh		SCR		SPTT		PHONE JACK	
POWER SUPPLY				P CHANNEL MOSFET enh		VARICAP		DPST	**MISCELLANEOUS**	TRANSFORMER	
	CELL			N CHANNEL MOSFET enh		TUNNEL DIODE		DPDT		TRANSFORMER with center tap	
				P CHANNEL MOSFET enh		SCHOTTKY DIODE					
	BATTERY			N CHANNEL MOSFET dep	**CAPACITORS**	CAPACITOR	**OUTPUT DEVICES**	BELL		AMPLIFIER	
				P CHANNEL MOSFET dep		CAPACITOR POLARISED		BUZZER		ANTENAE	
	DC SUPPLY			PHOTOTRANSISTOR		VARIABLE CAPACITOR		EARPHONE		RELAY	
	AC SUPPLY					TRIMMER CAPACITOR		SPEAKER			
	EARTH/ GROUND		**METERS**	VOLTMETER	**RESISTORS**	RESISTOR		LAMP		INTEGRATED CIRCUIT	
	FUSE			AMMETER		RHEOSTAT		LAMP			
				GALVANOMETER		POTENTIOMETER		MOTOR			
				OHMMETER		PRESET		HEATER			
				OSCILLOSCOPE				INDUCTOR			
								PIEZO TRANSDUCER			

209

2. 도선의 기호: 회로도 상의 각 소자를 연결하는 도선의 기호는 설계자가 CAD를 이용하기도 한다. 교차되는 도선의 기호를 잘 파악하여 서로 연결해야 하는지 아닌지를 구분해야 한다.

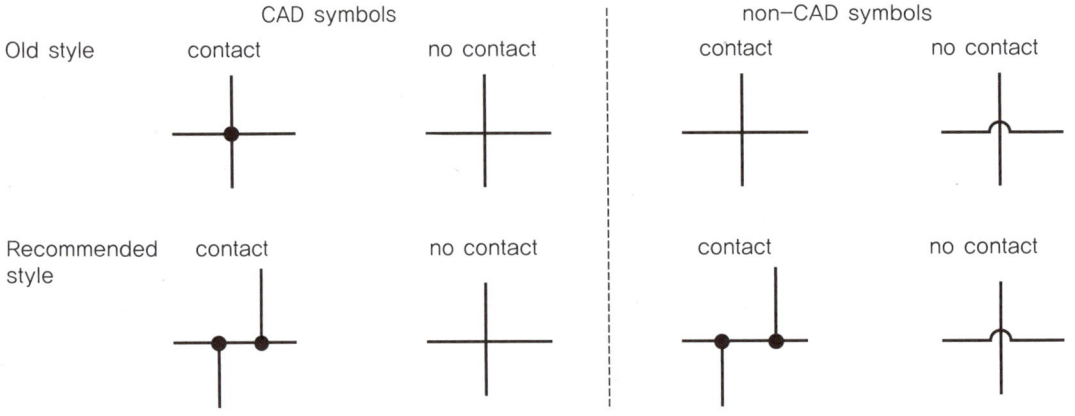

3 전자기호의 이해

1. 회로 차단기(Circuit Breaker)

회로에서는 약자로 C/B라고 더 많이 불리고 있으며 과부하로부터 항공기 시스템을 보호하기 위한 부품이다. 주변에서 흔히 볼 수 있는 FUSE와 기능에서는 같으나 재사용이 가능하다는 점이 가장 큰 차이점이다(일시적 이상에 따른 과부하로부터 회로를 영구적으로 차단하여 항공기의 위험상황에 대처할 수 있게 해주는 의미이다).

정비의 효율성에 있어서도 불필요한 교환작업을 줄일 수 있어 항공기에 많이 활용되고 있다.

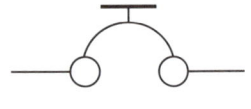

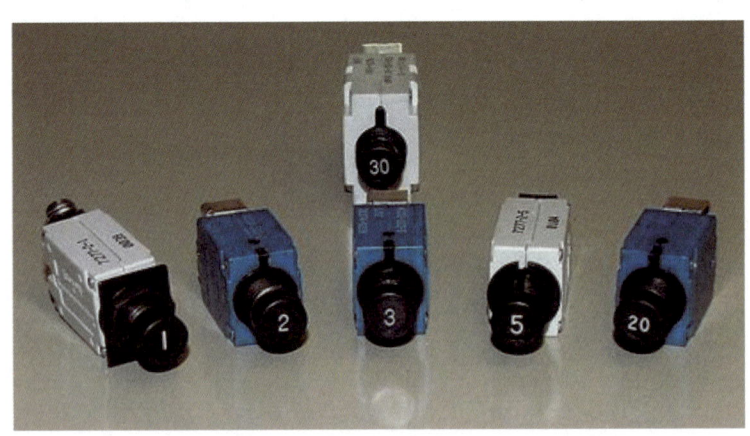

바이메탈을 이용하여 작동하며 전류에 의해 비례적으로 발생하는 열이 물리적 움직임을 만들어 회로를 차단하는 원리이다.

작동형태: Push-Pull, Push to Reset, Toggle Type

작동원리: Thermal Breaker, Magnetic Breaker

Automatic Reset Breaker도 있지만 일반적으로 Thermal Push-Pull Type Circuit Breaker 가 가장 많이 사용된다.

헤드부분의 숫자는 허용용량(A)을 의미하고, 소수점 이하는 분수로 되어 있으며, 1~30A까지 가장 많이 사용된다.

- C/B의 동작과 구조

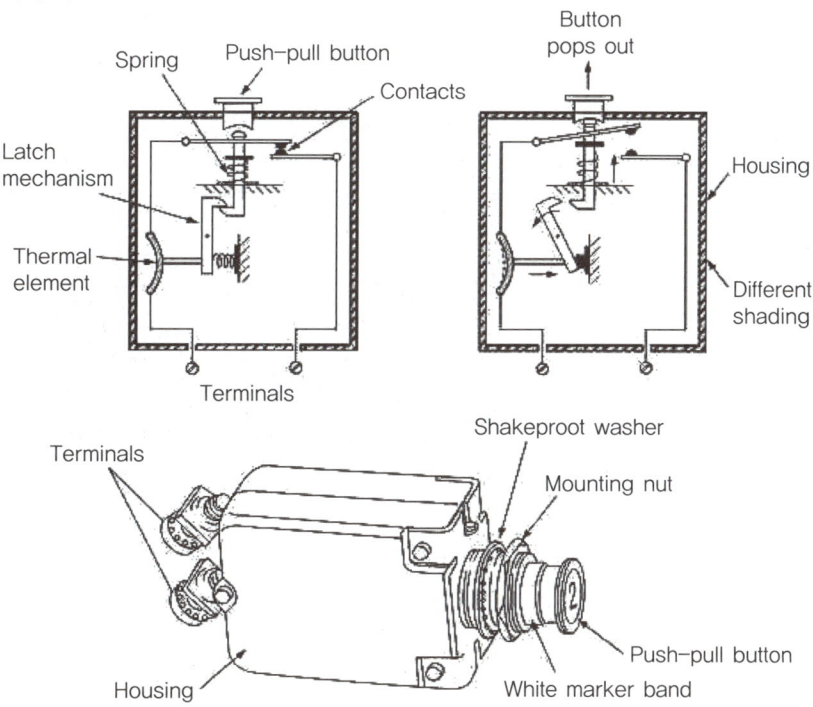

2. 퓨즈(Fuse)

C/B와 같은 회로차단기로 항공기에서도 일부 사용되고 있으며, 재사용이 불가능하다는 점이 가장 큰 차이점이다. 주로 1A 이하의 작은 용량이 요구되는 시스템에 사용된다(회로가 차단되어도 비행에 큰 지장이 없는 Cockpit의 Panel Light 등에 사용된다). 내부에 정격용량의 퓨즈가 내장되어 있어 일정 이상의 전류가 흐를 경우 과부하로 산화되어 끊어져서 회로를 차단한다.

3. 배터리(Battery: Multi-Cell)

배터리의 종류에는 건식과 습식이 있는데, 건식을 일반적으로 건전지라 부른다(사용이 간편하지만 일회용이라는 단점으로 인해 항공기에서는 사용하지 않고, 재충전이 가능한 축전지를 사용한다). 최근 대부분의 항공기 배터리는 Ni-Cad(니켈 카드뮴) 형식이다. 고가이며 무겁고 Cell Imbalance로 인한 단점이 있지만, 고출력 안정성과 높은 용량의 강점으로 널리 사용되고 있다. 기호에서 선의 길이에 따라 양극과 음극으로 표시하며 2개 이상이면 Multi-Cell이라는 의미이다.

Cell은 전지의 최소 단위를 말한다. 제조사마다 Cell당 전압이 다르지만 일반적으로 1.55~1.8V를 유지하고 있어, 24V를 사용하는 항공기의 경우 19~20개의 Cell로 구성되어 있다. 기종에 따라 내부 온도를 모니터링하기 위한 센서가 장착되어 있다.

4. 콘덴서(Capacitor)

일반적으로 콘덴서라고 불리는 축전기를 말한다. 두 도체 사이의 공간에 Electric Field(전기장)를 모으는 역할을 한다. 서로 다른 극성이 존재하며, Lead가 긴 쪽이 Positive(양극), 짧은 쪽이 Negative(음극)이다. Lead가 같은 경우 옆면의 띠에 음극 표시를 확인하면 된다(극성이 없는 전해 콘덴서도 있다).

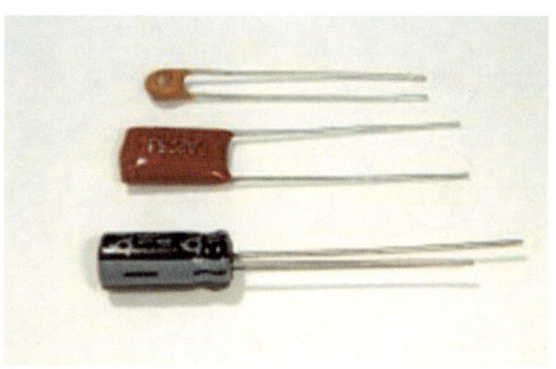

5. 다이오드(Diode)

다양한 종류의 다이오드가 있으나 P-N Junction으로 반도체 성질을 가지고 있는 다이오드가 많이 사용된다. 한쪽 방향(정방향)으로만 전류를 흐르게 하는 특징을 가지고 있다. 정류 다이오드는 검은색 몸체에 은색 띠를 하고 있다. 띠가 있는 부분은 Cathode(N형 반도체), 없는 부분은 Anode(P형 반도체)라고 한다. Anode가 양극에 연결되어 있는 상태를 순방향, 반대로 연결되어 있는 상태를 역방향이라고 한다.

6. 제너 다이오드(Zener Diode)

정방향으로는 일반 정류 다이오드와 동일하나 역방향으로 전압을 걸어 사용하는 다이오드이다. 소자에 있는 제너 전압에 의해 회로 내에 정전압으로 전압을 인가할 수 있게 해준다(일반적으로 회로 앞에 저항과 함께 역방향으로 병렬로 연결하여 사용한다). 제너 다이오드는 붉은색 몸체에 검은 띠를 하고 있다. 띠가 있는 부분은 Cathode(N형 반도체), 없는 부분은 Anode(P형 반도체) 라고 한다. Anode가 양극에 연결되어 있는 상태를 순방향, 반대로 연결되어 있는 상태를 역방향이라고 한다.

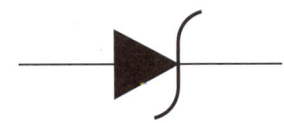 

7. LED(Light Emitting Diode)

발광 다이오드로 불리며, 전류를 이용하여 빛을 내는 다이오드의 한 종류이다. 양극과 음극의 서로 다른 극성이 있으므로 반드시 확인해야 한다. Lead가 긴 쪽이 Positive(양극), 짧은 쪽이 Negative(음극)이다. Lead가 같은 경우 멀티미터를 이용해서 극성을 판별하면 된다.

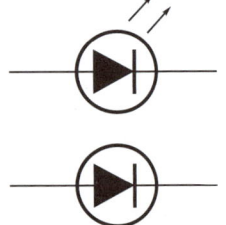 

8. 전파 정류회로(Full Wave Rectifier)

AC(교류)를 DC(직류)로 변환하는 정류(整流)회로에서 가장 많이 사용되는 전파 정류회로이다. 특별한 장치나 부품을 이용하지 않고 4개의 정류 다이오드를 이용해서 회로를 구성한다.

제10장 회로도

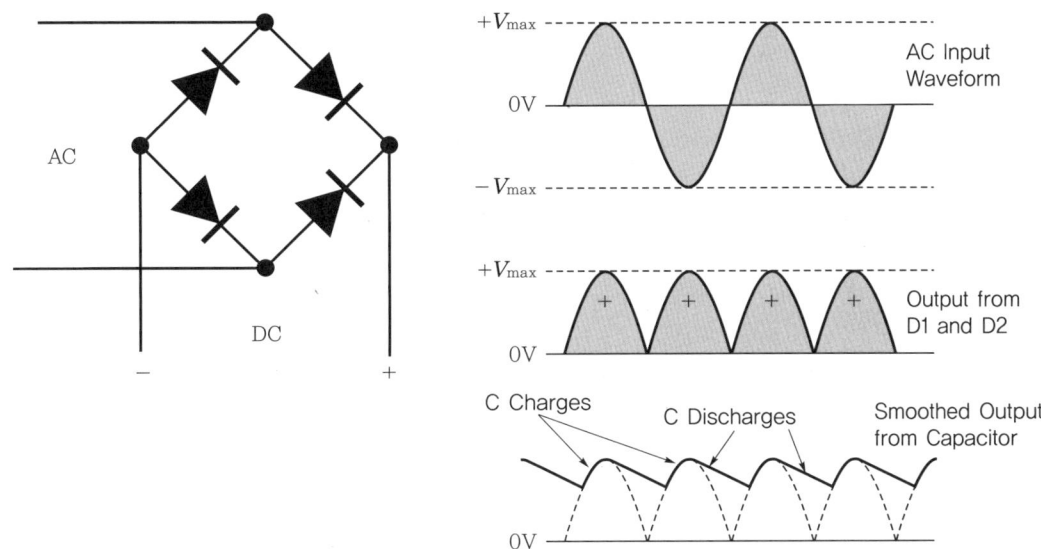

① 전자기기의 전원공급 Diagram

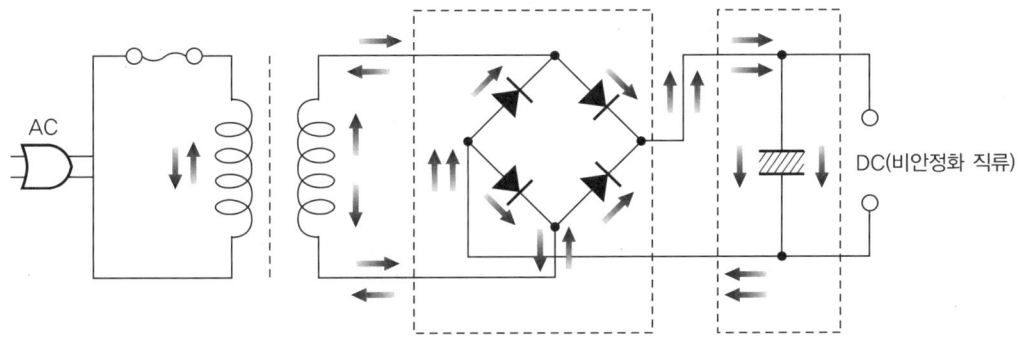

교류전류 방향이 바뀔 때마다 전해 콘덴서에 충전된 전하가 방전되어 맥류를 완만하게 하여 비안정화 직류가 된다. 그러나, 평평한 직류는 아니고 미세한 리플(전압변동)이 남는다.

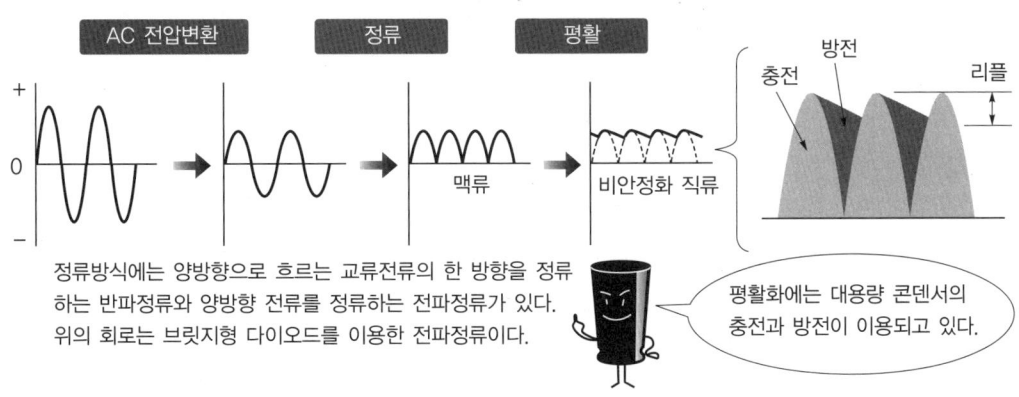

정류방식에는 양방향으로 흐르는 교류전류의 한 방향을 정류하는 반파정류와 양방향 전류를 정류하는 전파정류가 있다. 위의 회로는 브릿지형 다이오드를 이용한 전파정류이다.

평활화에는 대용량 콘덴서의 충전과 방전이 이용되고 있다.

215

② 반파정류회로와 전파정류회로의 리플 전압 차이

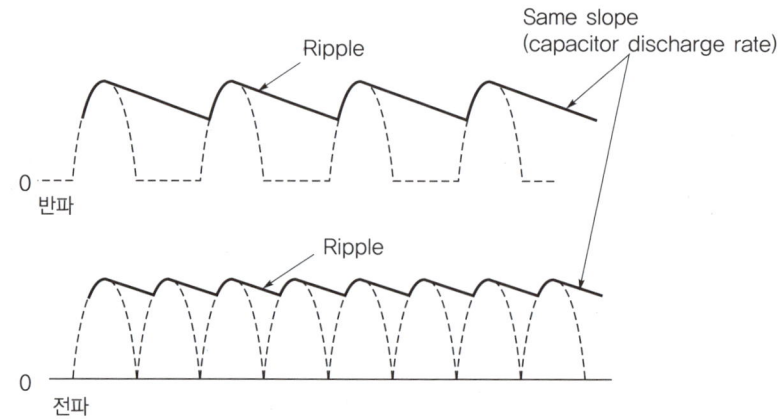

9. 트랜지스터(Transistor)

가장 대표적인 반도체 부품으로, 구조는 P-N Junction Diode 2개를 접합시켜 놓은 형태이며, 동작형태도 다이오드와 유사하다. 기본적인 전류의 흐름은 P→N이며, 접합방식에 따라 NPN과 PNP 2종류가 있다. 외관은 검은색에 3개의 Lead가 있고, 각각 Emitter, Base, Collector라고 한다(같은 종류라 해도 Emitter, Base, Collector가 전부 다르기 때문에 반드시 Multi-Meter로 확인해야 한다).

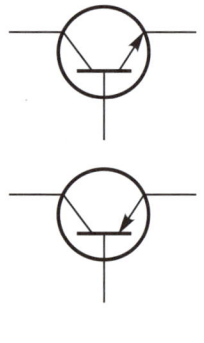 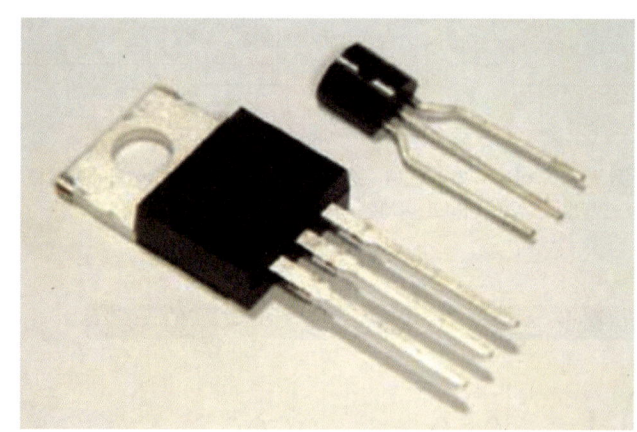

10. 변압기(Transformer)

전압을 승압하거나 강압해서 필요한 전압을 만들 수 있는 부품이다. 승강압된 AC(교류)전압은 Rectifier(정류기)를 통해서 DC(직류) 전원으로 공급된다. 입력단자(0V, 110V, 220V)와 출력단자(0V, 3V, 6V, 9V, 12V)가 반대 방향으로 표기되어 있으므로 필요한 전원을 연결한다.

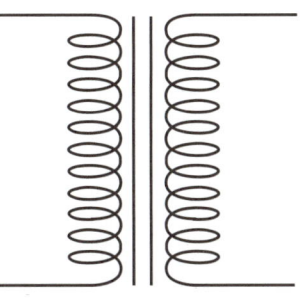

11. 릴레이(Relay)

① 릴레이의 작동원리

전자석 현상(구리 전선에 전류를 흘렸을 때 자력이 생기는 현상)을 이용하여 릴레이를 작동시킨다. 자력에 의해 작동되는 Pole에 회로를 연결하여 작은 전류로 큰 전류를 제어할 수 있도록 하는 역할이다. 즉, 도체(Core)에 Coil을 감고 전류를 흐르게 하여 자력선 범위에 스위치를 개폐하게 만든 것이 Relay다.

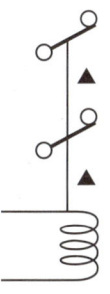

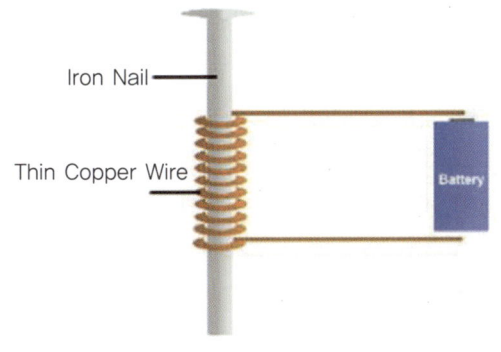
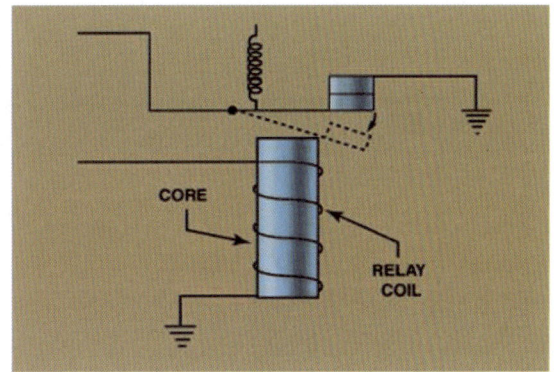

② 릴레이의 구조

철심에 Coil이 감겨 있고 Coil에 전원을 공급할 수 있게 두 개의 Coil 접점이 있다. Hinge에 의해 Com에서 NO, NC 접점으로 연결된다.

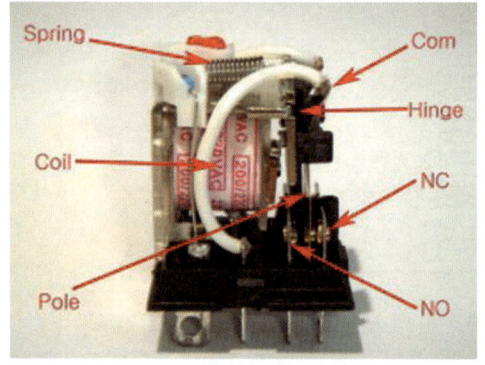

③ 릴레이의 사용

실습용 릴레이는 DC 24V용이며, 4-Pin, 6-Pin, 8-Pin 등이 있고 회로의 접점에 맞게 사용하면 된다(기본적으로 Relay Socket을 기판에 납땜해서 끼워 사용한다).

④ 4 Pin Relay 및 Socket의 각 접점 위치

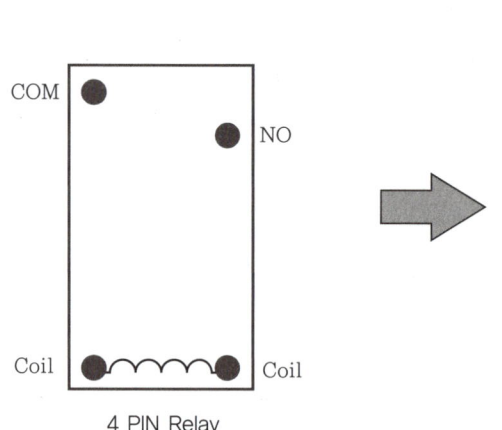
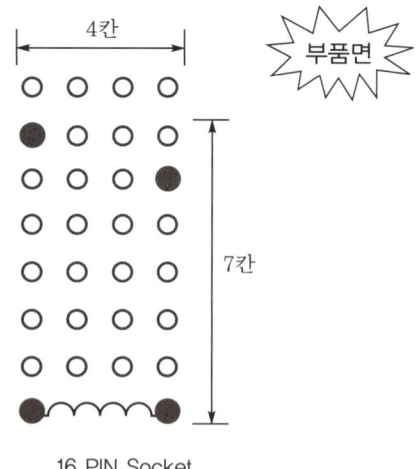

4 PIN Relay   16 PIN Socket

⑤ 6 Pin Relay 및 Socket의 각 접점 위치

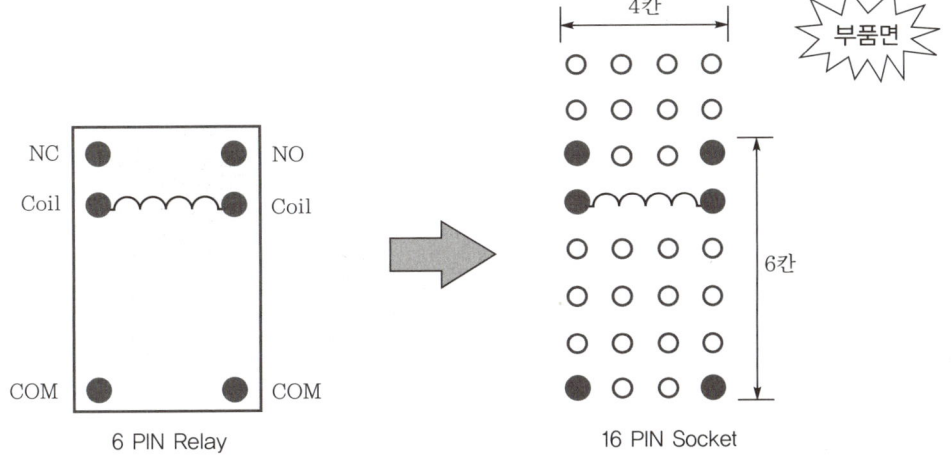

⑥ 8 Pin Relay 및 Socket의 각 접점 위치

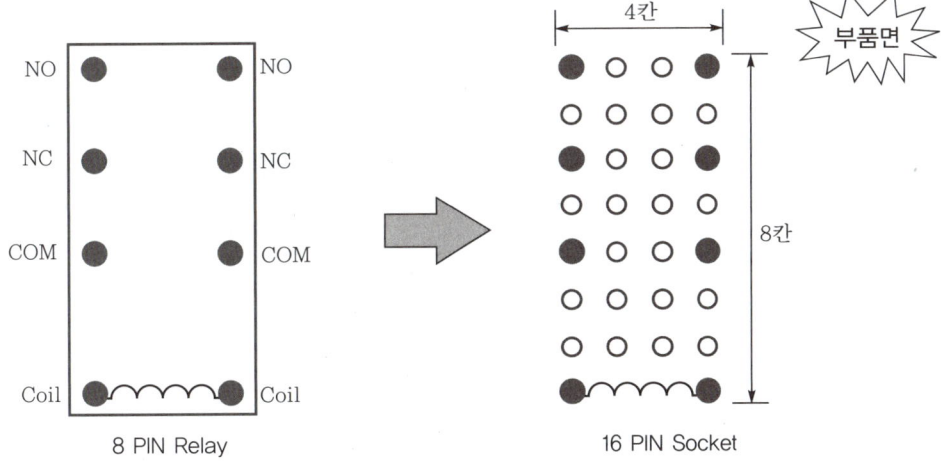

12. 레지스터(Resistor)

저항기라고 하며, 회로의 전류 흐름을 조절할 때 사용한다. 저항은 극성이 없는 부품으로 연결 방향에 제한은 없으나, 회로에서 정해진 규격의 저항값을 가진 저항기를 사용해야 한다.

 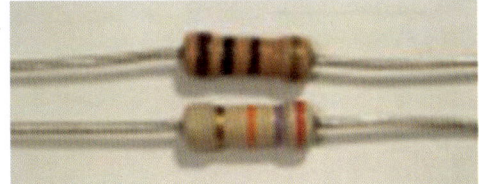

13. 가변저항(Variable Resistor)

고정되지 않은 저항값이 필요할 때 저항값을 변경할 수 있는 저항이다. 가변저항도 저항과 같이 극성이 없는 부품이다.

14. CDS

감지하는 감광소자로 빛의 밝기에 따라 저항이 변화하여 각종 제어회로의 Sensor로 사용된다 (빛의 세기가 강할수록 저항은 작아지고, 빛의 세기가 약할수록 저항은 커진다).

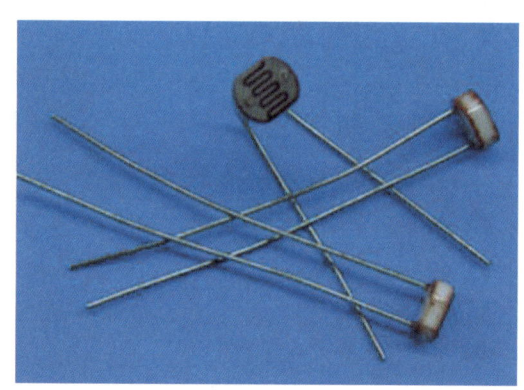

15. 스위치(Switch)

① Push Button S/W

스위치의 버튼을 누르고 있으면 ON 상태가 되고, 버튼에서 떼면 OFF 상태가 된다. 주로 SPST를 많이 사용한다.

② Slide S/W

회로에서 자주 사용되는 스위치로, 슬라이드시킨 방향으로 접점이 연결된다. SPDT와 DPDT 타입을 사용하고, 3pin, 6pin, 8pin이 대표적이다(3pin 이상의 스위치를 사용할 경우 COM과 각각의 접점을 바르게 찾아 연결해야 한다).

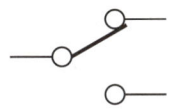
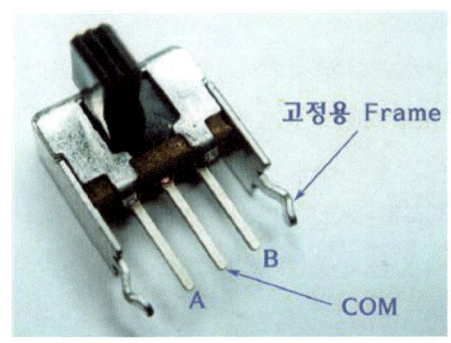

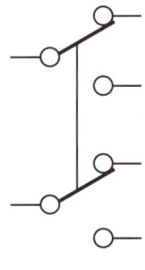
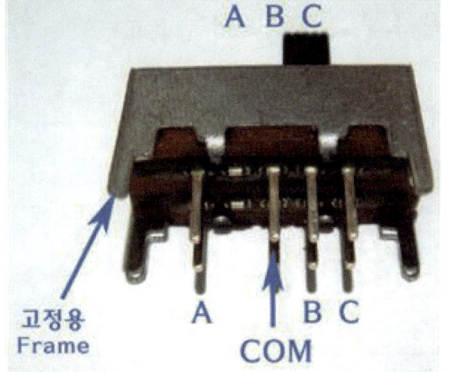

③ Toggle S/W

슬라이드 S/W와 유사하나 접점이 반대로 연결된다. 항공기에서 가장 많이 사용되는 스위치이다. SPDT 타입을 사용하고 3pin이 대표적이다(3pin 이상의 스위치를 사용할 경우 COM과 각각의 접점을 바르게 찾아서 연결해야 한다).

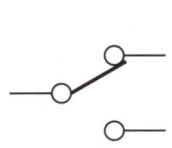
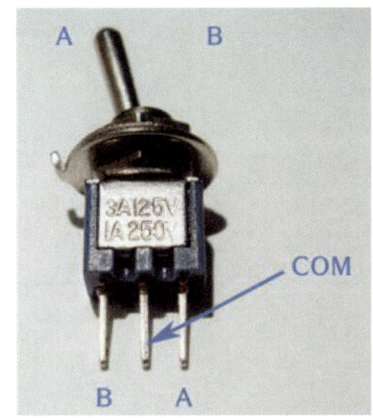

4 배치도

1. 배치도 그리기

① 만능기판 또는 브레드 보드에 회로제작을 하기 위해서는 우선적으로 회로도를 분석하고 배치도를 작성해야 한다.

② 전원부를 도면 가장 왼쪽에 우선적으로 배치한다((+)는 왼쪽 상단, (-)는 왼쪽 하단에 배치).

③ 입력 부품들은 도면 좌측, 중요 부품들은 도면 중앙, 출력 부품들은 도면 우측에 배치한다.

④ 모든 부품들은 도면 전체에 고르게 배치해야 한다.

⑤ 극성이 있는 부품들은 반드시 극성에 주의하며 연결해야 한다(다이오드, 캐패시터, LED 등).

⑥ 접점이 여러 개 있는 부품들은 회로도를 보고 올바르게 연결해야 한다(릴레이, 트랜지스터, 스위치 등).

⑦ 전원의 각 입력 라인(BATT)과 각 출력 라인(GRD)은 각각 하나로 모아서 연결시킨다.

⑧ 교차된 배선은 서로 연결해야 하는지 분리해야 하는지를 회로도를 잘 보고 파악하여 연결한다.

⑨ 부품의 접점끼리는 배선으로 연결해서는 안 된다.

⑩ 부품 사이로 배선을 통과시켜도 된다.

⑪ 배치도에서의 모든 배선은 반드시 직선과 직각으로 연결한다.

2. 배치도 구성

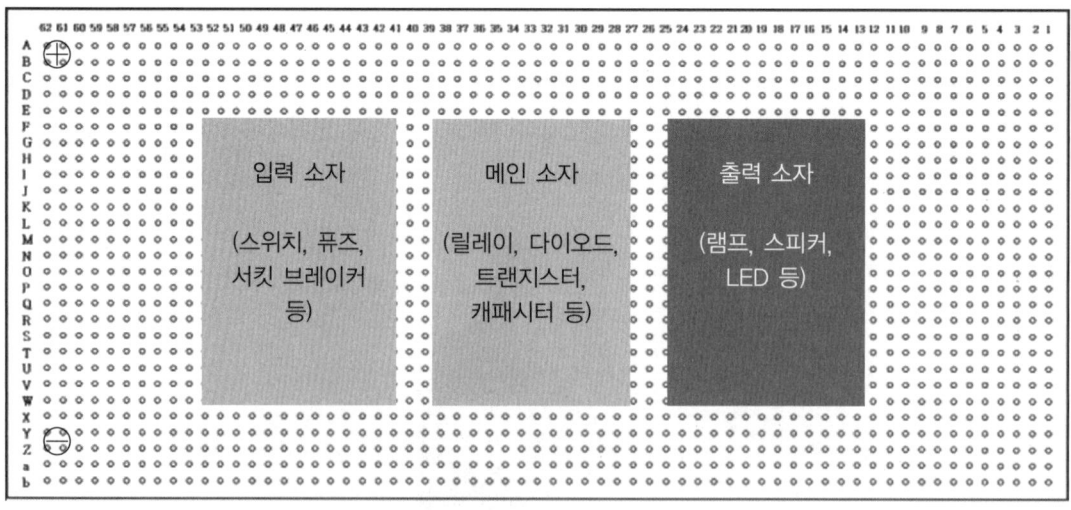

5 배치도 연습

[예제 1]

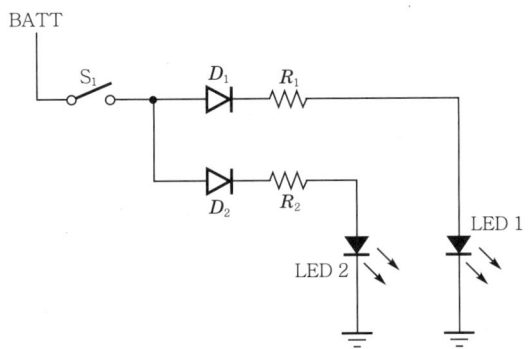

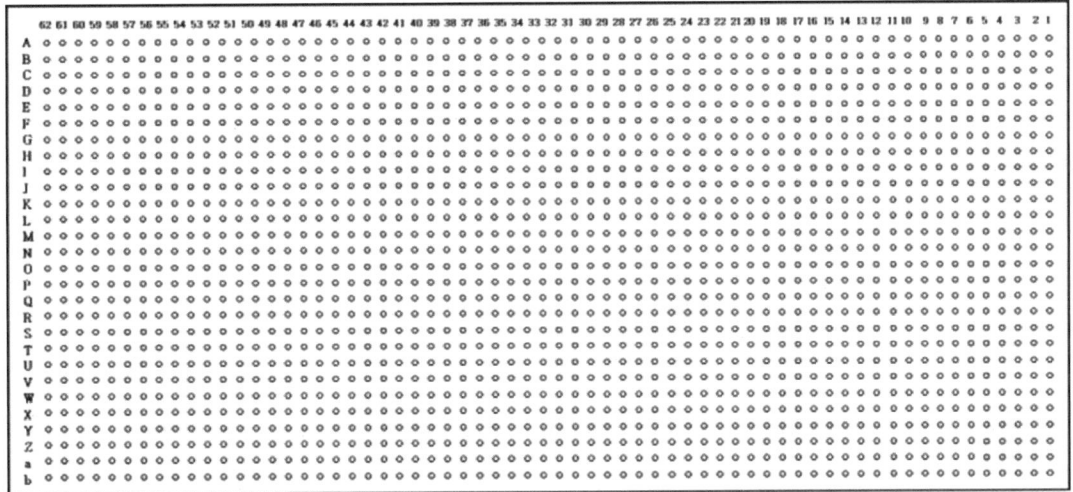

[예제 2]

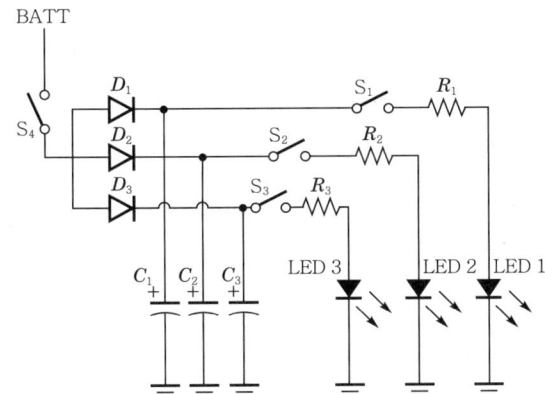

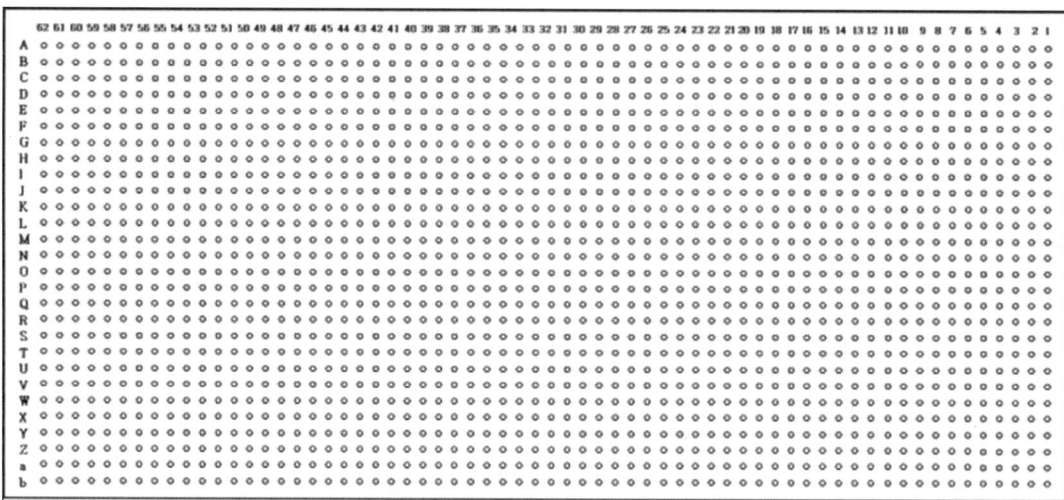

[예제 3]

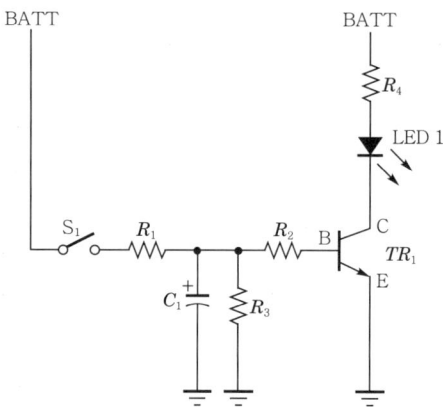

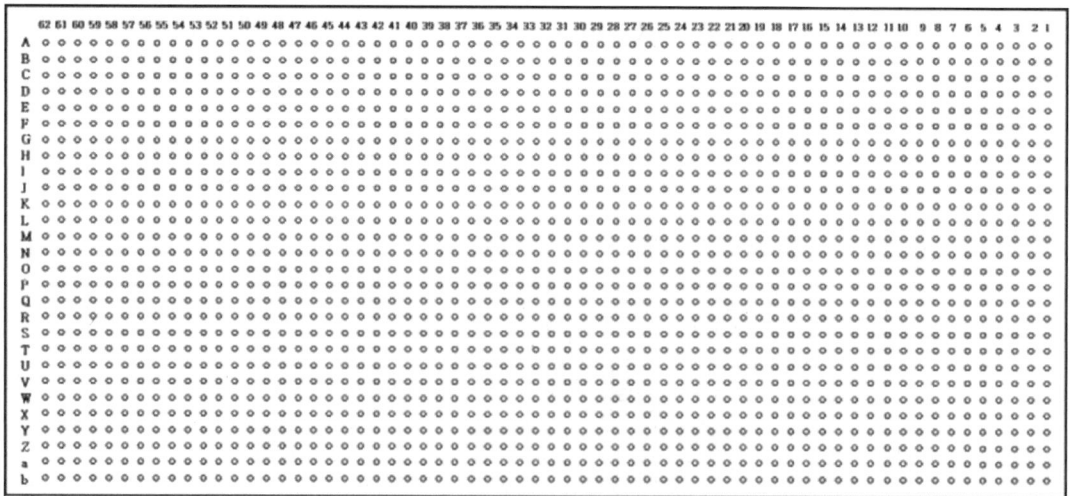

[예제 4]

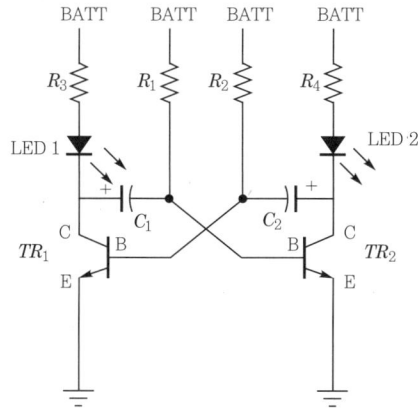

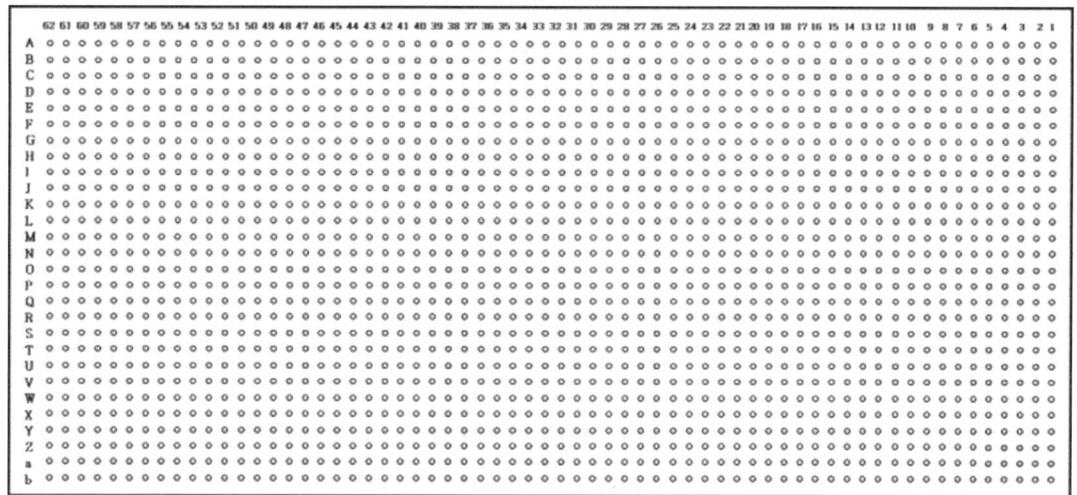

[예제 5]

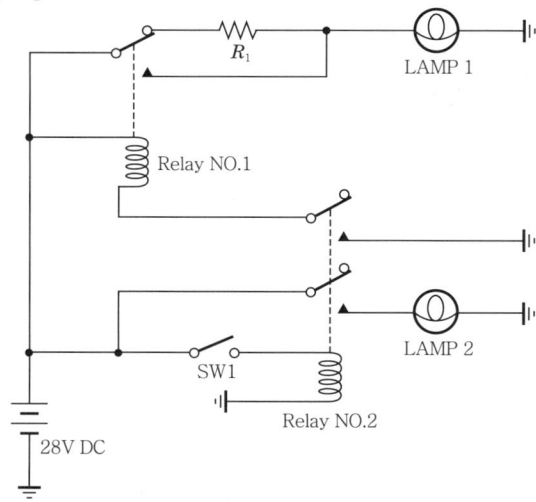

6 Cabin Pressure System

1. 객실여압 조정장치
    ① 객실여압: 항공기 고도가 올라감에 따라 객실 고도와 실제 고도와 차이가 발생하게 된다. 이에 객실 내의 승객의 압력 조절 및 압력 차로 인한 항공기 강도 유지를 위해 조정하는 장치이다.
    ② 객실 고도: 승객들이 타고 있는 객실 내부가 가지고 있는 압력에 따른 고도를 말한다. 항공기가 높은 고도로 올라가면 그 고도의 압력과 객실 내부의 압력이 같아지는 것이 아닌 객실 내부와 외부의 압력은 달라진다. 그러므로 객실 내의 압력은 지상에서와 같은 압력을 유지할 수 없더라도 최소한 사람이 견딜 수 있는 압력을 유지해 주어야 하기 때문에 객실 고도와 실제 고도는 다르게 된다(8000ft).
    ③ 실제 고도: 항공기가 운항 중인 실제 고도이다.
    ④ 아웃 플로 밸브(Out Flow Valve): 항공기 내부와 외부의 차압을 일정하게 유지하기 위한 밸브로서, 항공기가 지상에 있을 때는 Full Open(완전 개방)되어 있다가 비행기가 이륙하고 나서 점차 고도가 높아짐에 따라 밸브가 점점 닫히게 되면서 기내 공기가 빠져나가지 못하게 하여 일정 압력을 유지해 준다.
    ⑤ 객실 압력 조절기(Cabin Pressure Regulator): 규정된 객실 고도의 기압이 되도록 OFV의 위치를 지정하고, 자동적으로 등기압 범위의 설정값을 조절해 주며, 차압 영역에서는 미리 설정한 차압을 유지해 준다.
    ⑥ 부압 릴리프 밸브(Negative Pressure Relief Valve): 대기압이 객실 기압보다 높아졌을 경우, 부압 릴리프 밸브가 열려 대기 공기가 객실로 들어오게 된다.
    ⑦ 객실 압력 릴리프 밸브(Cabin Pressure Relief Valve): OFV에 고장이 있거나 다른 원인에 의해 객실 차압이 규정값보다 클 경우 작동되는 밸브로 객실 안의 공기를 외부로 방출시킨다.
    ⑧ 덤프 밸브(Dump Valve): 운항 승무원에 의해 조종석에서 스위치를 램 공기 위치에 놓으면 솔레노이드 밸브가 열려 객실의 공기를 대기로 배출시킨다.

2. Schematic

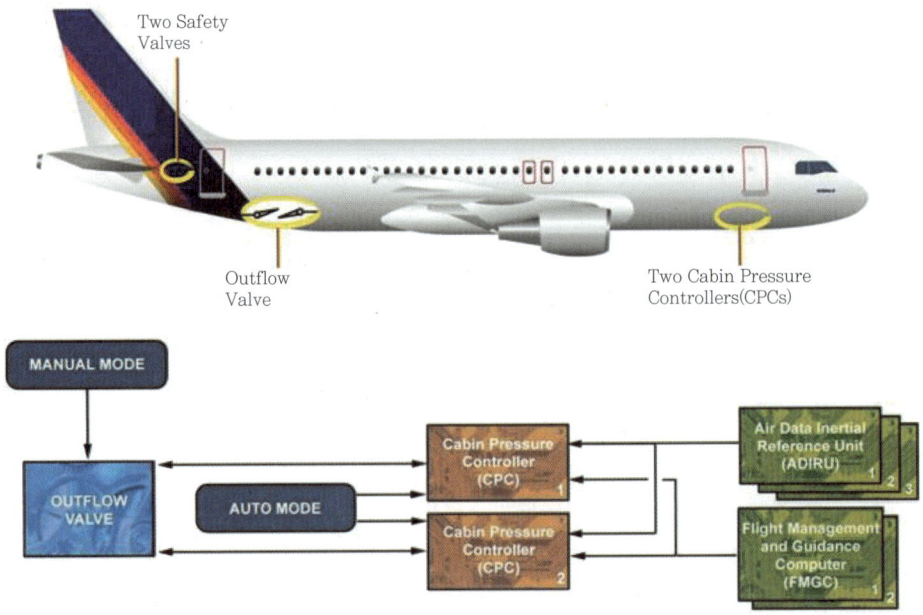

3. 객실여압(Cabin Pressurization)

Cabin Pressure Control System에 의해 항공기 운영 중에 조정되어진다. Over Head Panel에 있는 객실여압 조종 시스템은 AUTO 또는 ALTN, 그리고 MAN(manual)을 선택함으로써 사용 가능한 2개의 동일한 자동 조정기를 포함한다. Air Conditioning System에 의해 공급되고 분배되는 Bleed Air를 사용한다. 객실여압과 배기는 Outflow 밸브와 Overboard Exhaust 밸브를 조절하면서 제어된다. Overboard Exhaust 밸브는 지상에서 열리고, 객실 차압이 Smoke Override 모드 동안을 제외하고 1[psi]에 도달할 때 닫힌다.

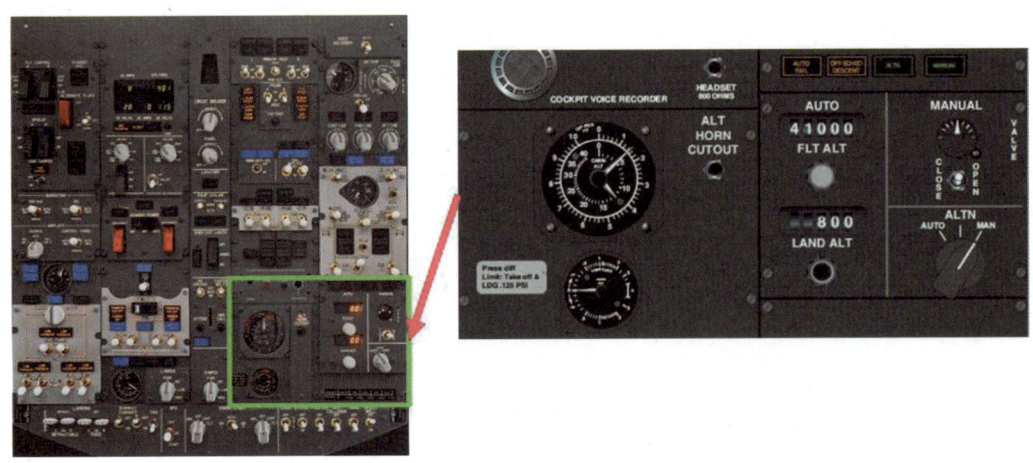

4. Cabin Pressure Control System Schematic

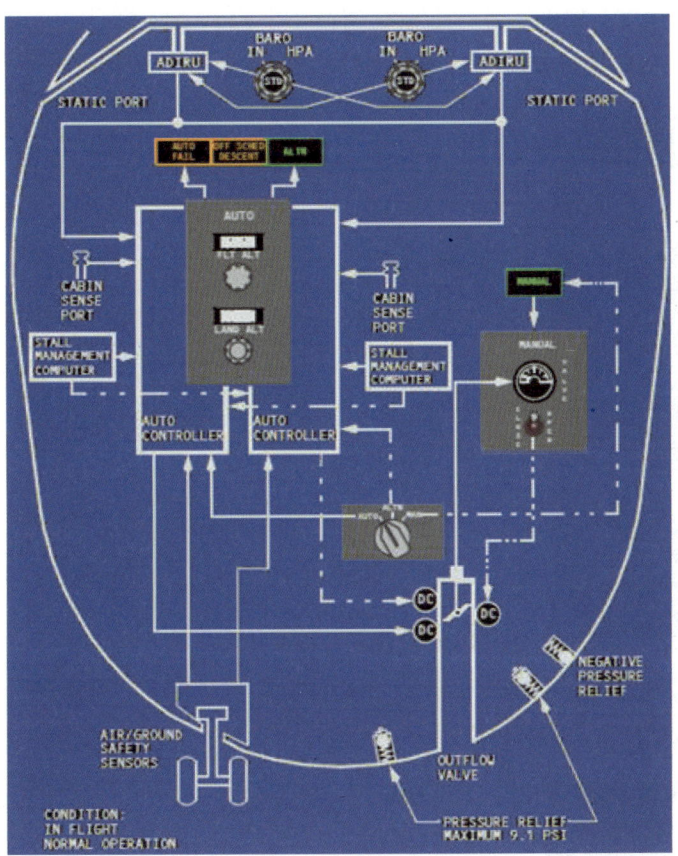

5. Outflow Valve & Pressure Relief Valve

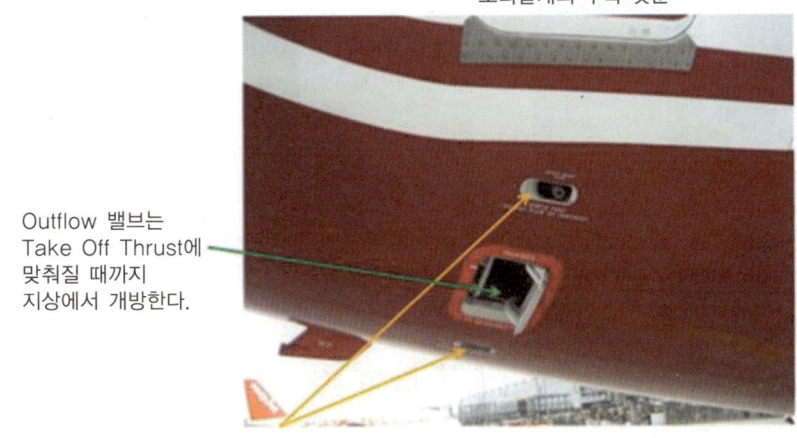

꼬리날개의 우측 뒷문

Outflow 밸브는
Take Off Thrust에
맞춰질 때까지
지상에서 개방한다.

Pressure Relief Valves
2개의 압력 릴리프 밸브들은 차압이 최대 9.1psi까지 제한하면서 안전하게 감압을 제공한다.
부압 릴리프 밸브는 외부 기압이 객실 압력을 초과하는 것을 예방한다.

① AUTO FAIL Light: 조명(황색), 자동 여압 시스템 실패가 감지된다.
- ALTN(녹색) Light가 켜지게 되면, 1개의 조종기 실패를 지시한다.
- 단독으로 켜지게 되면, 2개의 조종기 실패를 지시한다.

② OFF Schedule(SCHED) DESCENT Light: 조명(황색), FLT ALT 지시기에 설정한 운항 고도에 도달하기 전에 항공기가 하강하면 켜진다.

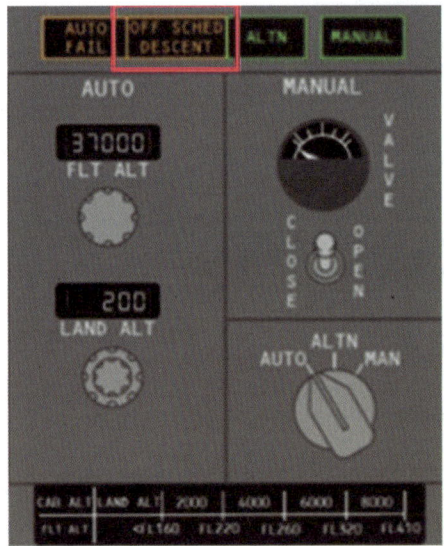

③ Alternate(ALTN) Light: 조명(녹색), 대체 자동 모드에서 가동하는 여압 시스템이다.
- ALTN과 AUTO FAIL 조명이 켜지면, 1개의 조종기 실패와 ALTN 모드로 자동 전환을 지시한다.
- ALTN 위치에서 여압 모드 실렉터.

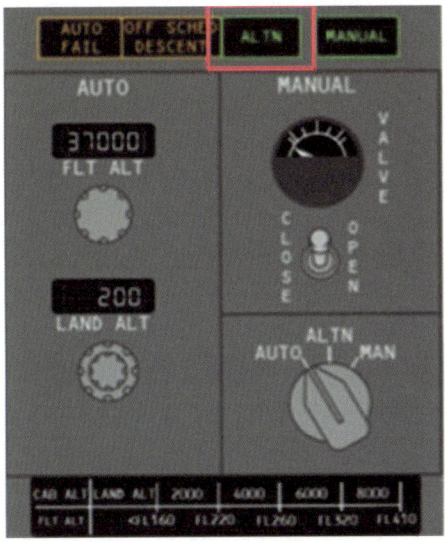

④ MANUAL Light: 조명(녹색), 매뉴얼 모드에서 가동하는 여압 시스템으로, 매뉴얼 모드를 선택해야 조명이 켜진다.

⑤ Flight Altitude Selector: 계획된 운항 고도를 선택하여 실렉터를 회전시킨다(500ft씩 증가해서 -1,000ft부터 42,000ft까지).

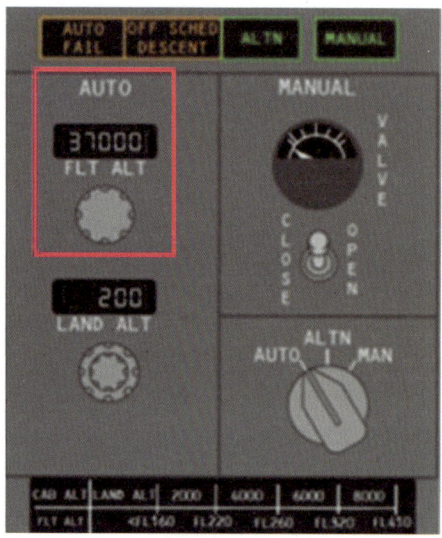

⑥ Landing Altitude Selector: 계획된 착륙 필드 고도를 선택하여 실렉터를 회전시킨다(50ft씩 증가해서 -1,000ft부터 14,000ft까지).

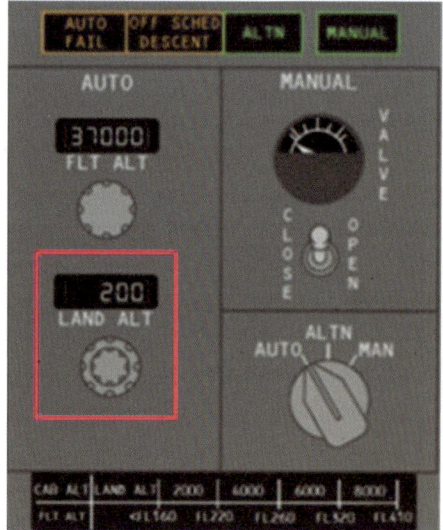

⑦ Outflow VALVE Position Indicator
- Outflow 밸브 위치를 지시한다.
- 모든 모드에서 가동한다.

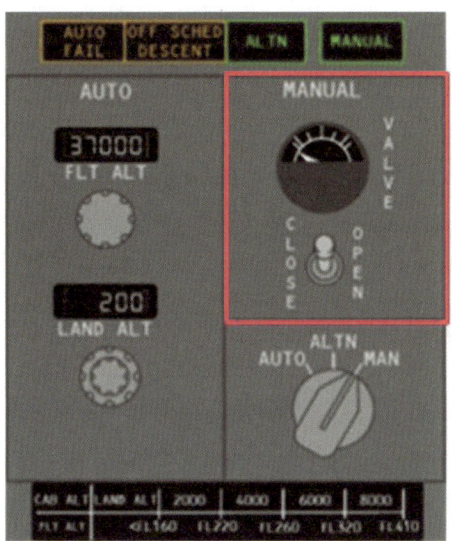

7 Air Conditioning System

1. 공기조화 계통(Air Conditioning System)

승객의 쾌적을 위한 조절된 공기는 항공기 공기조화 계통 또는 미리 조절된 지상 장비 중의 하나로부터 나온다. 지상 장비로부터 나온 공기는 Mix Manifold를 통하여 공기조화 계통으로 들어간다. 항공기의 엔진, APU, GPC(Ground Pneumatic Cart)로부터 Bleed Air를 이용하여 객실에 적절한 온도로 조절된 공기를 제공한다. Mix Manifold 상부 좌측 Pack으로부터 나온 조절된 공기는 바로 Flight Deck으로 흘러간다. 좌측 Pack으로부터 나온 과잉 공기, 우측 Pack으로부터 나온 공기 그리고 재순환 계통으로부터 나온 공기는 Mix Manifold에서 혼합된다. 혼합 공기는 좌/우측 벽면의 수직관을 통해 객실로 분배된다. 일반적으로 항공기에 사용되는 두 가지 방식의 공기조화 계통이 있다. 공기순환식 공기조화 계통(Air Cycle Air Conditioning System)은 대부분 터빈엔진 항공기에 사용되는데, Engine Bleed Air 또는 APU의 공기압력을 사용한다. 증기순환식 공기조화 계통(Vapor Cycle Air Conditioning System)은 왕복엔진 항공기에 사용되는데, 프레온 가스를 이용한 방식이며 일부 터빈엔진 항공기 역시 증기순환식 공기조화 계통을 사용한다.

2. 공기조화 팩(Air Conditioning Pack)

각각의 Air Conditioning Pack을 통해 Main Bleed Air Duct로부터 나온 Bleed Air의 흐름은 각각의 Pack Valve에 의해서 조절된다. 일반적으로 좌측 Pack은 No. 1 엔진으로부터 나온 Bleed Air를 사용하고, 우측 Pack은 No. 2 엔진으로부터 나온 Bleed Air를 사용한다. 높은 흐름의 Single Pack은 비행기 전체에 여압과 온도를 유지할 수 있다. APU는 지상에서 두 개의 Pack 또는 비행 중에 하나의 Pack을 위한 Bleed Air를 공급할 수 있다. 대부분의 GPC들은 두 개의 Pack 가동을 위한 적절한 Bleed Air를 제공할 수 있다. 언제든 한 엔진으로부터 하나의 Pack 이상을 가동하면 안 된다.

3. 공기흐름 조절(Airflow Control)

두 개의 Air Conditioning Pack 스위치를 AUTO로 하고 두 개의 Pack을 가동하면서 Pack들은 정상 공기흐름(Normal airflow)을 제공한다. 하지만 하나의 팩이 가동하지 않으면, 나머지 팩은 자동적으로 필요한 환기량을 유지하기 위해서 고 공기흐름(High Airflow)으로 바뀐다. 이 자동 변환은 비행기가 지상에 있거나 비행기 날개 플랩(Wing Flap)이 확장된 채로 비행 시에 단일 엔진 가동을 위한 적합한 엔진 출력을 보장하기 위해서 억제된다. 만약, 엔진 Bleed Air 스위치들이 OFF이고 APU Bleed Air 스위치가 ON이라면, 고 공기흐름으로 자동 변환은 날개 플랩 위치,

비행/지상 상태 또는 Pack 가동 수에 관계없이 발생한다. Air Conditioning Pack 스위치를 HIGH로 하면, 그 Pack은 고 공기흐름을 제공한다. 또한, APU 고 공기흐름 비율은 비행기가 지상에 있고 APU Bleed Air 스위치가 ON이고, Pack 스위치들 중 하나 혹은 둘다 HIGH에 위치되었을 때 된다. 이 모드는 APU가 Bleed Air의 유일한 소스일 때 최대 공기흐름을 제공하기 위해 고안된 것이다.

4. 램 공기 계통(Ram Air System)

열교환기(Heat Exchanger)를 위한 냉각공기를 제공한다. 이 시스템의 가동은 램 공기 흡입구들(Ram Air Inlet Doors)의 가동을 통한 Pack들에 의해 자동적으로 제어된다. 지상 또는 날개 플랩(Wing Flap)이 완전히 접히지 않는 저속 비행 동안에 램 공기 흡입구들은 최대 냉각을 위한 완전 열림 위치로 움직인다. 일반적인 운항에서 문들은 열림과 닫힘 사이에서 조절된다. A RAM DOOR FULL OPEN 등(Light)은 Ram Door가 완전히 열릴 때마다 켜진다. Deflector(기류·연소 가스 등 유체의 흐름을 바꿈) Door들은 상승 전과 착륙 후에 FOD 흡입을 막기 위해서 램 공기 흡입구들(Ram Air Inlet Doors)의 앞쪽에 설치된다. Deflector Door들은 Air Ground Safety Sensor에 의해서 전기적으로 작동될 때 열린다.

5. 냉각 순환(Cooling Cycle)

냉각 사이클을 통한 흐름은 냉각을 위해 열교환기(Heat Exchanger)를 통과해서 지나가는 Bleed Air와 함께 시작한다. 그리고 나서 Bleed Air는 냉각을 위해 ACM(Air Cycle Machine)으로 흘러간다. 냉각 처리된 차가운 공기는 ACM을 지나는 뜨거운 공기와 결합되고, 습기를 제거하는 고압 수분분리기(Water Separator)를 통과한다. 이후 온도가 조절된 공기는 Mix Manifold와 Distribution System으로 유입된다.

6. 팩 온도 조절(Pack Temperature Control)

전자 조절기(Electronic Controller)들은 팩 방출 요구조건을 충족시키기 위해 팩 온도 조절 밸브(Pack Temperature Control Valve)를 열림 또는 닫힘으로 제어한다. 만일 Primary Pack 조절이 실패하면, 반대쪽 조절기에 있는 Standby Pack 조절에 의해 조절된다. Primary 또는 Standby Pack 조절이 실패하면 리콜되는 동안 PACK, MASTER CAUTION, AIR COND 시스템 호출 표시등이 켜진다. 만일 동일 Pack에 대해 Primary 또는 Standby Pack 조절이 실패하면 PACK, MASTER CAUTION 그리고 AIR COND 시스템 호출 표시등들이 켜진다. Pack TRIP OFF의 원인인 과도한 온도가 아닌 한 조절 없이 Pack은 작동을 지속한다.

7. Air Conditioning System Schematic

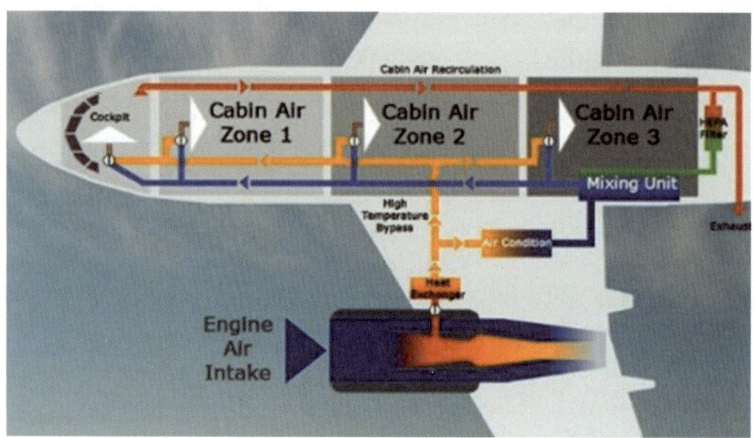

8. Ram Air Schematic

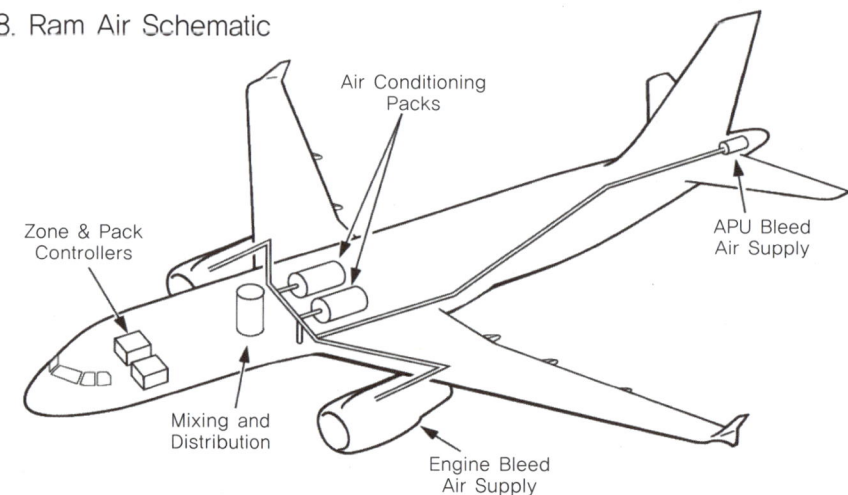

9. Pack With Ram Air Inlet

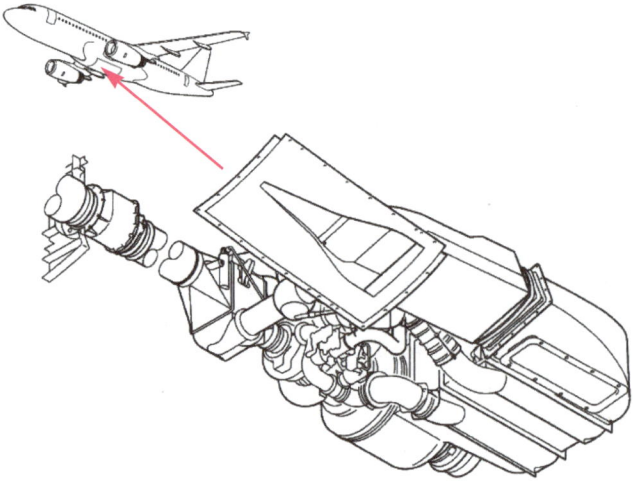

10. Air Cycle System

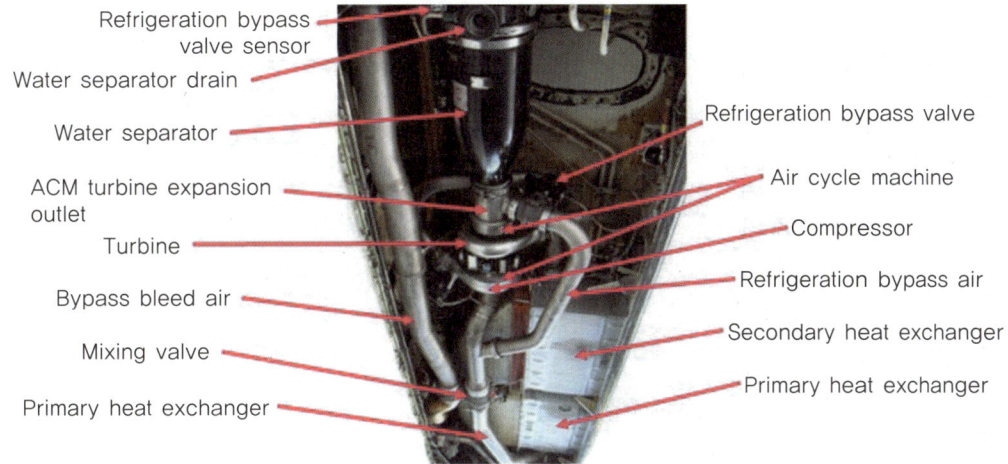

11. 냉·난방 계통

① 가열 계통: 제트 항공기는 객실에 공급되는 압축기의 고온 압축 공기를 사용하므로, 추가로 가열할 필요는 없다. 온도를 더 높이고자 할 때에는 기관에 공급되는 연료를 이용하여 연소 가열기로 램 에어를 가열하거나, 덕트 통로에 고저항 코일을 설치하여 전기를 흐르게 하여 열을 발생시켜 램 에어를 가열하는 전열기, 소형기 등에서 배기가스를 이용하여 램 에어를 가열하는 열교환기 등을 사용한다.

② 냉각 계통: 공기순환 냉각 방식(Air Cycle Cooling)과 증기순환 냉각 방식(Vapor Cycle Cooling) 으로 분류된다.

- 공기순환 냉각 방식: 압축기에서 고온 압축된 공기가 객실 온도 조절 밸브에 의해 일부는 객실로 가고, 나머지는 1차 열교환기를 지나 ACM(Air Cycle Machine)에서 약간 온도가 상승하지만, 2차 열교환기를 지나 팽창 터빈을 통해 더욱 냉각되어 수분분리기를 지나 객실에 공급된다.
- 증기순환 냉각 방식: 응축기에서 고압 액체를 만들어 팽창 밸브로 보내 확산시키면 저압 액체가 되는데 증발기를 지나가게 되면서 저압 증기로 바뀌게 된다. 객실에 있는 더운 공기를 송풍장치를 통하여 빨아들여 증발기를 지나가게 되면 열이 식어 차가운 공기가 되는 과정에서 저압 액체가 저압 증기로 바뀌게 된다. 에어컨과 같은 원리지만, 프레온 가스로 인하여 환경파괴 문제 때문에 다른 냉매로 대체 중이다.

12. Air Conditioning Controls and Indicators

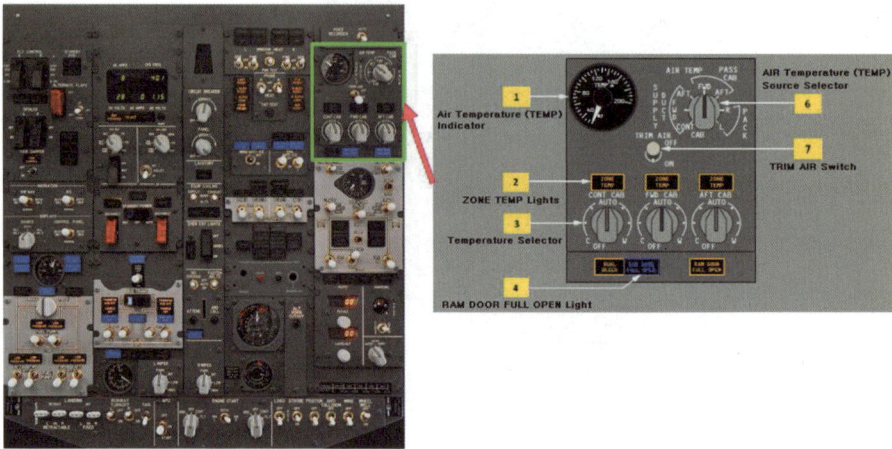

13. Air Conditioning Pack Schematic

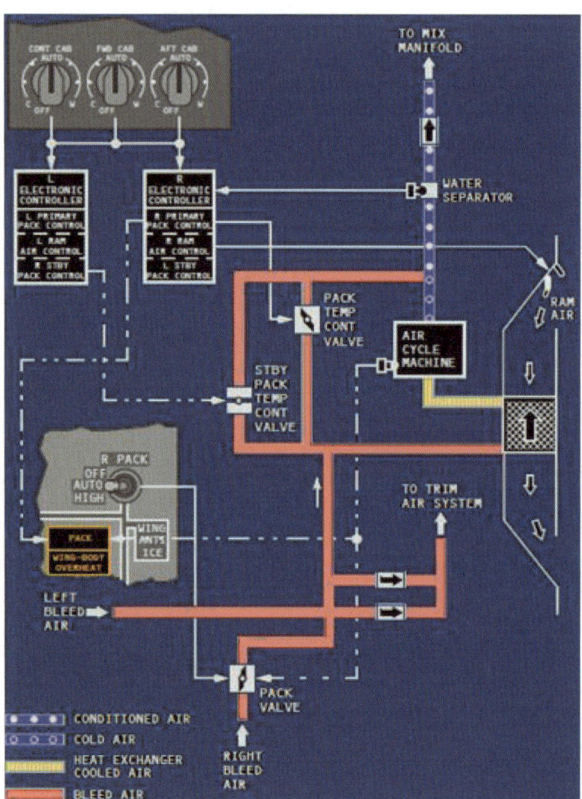

① Air Cycle Cooling Schematic

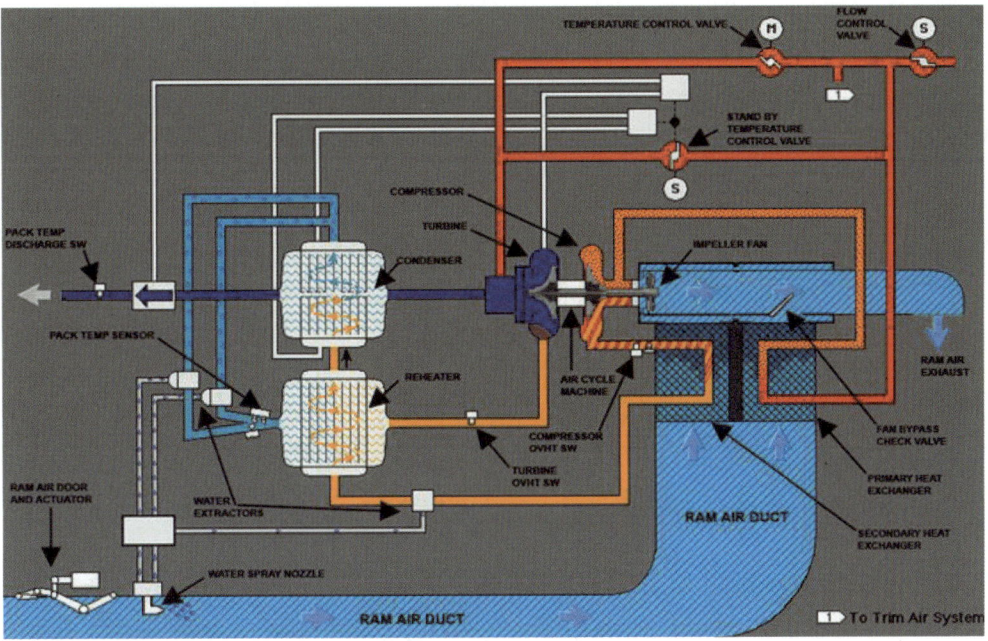

② Vapor Cycle Cooling Schematic

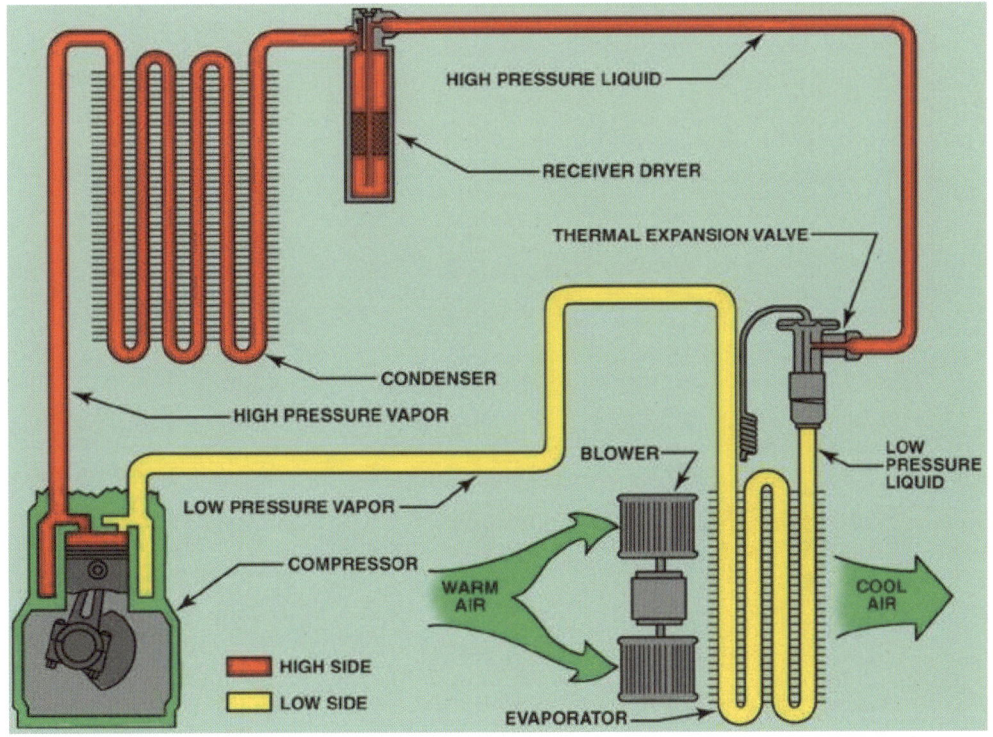

14. 객실여압 및 공기순환 계통의 정비

① 객실여압 계통(Cabin Pressurization System)

계통의 작동 점검 및 부품들의 기능 점검, 계통의 누설 상태 등을 점검해야 한다. 객실의 압력을 증가시켜 누설 상태를 확인하는 동압시험과 객실의 압력을 동체시험 압력까지 증가시켜 항공기의 균열 및 하드웨어의 고정 상태를 확인하는 정압시험이 있다.

② 공기순환 계통(Air Conditioning System)

온도계기, 공기조절기, 열교환기, 수분제거기 등의 컴퍼넌트와 계통의 누설 등을 점검해야 한다. 조종석에서 작동 스위치를 조작하였을 때, 해당 온도로 되지 않거나, 온도계나 계기가 작동하지 않거나, 계통에 이상이 있어 객실 내의 온도가 조절되지 않는 경우 정비해야 한다.

8 Cabin Pressure Warning 회로

1. 회로도

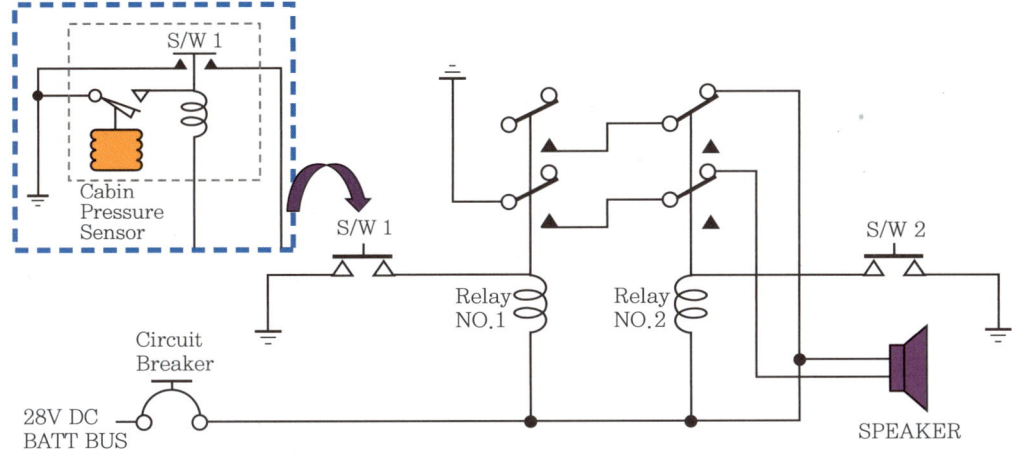

2. 동작 설명

① Cabin Pressure Sensor에 의해 S/W 1이 작동되면 Speaker에서 경고음이 발생된다.
② 이 때 S/W 2를 작동시키면 경고음이 발생하지 않는다.

3. 배치도 연습

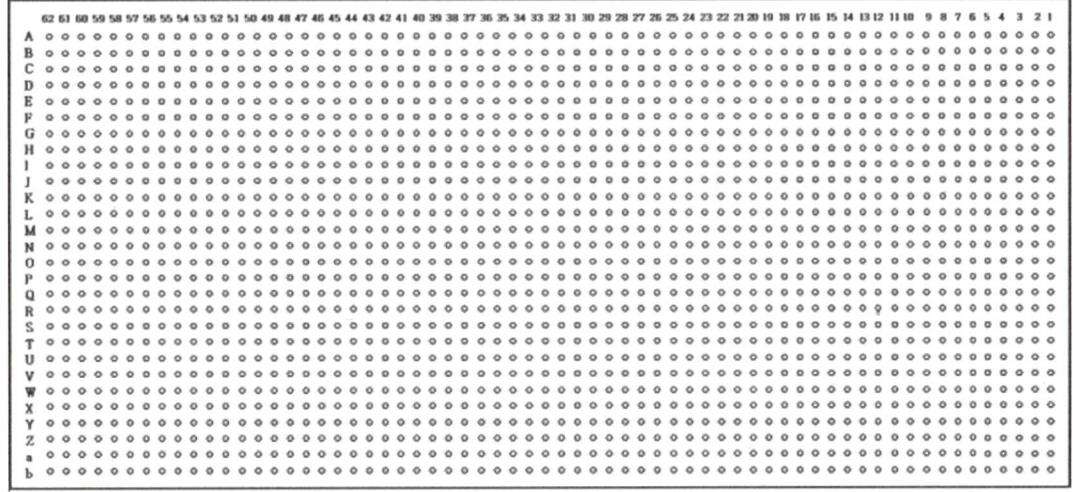

① Cabin Pressure Sensor에 의해 S/W 1이 작동되면, SPEAKER에서 경고음이 발생된다.
- BATTERY BUS에서 전원이 공급되어 Relay 1, 2의 각 COIL에 전류가 흐른다(S/W 1, 2가 OFF 상태이므로, 동작은 되지 않는다).

- 동시에 분기되어 SPEAKER의 입력과 NC와 COM 접점을 통해 흐르고, SPEAKER의 출력과 NC와 COM 접점을 통해 흐른다.
- 이 때, 항공기가 고도 8000ft에 도달하게 되면, 객실 압력 차에 의해서 센서가 작동하게 되고, 연결된 S/W 1을 동작시키게 된다(S/W 1이 ON 상태가 되어 Relay 1의 COIL에 전류가 GRD로 흘러 동작하게 된다).
- Relay 2의 각 COM 접점을 통해 나온 전류는 Relay 1의 NO와 COM 접점을 통해 GRD로 흘러 SPEAKER에서 경고음이 발생한다.

② 이 때, S/W 2를 작동시키면, 경고음이 발생하지 않는다.
- 경고음이 발생하고 있는 상태에서 S/W 2를 동작시키면, ON 상태가 되어 Relay 2의 COIL에 전류가 GRD로 흘러 동작하게 된다.
- 동작된 Relay 2의 NO와 COM 접점이 서로 연결이 되어 SPEAKER의 출력 라인에 전류가 GRD까지 흐르지 못한다. 따라서, SPEAKER에서 경고음이 발생하지 않게 된다.

4. 부품 내역

순번	품명	규격	수량
1	만능기판	28×62	1EA
2	실납	2m	1EA
3	3색 단선	1m	1EA
4	릴레이	DC 24V(8pin)	2EA
5	릴레이 소켓	16pin	2EA
6	푸시 버튼 스위치	2pin(소)	2EA
7	스피커	9V(소)	1EA

5. 배치도 예시

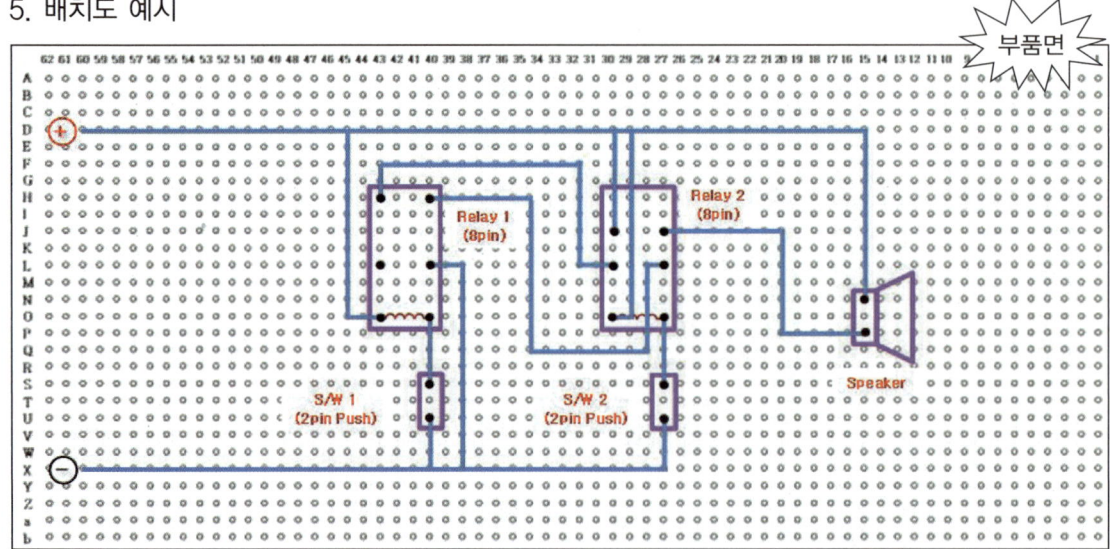

9 Landing Gear System

1. 착륙장치(Landing Gear System)

   ① 착륙장치의 분류: 항공기 착륙장치(또는 랜딩기어)는 항공기의 착륙과 지상 활주를 위한 장치로 착륙 시에는 항공기에 전달되는 충격량을 최대한 줄일 수 있어야 하며 활주 시에는 원하는 방향으로 활주할 수 있어야 한다. 착륙장치는 사용 장소, 장착 방법, 장착 위치, 그리고 바퀴 수에 따라 구분할 수 있다. 사용 장소에 따라 육상 이착륙 항공기는 타이어 바퀴형, 눈 위에서 이착륙이 가능한 스키형(Ski Type), 수상 이착륙을 위한 플로트형(Float Type)으로 나눌 수 있다. 장착 방법에 따라 날개나 동체에 고정시켜 동체나 날개 안쪽으로 접어 넣을 수 없는 고정식과 날개나 동체 안에 접어 넣을 수 있는 접이식 착륙장치로 구분할 수 있다.

   경항공기와 같이 저속 항공기의 경우에는 고정식 착륙장치를 장착하며, 고속인 여객기나 군용 항공기에는 항력을 고려하여 접이식 착륙장치를 장착하고 있다. 접이식 랜딩기어는 유압(Hydraulic System), 전기모터 또는 공기장치(Pneumatic System)로 작동되며 랜딩기어는 동체나 날개 안쪽으로 접혀 들어가게 되어 있다. 장착 위치에 따라 전륜식과 후륜식으로 구분하는데 이는 방향 전환 기능을 갖는 조향바퀴가 메인 랜딩기어 앞에 있는 경우와 뒤에 있는 경우를 의미한다. 타이어 개수에 따라 경항공기와 같이 1개가 사용되는 단일식, 2개가 사용되는 이중식, 그리고 4개가 한 조로 사용되는 복수식으로 구분할 수 있다.

   ② 착륙장치의 구성: 랜딩기어는 일반적으로 바퀴 주변의 장치를 의미하나 대형 항공기의 경우 항공기가 과도하게 높은 받음각 상태로 이착륙을 하게 되면 항공기 꼬리 부분이 지상에 닿게 되므로 이를 방지하고 동체를 보호하기 위해 장착되는 테일 스키드(Tail Skid)를 포함하여 착륙장치 시스템이 구성된다. 랜딩기어는 기수 앞쪽의 이착륙이나 유도 중에 방향을 조종할 수

있는 조향장치가 있는 노즈 랜딩기어(Nose Landing Gear)와 동체 중심 근처에 있으며 좌우 대칭으로 2개가 장착되어 있는 메인 랜딩기어(Main Landing Gear)가 있다. 통상 노즈 랜딩기어는 전체 하중의 10% 정도의 하중을 받고 메인 랜딩기어는 90% 정도의 하중을 받는다. 랜딩기어는 착륙할 때의 충격을 흡수하고 전달을 차단하기 위한 완충장치, 지상 활주를 위한 바퀴, 방향 전환을 위한 조향장치, 그리고 제동장치로 구성되어 있다.

완충장치는 실린더와 피스톤으로 구성되어 있으며 바퀴가 힘이나 진동을 받으면 피스톤 내의 오일과 공기가 완충을 하고 충격을 흡수하는 Oleo 공기완충기를 사용하고 있다. 조향장치는 지상 활주 중에 방향을 바꿔주는 역할을 하며 유압으로 조종되는 조향 액추에이터(Steering Actuator)를 이용하여 조향한다. 제동장치는 지상 활주 중인 항공기의 속도를 조절하거나 정지시키는 데 사용되나 착륙 후 활주로 활주거리를 단축시켜 주기도 한다. 제동장치는 유압으로 작동되는 디스크식 제동장치를 많이 사용하며, 소형 항공기는 단일 디스크식 브레이크를, 대형 항공기는 다중 디스크식 브레이크를 사용한다. 제동장치에는 바퀴가 미끄러지는 것을 방지하기 위한 미끄럼 방지 시스템이 있다. 이 시스템은 항공기를 급제동하게 되면 바퀴가 정지되어 미끄러지고, 파열될 수 있기 때문에 바퀴를 정지시키지 않고 전기 유압적인 조절로 미세하게 회전하도록 하여 제동거리를 줄이고 조향도 가능하게 해준다.

③ 착륙장치의 구조

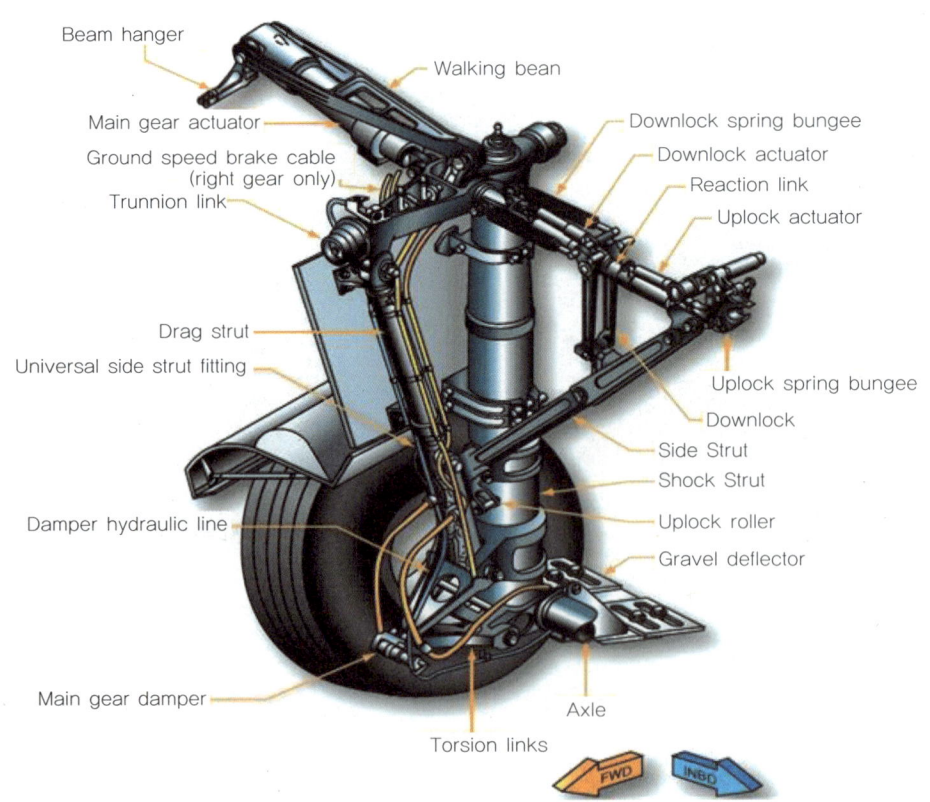

제10장 회로도

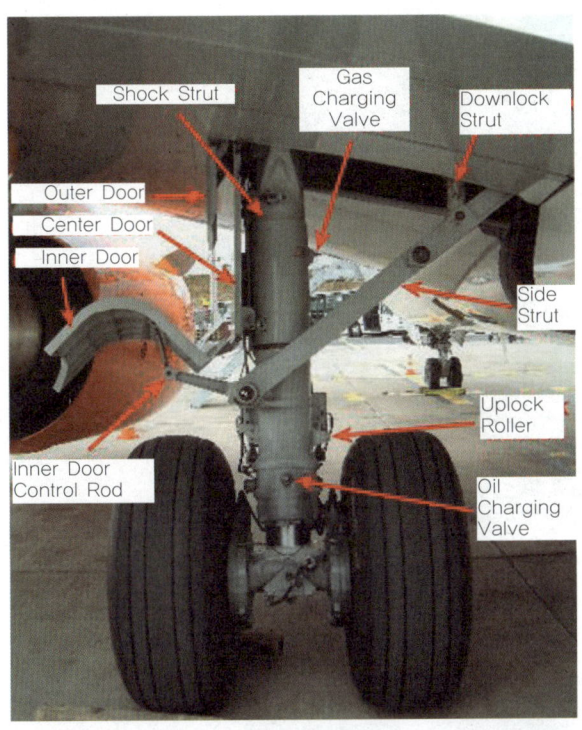

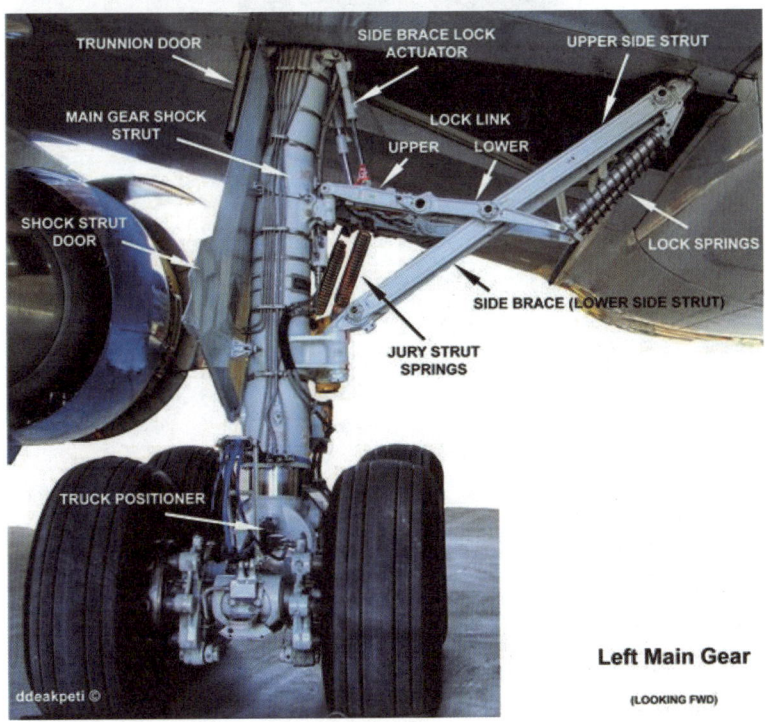

Left Main Gear

(LOOKING FWD)

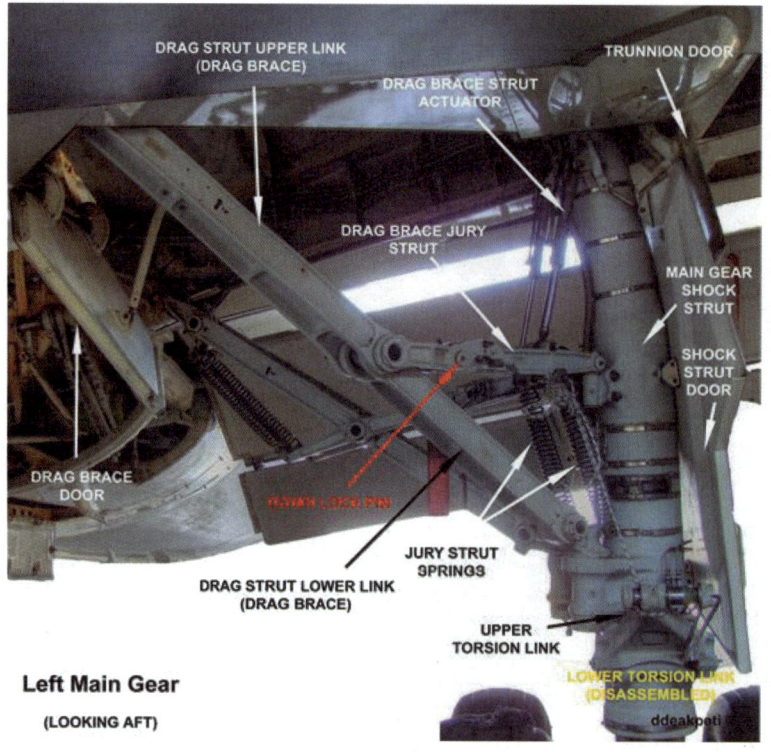

2. 제동장치의 종류

① 싱글 디스크 브레이크(Single-Disk Brake)

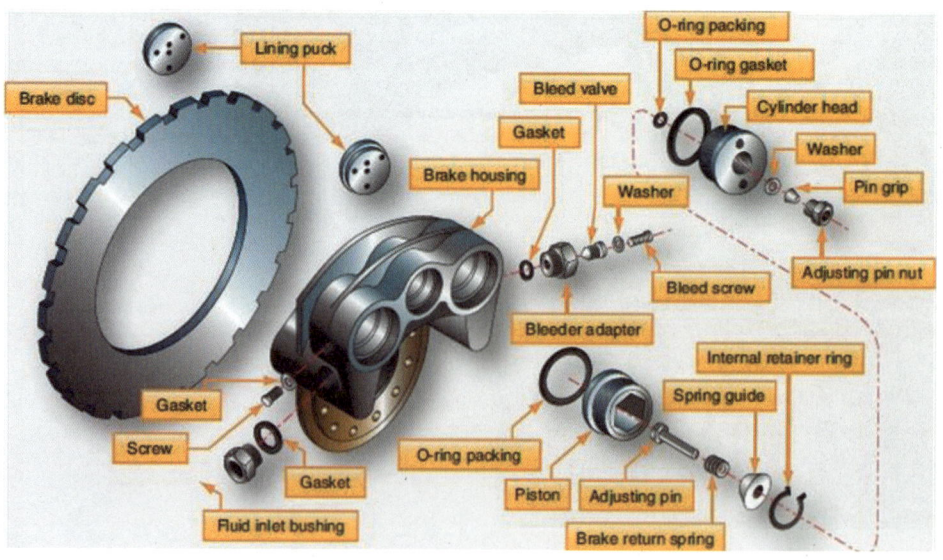

② 멀티디스크 브레이크(Multi-Disk Brake)

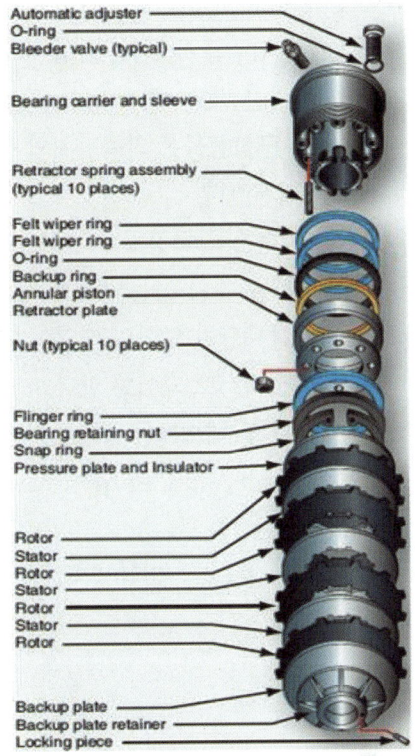

③ 세그먼트 로터 디스크 브레이크(Segmented Rotor-Disk Brake)

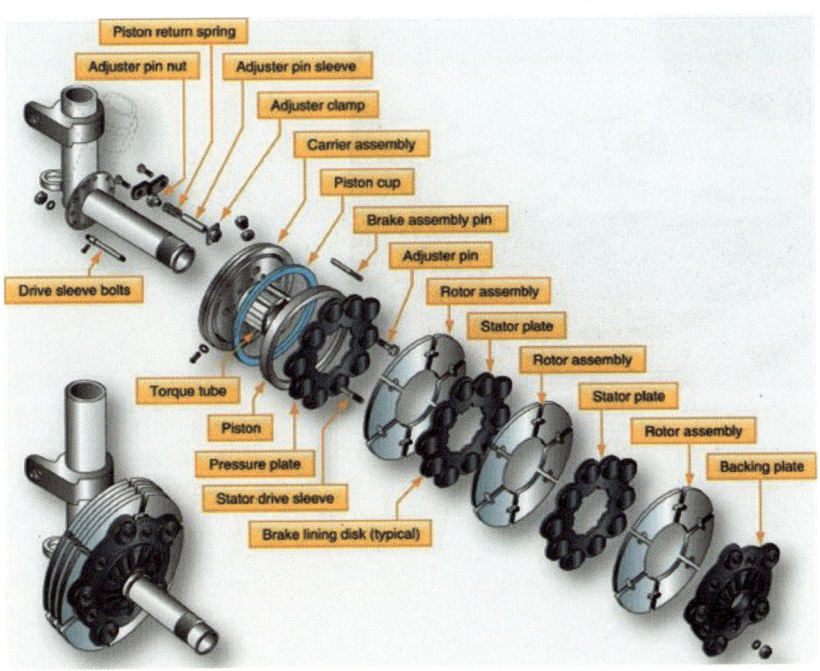

3. 대형 항공기의 접개들이식 착륙장치(Retraction System)

대형 항공기의 접개들이식 착륙장치는 유압에 의해 동력이 공급된다. 일반적으로 유압펌프는 엔진액세서리 구동장치에 의해 작동되고, 고장을 대비한 보조전기 유압펌프가 있다. 유압식 접개들이 장치에 사용된 다른 장치는 작동 실린더, 실렉터 밸브, 업 락, 다운 락, 시퀀스 밸브, 프라이오리티 밸브, 배관, 그 외 일반적인 유압 계통으로 구성된다. 이러한 구성품들은 착륙장치와 착륙장치 도어의 올림과 내림이 순차적으로 작동이 가능하도록 서로 연결시킨다.

시스템은 착륙장치가 내림되기 전에 열리고, 기어가 업된 후에 닫히는 착륙장치 도어를 갖고 있다. 항공기의 공기 역학적 외형 유지를 위해 도어는 기계연동장치를 거쳐 작동되고 유체동력은 필요하지 않다. 여러 기종의 항공기에는 여러 방식의 착륙장치와 착륙장치 도어의 배열이 있다.

- Retraction System은 100시간 및 1년 주기 검사 동안 완벽하게 테스트 되어야 한다.
- Gear OFF(랜딩기어 시스템에서 유압이 제거)에서 검사, 윤활, 운영 테스트를 포함한다.
- 이외에 추가적으로 Throttle Horns, Indicator Lights 등의 Safety and alarm systems 또한 테스트 되어야 한다.
- 실수로 Squat S/W(= Safety S/W: 지상에서 랜딩기어가 Retract되는 것을 방지) 테스트는 피해야 한다.

1) 접개들이식 착륙장치의 유압 계통

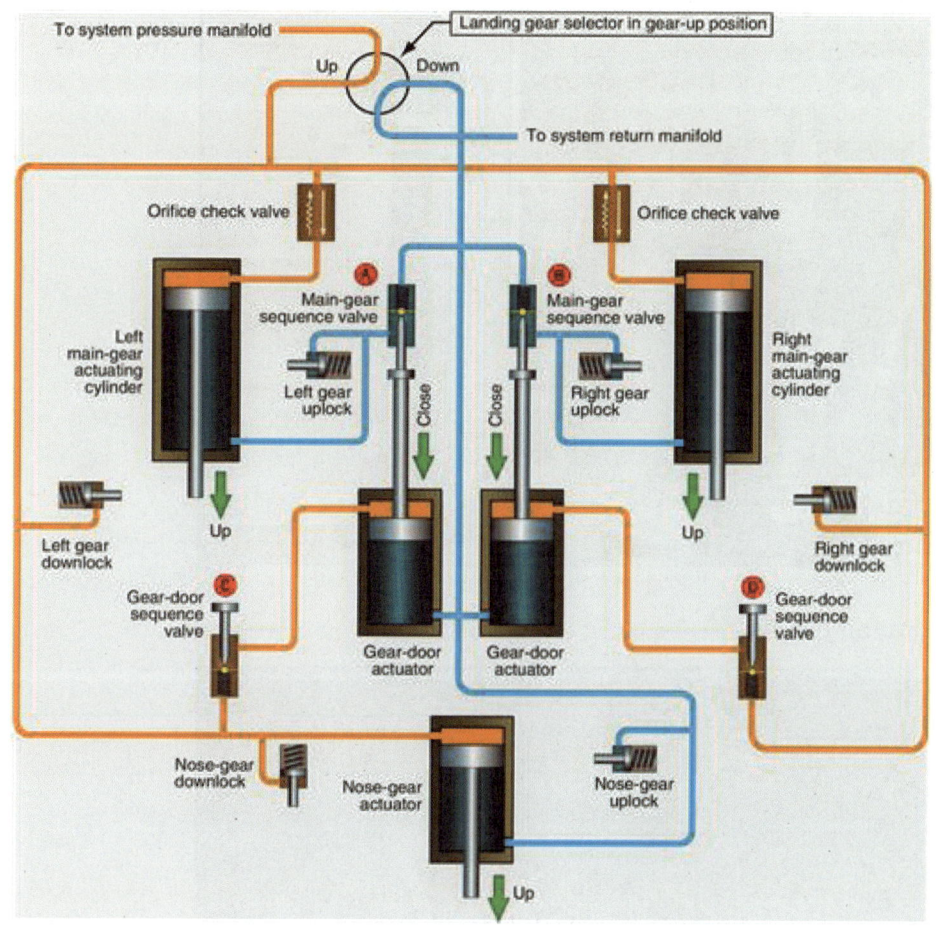

2) 착륙장치 위치지시계

랜딩기어의 동작위치 상태를 조종사에게 알려주기 위해 사용된다. 기어지시를 위한 각각의 기어에는 전용 등이 있다. 착륙장치에서 DOWN 또는 UP 상태를 알려주는 가장 일반적인 표시는 조명된 녹색 등이다. 3개의 녹색 등이 켜지면 착륙장치가 안전하게 DOWN LOCK 상태를 의미한다. 반대로 모든 등이 꺼지면 기어가 UP LOCK 상태인 것을 의미한다. 기어가 동작 중이거나, DOWN & UP LOCK 상태가 아니면 적색 등이 켜진다.

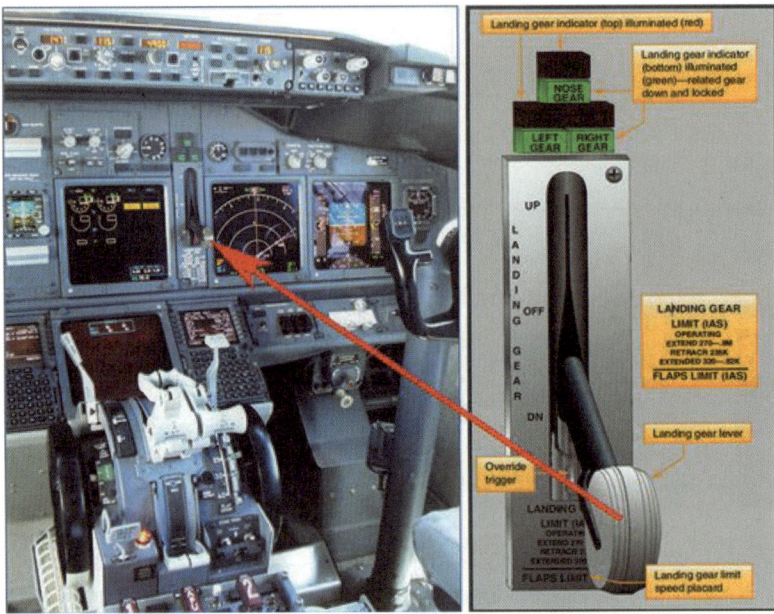

① Down and locked.

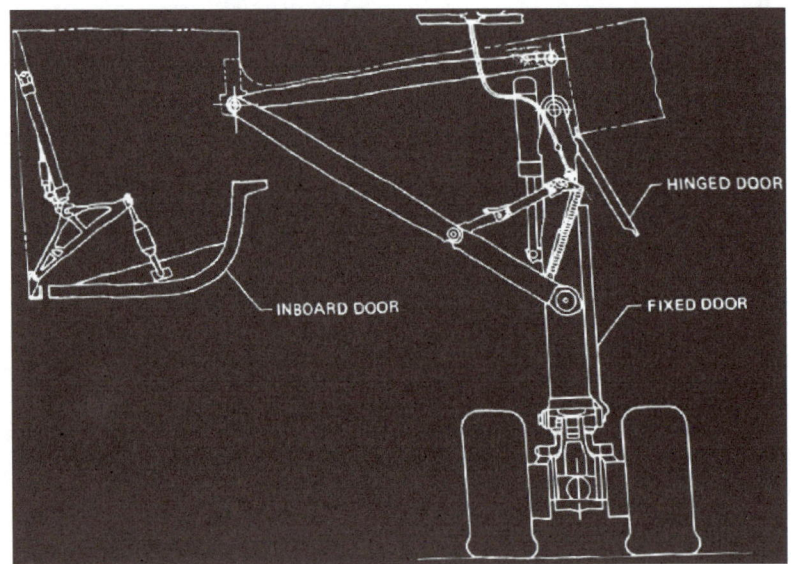

② Inboard gear door open, gear in transition.

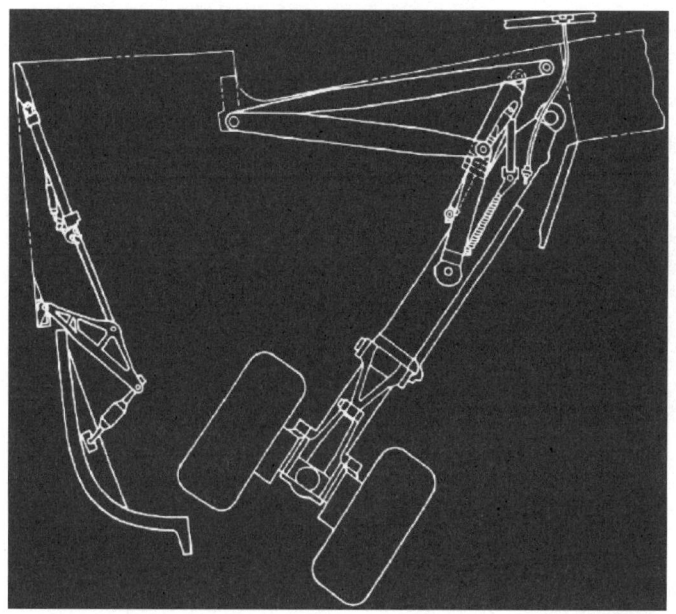

③ Gear up, inboard gear door in transition.

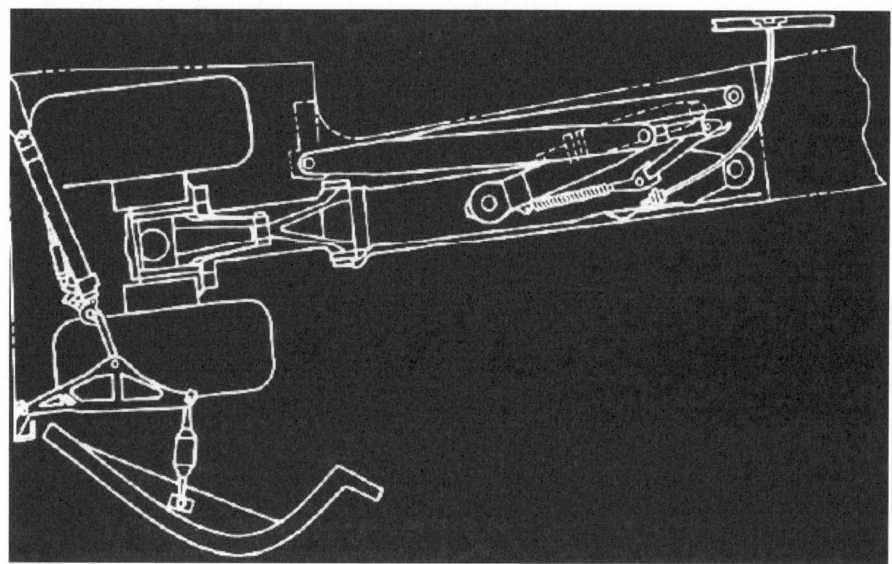

④ Gear cycle complete, gear up.

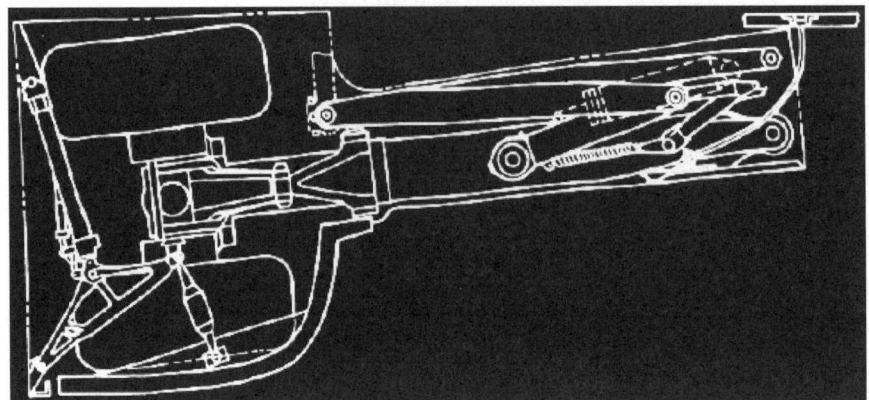

… 제10장 회로도

10 착륙장치 경고 회로

1. 회로도

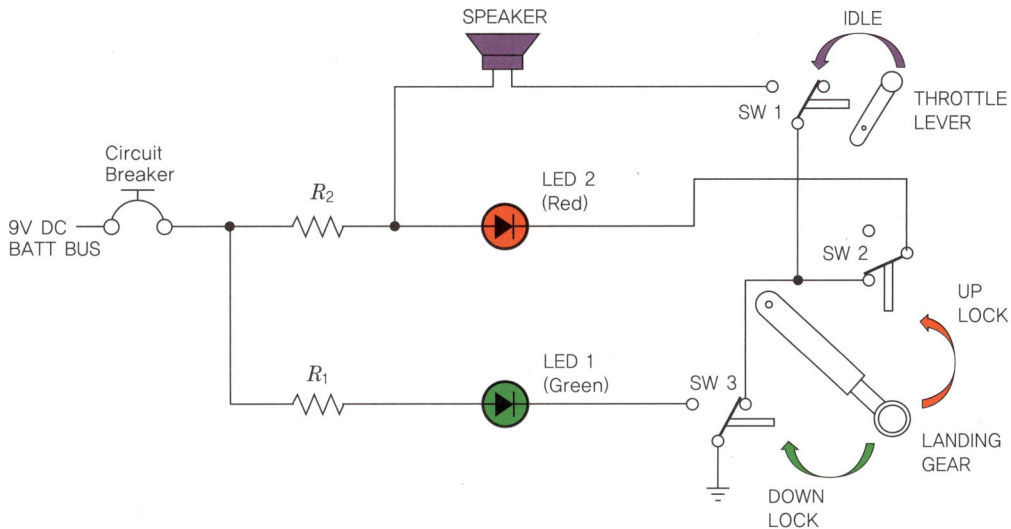

2. 동작 설명

① 모든 SW를 OFF로 하면 LED 2만 켜진다.
② S/W 1과 2를 OFF, S/W 3을 ON으로 하면 LED 1만 켜진다.
③ S/W 1과 3을 OFF, S/W 2를 ON으로 하면 LED가 꺼진다.
④ S/W 3이 OFF일 때, S/W 1을 ON으로 하면 S/W 2의 ON, OFF 관계없이 경고음이 울린다.

3. 배치도 연습

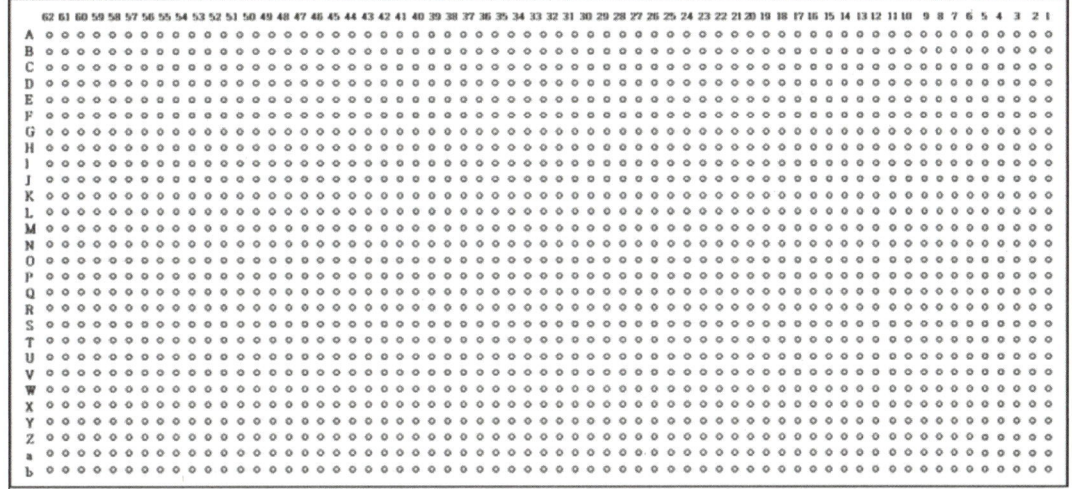

① 모든 SW를 OFF하면 LED 2만 켜진다.
- Landing gear 작동 중에는 적색 경고등이 켜진다.
- 메인 전원이 공급되어 R_2와 SPEAKER를 지나 S/W 1이 OFF 상태(스로틀 레버 미작동)이므로 GRD로 흐르지 않아 경고음이 발생하지 않는다.
- 메인 전원이 공급되어 R_2와 LED 2를 지나 S/W 2와 S/W 3이 OFF 상태(UP & DOWN LOCK 미작동)이므로 GRD로 흘러 LED 2가 ON 상태가 된다.
- 메인 전원이 공급되어 R_1과 LED 1을 지나 S/W 3이 OFF 상태(DOWN LOCK 미작동)이므로 GRD로 흐르지 않아 LED 1이 OFF 상태가 된다.

② SW 1과 2를 OFF, SW 3을 ON하면 LED 1만 켜진다.
- Landing gear DOWN LOCK에는 녹색 경고등이 켜진다.
- 메인 전원이 공급되어 R_2와 SPEAKER를 지나 S/W 1이 OFF 상태(스로틀 레버 미작동)이므로 GRD로 흐르지 않아 경고음이 발생하지 않는다.
- 메인 전원이 공급되어 R_2와 LED 2를 지나 S/W 2가 OFF 상태(UP LOCK 미작동)이므로 S/W 3으로 흐르지만, S/W 3이 ON 상태(DOWN LOCK 작동)이므로 GRD로 흐르지 않아 LED 2가 OFF 상태가 된다.
- 메인 전원이 공급되어 R_1과 LED 1을 지나 S/W 3이 ON 상태(DOWN LOCK 작동)이므로 GRD로 흘러 LED 1이 ON 상태가 된다.

③ SW 1과 3을 OFF, SW 2를 ON으로 하면 모든 LED가 꺼진다.
- Landing gear UP LOCK에는 무색(모든 경고등이 꺼진다)이 된다.
- 메인 전원이 공급되어 R_2와 SPEAKER를 지나 S/W 1이 OFF 상태(스로틀 레버 미작동)이므로 GRD로 흐르지 않아 경고음이 발생하지 않는다.
- 메인 전원이 공급되어 R_2와 LED 2를 지나 S/W 2가 ON 상태(UP LOCK 작동)이므로 GRD로 흐르지 않아 LED 2가 OFF 상태가 된다.
- 메인 전원이 공급되어 R_1과 LED 1을 지나 S/W 3이 OFF 상태(DOWN LOCK 미작동)이므로 GRD로 흐르지 않아 LED 1이 OFF 상태가 된다.

④ SW 3이 OFF일 때, SW 1을 ON으로 하면 SW 2의 ON, OFF 관계없이 경고음이 울린다.
- 항공기 착륙을 위해 Throttle lever로 속력을 줄이고, Landing gear는 DOWN LOCK 상태가 되어야 한다. 그렇지 않으면, 경고음이 발생한다(동시에 UP LOCK에는 무색, 동작 중에는 적색 경고등이 켜진다).
- 메인 전원이 공급되어 R_2와 SPEAKER를 지나 S/W 1이 ON 상태(스로틀 레버 작동)이므로 S/W 3으로 흐르고, S/W 3이 OFF 상태(DOWN LOCK 미작동)이므로 GRD로 흘러 경고음이 발생한다.
- 메인 전원이 공급되어 R_2와 LED 2를 지나 S/W 2와 S/W 3이 OFF 상태(UP & DOWN

LOCK 미작동)이므로 GRD로 흘러 LED 2가 ON 상태가 된다.

- 메인 전원이 공급되어 R_2와 LED 2를 지나 S/W 2가 ON 상태(UP LOCK 작동)이므로 GRD로 흐르지 않아 LED 2가 OFF 상태가 된다.
- 메인 전원이 공급되어 R_1과 LED 1을 지나 S/W 3이 OFF 상태(DOWN LOCK 미작동)이므로 GRD로 흐르지 않아 LED 1이 OFF 상태가 된다.

4. 부품 내역

순번	품명	규격	수량
1	만능기판	28×62	1EA
2	실납	2m	1EA
3	3색 단선	1m	1EA
4	저항기(R_1, R_2)	330Ω	2EA
5	LED	40ϕ(소)/Green, Red 각 1종	2EA
6	슬라이드 스위치	3pin(소)	3EA
7	스피커	9V(소)	1EA

5. 배치도 예시

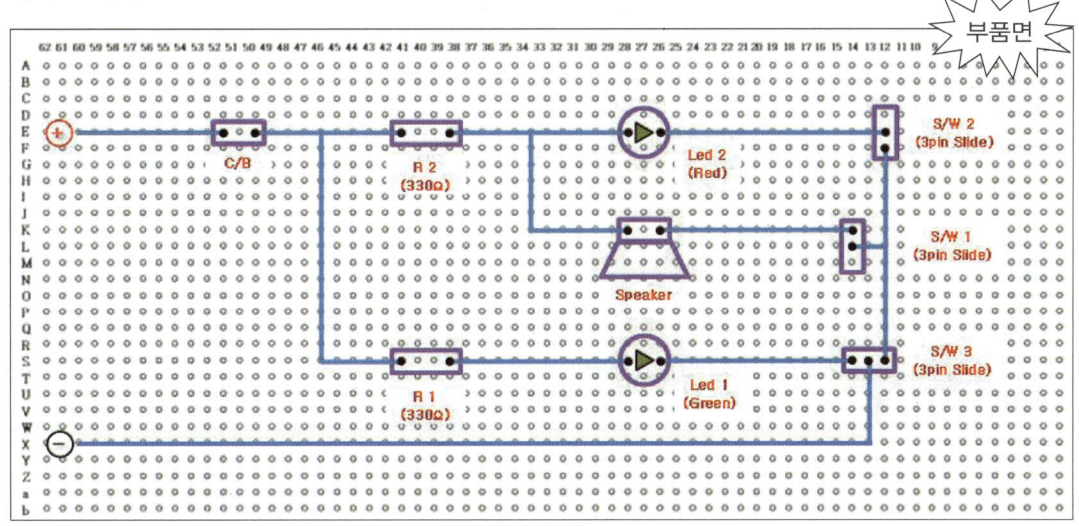

11 경고음발생장치 회로 1

1. 회로도

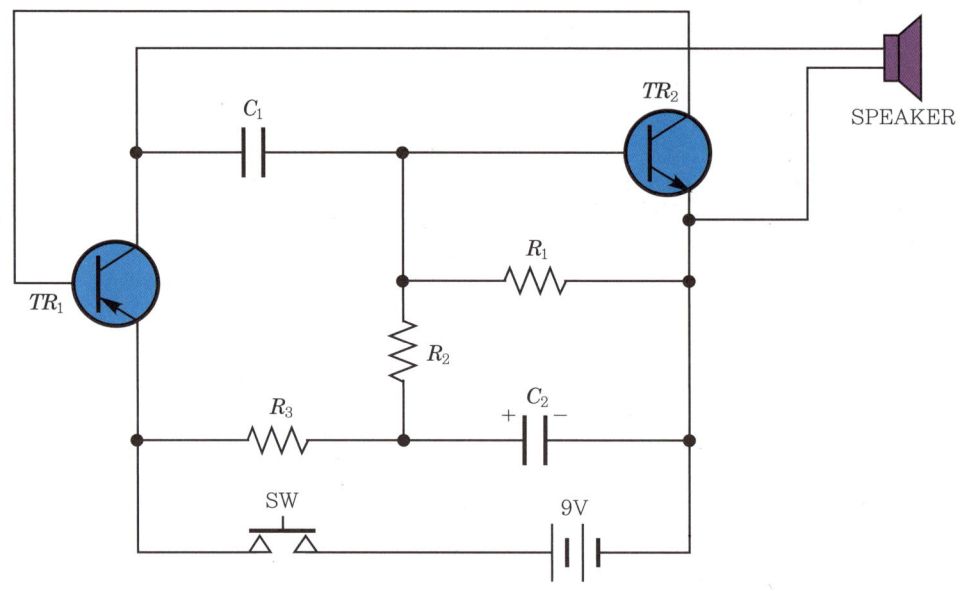

2. 동작 설명

SW를 동작시키면 스피커에서 경고음이 발생되어야 한다.

3. 배치도 연습

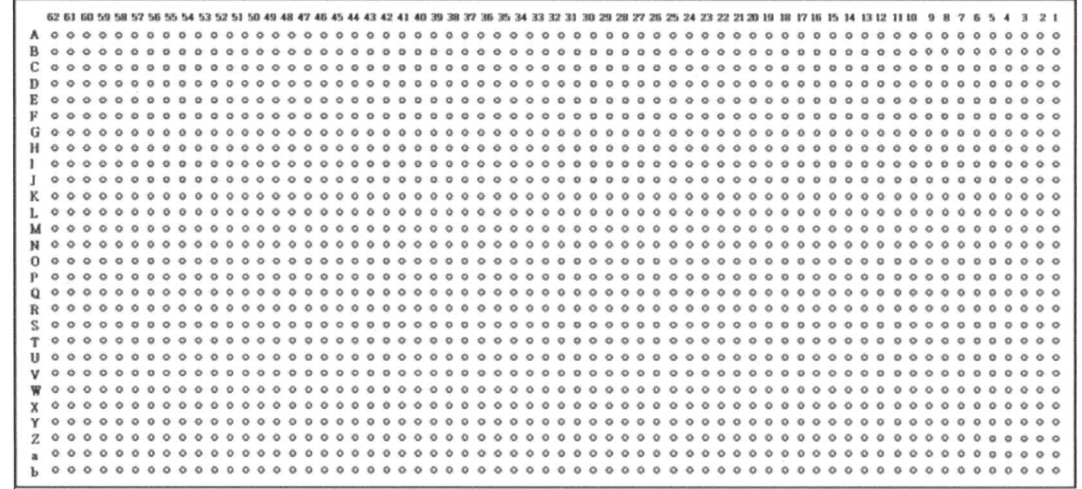

① S/W를 동작시키면 경고음이 울린다.
- DC 9V로 전원을 공급해서 SPST S/W를 지나 TR_1 EMITTER 접점과 R_3에 분기되어 흐른다. 전압으로 회로에 전원을 공급한다.
- R_3과 CAPACITOR 2를 지나 GRD로 전류가 흐른다.
- TR_1의 EMITTER 접점으로 들어간 전류는 BASE와 COLLECTOR로 흘러나온다.
- TR_1의 BASE에서 나온 전류는 TR_2의 COLLECTOR로 입력되고, TR_1의 COLLECTOR에서 나온 전류는 분기되어 SPEAKER와 CAPACITOR 1로 흐른다.
- SPEAKER에서 나온 전류는 GRD로 흐른다.
- CAPACITOR 1에서 나온 전류는 TR_2의 BASE 접점, R_1, R_2로 분기되어 흐른다.
- TR_2의 BASE로 전류가 흐르게 되면 COLLECTOR에서 EMITTER로 출력되어 GRD로 흐른다.
- R_1을 지나 GRD로 흐르고, R_2를 지나 CAPACITOR 2를 거쳐 GRD로 흐른다.
- S/W(SPST)를 ON 상태로 하면 SPEAKER에서 경고음이 발생하게 된다.

4. 부품 내역

순번	품명	규격	수량
1	만능기판	28×62	1EA
2	실납	2m	1EA
3	3색 단선	1m	1EA
4	콘덴서(C_1)	0.02μF(or 223K)/15V	1EA
5	콘덴서(C_2)	47μF/15V	1EA
6	트랜지스터(TR_1)	A 1270(or 2N 4126)	1EA
7	트랜지스터(TR_2)	A 3202(or 2N 4124)	1EA
8	푸시 버튼 스위치	2pin(소)	1EA
9	저항기(R_1)	56kΩ	1EA
10	저항기(R_2)	68kΩ	1EA
11	저항기(R_3)	27kΩ	1EA
12	스피커	8Ω/9V(소)	1EA

5. 배치도 예시

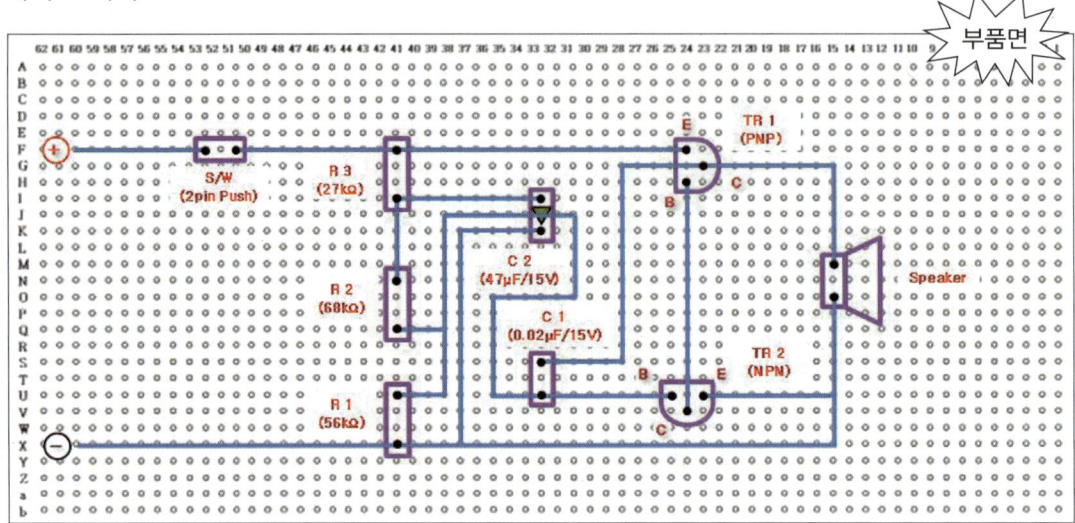

12 경고음발생장치 회로 2

1. 회로도

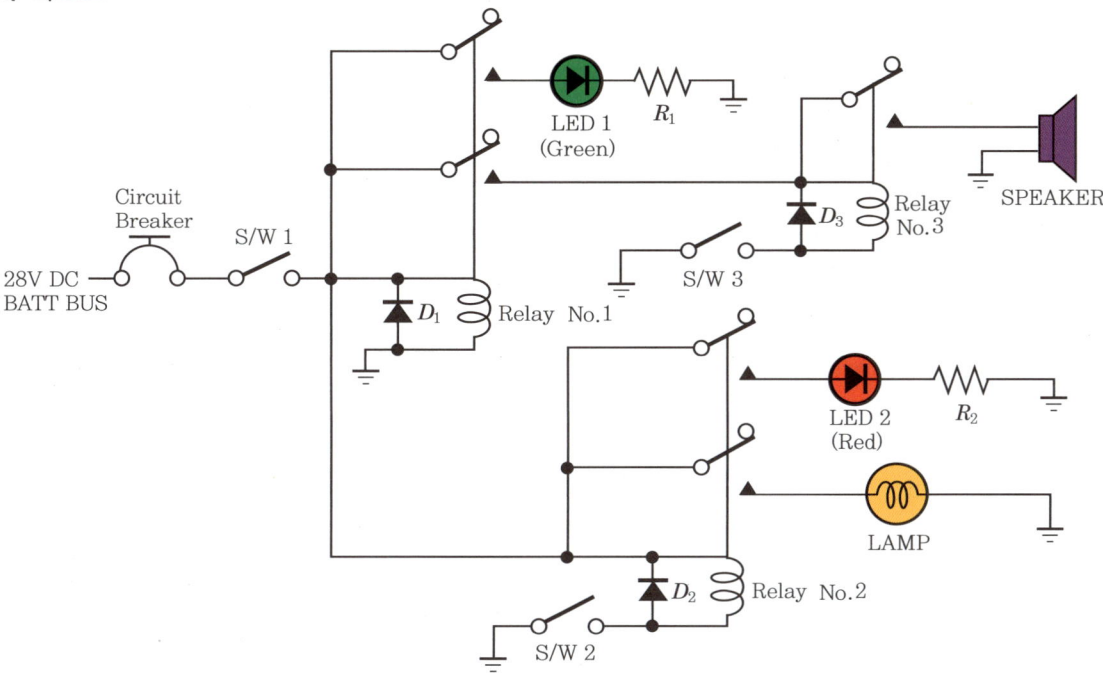

2. 동작 설명

① S/W 1을 작동시키면 LED 1이 ON되어야 한다.
② S/W 2를 작동시키면 LED 2와 LAMP가 ON되어야 한다.
③ S/W 3을 작동시키면 SPEAKER가 ON되어야 한다.
④ S/W 1을 OFF시키면 S/W 2, S/W 3에 상관없이 모두 OFF되어야 한다.

3. 배치도 연습

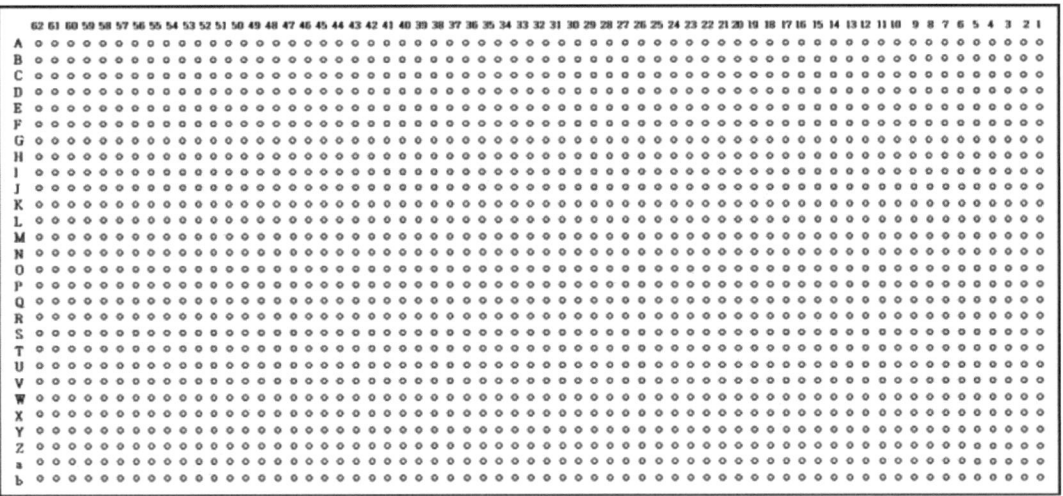

① S/W 1을 작동시키면 LED 1이 ON되어야 한다.
- BATTERY BUS에서 공급된 전류가 S/W 1을 ON하면, 분기되어 Relay 1과 2의 COM 접점과 COIL에 흐른다(S/W 2를 OFF로 하면 Relay 2의 COIL에 흐르는 전류가 GRD로 흐르지 않아 동작하지 않는다).
- Relay 1, 2, 3의 계자 코일에 발생하는 역기전력을 감소시키기 위해서 DIODE 1, 2, 3을 역방향으로 병렬연결한다.
- COIL에서 GRD로 전류가 흘러 동작된 Relay 1의 COM과 NO 접점을 지나 LED 1과 R_1을 지나 GRD로 전류가 흘러 ON 상태가 되고, 다른 쌍의 COM과 NO 접점을 지나 Relay 3의 COIL로 전류가 흐른다(S/W 3를 OFF로 하면 Relay 3의 COIL에 흐르는 전류가 GRD로 흐르지 않아 동작하지 않는다).

② S/W 2를 작동시키면 LED 2와 LAMP가 ON되어야 한다.
- BATTERY BUS에서 공급된 전류가 S/W 1을 ON하면, 분기되어 Relay 1과 2의 COM 접점과 COIL에 흐른다(S/W 2를 OFF로 하면 Relay 2의 COIL에 흐르는 전류가 GRD로 흐르지 않아 동작하지 않는다).
- Relay 1, 2, 3의 계자 코일에 발생하는 역기전력을 감소시키기 위해서 DIODE 1, 2, 3을 역방향으로 병렬연결한다.
- COIL에서 GRD로 전류가 흘러 동작된 Relay 1의 COM과 NO 접점을 지나 LED 1과 R_1을 지나 GRD로 전류가 흘러 ON 상태가 되고, 다른 쌍의 COM과 NO 접점을 지나 Relay 3의 COIL로 전류가 흐른다(S/W 3을 OFF로 하면 Relay 3의 COIL에 흐르는 전류가 GRD로 흐르지 않아 동작하지 않는다).

- 이때 S/W 2를 ON으로 하면, Relay 2의 COIL에 흐르는 전류가 GRD로 흘러 동작한다.
- COIL에서 GRD로 전류가 흘러 동작된 Relay 2의 COM과 NO 접점을 지나 LED 2와 R_2를 지나 GRD로 전류가 흘러 ON 상태가 되고, 다른 쌍의 COM과 NO 접점을 지나 LAMP를 지나 GRD로 전류가 흘러 ON 상태가 된다.

③ S/W 3을 작동시키면 SPEAKER가 ON되어야 한다.
- BATTERY BUS에서 공급된 전류가 S/W 1을 ON하면, 분기되어 Relay 1과 2의 COM 접점과 COIL에 흐른다(S/W 2를 OFF로 하면 Relay 2의 COIL에 흐르는 전류가 GRD로 흐르지 않아 동작하지 않는다).
- Relay 1, 2, 3의 계자 코일에 발생하는 역기전력을 감소시키기 위해서 DIODE 1, 2, 3을 역방향으로 병렬연결한다.
- COIL에서 GRD로 전류가 흘러 동작된 Relay 1의 COM과 NO 접점을 지나 LED 1과 R_1을 지나 GRD로 전류가 흘러 ON 상태가 되고, 다른 쌍의 COM과 NO 접점을 지나 Relay 3의 COIL로 전류가 흐른다(S/W 3을 OFF로 하면 Relay 3의 COIL에 흐르는 전류가 GRD로 흐르지 않아 동작하지 않는다).
- 이때 S/W 3을 ON으로 하면, Relay 3의 COIL에 흐르는 전류가 GRD로 흘러 동작한다.
- COIL에서 GRD로 전류가 흘러 동작된 Relay 3의 COM과 NO 접점을 지나 SPEAKER를 통해 GRD로 전류가 흘러 ON 상태가 되어 경고음이 발생한다.

④ S/W 1을 OFF시키면 S/W 2, S/W 3에 상관없이 모두 OFF가 되어야 한다.
- BATTERY BUS로부터 메인 전원이 공급되고 있는 S/W 1을 OFF하면, 회로 전체에 전류가 흐르지 않아 모두 OFF 상태가 된다.

4. 부품 내역

순번	품명	규격	수량
1	만능기판	28×62	1EA
2	실납	2m	1EA
3	3색 단선	1m	1EA
4	릴레이	DC 24V(4pin)	1EA
5	릴레이	DC 24V(8pin)	2EA
6	릴레이 소켓	16pin	3EA
7	다이오드	1N 4001	3EA
8	푸시 버튼 스위치	2pin(소)	3EA
9	저항기	1.2kΩ	2EA
10	램프	24V(소)	1EA
11	LED	Green, Red 각 1종	2EA
12	스피커	9V(소)	1EA

5. 배치도 예시

13 경고 회로

1. 회로도

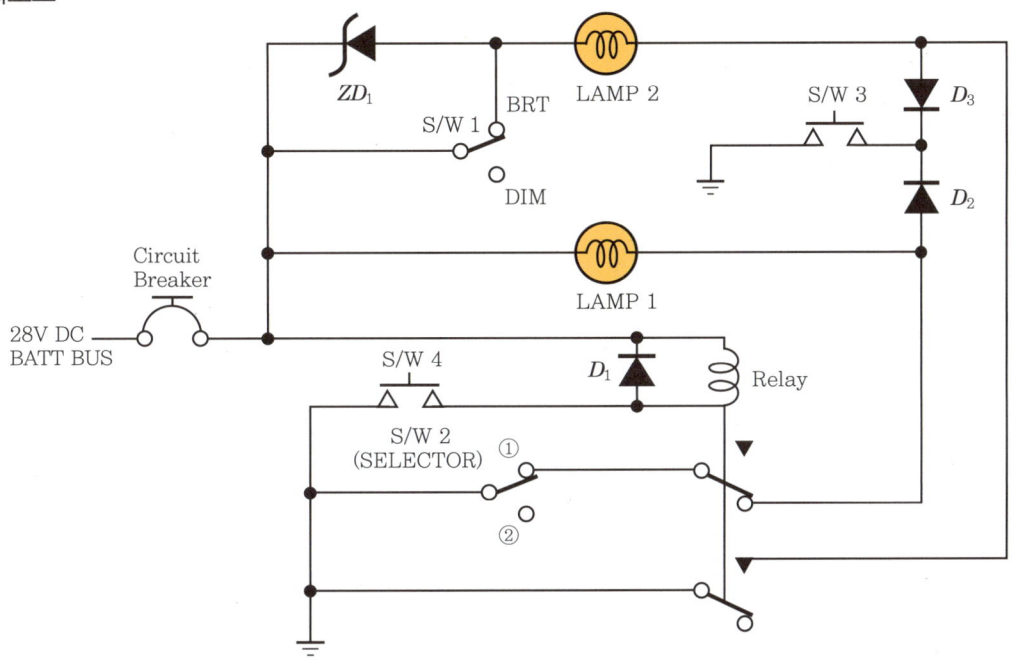

2. 동작 설명

① S/W 1에 상관없이 S/W 3, S/W 4가 OFF 상태에서 S/W 2를 ①의 위치로 선택하면 LAMP 1이 ON이 된다.
② S/W 2에 상관없이 S/W 3을 PUSH하면 LAMP 1, 2가 ON되고, 이때 S/W 1을 작동하면 LAMP 2는 DIM, BRT로 작동한다.
③ S/W 2에 상관없이 S/W 4를 PUSH하면 Relay가 작동하여 LAMP 1은 OFF, LAMP 2는 ON이 된다. 이때 S/W 1을 작동하면 LAMP 2는 DIM, BRT로 작동하며 이어서 S/W 3을 PUSH하면 LAMP 1이 ON된다.
④ S/W 2를 ① 위치로 선택하면 LAMP 1이 ON되고, S/W 3을 PUSH하면 LAMP 2는 ON이 된다. 이때 S/W 1을 작동하면 LAMP 2는 DIM, BRT로 작동된다. 이 상태에서 S/W 4를 PUSH하면 LAMP 1은 OFF되고, LAMP 2는 ON되며, S/W 1에 의해 LAMP 2는 DIM, BRT로 작동된다.

3. 배치도 연습

① S/W 1에 상관없이 S/W 3, S/W 4가 OFF 상태에서 S/W 2를 ①의 위치로 선택하면 LAMP 1이 ON이 된다.

- S/W 1을 BRT로 작동시키면 BATTERY BUS에서 공급된 전류가 LAMP 2와 DIODE 3으로 흐르지만, S/W 3이 OFF 상태이기 때문에 GRD로 흐르지 않아 OFF 상태가 된다(또, 전류가 분기되어 Relay의 NO 접점으로 흐르지만, S/W 4가 OFF 상태이기 때문에 동작하지 않는다).

- S/W 1을 DIM으로 작동시키면 BATTERY BUS에서 공급된 전류가 ZD_1을 지나 LAMP 2와 DIODE 3으로 흐르지만, S/W 3이 OFF 상태이기 때문에 GRD로 흐르지 않아 OFF 상태가 된다(또, 전류가 분기되어 Relay의 NO 접점으로 흐르지만, S/W 4가 OFF 상태이기 때문에 동작하지 않는다).

- BATTERY BUS에서 공급된 전류가 Relay의 COIL로 흐르지만, S/W 4가 OFF 상태이기 때문에 GRD로 흐르지 않는다(Relay가 동작하지 않아 COM과 NO 접점이 서로 연결되지 않는다. Relay 계자 코일에 발생하는 역기전력을 감소시키기 위해서 DIODE 1을 역방향으로 병렬연결한다).

- BATTERY BUS에서 공급된 전류가 LAMP 1과 DIODE 2로 흐르지만, S/W 3이 OFF 상태이기 때문에 GRD로 흐르지 않아 OFF 상태가 된다.

- BATTERY BUS에서 공급된 전류가 LAMP 1과 Relay의 COM과 NC 접점과 S/W 2의 COM과 ①의 위치를 지나 GRD로 흐른다. 밝은 ON 상태가 된다.

- ESS or BATTERY BUS로 전원이 공급되지 않았기에 LAMP 2도 전류가 흐르지 않아 OFF 상태가 된다.

② S/W 2에 상관없이 S/W 3을 PUSH하면 LAMP 1, 2가 ON이 되고, S/W 1을 작동하면 LAMP 2는 DIM, BRT로 작동한다.

- S/W 1을 BRT로 작동시키면 BATTERY BUS에서 공급된 전류가 LAMP 2와 DIODE 3으로 흐르고, S/W 3이 ON 상태이기 때문에 GRD로 흘러 밝은 ON 상태가 된다(전류가 분기되어 Relay의 NO 접점으로 흐르지만, S/W 4가 OFF 상태이기 때문에 동작하지 않는다).
- S/W 1을 DIM으로 작동시키면 BATTERY BUS에서 공급된 전류가 ZD_1을 지나 LAMP 2와 DIODE 3으로 흐르고, S/W 3이 ON 상태이기 때문에 GRD로 흘러 어두운 ON 상태가 된다(전류가 분기되어 Relay의 NO 접점으로 흐르지만, S/W 4가 OFF 상태이기 때문에 동작하지 않는다).
- BATTERY BUS에서 공급된 전류가 Relay의 COIL로 흐르지만, S/W 4가 OFF 상태이기 때문에 GRD로 흐르지 않는다(Relay가 동작하지 않아 COM과 NO 접점이 서로 연결되지 않는다. Relay 계자 코일에 발생하는 역기전력을 감소시키기 위해서 DIODE 1을 역방향으로 병렬연결한다).
- BATTERY BUS에서 공급된 전류가 LAMP 1과 DIODE 2로 흐르고, S/W 3이 ON 상태이기 때문에 GRD로 흘러 밝은 ON 상태가 된다.
- BATTERY BUS에서 공급된 전류가 LAMP 1과 Relay의 COM과 NC 접점과 S/W 2의 COM과 ①의 위치를 지나 GRD로 흐른다. 밝은 ON 상태가 된다(S/W 2의 ② 위치에 있어도 LAMP 1과 S/W 3을 통해 전류가 흐르기 때문에 상관없다).

③ S/W 2에 상관없이 S/W 4를 PUSH하면 Relay가 작동하여 LAMP 1은 OFF, LAMP 2는 ON이 된다. 이때, S/W 1을 작동하면 LAMP 2는 DIM, BRT로 작동하며 이어서 S/W 3을 PUSH 하면 LAMP 1이 ON이 된다.

- BATTERY BUS에서 공급된 전류가 Relay의 COIL로 흐르고, S/W 4가 ON 상태이기 때문에 GRD로 흘러 동작한다(Relay가 동작하여 COM과 NO 접점이 서로 연결된다. Relay 계자 코일에 발생하는 역기전력을 감소시키기 위해서 DIODE 1을 역방향으로 병렬연결한다).
- BATTERY BUS에서 공급된 전류가 LAMP 1과 DIODE 2로 흐르지만, S/W 3이 OFF 상태이기 때문에 GRD로 흐르지 않아 OFF 상태가 된다.
- BATTERY BUS에서 공급된 전류가 LAMP 1을 지나 Relay의 작동으로 NC에서 COM 접점으로 흐르지 않아 S/W 2의 동작 위치에 상관없이 GRD로 흐르지 않아 OFF 상태가 된다.
- S/W 1을 BRT로 작동시키면 BATTERY BUS에서 공급된 전류가 LAMP 2와 DIODE 3으로 흐르지만, S/W 3이 OFF 상태이기 때문에 GRD로 흐르지 않아 OFF 상태가 된다. 그러나, 분기된 전류가 Relay 동작으로 NO와 COM 접점을 지나 GRD로 흘러 밝은 ON 상태가 된다.

- S/W 1을 DIM으로 작동시키면 BATTERY BUS에서 공급된 전류가 ZD_1을 지나 LAMP 2와 DIODE 3으로 흐르지만, S/W 3이 OFF 상태이기 때문에 GRD로 흐르지 않아 OFF 상태가 된다. 그러나, 분기된 전류가 Relay 동작으로 NO와 COM 접점을 지나 GRD로 흘러 어두운 ON 상태가 된다.

- BATTERY BUS에서 공급된 전류가 LAMP 1과 DIODE 2로 흐르고, S/W 3을 ON 상태로 하면 GRD로 흘러 밝은 ON 상태가 된다.

④ S/W 2를 ① 위치로 선택하면 LAMP 1이 ON이 되고, S/W 3을 PUSH하면 LAMP 2가 ON이 된다. 이때, S/W 1을 작동하면 LAMP 2는 DIM, BRT로 작동된다. 이 상태에서 S/W 4를 PUSH하면 LAMP 1이 OFF되고, LAMP 2는 ON되며, S/W 1에 의해 LAMP 2는 DIM, BRT로 작동된다.

- BATTERY BUS에서 공급된 전류가 Relay의 COIL로 흐르지만, S/W 4가 OFF 상태이기 때문에 GRD로 흐르지 않는다(Relay가 동작하지 않아 COM과 NO 접점이 서로 연결되지 않는다. Relay 계자 코일에 발생하는 역기전력을 감소시키기 위해서 DIODE 1을 역방향으로 병렬연결한다).

- BATTERY BUS에서 공급된 전류가 LAMP 1과 Relay의 COM과 NC 접점과 S/W 2의 COM과 ①의 위치를 지나 GRD로 흐른다. 밝은 ON 상태가 된다.

- S/W 1을 BRT로 작동시키면 BATTERY BUS에서 공급된 전류가 LAMP 2와 DIODE 3으로 흐르고, S/W 3이 ON 상태이기 때문에 GRD로 흘러 밝은 ON 상태가 된다(전류가 분기되어 Relay의 NO 접점으로 흐르지만, S/W 4가 OFF 상태이기 때문에 동작하지 않는다).

- S/W 1을 DIM으로 작동시키면 BATTERY BUS에서 공급된 전류가 ZD_1을 지나 LAMP 2와 DIODE 3으로 흐르고, S/W 3이 ON 상태이기 때문에 GRD로 흘러 어두운 ON 상태가 된다(전류가 분기되어 Relay의 NO 접점으로 흐르지만, S/W 4가 OFF 상태이기 때문에 동작하지 않는다).

- BATTERY BUS에서 공급된 전류가 Relay의 코일로 흐르고, S/W 4가 ON 상태이기 때문에 GRD로 흘러 동작한다(Relay가 동작하여 COM과 NO 접점이 서로 연결된다).

- 이때 S/W 3을 OFF로 하면 LAMP 1은 OFF가 되고, LAMP 2는 S/W 1의 위치에 따라 BRT이면 밝은 ON이 되고, DIM이면 어두운 ON이 된다.

4. 부품 내역

순번	품명	규격	수량
1	만능기판	28×62	1EA
2	실납	2m	1EA
3	3색 단선	1m	1EA
4	릴레이	DC 24V(8pin)	1EA
5	릴레이 소켓	16pin	1EA
6	푸시 버튼 스위치	2pin(소)	2EA
7	슬라이드 스위치	3pin(소)	2EA
8	다이오드	1N 4001(or 1N 5392)	3EA
9	제너 다이오드	RD12	1EA
10	램프	24V(소)	2EA

5. 배치도 예시

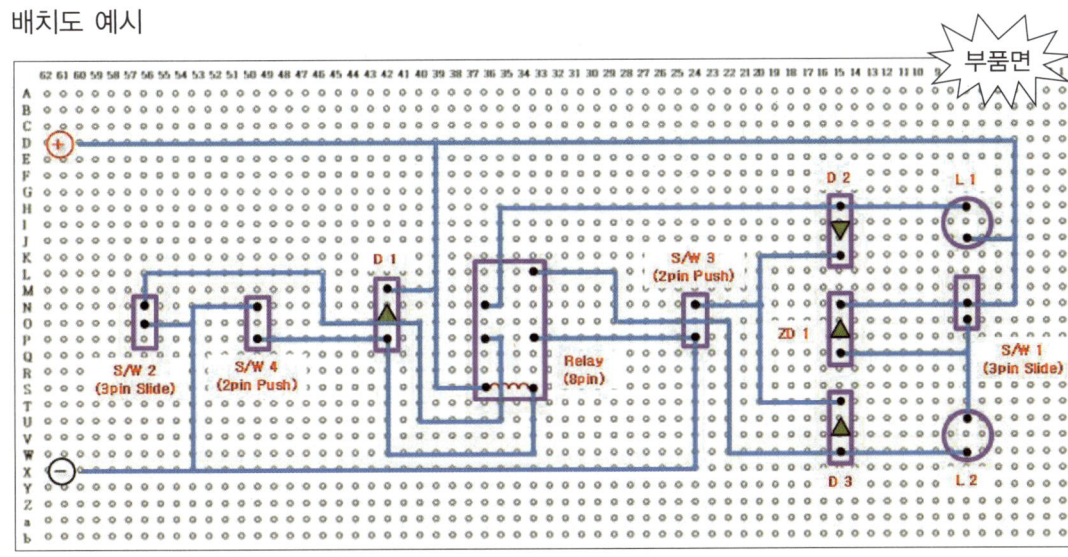

14 Lighting System

1. 항공기 조명

모든 항공기에는 각각의 특정 목적에 따라 다양한 유형의 조명이 장비되어 있다. 조명에 의해서 항공기의 위치와 방향을 확인하여 보다 편리하게 탐색하고, 타 항공기와의 시각적인 알림을 통해 공중 및 지상에서의 충돌을 방지한다.

① 기내 조명(Interior Lighting)
- Cockpit Lighting
- Cabin Lighting
- Cargo Compartment Lighting

② 기외 조명(Exterior Lighting)
- Navigation Lights
- Anti-Collision Lights
- Strobe Lights
- Logo Lights
- Landing Lights
- Taxi Lights

③ 비상 조명(Emergency Lighting)

1) 조종실 조명

일반적으로 백색 조명이고, Over Head Panel의 Light Control Panel에서 Dimmer를 이용하여 밝기를 자유롭게 조절할 수 있다. 실내 조명, 계기 및 판넬 조명, 표시등, 보조 조명등이 있다.

2) 객실 조명

객실 내부 조명은 간접 조명으로, 승·하강, 식사, 수면 등 상황에 따라 다르게 사용된다. 독서, 갤리 작업 등 필요 부분만 직접적으로 조명하기도 한다(출입구 부분에 있는 Light Panel에서 객실 승무원이 조절한다). 천정등, 출입구등, 독서등, 객실 사인등, 화장실 조명등, 비상등, 호출등, 화물실등, 갤리 조명등이 있다.

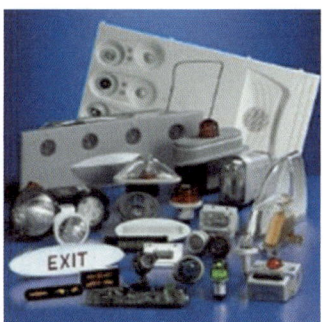

3) 기외 조명

항공기 외부 조명에는 항공등(Navigation Light, Position Light), 충돌방지등(Anti-collision Light, Beacon Light), 착륙등(Landing Light), 착빙감시등이 있다. 운항상의 안전을 위해 항공등, 충돌방지등, 착륙등, 착빙감시등은 의무적으로 장착되어 있다.

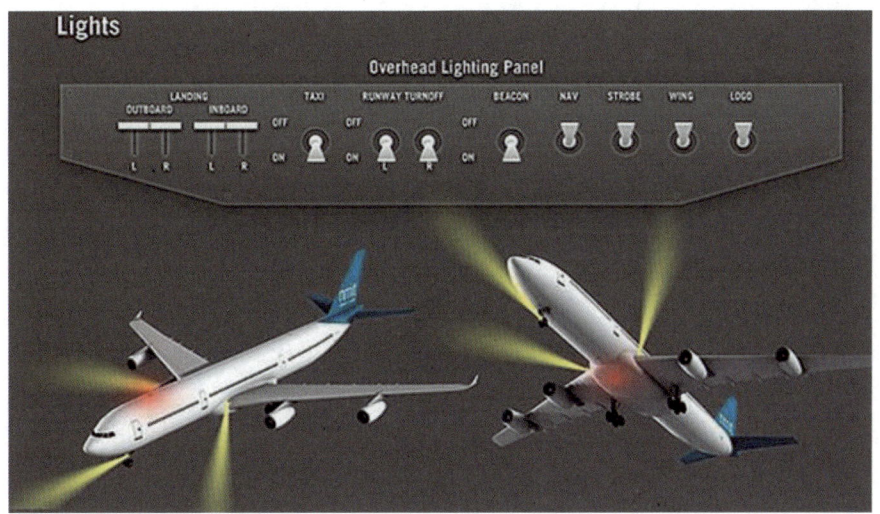

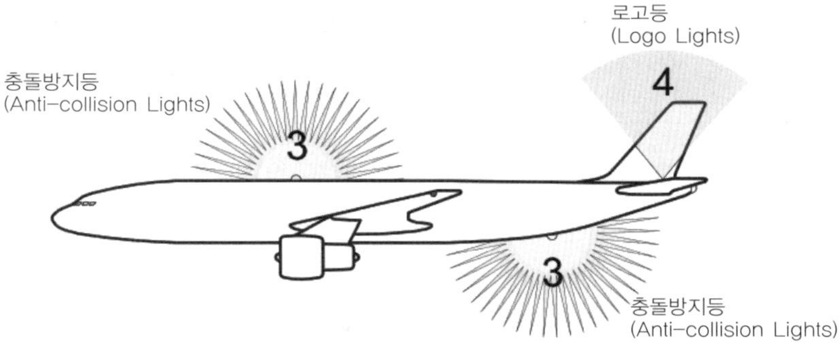

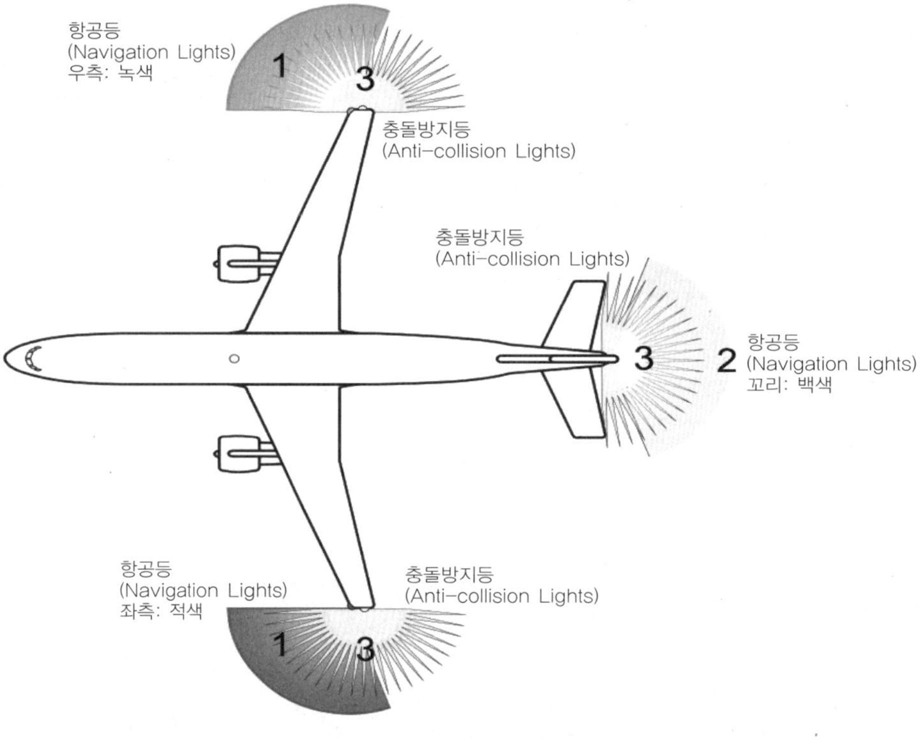

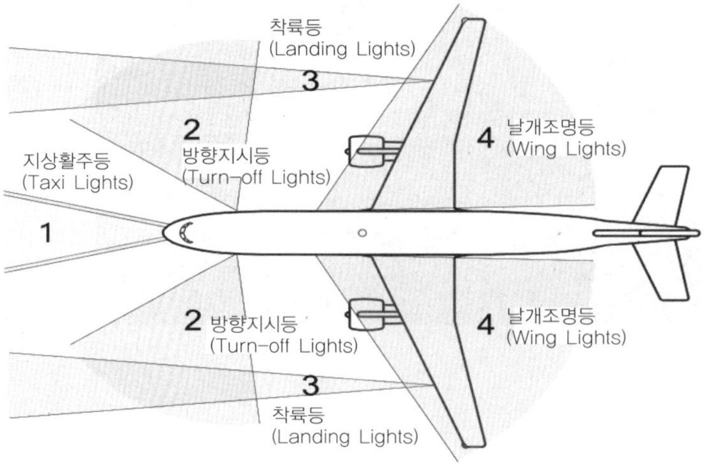

① 항공등(Navigation Light, Position Light)

우측 날개 끝에 녹색(혹은 청색), 좌측 날개 끝에 적색으로 전방으로부터 100°, 꼬리 날개에 백색으로 좌우 70°씩 140° 방향으로 상시 점등시켜 항공기의 위치와 자세를 알려주는 등이다. 각 날개에 다른 색의 등을 켜서 항공기가 어느 방향을 향하고 있는지를 알려준다. 이 등은 보통 점멸되도록 되어 있다. 그 외에 동체에 Taxi Light처럼 백색에 가까운 빛을 더 장착하기도 하는데, 동일하게 항공기가 있음을 알려주는 역할을 하여 Position Light라고 부르기도 한다. Strobe Light는 보통 날개 끝 후방에 위치하면서 순간적으로 밝은 빛을 내며 점멸하는 등이다. Anti-Collision과 비슷하게 항공기의 위치를 나타내는 한편, 지상에서 항공기 날개 끝의 위치를 알려주어 활주로나 유도로에서 다른 항공기가 야간에 날개를 확인하지 못하고 부딪히는 것을 방지한다.

② 충돌방지등(Anti-collision light)

보통 항공기의 수직 꼬리날개나 동체 쪽에 장착되어 있는데, 계속 점멸하면서 주변에 경고를 주는 역할을 하는 등이다. 충돌 사고를 방지하기 위해 보통 다른 등에 비해 더 눈에 잘 띄는 적색, 주황색 등을 사용하며, 백색으로 순간적으로 굉장히 밝은 빛을 내는 충돌방지등을 사용하는 항공기도 있다. 이 충돌방지등은 Beacon Light라고 부르기도 한다. 항공기 기체의 상부와 하부에 장착되어 모든 방향을 향해 회전식 점멸(초당 80~90회) 또는 플래시식 점멸(초당 70회)로 되어 있다.

③ 로고등(Logo Light)

여객기들이 사용하는 것으로, 보통 수직 꼬리날개에 그려져 있는 커다란 항공사 로고를 밝히는 데 사용한다. 광고 효과도 있지만 안전을 위해 다른 항공기들이 보고 항공기가 있다는 것을 인지하는 데 도움을 주는 역할도 겸하게 된다. 의무적이지는 않지만 대부분의 상업 항공기에 장착된다. 로고등은 백색으로 수평 꼬리날개의 표면에 또는 끝에 위치하고 있다.

④ 날개조명등(Wing Light)

여객기들이 사용하는 등으로, 날개와 그 밑에 장착된 엔진을 비추어 준다. 야간에 항공기의 존재를 주변에 알리는 역할도 겸할 뿐만 아니라 정비사들이 외부에서 혹시 이상이 있는지 검사를 할 때 도움을 준다. 많은 항공기들이 비행 중에 날개와 엔진 파일론을 비추기 위해 날개 앞전의 끝을 따라 장착되어 있다. 이착륙 동안에 항공기가 시야에 잘 들어오게 하거나 비행 중 날개 손상에 대해 검사하기 위해 사용될 수도 있다. 또한 구름 속을 비행할 때 만들어 질 수 있는 결빙에 대해 운항승무원들이 날개를 확인하기 위한 착빙감시등으로 사용한다.

⑤ 지상 활주등(Taxi Light)

지상에서 활주 시 사용하는 등으로, 자동차의 전조등과 같은 역할을 한다. 지상에서 전방을 비춰주는 역할을 한다. 착륙등과 같은 위치에 달려 있는 경우도 종종 있으나 착륙등과는 비추는 각도가 약간 다르다. 착륙등은 항공기가 기수를 든 상태(받음각을 높게 한 자세로)로 착륙 시 활주로를 비추는 데 사용해야 하기 때문에 항공기 전방을 기준으로 좀 더 아래쪽을 향하고 있다. Taxi Light는 지상에서 활주 중일 때 전방을 비출 수 있도록 각도가 조절되어 있다. 항공기에 따라 바퀴가 땅에 닿지 않으면 Landing Light가, 바퀴가 땅에 닿으면 Taxi Light가 자동으로 켜지는 것들도 있다. 물론 사람이 수동으로 조작하는 것도 있으며, 둘 다 동시에 켜는 것도 있다. 밝은 백색 등으로 대부분의 항공기 Nose Landing Gear Strut에 장착되어 있고 이동, 이착륙 동안 더 많은 시야를 확보하기 위해서 항공기가 지상에서 움직일 때마다 켜진다.

⑥ 착륙등(Landing Light)

착륙 시 켜는 등으로, 보통 자동차 헤드라이트와 비슷한 백색 또는 제논라이트다. 밝은 백색 착륙등은 착륙이 가까워지는 동안 시야를 확보하기 위해 대부분 항공기에 장착되어 있다. 야간 착륙 시 조명시설이 미비한 활주로 확인을 위해 장착한 것이지만, 주간에도 항상 켜고 착륙한다. 활주로에 있는 다른 항공기나 사람들이 착륙등을 보고 항공기가 착륙하려고 접근 중인 것을 알 수 있기 때문이다. 착륙등은 항공기마다 위치가 다양한데 MD-11처럼 기수 밑에 달려 있는 것도 있고, 날개 밑에 달려 있는 기종들도 있으며, 착륙장치의 커버 안쪽, 전·후방 착륙장치에 달려 있는 것도 있다. 날개 밑이나 동체 밑에 장착된 등은 착륙 시에만 전방으로 향했다가 평상시에는 안쪽으로 접혀 들어가는 것도 있다. 착륙장치나 착륙장치 커버에 달린 등은 착륙장치를 내리면 바로 바깥으로 나오게 되어 있으니 그냥 사용할 수도 있다.

⑦ 활주로 방향 지시등(Runway Turn-off Light)

지상에서 활주로나 유도로 상에서 움직일 때 정면이 아니라 대각선 양 옆을 비춰주는 등이다. Taxi Light와 동일하게 야간에 주변을 밝혀주는 역할을 하는데, 특히 지상에서 방향 변경 시 (Turn) 측면을 미리 확인할 수 있어서 유용하다. 비행 중에 시계가 불량할 때도 착륙등과 함께 사용하는 경우가 있다. 보통 밝은 백색으로 날개 Root의 앞전에 위치하고 있고, 활주로 이동과 회전 시 측면과 전면에 조명을 밝혀주기 위함이다. 조명시설이 미비한 공항에서는 매우 유용하나 일반적으로는 불필요하지만 더 많은 시야 확보를 위해 사용한다.

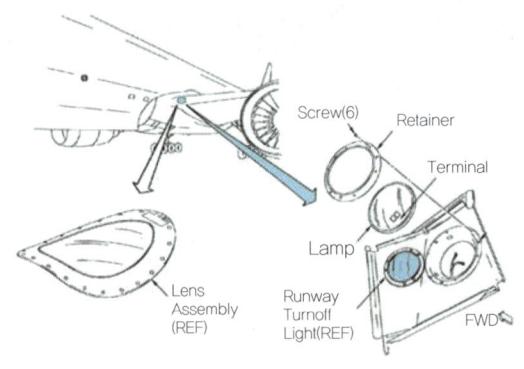

4) 비상 조명

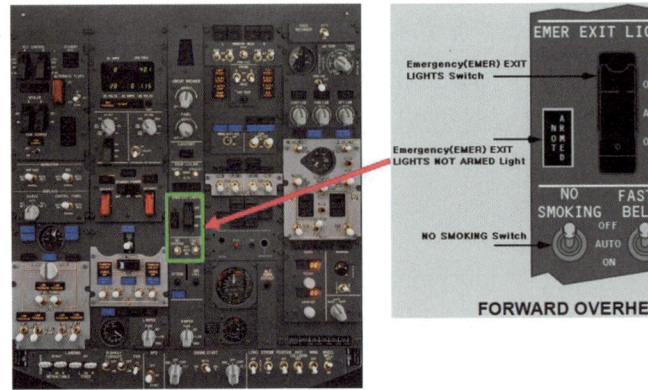

사고 또는 비상 시 승객 탈출을 위해서 각 출입구에 비상탈출구 표시등, 통로를 비추는 비상 천정등, 기체 외부에서 날개를 비추는 날개 윗면 비상등이 있다.

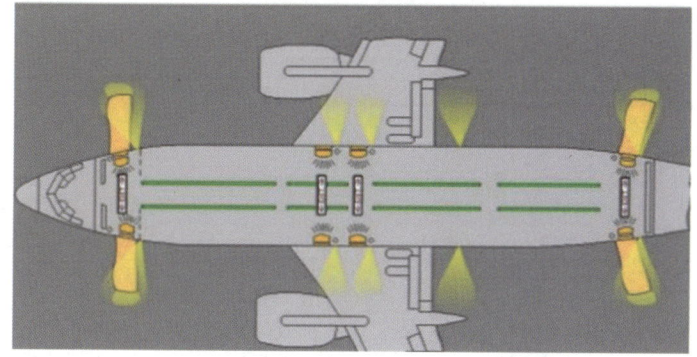

5) 조종석의 각종 패널에 장착되어 있는 램프 또는 전자장비 등의 스위치 조작에 의한 LAMP의 ON/OFF 기능을 한다. 객실 내의 실내등, 독서등, 창문 밝기 조절 등을 해주는 기능을 한다. 이러한 조명 계통 및 디밍에 관한 회로도를 구성하여 동작을 확인할 수 있다.

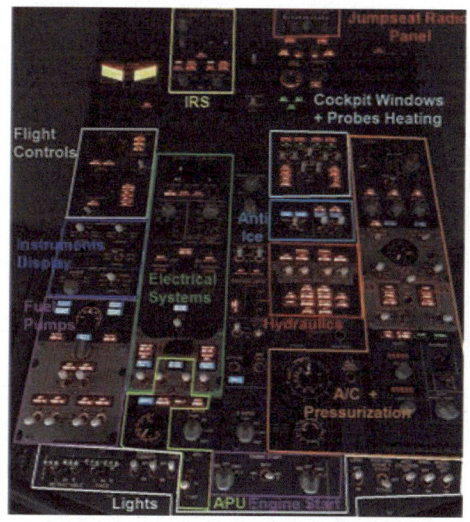

15 조명 계통 회로 1

1. 회로도

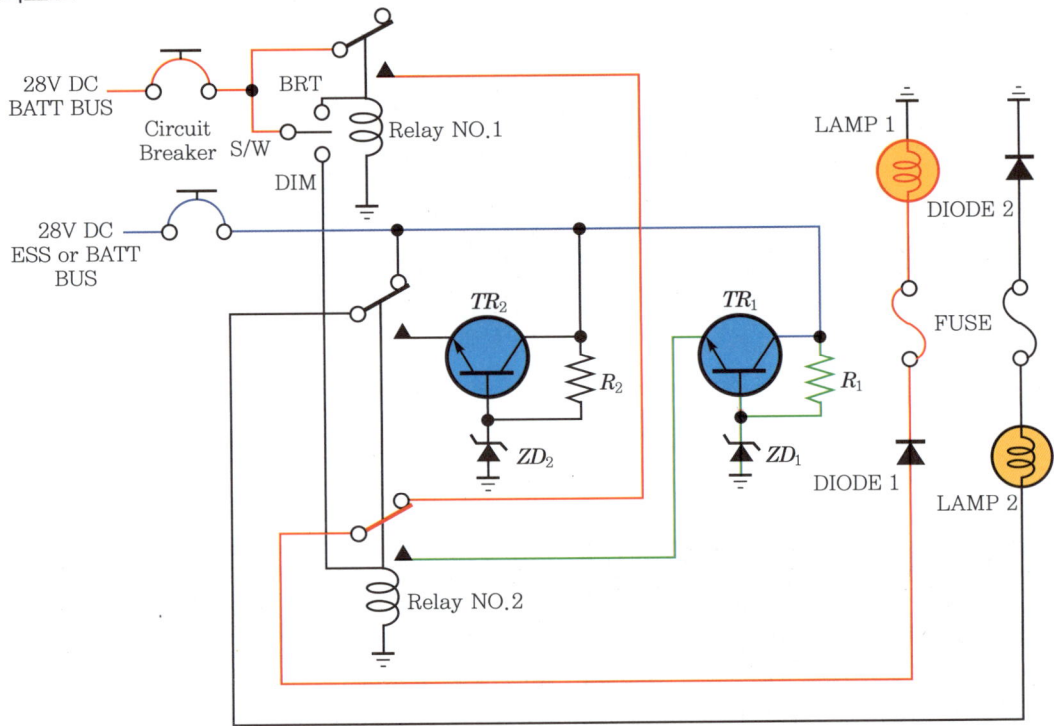

2. 동작 설명

① BATTERY BUS로 전원공급
  - S/W를 BRT로 선택하면 Relay 1이 작동하고 LAMP 1이 ON(BRT)된다.
  - S/W를 DIM으로 선택하면 Relay 2가 작동하고 LAMP 1, 2는 OFF된다.
② ESS or BATTERY BUS로 전원공급
  - S/W가 Neutral, BRT, DIM의 모든 위치에서 Relay 1, 2는 작동하지 않고 LAMP 2가 ON(BRT)된다.
③ BATTERY BUS와 ESS or BATTERY BUS로 동시에 전원공급
  - S/W가 Neutral에서 모든 Relay는 작동하지 않고 LAMP 2가 ON(BRT)된다.
  - S/W를 BRT로 선택하면 Relay 1이 작동하고 LAMP 1, 2가 ON(BRT)된다.
  - S/W를 DIM으로 선택하면 Relay 2가 작동하고 LAMP 1, 2가 ON(DIM)된다.

3. 배치도 연습

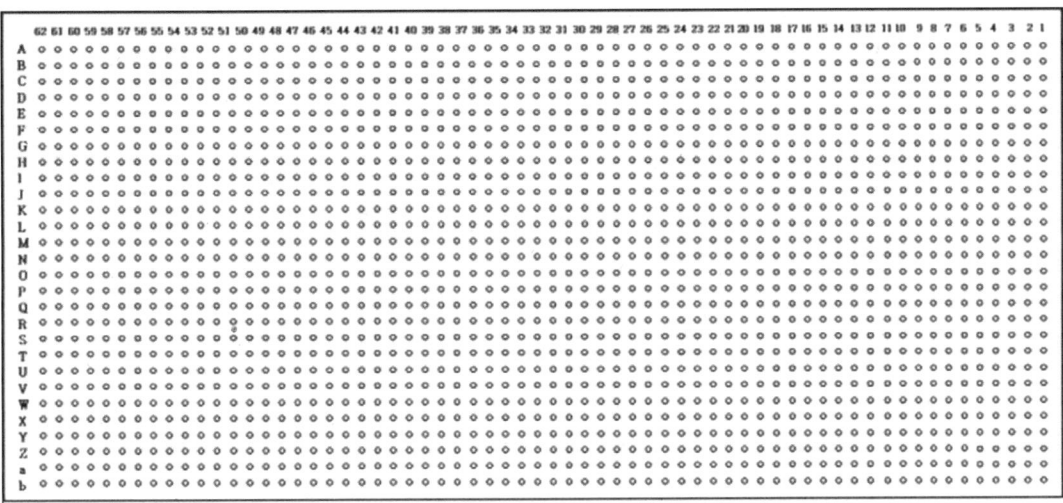

① BATTERY BUS로 전원공급
- S/W를 BRT로 작동시키면 Relay 1의 COIL에 전류가 흐른다.
- Relay 1의 COM과 NO 접점이 서로 연결되어 전류가 흐른다.
- Relay 2의 NC와 COM 접점이 서로 연결되어 있어 전류가 흐른다.
- DIODE 1을 지나서 LAMP 1에 전류가 GRD로 흘러 밝은 ON 상태가 된다.
- ESS or BATTERY BUS에서 전원이 공급되지 않았기에 LAMP 2도 전류가 흐르지 않아 OFF 상태가 된다.
- S/W를 DIM으로 작동시키면 Relay 2의 COIL에 전류가 흐른다.
- Relay 1의 COIL에는 전류가 흐르지 않아 COM과 NO 접점이 서로 연결되지 않는다.
- LAMP 1까지 전류가 흐르지 않아 OFF 상태가 된다.
- ESS or BATTERY BUS에서 전원이 공급되지 않았기에 LAMP 2도 전류가 흐르지 않아 OFF 상태가 된다.

② ESS or BATTERY BUS로 전원공급
- BATTERY BUS에서 전원이 공급되지 않아 S/W의 동작에 관계없이 Relay 1과 2의 COIL에 전류가 흐르지 않는다.
- Relay 1의 COM과 NO 접점이 서로 연결되지 않는다.
- LAMP 1까지 전류가 흐르지 않아 OFF 상태가 된다.
- ESS or BATTERY BUS에서 공급된 전류가 Relay 2의 NC와 COM 접점이 서로 연결되어 있어 흐른다.
- LAMP 2와 DIODE 2를 지나서 전류가 GRD로 흘러 밝은 ON 상태가 된다.

③ BATTERY BUS와 ESS or BATTERY BUS로 동시에 전원공급
- S/W가 중립 위치에서는 Relay 1과 2의 COIL에 전류가 흐르지 않아 NO 접점으로 전류가 흐르지 않는다.
- ESS or BATTERY BUS에서 공급된 전류가 Relay 2의 NC와 COM 접점이 서로 연결되어 있어 흐른다.
- LAMP 2와 DIODE 2를 지나서 전류가 GRD로 흘러 밝은 ON 상태가 된다.
- S/W 를 BRT로 작동시키면 Relay 1의 COIL에 전류가 흐른다.
- Relay 1의 COM과 NO 접점이 서로 연결되어 전류가 흐른다.
- Relay 2의 NC와 COM 접점이 서로 연결되어 있어 전류가 흐른다.
- DIODE 1을 지나서 LAMP 1에 전류가 GRD로 흘러 밝은 ON 상태가 된다.
- ESS or BATTERY BUS에서 공급된 전류가 Relay 2의 NC와 COM 접점이 서로 연결되어 있어 흐른다.
- LAMP 2와 DIODE 2를 지나서 전류가 GRD로 흘러 밝은 ON 상태가 된다.
- S/W를 DIM으로 작동시키면 Relay 2의 COIL에 전류가 흘러 COM과 NO접점이 연결된다.
- Relay 1의 COIL에는 전류가 흐르지 않아 COM과 NO 접점이 서로 연결되지 않는다.
- ESS or BATTERY BUS에서 공급된 전류가 R_1과 R_2를 지나 TR_1과 TR_2의 BASE 단자에 약하게 흐른다.
- TR_1과 TR_2의 COLLECTOR 단자에서 EMITTER 단자로 전류가 흐른다(ZD에 의해 전압이 감소).
- 전류가 LAMP 1과 LAMP 2를 지나 각각 GRD로 흘러 모두 어두운 ON 상태가 된다.

4. 부품 내역

순번	품명	규격	수량
1	만능기판	28×62	1EA
2	실납	2m	1EA
3	3색 단선	1m	1EA
4	릴레이	DC 24V(4pin)	1EA
5	릴레이	DC 24V(8pin)	1EA
6	릴레이 소켓	16pin	2EA
7	슬라이드 스위치	3pin(소)	1EA
8	트랜지스터	C 3202(or C 1959)	2EA
9	저항기	330Ω	2EA
10	다이오드	1N 4001(or 1N 5392)	2EA
11	제너 다이오드	RD12	2EA
12	램프	24V(소)	2EA

5. 배치도 예시

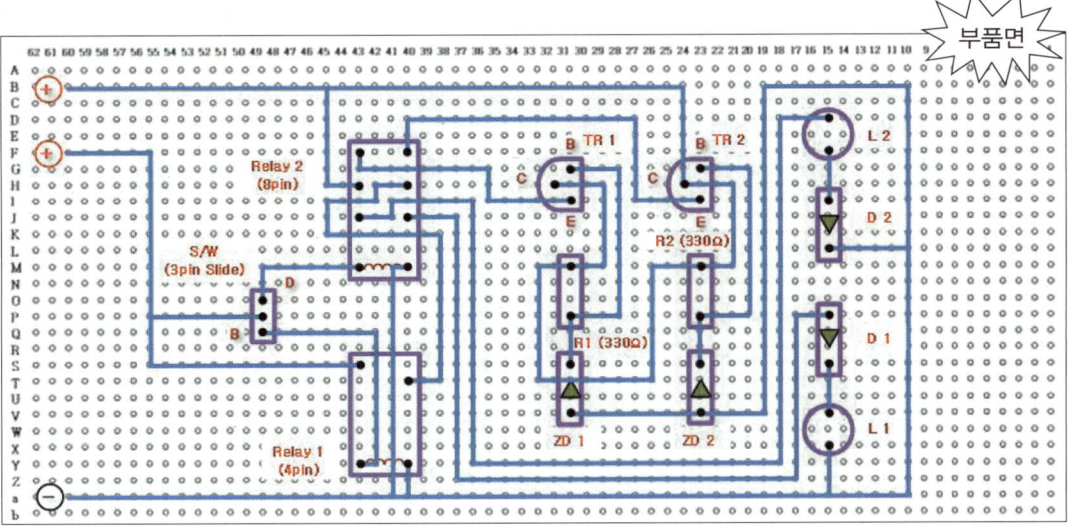

16 조명 계통 회로 2

1. 회로도

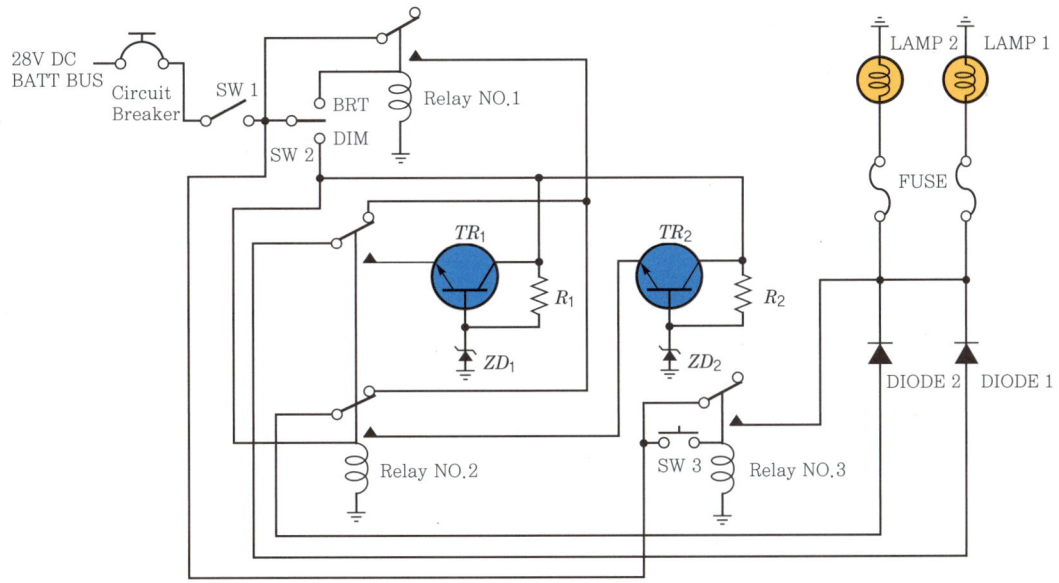

2. 동작 설명

① S/W 1을 ON하고 SW 3을 PUSH하면 Relay 3이 작동하고 Lamp 1, 2가 ON(BRT)된다.
② S/W 1을 ON하고 SW 2를 BRT로 선택하면 Relay 1이 작동하고 Lamp 1, 2가 ON(BRT)된다.
③ 이때 SW 2를 DIM으로 선택하면 Relay 2가 작동하고 Lamp 1, 2가 ON(DIM)된다.
또한 다시 그 상태에서 SW 3을 PUSH하면 Relay 3이 작동하여 Lamp 1, 2는 BRT된다.

3. 배치도 연습

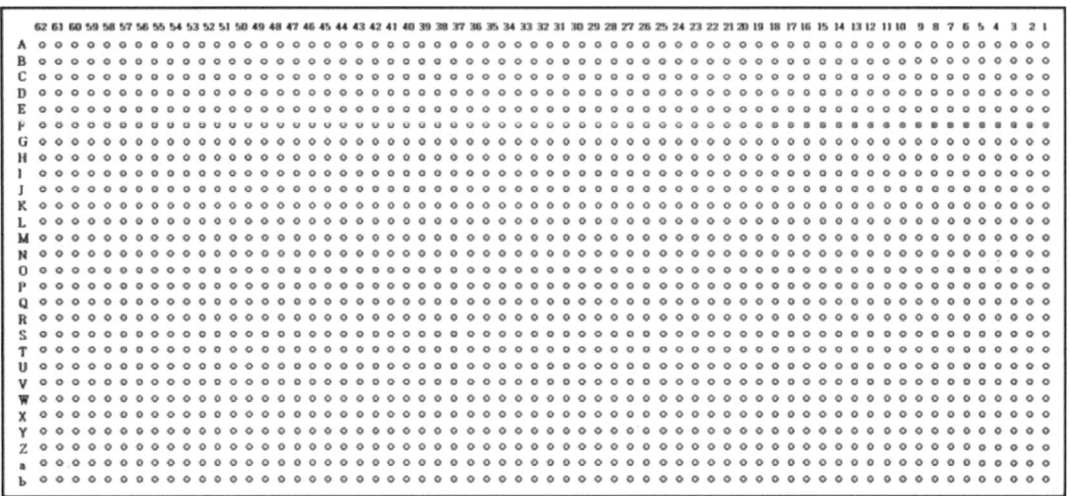

① S/W 1을 ON하고 S/W 3을 PUSH하면 Relay 3이 작동하고 LAMP 1, 2가 ON(BRT)된다.
- S/W 1을 ON시키면 회로 내에 메인 전원이 공급되어 Relay 1의 COM 접점, S/W 2의 COM 접점, S/W 3, Relay 3의 COM 접점으로 전류가 흐른다(S/W 2는 중립 위치로 한다).
- S/W 3을 ON시키면 Relay 3의 COIL 접점으로 전류가 흘러 Relay 3이 작동되어 COM과 NO 접점으로 전류가 흐른다.
- LAMP 1, LAMP2에 전류가 GRD로 흘러 모두 밝은 ON 상태가 된다.
- S/W 1을 OFF시키면 회로 내에 메인 전원이 공급되지 않아 LAMP 1, LAMP 2는 모두 OFF 상태가 된다.

② S/W 1을 ON하고 S/W 2를 BRT로 선택하면 Relay 1이 작동하고 LAMP 1, 2가 ON(BRT)된다.
- S/W 1을 ON시키면 회로 내에 메인 전원이 공급되어 Relay 1의 COM 접점, S/W 2의 COM 접점, S/W 3, Relay 1의 COM 접점으로 전류가 흐른다.

- S/W 2를 BRT 방향으로 작동시키면 Relay 1의 COIL 접점을 지나 GRD로 전류가 흘러 Relay 1이 작동하여 Relay 1의 COM과 NO 접점으로 전류가 흐른다.
- RELAY 2의 COIL에는 전류가 흐르지 않아 작동하지 않으므로 NC와 COM 접점을 통해 전류가 흐르고 DIODE 1, DIODE 2와 LAMP 1, LAMP 2를 지나 GRD로 전류가 흘러 모두 밝은 ON 상태가 된다.

③ 이때 S/W 2를 DIM으로 선택하면 Relay 2가 작동하고 LAMP 1, 2가 ON(DIM)된다.
  그 상태에서 S/W 3을 PUSH하면 Relay 3이 작동하여 LAMP 1, 2가 ON(BRT)된다.

- S/W 1을 ON시키면 회로 내에 메인 전원이 공급되어 Relay 1의 COM 접점, S/W 2의 COM 접점, S/W 3, Relay 1의 COM 접점으로 전류가 흐른다.
- S/W 2를 DIM 방향으로 작동시키면 Relay 2의 COIL 접점을 지나 GRD로 전류가 흘러 Relay 2가 작동하여 Relay 2의 각각의 COM과 NO 접점으로 전류가 흐른다.
- Relay 1의 COIL에는 전류가 흐르지 않아 작동하지 않으므로 NC와 COM 접점까지만 전류가 흐른다.
- DIM 방향으로 분기된 도선에도 전류가 흐르게 되어 전류가 R_1과 R_2를 지나 TR_1과 TR_2의 BASE 단자에 약하게 흐른다.
- TR_1과 TR_2의 COLLECTOR 단자에서 EMITTER 단자로 전류가 흐른다(ZD에 의해 전압이 감소).
- 전류가 DIODE 1, DIODE 2와 LAMP 1, LAMP 2를 지나 각각 GRD로 흘러 모두 어두운 ON 상태가 된다.
- S/W 3을 ON시키면 Relay 3의 COIL 접점으로 전류가 흘러 Relay 3이 작동되어 Relay 3의 COM과 NO 접점으로 전류가 흐른다.
- S/W 1을 지나 분기된 도선에 흐르는 메인 전원이 LAMP 1, LAMP2에 전류가 GRD로 흘러 모두 밝은 ON 상태가 된다.
- S/W 1을 OFF시키면 회로 내에 메인 전원이 공급되지 않아 LAMP 1, LAMP 2는 모두 OFF 상태가 된다.

4. 부품 내역

순번	품명	규격	수량
1	만능기판	28×62	1EA
2	실납	2m	1EA
3	3색 단선	1m	1EA
4	릴레이	DC 24V(4pin)	2EA
5	릴레이	DC 24V(8pin)	1EA
6	릴레이 소켓	16pin	3EA
7	트랜지스터	C 3202(or C 1959)	2EA
8	푸시 버튼 스위치	2pin(소)	2EA
9	슬라이드 스위치	3pin(소)	1EA
10	다이오드	1N 4001(or 1N 5392)	2EA
11	제너 다이오드	RD12	2EA
12	저항기	330Ω	2EA

5. 배치도 예시

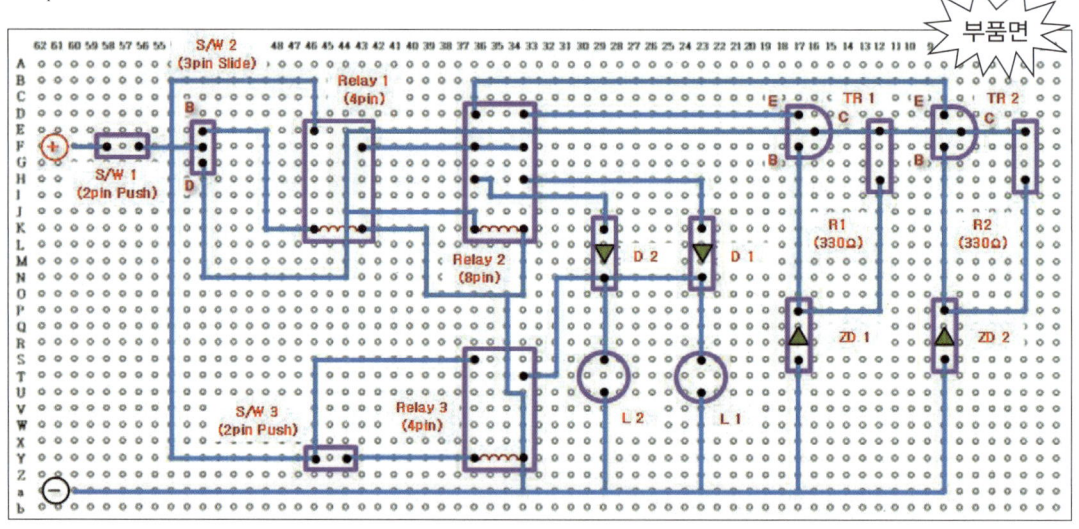

17 Dimming 회로

1. 회로도

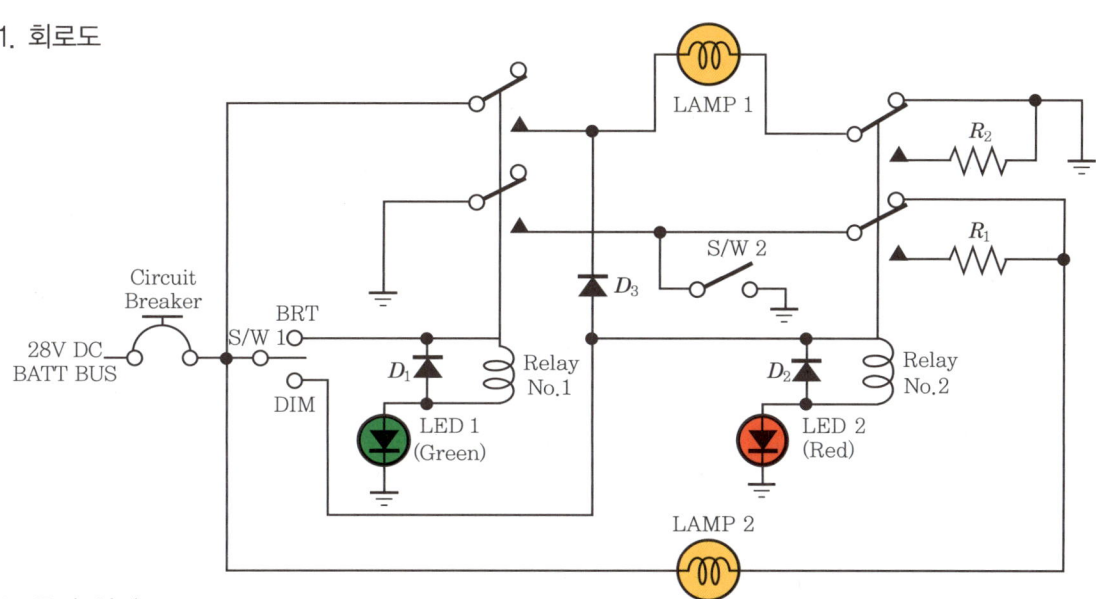

2. 동작 설명

① S/W 1을 중립에 놓고 S/W 2를 ON하면 LAMP 2는 ON이 된다.
② S/W 1을 BRT로 선택하면 Relay 1이 작동하여 LAMP 1, 2가 ON(BRT)되고, LED 1은 ON된다.
③ S/W 1을 DIM으로 선택하면 Relay 2가 작동하여 LAMP 1은 ON(DIM)되고, LED 2는 ON된다.
   이때 S/W 2를 ON하면 LAMP 2는 ON(DIM)된다.

3. 배치도 연습

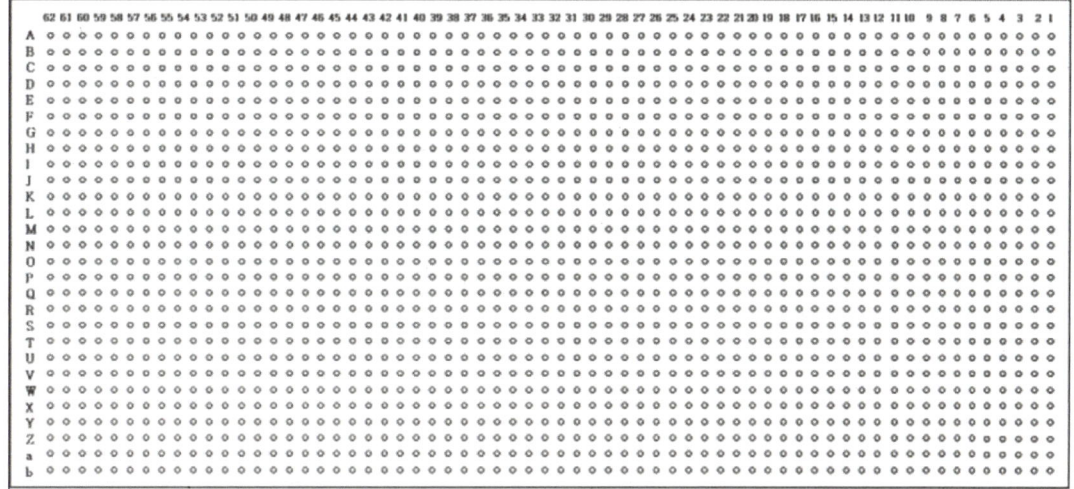

① S/W 1을 중립에 놓고 S/W 2를 ON하면 LAMP 2가 ON된다.
- BATTERY BUS에서 공급된 전류가 S/W 1과 LAMP 2와 Relay 1의 COM으로 흐른다.
- S/W 1을 중립에 놓으면 Relay 1과 2의 COIL에 전류가 흐르지 않아 동작하지 않는다.
- Relay 1, 2의 계자 코일에 발생하는 역기전력을 감소시키기 위해서 DIODE 1, 2를 역방향으로 병렬연결한다.
- Relay 1의 COM과 NO 접점이 연결되지 않아 LAMP 1로 전류가 흐르지 않아서 OFF 상태가 된다.
- BATTERY BUS에서 공급된 전류가 LAMP 2를 지나 RELAY 2의 COM과 NC 접점을 지나서 Relay 1의 NO 접점으로 흐르지만, Relay 1이 동작하지 않아 GRD로 흐르지 않으므로 OFF 상태가 된다.
- 이때 S/W 2를 ON으로 하면 GRD로 전류가 흘러 밝은 ON 상태가 된다.

② S/W 1을 BRT로 선택하면 Relay 1이 작동하여 LAMP 1, 2가 ON(BRT)되고, LED 1이 ON된다.
- BATTERY BUS에서 공급된 전류가 S/W 1과 LAMP 2와 Relay 1의 COM으로 흐른다.
- S/W 1을 BRT에 놓으면, Relay 1의 COIL에 전류가 흘러 동작한다(Relay 2의 COIL에는 전류가 흐르지 않아 동작하지 않는다).
- Relay 1, 2의 계자 코일에 발생하는 역기전력을 감소시키기 위해서 DIODE 1, 2를 역방향으로 병렬연결한다.
- COIL을 지난 전류가 LED 1을 지나 GRD로 흘러 ON 상태가 된다(Relay 2의 COIL에 전류가 흐르지 않아 LED 2는 OFF 상태가 된다).
- Relay 1이 동작하여 COM과 NO 접점이 연결되고 LAMP 1을 지나 Relay 2의 COM과 NC 접점을 지나 GRD로 전류가 흘러 밝은 ON 상태가 된다(Relay 2의 COIL에 전류가 흐르지 않아 동작하지 않는다).
- BATTERY BUS에서 공급된 전류가 LAMP 2를 지나 RELAY 2의 COM과 NC 접점을 지나서 Relay 1의 COM과 NO 접점으로 지나 GRD로 흘러 밝은 OFF 상태가 된다(S/W 2의 동작 위치에 관계없이 밝은 ON 상태가 된다).

③ S/W 1을 DIM으로 선택하면 Relay 2가 작동하여 LAMP 1은 ON(DIM)되고, LED 2는 ON된다. 이때 S/W 2를 ON하면 LAMP 2는 ON(DIM)된다.
- BATTERY BUS에서 공급된 전류가 S/W 1, LAMP 2, Relay 1의 COM으로 흐른다.
- S/W 1을 DIM에 놓으면, D_3과 Relay 2의 COIL에 전류가 흘러 동작한다(Relay 1의 COIL에는 전류가 흐르지 않아 동작하지 않는다. LED 1는 OFF 상태가 된다).
- Relay 1, 2의 계자 코일에 발생하는 역기전력을 감소시키기 위해서 DIODE 1, 2를 역방향으로 병렬연결한다.

- COIL을 지난 전류가 LED 2를 지나 GRD로 흘러 ON 상태가 된다.
- D_3과 LAMP 1을 지나 Relay 2의 COM과 NO 접점을 지나서 R_2를 통해 감소된 전류가 GRD로 흘러 어두운 ON 상태가 된다.
- BATTERY BUS에서 공급된 전류가 LAMP 2와 R_1을 지나 감소되어 Relay 2의 COM과 NO 접점을 지나서 Relay 1의 NO 접점으로 흐르지만, Relay 1이 동작하지 않아 GRD로 흐르지 않으므로 OFF 상태가 된다.
- 이때 S/W 2를 ON으로 하면 GRD로 감소된 전류가 흘러 어두운 ON 상태가 된다.

4. 부품 내역

순번	품명	규격	수량
1	만능기판	28×62	1EA
2	실납	2m	1EA
3	3색 단선	1m	1EA
4	릴레이	DC 24V(8pin)	2EA
5	릴레이 소켓	16pin	2EA
6	푸시 버튼 스위치	2pin(소)	1EA
7	슬라이드 스위치	3pin(소)	1EA
8	저항기	330Ω	2EA
9	다이오드	1N 4001(or 1N 5392)	3EA
10	LED	4φ(소)/Green, Red 각 1종	2EA
11	램프	24V(소)	2EA

5. 배치도 예시

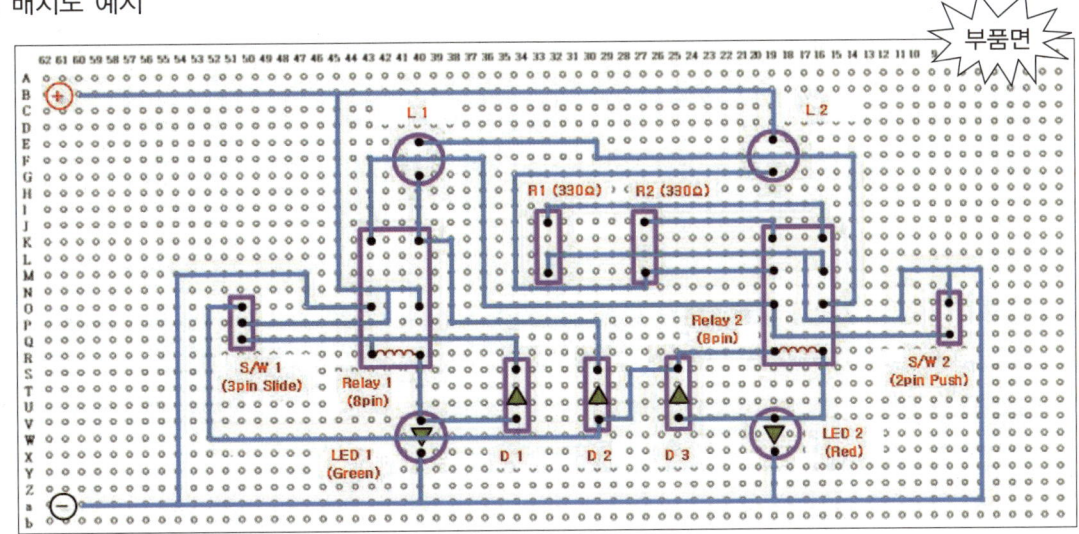

18 Auxiliary Power Unit

현대 민간여객기의 꼬리날개 내부에는 APU(Auxiliary Power Unit)라는 보조동력장치가 탑재되어 있다. APU도 항공기의 메인 엔진과 동일한 소형의 가스터빈엔진으로 되어 있다(가스터빈엔진은 압축기 내부로 공기를 넣은 후 압축시킨 공기와 연료를 혼합하여 터빈을 동작시킨다). 이에 따라 APU의 공기 흡입구로 FOD가 유입되는 것을 방지하기 위해 흡입구의 Door를 ON/OFF로 조작해야 하는데, 조종석 내부에서는 직접 육안으로 볼 수 없어 계기 패널의 동작상태에 따라 램프 등으로 나타내 준다.

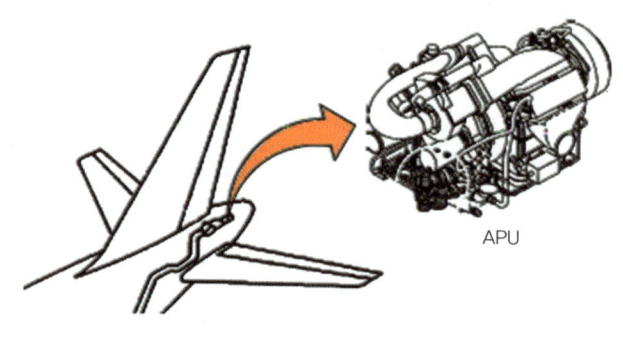

1. 보조동력장치(APU: Auxiliary Power Unit)

컴프레서, 터빈, 액세서리 드라이브 섹션으로 구성된 독립적인 가스터빈엔진이다. 항공기의 꼬리 부분에 설치된 내화성 칸 내에 설치되어 있다. APU의 액세서리 구동 섹션 제어 내의 기어구동 유닛은 시동부터 셧다운까지 APU를 제어한다. APU는 항공기의 최대운용고도에 따라 작동될 수 있다. APU는 엔진 시동과 에어 컨디셔닝을 위한 Bleed Air를 공급한다. 비행 중 또는 지상에서 APU는 에어 컨디셔닝 팩에 Bleed Air를 공급할 수 있다. APU상의 AC 제네레이터는 보조 AC 파워 소스를 제공한다. 지상에 있는 동안 제네레이터 버스 1과 제네레이터 버스 2는 APU로부터 동력을 공급받을 수 있다. 비행 중에 단 한 개의 제네레이터 버스만이 APU로부터 동력을 공급받을 수 있다.

AC 동력이 공급된 연료 펌프가 작동될 때, APU를 시동 및 작동시키는 연료는 Fuel Manifold의 좌측으로부터 온다. 만일 연료 펌프가 작동하지 않는다면, 연료는 1번 연료 탱크로부터 공급된다. APU 작동 중에 연료는 자동적으로 결빙을 방지하기 위해 가열된다. APU 엔진 에어는 기체의 우측에 위치한 공기 흡입구가 자동으로 작동함으로써 APU에 순환된다. APU의 배기가스는 배기가스 소음기를 통하여 기체 밖으로 방출된다. 공기 흡입구로 들어가는 공기의 일부는 기어 구동 팬에 의해 내부로 들어가고, 제네레이터와 엔진 오일을 냉각시키기 위해 순환된다.

2. APU를 작동시키기 위한 절차는 다음과 같다.
   ① 과열/화재 패널 상에서 APU Fire Handle은 DOWN이 되어야 한다.
   ② APU 그라운드 제어 패널 상에서 APU Fire Handle은 UP이 되어야 한다.
   ③ 배터리(BAT) 스위치는 ON이 되어야 한다.
   APU 시동을 위한 전원은 항공기 배터리에서 공급된다. 만약, 그라운드 상에 있는 동안 배터리(BAT) 스위치가 OFF에 있다면, APU는 APU 파이어 디텍터 루프에 의한 전력 손실로 인하여 다운될 것이다.

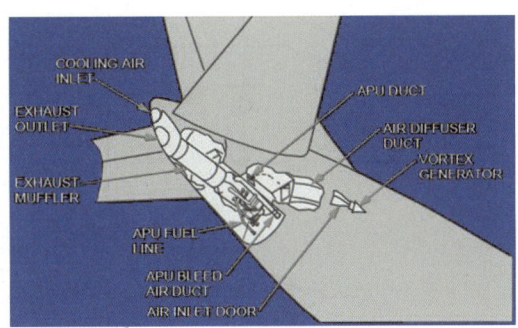

3. APU Components

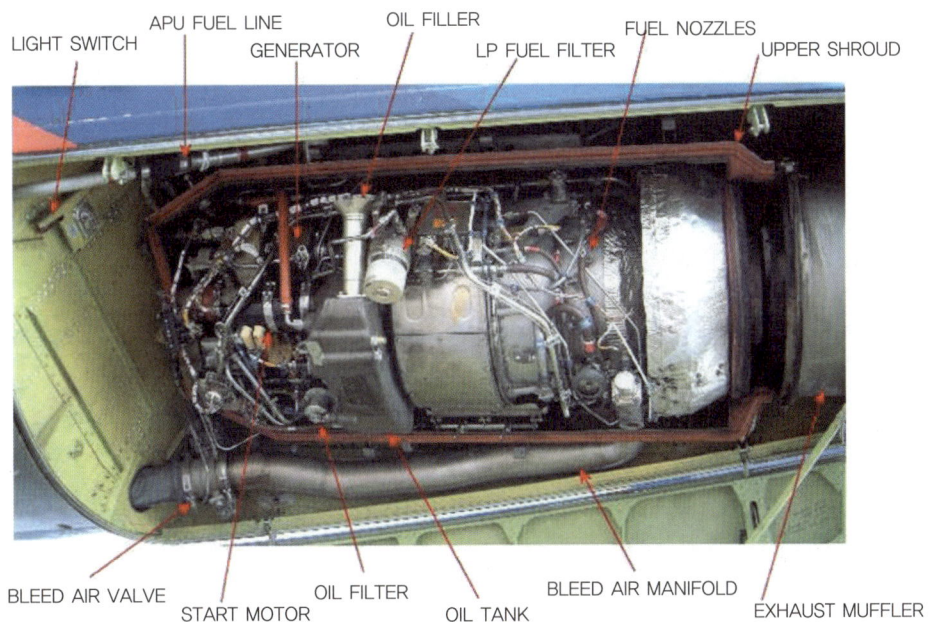

19 APU Air Inlet Door Control 회로

1. 회로도

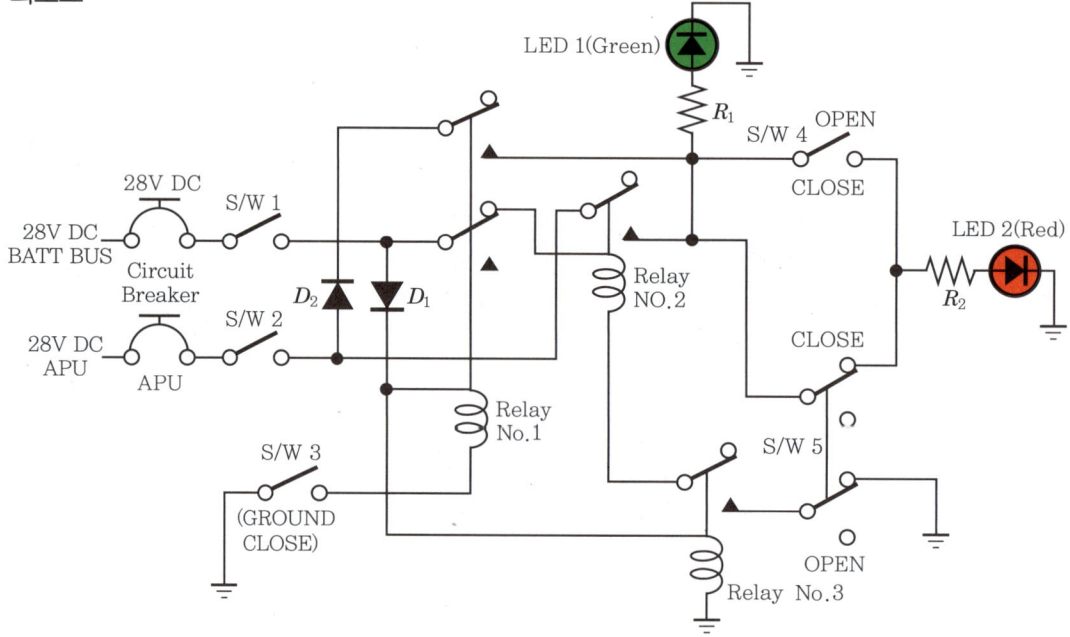

2. 동작 설명

① DOOR OPEN ON THE GROUND
  - S/W 3은 OFF, S/W 4는 OPEN(OFF), S/W 5는 CLOSE(ON)로 된다.
  - S/W 1, 2를 ON하면 Relay 2, 3이 작동하여 LED 1, 2가 ON된다.
  - S/W 3을 CLOSE(ON)해도 LED 1, 2는 ON된다.

② DOOR CLOSE ON THE GROUND
  - S/W 1, 2는 OFF로 하고, S/W 4는 CLOSE(ON)로 선택한다.
  - S/W 3은 CLOSE(ON)로 선택한다.
  - S/W 1, 2를 ON하면 LED 1, 2가 ON된다.

3. 배치도 연습

① 지상에서 DOOR OPEN
- BATTERY BUS에서 공급된 전류가 S/W 1을 ON하면, 분기되어 DIODE 1을 지나 Relay 1, 3의 COIL에 흐른다(S/W 3을 OFF로 하면 Relay 1의 COIL에 흐르는 전류가 GRD로 흐르지 않아 동작하지 않고, Relay 3의 COIL에 흐르는 전류가 GRD로 흘러 동작한다).
- BATTERY BUS에서 공급된 전류가 S/W 1을 ON하면, 분기되어 동작하지 않은 Relay 1의 COM과 NC 접점을 지나 Relay 2의 COIL에 흘러 Relay 3 COM과 NO 접점을 지나 S/W 5를 CLOSE 위치로 하면 GRD로 흘러 Relay 2는 동작한다.
- 동작된 Relay 2의 COM과 NO 접점을 지나 S/W 4를 OPEN 위치로 해도 분기되어 R_1과 LED 1을 지나 GRD로 흘러 ON 상태가 되고, S/W 5와 R_2, LED 2를 지나 GRD로 흘러 ON 상태가 된다.
- 동시에 APU에서 공급된 전류가 S/W 2를 ON하고, S/W 3을 ON 상태로 하면, Relay 1의 COIL에 흐르는 전류가 GRD로 흘러 동작하여 DIODE 2를 지나 Relay 1의 COM과 NO 접점을 지나 분기되어 R_1과 LED 1을 지나 GRD로 흘러 ON 상태가 되고, S/W 5와 R_2와 LED 2를 지나 GRD로 흘러 ON 상태가 된다.
- 메인 전원인 BATTERY BUS와 APU에서 공급된 전류가 S/W 1, 2를 OFF 상태로 하면 LED 1, 2는 OFF가 된다.

② 지상에서 DOOR CLOSE
- BATTERY BUS에서 공급된 전류가 S/W 1을 ON하면, 분기되어 DIODE 1을 지나 Relay 1, 3의 COIL에 흐른다(S/W 3을 OFF로 하면 Relay 1의 COIL에 흐르는 전류가 GRD로 흐르지 않아 동작하지 않고, Relay 3의 COIL에 흐르는 전류가 GRD로 흘러 동작한다).

- BATTERY BUS에서 공급된 전류가 S/W 1을 ON하면, 분기되어 동작하지 않은 Relay 1의 COM과 NC 접점을 지나 Relay 2의 COIL에 흘러 Relay 3 COM과 NO 접점을 지나 S/W 5를 OPEN 위치로 하면, GRD로 흐르지 않아 Relay 2는 동작하지 않는다.
- 동시에 APU에서 공급된 전류가 S/W 2를 ON하고, S/W 3을 ON 상태로 하면, Relay 1의 COIL에 흐르는 전류가 GRD로 흘러 동작하여 DIODE 2를 지나 Relay 1의 COM과 NO 접점을 지나 분기되어 R_1과 LED 1을 지나 GRD로 흘러 ON 상태가 되고, S/W 4를 CLOSE 위치로 하면, R_2와 LED 2를 지나 GRD로 흘러 ON 상태가 된다.

4. 부품 내역

순번	품명	규격	수량
1	만능기판	28×62	1EA
2	실납	2m	1EA
3	3색 단선	1m	1EA
4	릴레이	DC 24V(4pin)	2EA
5	릴레이	DC 24V(8pin)	1EA
6	릴레이 소켓	16pin	3EA
7	푸시 버튼 스위치	2pin(소)	4EA
8	슬라이드 스위치	6pin(소)	1EA
9	다이오드	1N 4001(or 1N 5392)	2EA
10	저항기	1.2kΩ	2EA
11	LED	4φ(소)/Green, Red 각 1종	2EA

5. 배치도 예시

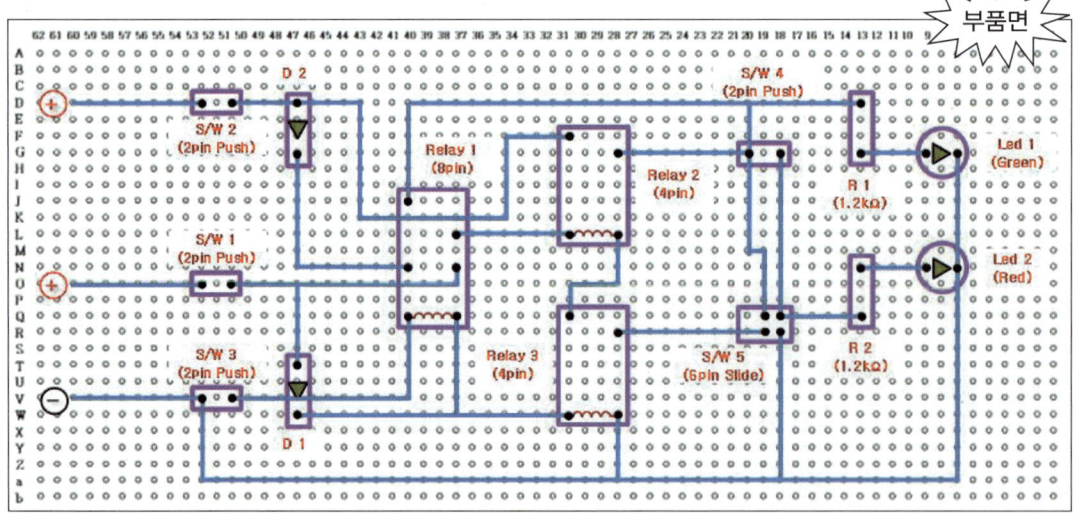

20 Fire Protection System

1. 화재 방지 계통

항공기 화재 방지 계통은 화재 경고를 위한 과열(Overheat) 및 화재(Fire) 탐지 센서와 소화기들로 구성된다. 탐지기는 엔진의 과열 및 점화상태, APU의 점화상태, 메인 휠 수납고, 화물실과 같이 운항 중에 육안으로 보이지 않는 내부에서 발생하는 화재에 대해서 조종사가 확인할 수 있도록 경고등 또는 경고음으로 나타내 준다. 화재 발생 시 온도, 열, 연기 등을 센서에서 감지하여 경고등 또는 경고음을 작동시킨다. 각 화장실은 화장실 소화기와 연기 탐지 계통이 장비되어 있다.

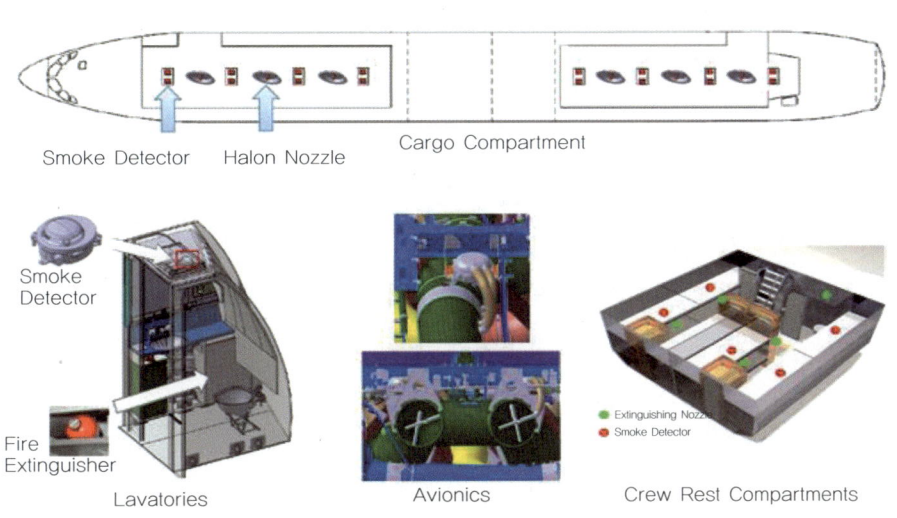

2. 엔진 과열 및 화재 탐지기(Engine Overheat And Fire Detection)

각 엔진은 2개의 과열/화재 탐지 루프(충전가스)가 포함되어 있다. 이 루프들 각각은 4개의 탐지 소자들로 구성되어 있다. 소자의 온도가 증가함에 따라 압력도 증가한다. 설정된 온도에서 소자는 과열상태를 알려준다. 보다 높은 온도에서 소자는 화재상태를 통지한다. 2개의 과열/화재 탐지 루프는 엔진마다 A와 B로 표시된다. A, B 및 NORMAL로 표시된 각 엔진의 OVHT DET 스위치는 루프 A, B 또는 A와 B 모두 활성된 탐지 루프의 선택이 가능하다.

① 이중 루프 계통(Dual Loop System)
- 일반 작동 시에는 NORMAL에서 OVHT DET 스위치로, 과열 또는 화재상태에서 루프 A의 탐지 소자 중 1개와 루프 B의 탐지 요소 중 1개의 신호를 보내야 경고를 시작한다.
- 엔진 과열 경고 표시는 아래의 듀얼 루프 표시로 인해 발생한다.
  Overheat / overheat, Overheat / fire, Overheat / fault
- 엔진 과열 상태는 아래에 의해 표시된다.

MASTER CAUTION 등, OVHT/DET 시스템 신호 표시등, 관련된 ENG OVERHEAT 등 (세팅 온도 아래로 떨어질 때까지 점등된다.)
- 엔진 화재 경고 표시는 아래의 듀얼 루프 표시로 인해 발생한다.
  Fire / fire, Fire / fault
- 엔진 화재 상태는 아래에 의해 표시된다.
  FIRE WARN 등, 관련된 Engine Fire Warning Switch, ENG OVERHEAT 등, OVHT/DET 시스템 신호 표시등과 경고음(화재 패널에 있는 화재 경고등 또는 화재 경고음 차단 스위치 중 어느 하나를 누르면 화재 경고등과 경고음은 꺼진다.)
- 만일 루프 모두 오류를 탐지하거나 선택된 루프가 오류를 탐지하면 FAULT 등이 켜진다. 시스템 테스트 동안에 테스트 스위치가 OVHT/FIRE에 위치하거나 단일 루프 오류가 있을 때 영향을 받은 엔진의 엔진 화재 경고 스위치는 켜지지 않는다.

② 단일 루프 계통(Single Loop System)
- 이 시스템은 오류 감시 회로를 가지고 있다. 만일 NORMAL 상태에서 OVHT/DET 스위치가 하나의 루프에서 오작동이 발생하면 그 루프는 자동적으로 선택 해제되고 남아 있는 루프가 단일 루프 탐지기로서 작동한다.
- 만일 그 시스템이 단일 루프 시스템으로 가동되면 자동적 루프 해제 또는 OVHT/DET 스위치가 A 또는 B로 되는 것으로 단일 활성 루프가 과열 또는 화재 표시를 시작한다.

3. 바퀴 수납실 화재 탐지기(Wheel Well Fire Detection)

화재 감지 루프는 주 바퀴 수납실에 설치된다. 그 루프의 지속성은 화재 경고 시스템에 인위적인 전자 신호를 보냄으로써 테스트 된다. 교류 전력은 그 시스템을 테스트하기 위해서 사용되어야 한다.

4. 보조동력장치 화재 탐지기 (APU Fire Detection)
- 단일 화재 탐지 루프(충전가스)는 APU에 설치된다. 온도가 상승할 때 루프 내부의 압력은 증가한다. 설정된 온도에서 화재상태가 표시된다. 주 화재 경고등과 APU 화재 경고 스위치는 켜지고, 화재 경고음은 울리며, APU는 자동적으로 정지된다. 주 바퀴 수납실 내에서 APU 화재 경고음이 울린다(지상에서만). 그리고, APU 화재 경고등은 점멸한다.
- 조종실 또는 바퀴 수납실에서 경고음을 끄거나 소화기를 작동시킬 수 있다.
- 만일 OVHT/FIRE 테스트 스위치가 OVHT/FIRE 위치에 놓여지면 조종실과 바퀴 수납실 내 모든 화재 지시기들이 작동된다.
- APU 화재 경고 스위치와 경고등은 온도가 세팅 온도 아래로 내려갈 때까지 켜져 있다.
- 화재 패널에 위치된 황색 APU DET INOP등, MASTER CAUTION, OVHT/DET 시스템 신

호 표시등이 켜지는 것은 APU 화재 탐지 루프의 실패를 나타낸다.

5. 화물실 발연 탐지기(Cargo Smoke Detection)

전방과 후방 화물실은 각각 A 루프와 B 루프로 라벨이 붙은 이중 루프 구성으로 된 발연 탐지기들이 있다. 각 화물칸(전방과 후방)을 위한 탐지기 선택 스위치는 A, B 루프 또는 A와 B 둘 다 활성 탐지 루프로서 선택 가능하다.

① 이중 루프 계통(Dual Loop System)
- 정상 가동 중에 NORMAL 상태에서 DET SELECT 스위치와 화물 화재 경고는 A 루프에서 하나의 탐지기와 B 루프에서 하나의 탐지기가 연기를 탐지한 경우만 시작된다.
- 화물실 화재 표시는 아래와 같다.
  FIRE WARN 등, 전방 또는 후방 화물실 화재 경고등, 화재 경고음
- 화재 패널에 있는 FIRE WARN 등 또는 화재 경고음 차단 스위치 중 어느 하나를 누르면 경고음과 FIRE WARN 등은 꺼진다. 화물실 화재 경고등은 연기가 각 루프에 적어도 하나의 탐지기에 의해 탐지되기만 해도 켜지게 된다.
- 만일 모든 루프가 오류를 탐지하거나 선택된 루프가 오류를 탐지하면 DETECTOR FAULT 등이 켜진다. TEST P/B를 누른 상태에서 단일 루프 오류가 있을 때, 화물실의 화물 화재 경고 스위치는 켜지지 않는다.

② 단일 루프 계통(Single Loop System)
- 이 시스템은 오류 감시 회로를 가지고 있다. 만일 NORMAL 상태에서 DET SELECT 스위치가 하나의 루프에서 오작동이 발생하면 그 루프는 자동적으로 선택 해제되고 남아 있는 루프가 단일 루프 탐지기로서 작동한다.
- 만일 그 시스템이 단일 루프 시스템으로 가동되면 자동적 루프 해제 또는 DET SELECT 스위치가 A 또는 B로 되는 것으로 단일 활성 루프는 화물 화재 경고를 시작한다.

6. 화장실 발연 탐지기(Lavatory Smoke Detection)

- 발연 탐지 시스템은 공기를 감시하고 연기가 감지되면 시각과 청각적 경고를 제공한다. 연기는 경고음을 울리게 하고, 전방의 객실 승무원 패널에 적색의 알람 표시등이 켜지게 하고, 전방의 천장 패널에 화장실 SMOKE 등, OVERHEAD 시스템 신호 표시등, MASTER CAUTION 등이 켜지게 한다.
- 경고음은 혼 오프(Horn Off) 스위치를 눌러 끈다. 적색 알람 표시등은 연기가 화장실에 남아 있는 한 켜져 있게 된다.
- 리셋 스위치를 눌러 경고음을 멈추게 하고 시스템을 재설정한다. 만일 스위치가 열렸을 때 여전히 연기가 남아 있으면 알람은 다시 울리게 된다.

- 테스트 스위치를 눌러 화장실 경고음을 울리게 하고 알람 표시등들을 점멸하게 하고, 화장실 SMOKE 등, OVERHEAD 시스템 신호 표시등, MASTER CAUTION 등을 켜지게 한다.

7. 전기적 전력원(Electrical Power Sources)
- Engine Overheat & Fire Detection: Battery Bus
- APU Fire Detection: Battery Bus
- Wheel Well Fire Detection: No. 1 Transfer Bus(AC)
- Lavatory Smoke Detection: DC Bus No. 1
- Cargo Smoke Detection: DC Bus No. 1 and 2
- Engine, APU and Cargo Fire Extinguishing: Hot Battery Bus

8. Main Engine & APU Detection
Overheat and Fire detection
Protect Engine and Pylon(Strut)

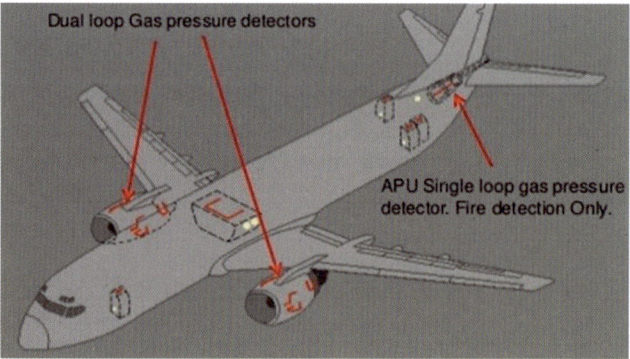

9. Cargo Detection
Cargo Smoke & Heat Detection

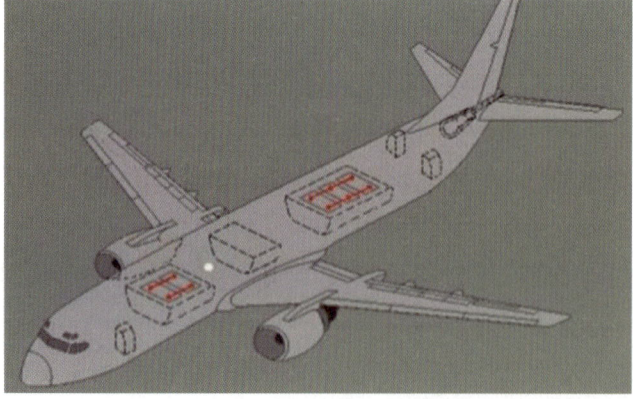

10. Lavatory Detection

Lavatory Smoke Detection & Fire Protction

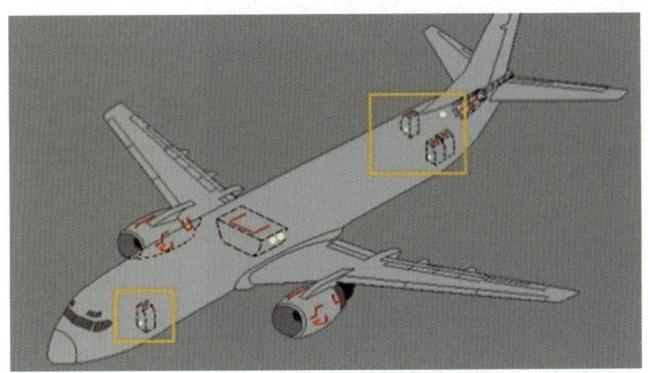

11. Flight Deck Test Panel

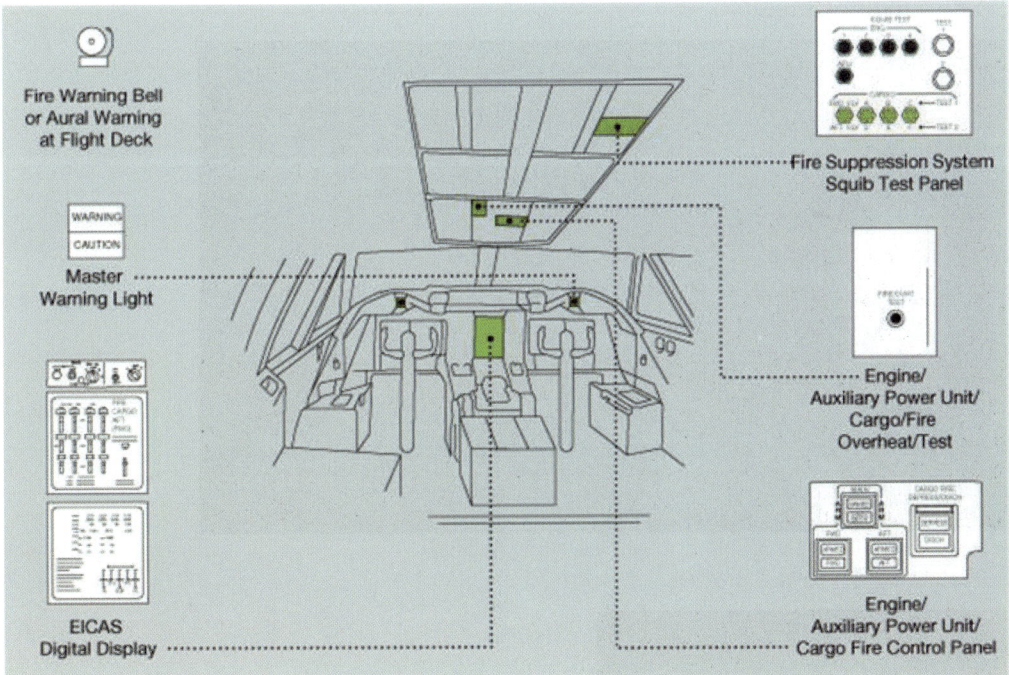

12. Cargo Smoke Detector

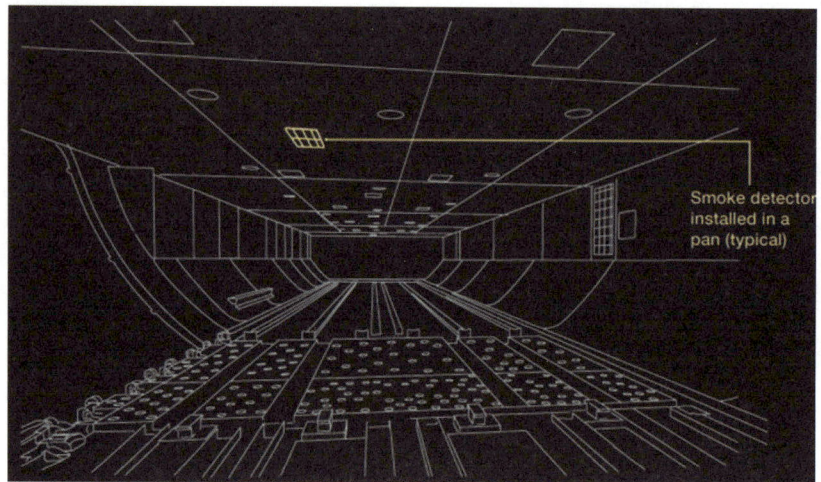

13. Cabin Smoke Detector

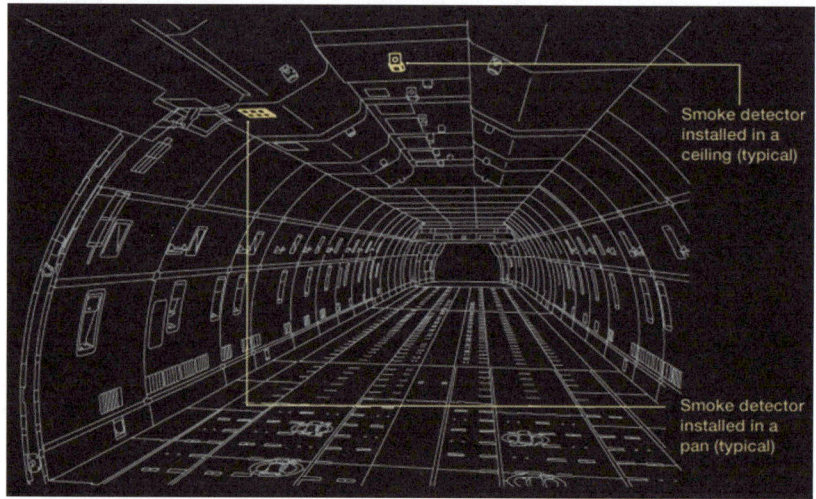

14. Forward Attendant's Panel

15. Lavatory Smoke Detection

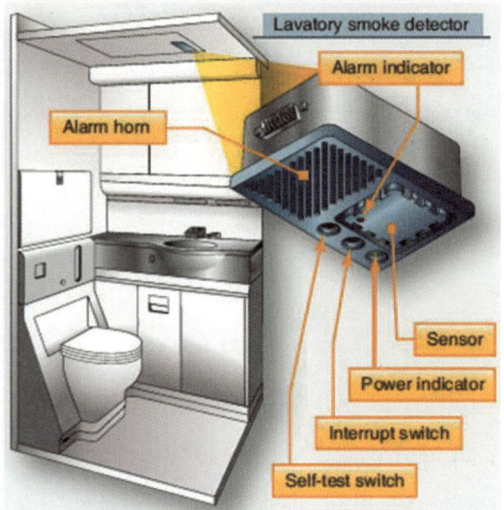

16. Control Panel & Indicator

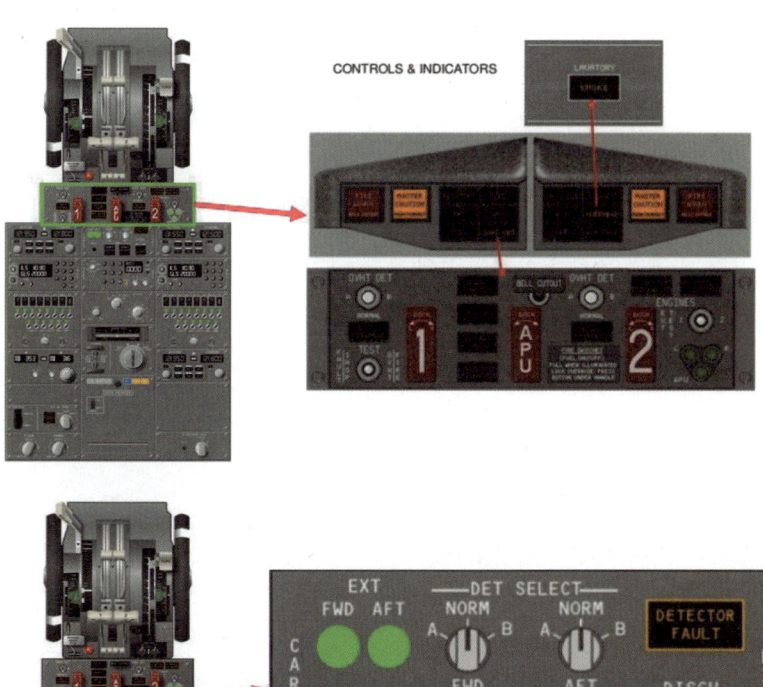

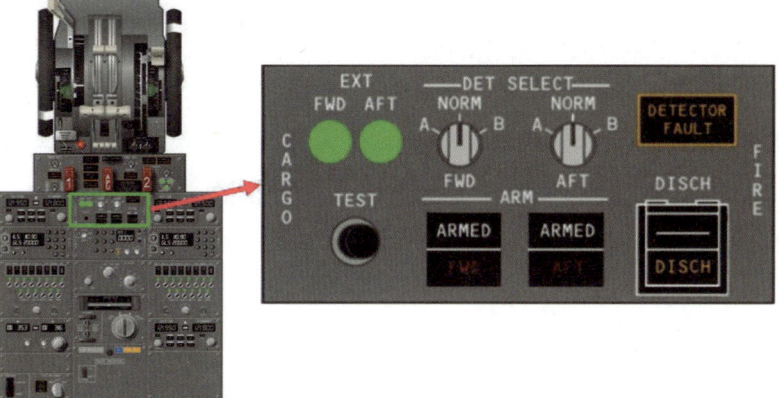

21 Fire Extinguisher System

1. 소화 시스템(Fire Extinguisher System): 최신의 현대 항공기와 구형 항공기에는 승객과 승무원이 있는 객실 이외의 아래와 같은 구역에 소화 계통을 갖추고 있다.
   ① 메인 엔진과 보조 엔진(APU)
   ② 화물실(Cargo)
   ③ 화장실(Lavatory)
   ④ 바퀴 수납실(Wheel Well)

2. 화재 등급
   ① A급 화재: 목재, 직물, 종이, 고무, 플라스틱 등의 가연성 재료에 의한 화재
   ② B급 화재: 가연성 액체, 오일, 그리스, 타르, 유성도료, 락카, 솔벤트, 알콜, 인화성 가스 등의 유류에 의한 화재
   ③ C급 화재: 전자·전기장치에서 전기에 의한 화재
   ④ D급 화재: 마그네슘, 티타늄, 지르코늄, 나트륨, 리튬, 포타슘 등의 가연성 금속에 의한 화재

3. 엔진 소화 시스템(Engine Fire Extinguisher System)
   ① 엔진 소화 시스템은 아래와 같이 구성된다.
   - 좌측 바퀴 수납실의 압력 체크가 가능한 2개의 프레온 소화기
   - 엔진 화재 경고 스위치들
   - BOTTLE DISCHARGE 등
   - 소화기 테스트 스위치
   ② 2개의 소화기는 어느 엔진으로든 소화제를 방출 할 수 있다.
   ③ 엔진 화재 경고 스위치들은 엔진의 우연에 의한 차단을 방지하기 위해서 일반적으로 잠겨져 있다. 엔진 화재 경고 스위치 또는 ENG OVERHEAT 등의 조명은 솔레노이드를 활성화시켜 엔진 화재 경고 스위치의 잠금을 해제한다. 또한 스위치는 수동으로 잠금을 해제할 수 있다.
   ④ 엔진 화재 경고 스위치를 당김
   - 1개의 방출 스퀴브(폭약)는 각 엔진 소화기에 장착된다.
   - 엔진 연료 차단 밸브와 스파(Spar) 연료 차단 밸브를 닫는다.
   - 발전기를 작동시킨다.
   - 유압액 차단 밸브를 닫는다.
   - 엔진 구동 유압 펌프 LOW PRESSURE 등을 비활성화시킨다.

- 날개에 날개 방빙과 관련 팩의 손실을 야기시키는 Engine Bleed Air Valve를 닫는다.
- Hydraulic Thrust Reverser Isolation Valve를 닫는다.
- 방출을 위해 회전되도록 엔진 화재 경고 스위치를 허용한다.

⑤ 엔진 화재 경고 스위치를 회전시켜 전기적으로 스퀴브(폭약)를 터트려 소화기의 봉인에 구멍을 내고 엔진 카울 안으로 소화제를 방출한다. 1개 또는 소화기 모두 어느 하나의 엔진으로 방출할 수 있다. 다른 쪽으로 스위치를 회전시켜 남아 있는 소화제를 방출시킨다.

⑥ L 또는 R BOTTLE DISCHARGE 등은 엔진 화재 경고 스위치가 회전된 후에 몇 초간 켜지고 소화제가 방출된 것을 나타낸다.

⑦ 소화기 테스트 스위치가 1 또는 2에 위치할 때, 녹색 소화기 테스트 등(호박색 BOTTLE DISCHARGE 등)은 켜지고 이는 스퀴브(폭약)로부터 엔진 화재 경고 스위치까지 회로 연결된 것을 의미한다.

4. 보조동력장치 소화 시스템(APU Fire Extinguisher System)

① APU 소화 시스템은 1개의 프레온 소화기, 1개의 APU 화재 경고 스위치, APU BOTTLE DISCHARGE 등, 소화기 테스트 스위치로 구성된다.

② 각 APU 화재 경고 스위치들은 APU의 우연에 의한 차단을 방지하기 위해서 일반적으로 잠겨져 있다. APU 화재 경고등의 조명은 솔레노이드를 활성화시켜 스위치의 잠금을 해제한다.

③ APU 화재 경고 스위치를 당김
- 자동 차단 기능을 위한 백업을 제공한다.
- 연료 솔레노이드를 비활성화하고, APU 연료 차단 밸브를 닫는다.
- APU Bleed Air Valve를 닫는다.
- APU 공기 흡입구를 닫는다.
- APU 발전기를 작동시킨다.
- APU 소화기 스퀴브(폭약)를 장착한다.
- 방출을 위해 회전되도록 APU 화재 경고 스위치를 허용한다.

④ 엔진 화재 경고 스위치를 회전시켜 전기적으로 스퀴브(폭약)를 터트려 소화기의 봉인에 구멍을 내고 APU 안으로 소화제를 방출한다. APU BOTTLE DISCHARGE 등은 몇 초간 켜지고 소화제가 방출된 것을 나타낸다.

⑤ 소화기 테스트 스위치가 1 또는 2에 위치할 때, 녹색 APU 소화기 테스트 등은 켜지고 이는 스퀴브(폭약)로부터 APU 화재 경고 스위치까지 회로 연결된 것을 의미한다.

5. 화물실 소화 시스템(Cargo Fire Extinguisher System)

① 단일 소화기는 전방 날개 스파(Spar)의 ACM 격실 안에 설치된다.

② 연기 탐지는 전방 또는 후방 화물실 화재 경고등을 점등시킨다. 소화기는 해당 화물실 화재 ARMED 스위치를 눌러 장착된다. 이어서 화물실 화재 DISCH 스위치를 누르면 선택된 칸으로 소화기 전부가 방출된다. 이는 적어도 1시간 동안의 소화와 추가적인 보호를 제공한다. 화물 화재 DISCH 등은 일단 소화기가 방출되면 켜진다. 등이 켜지기까지 30초 정도 걸릴 수 있다.

6. 화장실 소화 시스템(Lavatory fire extinguisher system)
    ① 자동 소화기 시스템은 각 화장실 싱크대 아래에 위치한다. 소화기는 2열의 활성화된 노즐 중 1개 또는 2개를 통해서 방출된다. 하나의 노즐은 타월 처리 용기를 향해서 방출되고, 나머지 하나는 화장실의 세정 모터 구역에서 방출된다. 노즐 끝의 색깔은 소화기가 방출될 때 알루미늄 색으로 바뀐다.
    ② 온도 표시 플래카드는 각 싱크대 아래 출입구 내부에 위치된다. 플래카드의 하얀색 점들은 고온에 노출될 때 검은색으로 변한다. 만일 표시가 검은색으로 바뀌거나 노즐 끝 색깔이 변했다면 소화기는 방출된다. 관련된 경고등은 전방의 객실 승무원 화장실 발연 탐지 패널에서 켜진다.

7. 소화제 방출 표시(Discharge Indicators)
    방출 표시는 소화 계통에 대한 소화기 방출의 시각적 흔적을 제공한다. 두 종류의 방출 표시가 있는데, 열(Thermal)과 방출(Discharge)이다. 두 종류 모두 항공기와 외피 장착을 위해 고안된 것이다.
    ① 열 방출 표시, 적색 디스크(Thermal Discharge Indicator, Red Disk)
        열 방출 표시는 소화기 릴리프 피팅(Fire Container Relief Fitting)과 연결되어 있어 용기 내부의 소화제가 과도한 열로 인해 외부로 방출될 때 이를 시각적으로 표시하기 위해 빨간 디스크가 방출된다. 소화제는 디스크가 방출될 때 생기는 틈을 통해 방출된다. 이는 운항 승무원과 정비사들에게 다음 운항 전에 소화기를 대체시켜야 한다는 것을 알려주는 표시이다.
    ② 황색 디스크 방출 표시기(Yellow Disk Discharge Indicator)
        만일 운항 승무원이 소화기 계통을 작동시키면 노란색 디스크가 항공기 기체 외피(Skin)로 부터 방출된다. 이는 소화기 세동이 운항 승무원에 의해 작동되있고, 다음 운항 진에 소화기를 대체시켜야 한다는 것을 정비사들에게 표시로 확인시켜 준다.
        ※ 운항 승무원에 의해 소화기가 작동되었지만, 황색디스크가 완전히 방출되지 않은 경우도 있으므로, 점검 시 주의해야 한다.

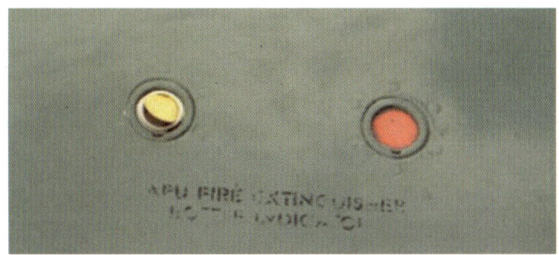

8. 소화기의 구성

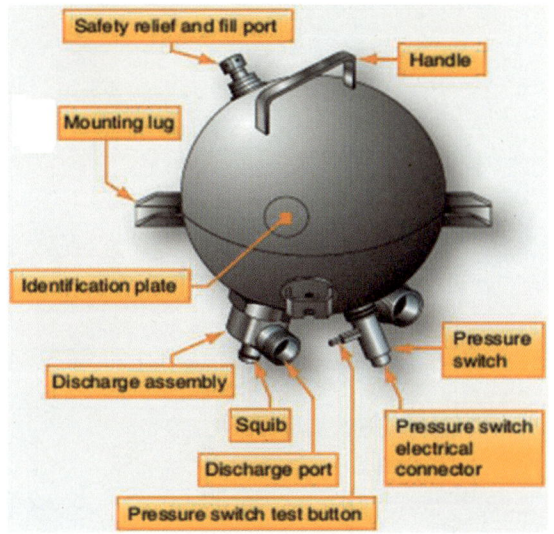

9. 스퀴브(Squib): 소화기 하단의 Discharge Assembly에 장착된다. 소화기는 2개의 스퀴브(폭약)를 갖고 있는데, 각각의 엔진에 대해 1개씩 있다. 스퀴브는 전기 작동식 폭발장치이다. 스퀴브가 작동되었을 때 깨지기 쉬운 디스크를 통해 원형 금속의 작은 덩어리를 폭발시키고, 소화기 내부의 질소 압력은 Discharge Port를 통해 소화제인 할론(Halon)을 방출시킨다. 스퀴브는 화재 스위치(Fire Switch)가 당겨지고 DISCH 1 또는 DISCH 2 위치로 돌릴 때 점화한다.

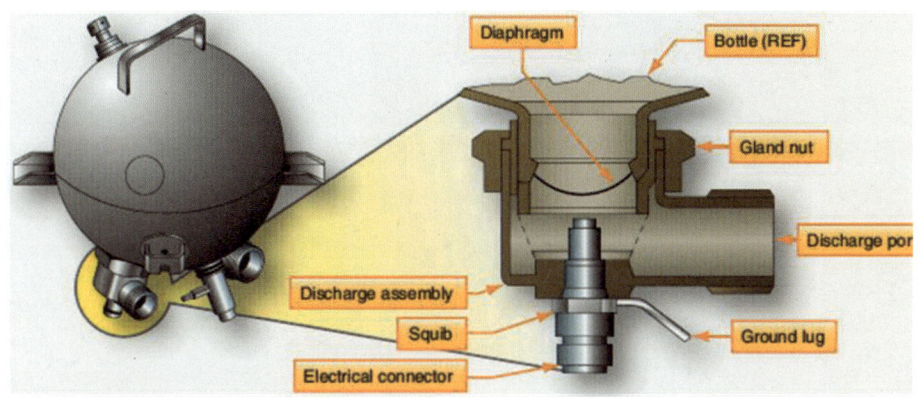

10. 스퀴브 테스터(Squib Tester): 제어판(Control Panel)에서 소화기 및 전환 밸브(Diverter Valve)의 스퀴브 점화 회로를 테스트 하기 위해 사용한다. 테스터기의 전류로 인하여 스퀴브가 폭발할 수 있기 때문에 취급에 주의해야 하며, 민감한 회로로 인하여 아날로그 테스터기를 사용하도록 권장하고 있다.

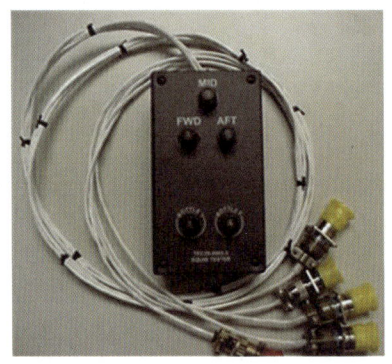

11. APU의 소화기 및 탐지기

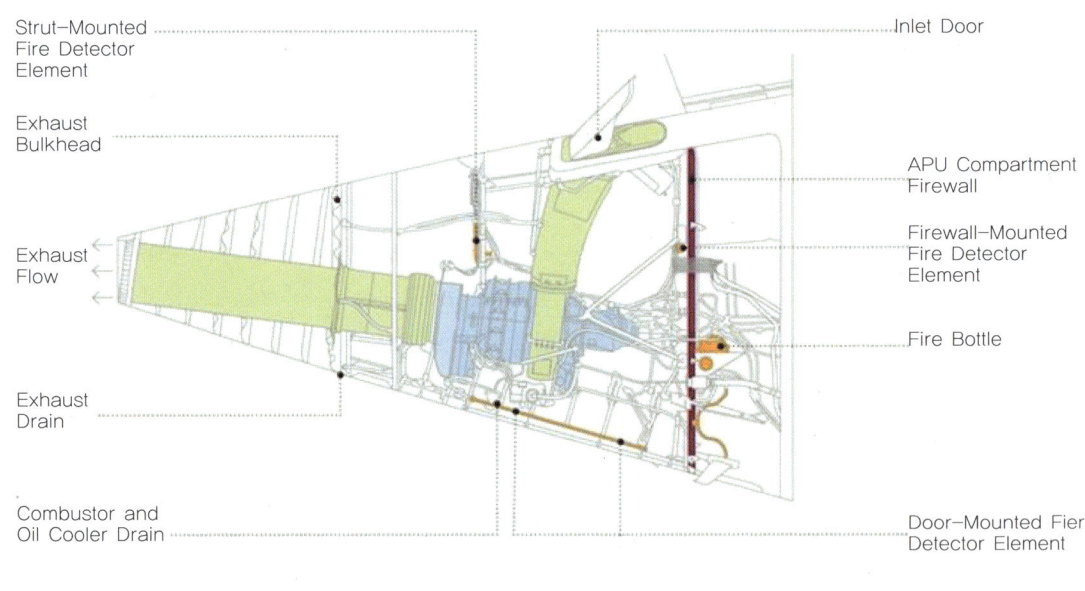

12. 메인 엔진의 탐지기

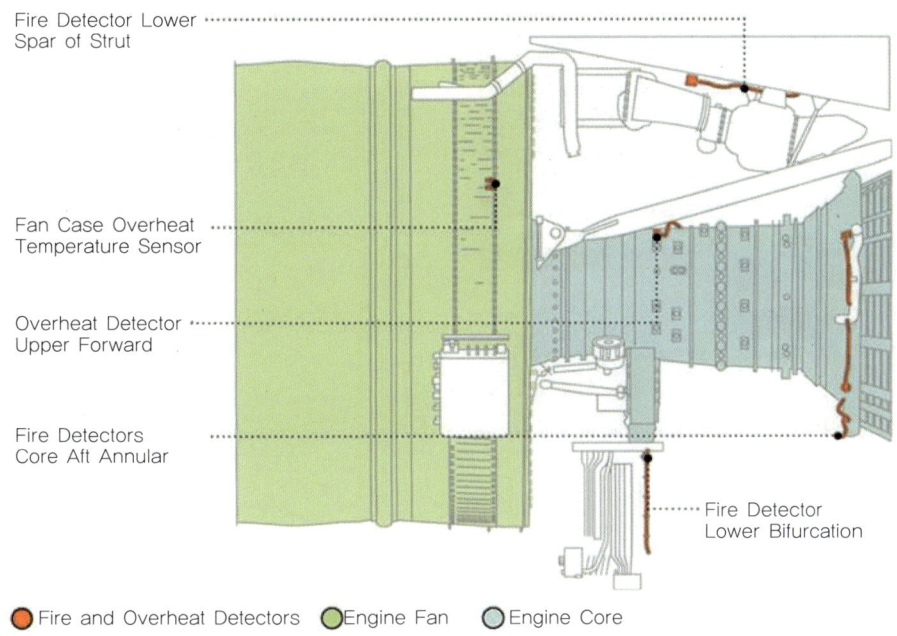

13. 메인 엔진의 소화기

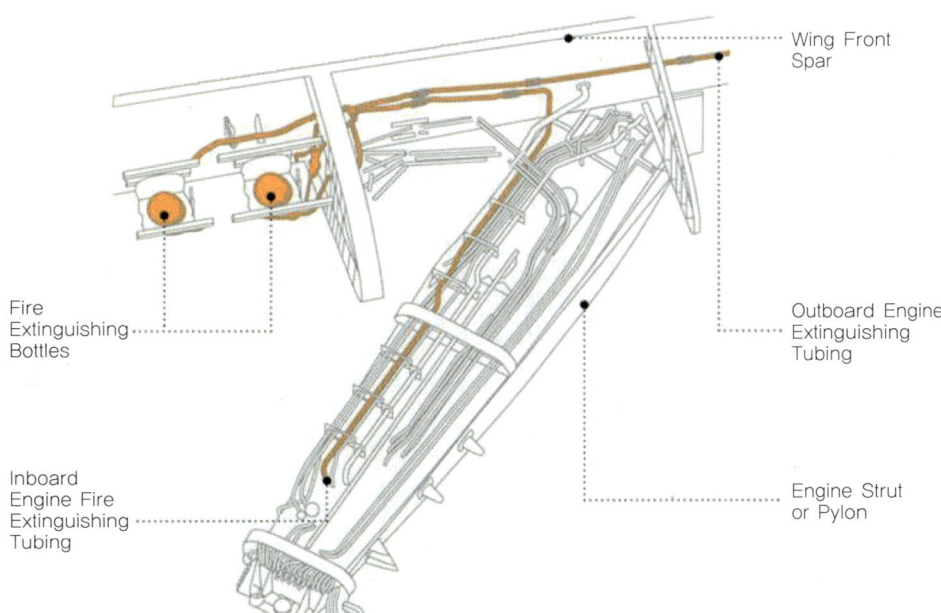

14. 화장실의 소화기

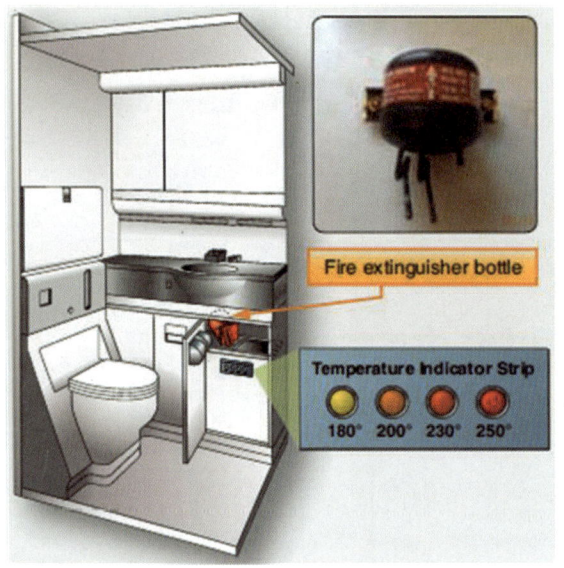

22 발연 감지 경고 회로

1. 회로도

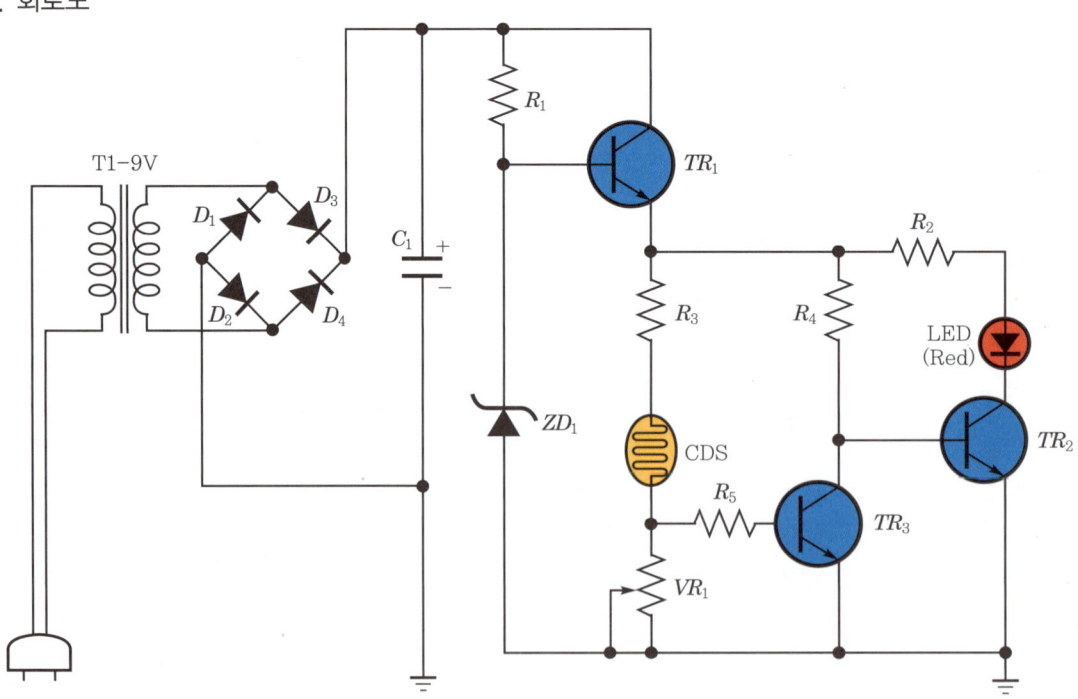

2. 동작 설명

① CDS 소자에 빛을 차단했을 때 LED가 ON되면 정상 작동한다.
② CDS 소자에 빛을 변화시켰을 때 LED가 ON, OFF되어야 한다.
③ VR_1에 저항수치를 변화시켰을 때 LED가 ON, OFF되어야 한다.

3. 배치도 연습

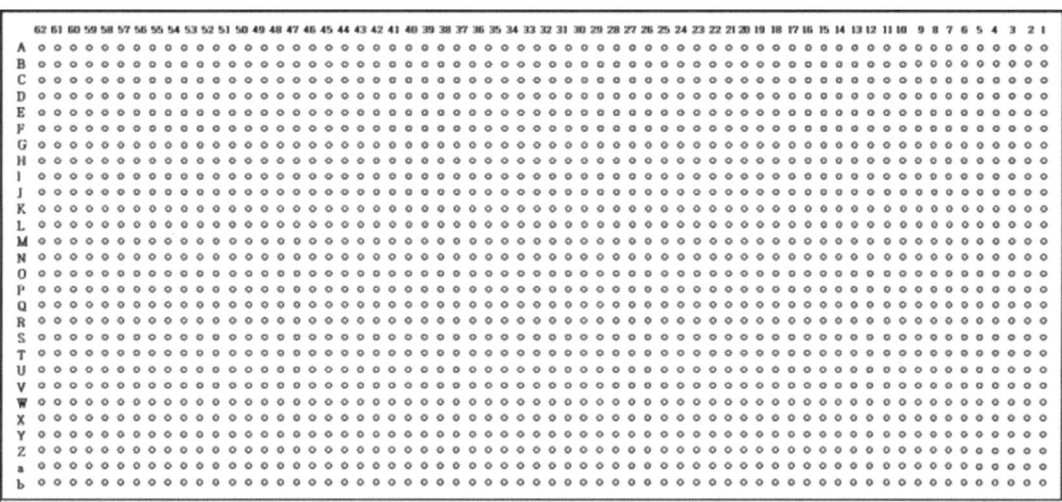

4. 변압기(Transformer) 후의 전압 변화

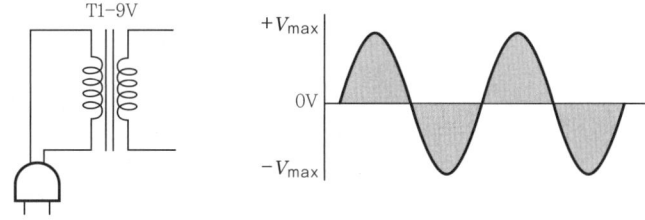

5. 브릿지 정류회로(Bridge Rectifier) 후의 전압 변화

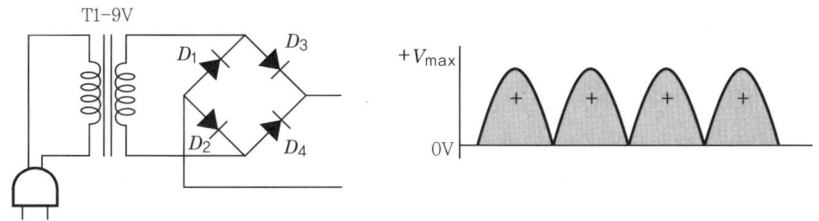

6. 콘덴서(Capacitor) 후의 전압 변화

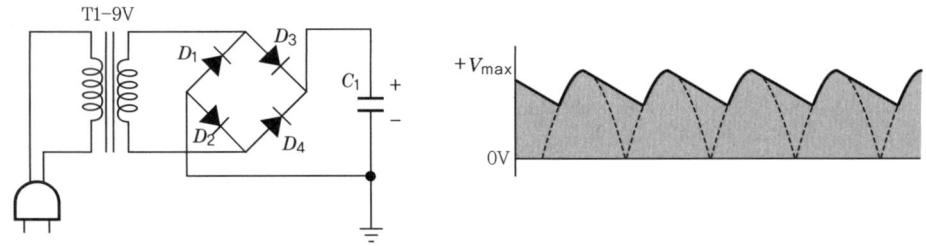

7. 정전압 다이오드(Zener Diode) 후의 전압 변화

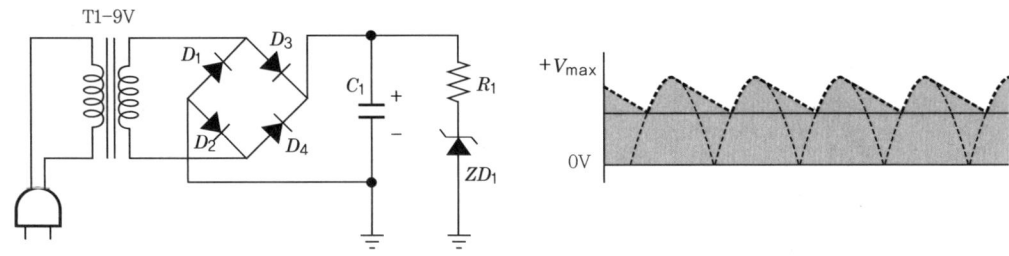

① CDS 소자에 빛을 차단했을 때 LED가 ON되면 정상 작동한다.
② CDS 소자에 빛을 변화시켰을 때 LED가 ON, OFF되어야 한다.
③ VR_1에 저항수치를 변화시켰을 때 LED가 ON, OFF되어야 한다.

- AC 220V를 변압기를 통해 AC 9V로 감압시킨 후 브릿지 정류회로를 통해 맥류로 변환시켜 전원을 공급한다.
- 전해 CAPACITOR를 병렬로 연결해서 평활회로를 만들어 DC 9V로 흐르게 하고, 회로에 ZENER DIODE를 역방향, 병렬로 연결하여 정전압으로 회로에 전원을 공급한다.
- R_1을 지나 감소된 전류가 TR_1의 BASE 접점에 흘러 COLLECTOR에서 EMITTER로 전류가 흐르게 한다.
- 각각 분기된 전류가 R_2, R_3, R_4로 흐르고, R_3과 CDS 센서, VR_1을 지나 GRD로 흐른다. CDS에서 나온 전류가 분기되어 R_5를 지나 감소되어 TR_3의 BASE 접점에 흐르므로, R_4에서 나온 전류가 COLLECTOR에서 EMITTER로 나와 GRD로 흐른다. R_4에서 분기되어 감소된 전류가 TR_2의 BASE 접점에 흐르므로 R_2와 LED를 지난 전류가 COLLECTOR에서 EMITTER를 거쳐 GRD로 흘러 ON 상태가 된다(TR의 스위칭 작용 및 ZD에 의해 감소된 전류의 증폭).
- 이때 VR_1을 드라이버를 이용해서 회전시키면 저항값의 변화에 의해 LED는 OFF 상태가 된다.
- 그리고 손을 이용해서 CDS 센서의 빛을 가리게 되면, LED는 ON 상태가 된다(빛의 세기가 약하면, 저항값 증가). CDS 센서에서 손을 떼면, LED는 OFF 상태가 된다(빛의 세기가 강하면, 저항값 감소).

8. 부품 내역

순번	품명	규격	수량
1	만능기판	28×62	1EA
2	실납	2m	1EA
3	3색 단선	1m	1EA
4	트랜지스터	C 3202(or C 1959)	3EA
5	다이오드	1N 4001(or 1N 5392)	4EA
6	제너 다이오드	RD12	1EA
7	LED	4ϕ/Red	1EA
8	저항기(R_2, R_4)	330Ω	2EA
9	저항기(R_1, R_3)	1kΩ	2EA
10	저항기(R_5)	5.6kΩ	1EA
11	가변 저항기	1kΩ	1EA
12	변압기	220V/9V(소)	1EA
13	콘덴서	1,000μF/28V	1EA
14	CDS	5ϕ(중)	1EA
15	전원 플러그	220V/1m(플러그 포함)	1EA

9. 배치도 예시

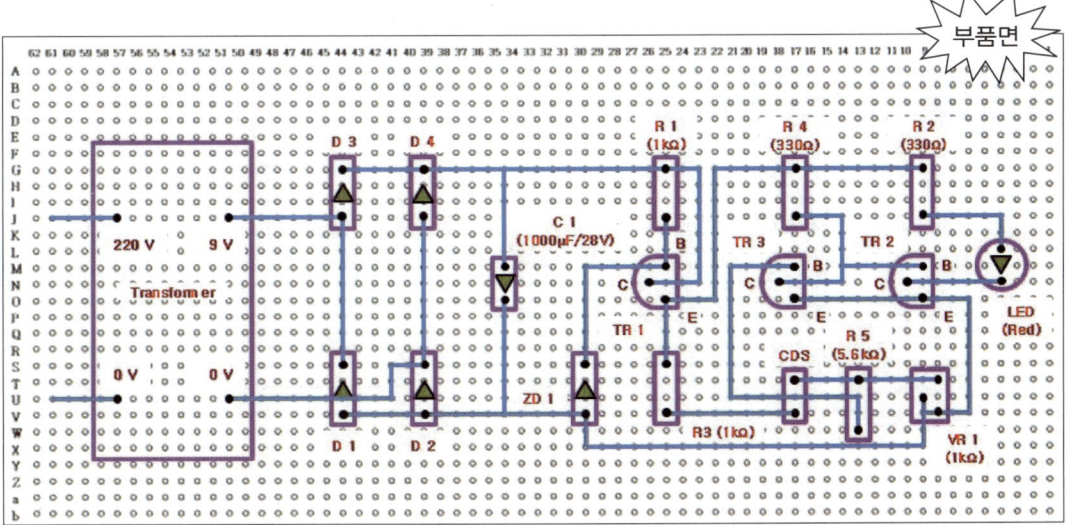

23 Logical Circuit

논리 회로: 숫자 0과 1을 이용하여 논리곱(AND), 논리합(OR), 부정(NOT)의 기본적 논리소자를 연결하여 수치를 나타내는 신호를 처리하는 회로이다.

회로명	논리기호	논리식	논리동작
AND 회로		$Q = A \cdot B$	입력이 모두 1일 때 출력은 1이 된다.
OR 회로		$Q = A + B$	입력이 1개라도 1이면 출력은 1이 된다.
NOT 회로		$Q = \overline{A}$	입력이 1이면 출력은 0, 입력이 0이면 출력은 1이다.
NAND 회로		$Q = \overline{A \cdot B}$	입력이 모두 1일 때 출력은 0이 된다.
NOR 회로		$Q = \overline{A + B}$	입력이 1개라도 1이면 출력은 0이 된다.

24 AND 회로

1. 회로도

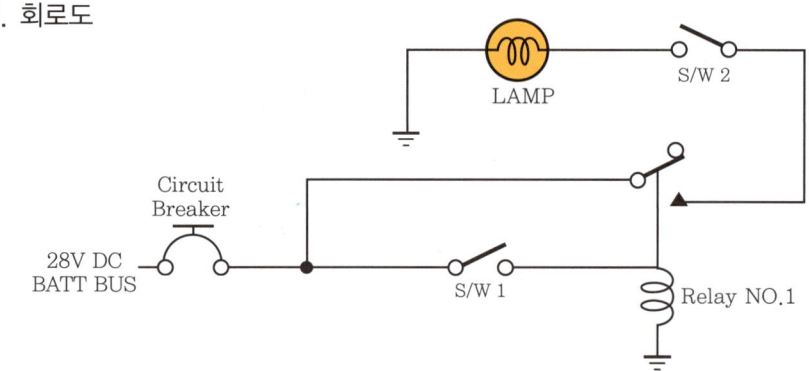

2. 동작 설명

① S/W 1과 S/W 2를 ON시키면 LAMP는 ON되어야 한다.
② S/W 1 또는 S/W 2를 OFF시키면 LAMP는 OFF되어야 한다.
③ 회로차단기를 OFF시키면 LAMP는 OFF되어야 한다.

3. 배치도 연습

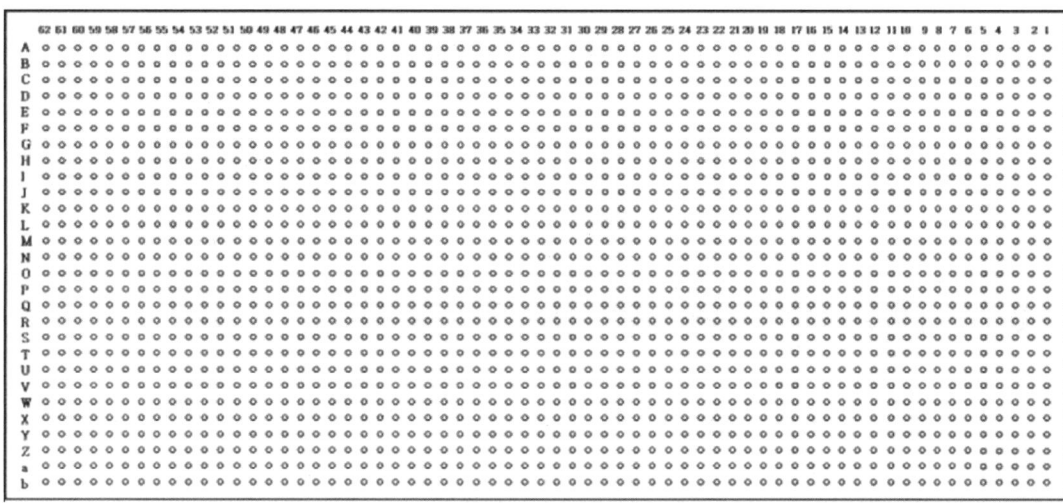

4. 논리곱 회로: 숫자 0과 1을 이용하여 모든 입력이 1일 때만 출력이 1이 되는 회로이다.

논리기호	논리식	진리표		
		A	B	Q
A ─┐▶─ Q B ─┘	Q=A·B	0	0	0
		0	1	0
		1	0	0
		1	1	1

① S/W 1과 S/W 2를 ON시키면, LAMP는 ON되어야 한다.
- BATTERY BUS에서 전원이 공급되어 Relay의 COM 접점과 S/W 1로 전류가 흐른다.
- S/W 1을 ON으로 하면 Relay의 COIL에서 GRD로 전류가 흘러 Relay는 동작하게 된다.
- 동작된 Relay의 COM과 NO 접점을 통해 S/W 2로 전류가 흐른다.
- S/W 2를 ON으로 하면, LAMP를 통해 GRD로 전류가 흘러 ON 상태가 된다.

② S/W 1 또는 S/W 2를 OFF시키면, LAMP는 OFF되어야 한다.
- BATTERY BUS에서 전원이 공급되어 Relay의 COM 접점과 S/W 1로 전류가 흐른다.
- S/W 1을 OFF로 하면 Relay의 COIL에서 GRD로 전류가 흐르지 않아 Relay는 동작하지 않는다.
- 동작되지 않아 Relay의 COM과 NC 접점이 연결되어 있어 S/W 2로 전류가 흐르지 않는다.

- 반대로, S/W 2를 OFF로 하면 LAMP를 통해 GRD로 전류가 흐르지 않아 OFF 상태가 된다.

③ 회로차단기를 OFF시키면, LAMP는 OFF되어야 한다.
- BATTERY BUS로부터 메인 전원이 공급되고 있는 C/B를 OFF하면, 회로 전체에 전류가 흐르지 않아 모두 OFF 상태가 된다.

5. 부품 내역

순번	품명	규격	수량
1	만능기판	28×62	1EA
2	실납	2m	1EA
3	3색 단선	1m	1EA
4	회로 차단기	DC 28V(소)	1EA
5	릴레이	DC 24V(5pin)	1EA
6	릴레이 소켓	16pin	1EA
7	토글 스위치	3pin(대)	2EA
8	램프	24V(소)	1EA

6. 배치도 예시

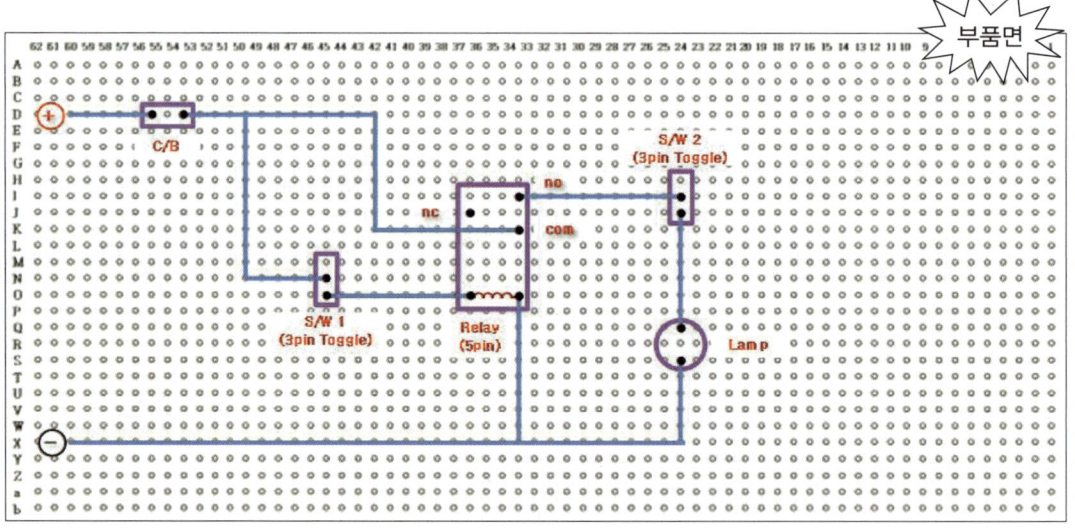

제10장 회로도

25 OR 회로

1. 회로도

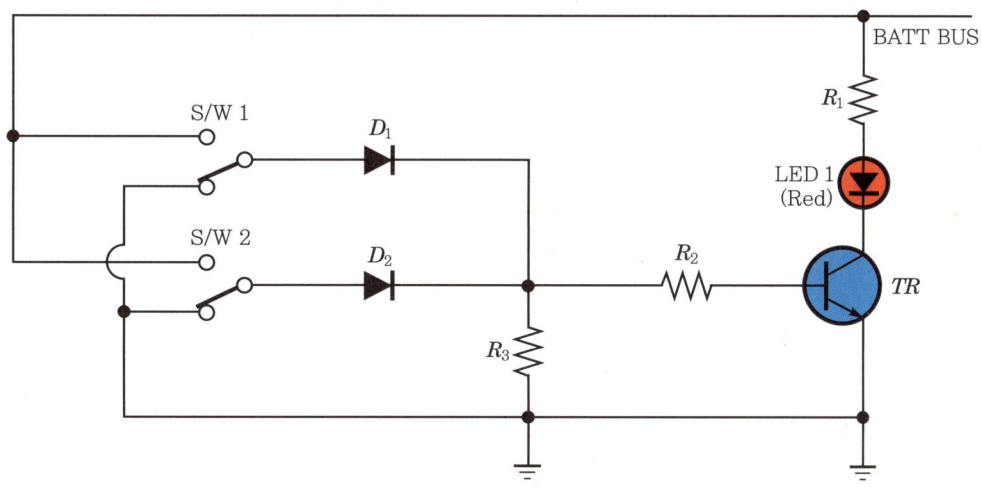

2. 동작 설명

① S/W 1과 S/W 2를 ON시키면 LED는 ON되어야 한다.
② S/W 1 또는 S/W 2를 ON시키면 LED는 ON되어야 한다.
③ S/W 1과 S/W 2를 OFF시키면 LED는 OFF되어야 한다.

3. 배치도 연습

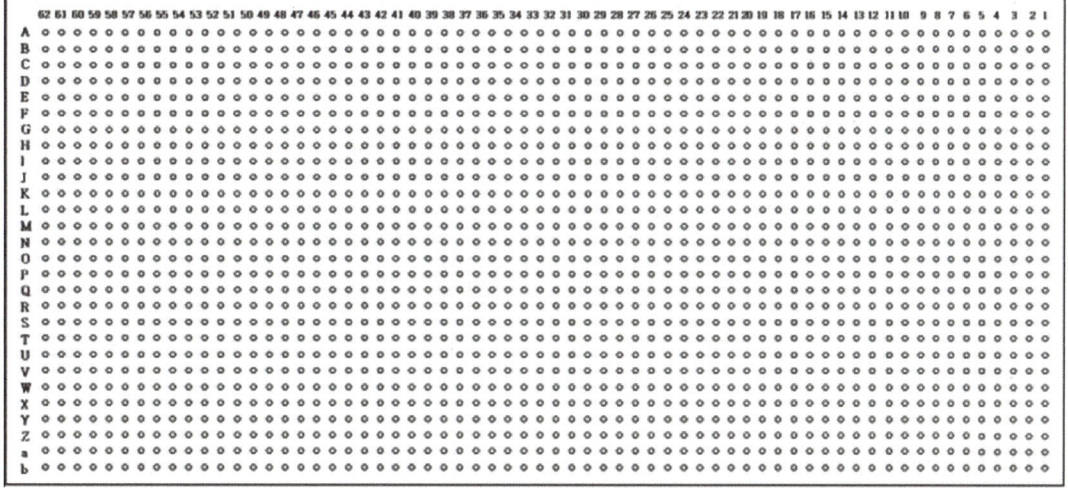

4. 논리합 회로: 숫자 0과 1을 이용하여 입력 A, B 중 최소한 어느 한쪽이 1이면, 출력이 1이 되는 회로이다.

논리기호	논리식	진리표		
		A	B	Q
A ─┐▷─ Q B ─┘	Q = A+B	0	0	0
		0	1	1
		1	0	1
		1	1	1

① S/W 1과 S/W 2를 ON시키면, LED는 ON되어야 한다.
- BATTERY BUS에서 전원이 공급되어 R_1과 S/W 1, 2로 분기되어 전류가 흐른다.
- R_1은 LED를 지나 TR(NPN)의 COLLECTOR 접점으로 흐른다.
- S/W 1, 2를 모두 ON으로 하면, COM 접점에서 DIODE 1, 2를 통해 분기되어 R_2, R_3에 흐른다. R_2를 통해 TR의 BASE 접점으로 흐르게 되면, COLLECTOR에서 EMITTER로 전류가 흐르게 된다. R_3과 EMITTER를 통해 나온 전류는 GRD로 흘러 LED는 ON 상태가 된다.

② S/W 1 또는 S/W 2를 ON시키면, LED는 ON되어야 한다.
- BATTERY BUS에서 전원이 공급되어 R_1과 S/W 1, 2로 분기되어 전류가 흐른다.
- R_1은 LED를 지나 TR(NPN)의 COLLECTOR 접점으로 흐른다.
- S/W 1을 ON, S/W 2를 OFF로 하면, COM 접점에서 DIODE 1을 통해 분기되어 R_2, R_3에 흐른다. R_2를 통해 TR의 BASE 접점으로 흐르게 되면 COLLECTOR에서 EMITTER로 전류가 흐르게 된다. R_3과 EMITTER를 통해 나온 전류는 GRD로 흘러 LED는 ON 상태가 된다.
- S/W 1을 OFF, S/W 2를 ON으로 하면, COM 접점에서 DIODE 2를 통해 분기되어 R_2, R_3에 흐른다. R_2를 통해 TR의 BASE 접점으로 흐르게 되면, COLLECTOR에서 EMITTER로 전류가 흐르게 된다. R_3과 EMITTER를 통해 나온 전류는 GRD로 흘러 LED는 ON 상태가 된다.

③ S/W 1과 S/W 2를 OFF시키면, LED는 OFF되어야 한다.
- BATTERY BUS에서 전원이 공급되어 R_1과 S/W 1, 2로 분기되어 전류가 흐른다.
- R_1은 LED를 지나 TR(NPN)의 COLLECTOR 접점으로 흐른다.
- S/W 1, 2를 모두 OFF로 하면, COM 접점으로 전류가 흐르지 않아 R_2를 통해 TR의 BASE 접점으로 흐르지 않게 되어 COLLECTOR에서 EMITTER로 전류가 흐르지 않는다. 전류는 GRD로 흐르지 않아 LED는 OFF 상태가 된다.

5. 부품 내역

순번	품명	규격	수량
1	만능기판	28×62	1EA
2	실납	2m	1EA
3	3색 단선	1m	1EA
4	트랜지스트	C 3202	1EA
5	다이오드	1N 4001	2EA
6	슬라이스 스위치	3pin(소)	2EA
7	저항기(R_1)	150Ω	1EA
8	저항기(R_2)	1.5kΩ	1EA
9	저항기(R_3)	4.7kΩ	1EA
10	LED	4φ(소)	1EA

6. 배치도 예시

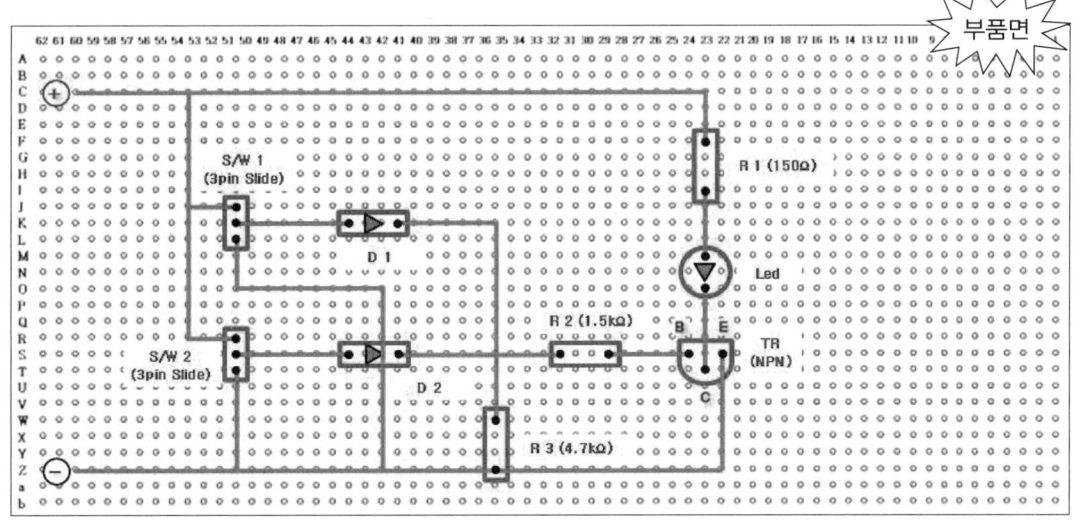

26 Bread Board

브레드 보드: 일반적으로 빵판이라고 하는데, 1970년대 미국에서 빵을 자르는 나무 도마를 여러 개 연결하고, 못으로 전자부품을 고정해서 만들었다는 것에서 유래되었다. 브레드 보드는 전자회로의 시험용, 평가용, 시작용에 이용된다. 납땜이 필요 없는 타입을 Solderless Bread Board라고 한다 (각종 전자부품 및 전선을 꽂아서 전자회로를 구성 가능). 납땜을 하지 않아 중금속 방지 및 영구적으로 회로 구성이 가능하다.

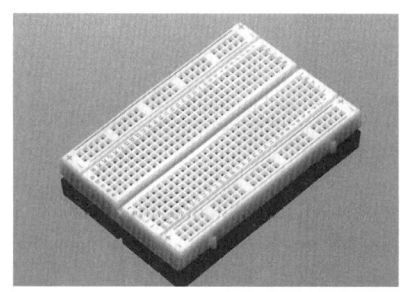

27 Layout of Bread Board

브레드 보드의 연결구조: 브레드 보드 내부에 기본적으로 도체가 내장되어 있어 회로 구성에 주의해서 연결해야 한다.

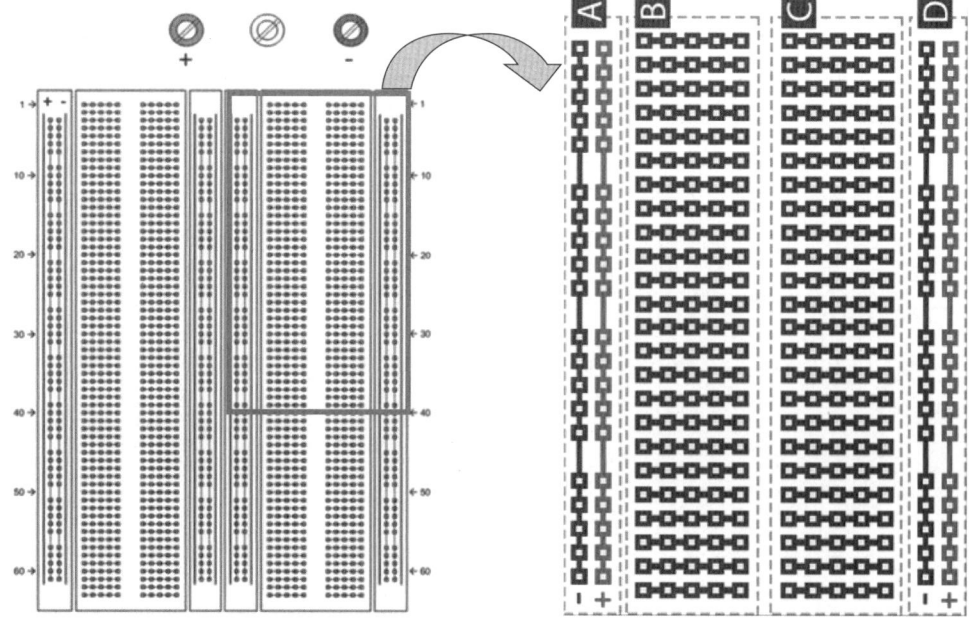

28 Contact of Bread Board

1. 가로 배열 구역에는 내부적으로 각각 가로 5칸씩 직렬로 연결되어 있다.

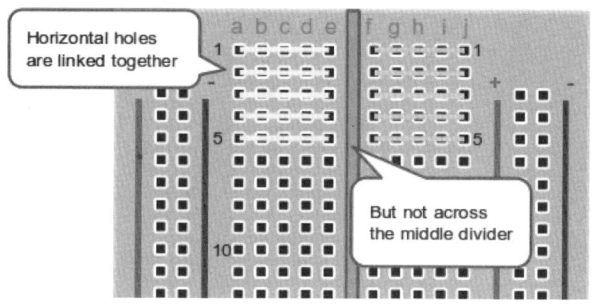

2. 세로 배열 구역에는 내부적으로 세로 일직선으로 전부 직렬로 연결되어 있다.

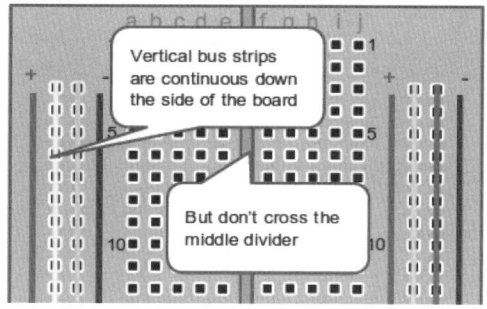

3. 가로 5칸 배열된 곳을 넘어서 연결하기 위해서는 점프선 또는 부품을 이용하여 옆의 5칸 배열로 이동하면 된다.

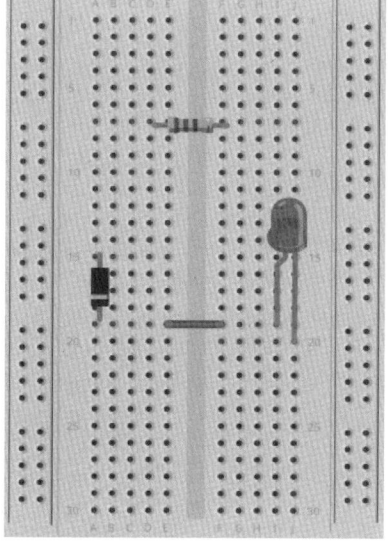

4. 가로 배열 구역에서 직렬연결을 위해서는 세로 일직선으로 도선 또는 부품을 삽입하면 된다.

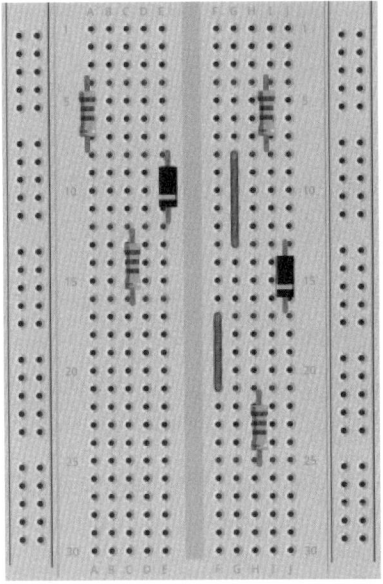

5. 가로 배열 구역에서 병렬연결을 위해서는 세로로 동일한 라인에 도선 또는 부품을 삽입하면 된다.

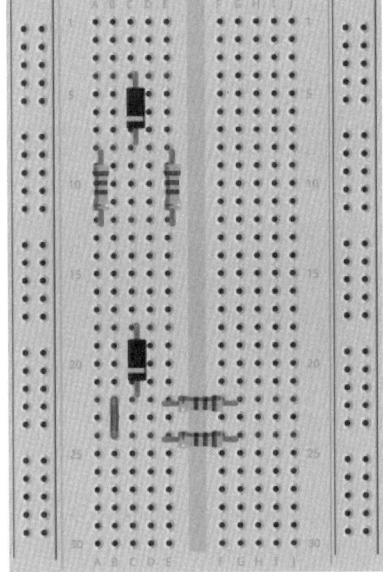

29 Circuit Test on Bread Board

회로 구성: 전원과 전기소자를 이용하여 브레드 보드에 회로를 구성하고, 동작 및 확인이 가능하다.

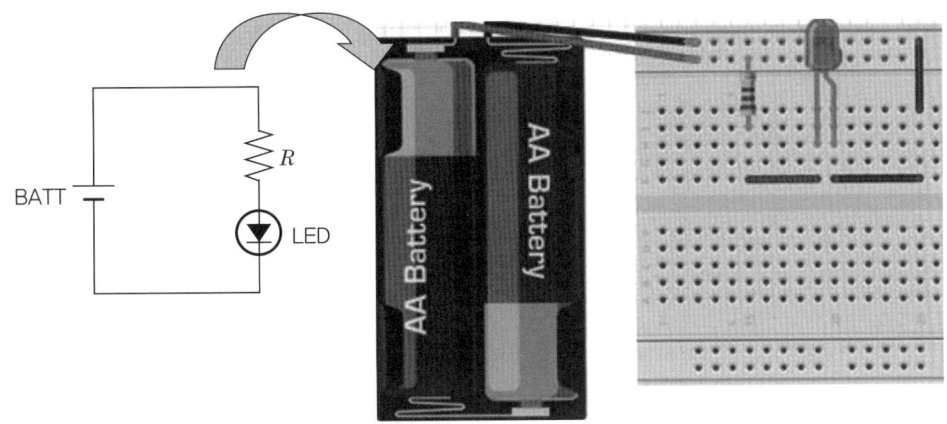

30 전압 강하

1. 전압 강하(Voltage Drop)

전위는 단위 전하당 전기적 위치 에너지를 일컫는다. 예를 들어, 물이 같은 높이에서 흐르지 않듯 전류도 같은 전위에서 흐르지 않는다. 전위차(전기위치에너지 차이)가 있을 때 비로소 전류가 흐르게 된다. 주어진 전압에 여러 저항을 사용하게 되면 전체 전압은 각각 저항에 걸리는 전압으로 나뉘게 된다. 처음 저항 R_1 하나에만 전원을 연결했을 때, 저항 R_1에 걸리는 전압 V_1은 전체 전압과 같이 V이지만, 다른 저항 R_2를 연결했을 경우 V_2만큼 전압이 강하되어 걸리게 된다. 그리고 전체 전압(V)은 각각에 걸리는 전압(V_1, V_2)의 합이 된다.

전류가 두 전위 사이를 흐를 때 저항을 직렬로 여러 개 연결하면 전류가 각 저항을 통과할 때마다 옴의 법칙 (전압(V) = 전류(I) × 저항(R))만큼 전압이 작아져 나타나는 현상을 전압 강하라 한다. 이때 전체 전압은 각각에 걸린 전압의 합이 된다. 또한 변압기에서도 변압기 원리에 의해 1차 코일(전원 쪽)에 비해 2차 코일(출력 쪽)이 작을 때 감은수의 비율만큼 작아진다. 이 경우도 전압 강하의 한 예가 된다. 전압 강하를 목적으로 한 변압기를 강압기라 한다.

2. 직렬 회로의 전압 강하

직렬로 접속되어 있는 어느 저항에서나 흐르는 전류는 같다. 그러나 전류 I[A]가 회로의 저항 R[Ω]에 흐르면 IR[V]의 전압 강하가 발생한다. 회로에 흐르는 전류를 I[A]로 하면 저항 R_1[Ω]에 의한 전압 강하 $V_1 = IR_1$[V], 저항 R_2[Ω]에 의한 전압 강하 $V_2 = IR_2$[V]가 된다. 이 때의 각 전압 강하의 합은 회로의 전원 전압과 같아지고, $V = V_1 + V_2 = IR_1 + IR_2 = I(R_1 + R_2)$가 된다.

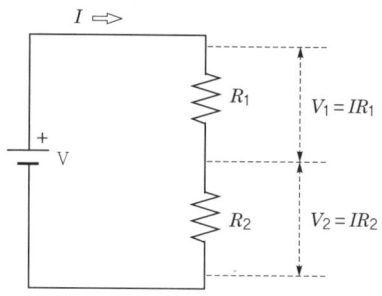

3. 병렬 회로의 전압 강하

병렬로 접속되어 있는 각 저항에는 동일한 전압이 걸린다. 회로에 흐르는 전류를 I[A], 전압을 V[V]로 하면 저항 R_1[Ω]에 흐르는 전류 $I_1 = V / R_1$[A], 저항 R_2[Ω]에 흐르는 전류 $I_2 = V / R_2$[A]가 된다. 이 때의 각 저항에 흐르는 전류의 합은 회로 전체의 전류와 같다. $I = I_1 + I_2 = (V / R_1) + (V / R_2) = V \cdot (R_1 + R_2) / R_1 \cdot R_2$가 된다.

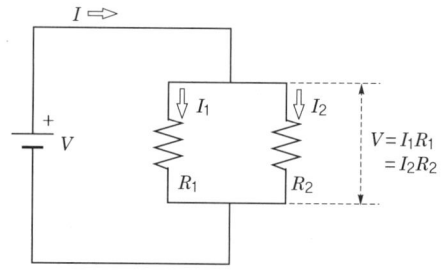

4. 직병렬 회로의 전압 강하

각 저항이 직병렬로 접속되어 있는 회로에서는 우선 회로 전체의 합성 저항을 계산하고, 전체 전류를 구한다. 이후 각 저항에 걸리는 전압과 병렬로 흐르는 전류를 계산할 수 있다.

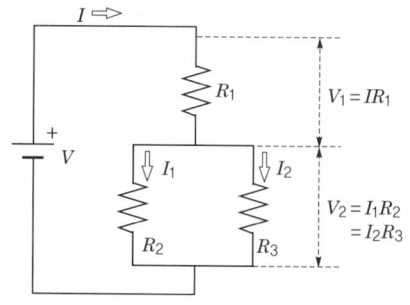

제10장 회로도

31 전압 강하의 측정

1. **직렬회로**

   ① 주어진 저항기 R_1, R_2, R_3 값을 아날로그 멀티미터로 측정하고, 아래의 회로도를 브레드 보드에 구성해서 흐르는 전류 I를 측정한다(9V 건전지, R_1 500Ω, R_2 1.5kΩ, R_3 2kΩ으로 주어진다. 단, 건전지, 저항기 값은 시험장에 따라 변경될 수 있다).

   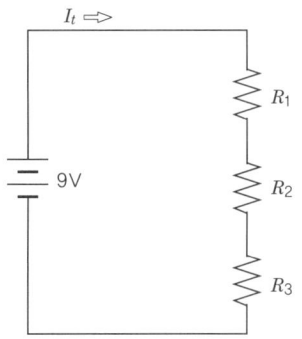

   ② 회로 구성

   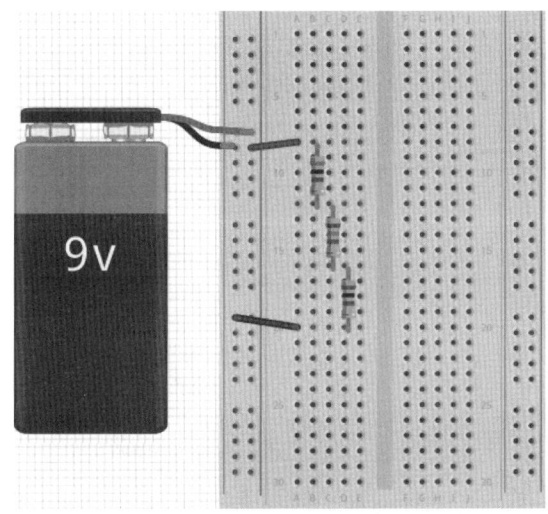

   ③ 전체 저항 측정(R): 멀티미터의 실렉터를 $R(\times 1 \sim \times 10k)$로 맞추고 0Ω 조정을 한 후, 회로 내의 전원을 단선 또는 제거시키고, 직렬이므로 R_1의 시작과 R_3의 끝에 접촉시키고 측정값을 읽는다.

   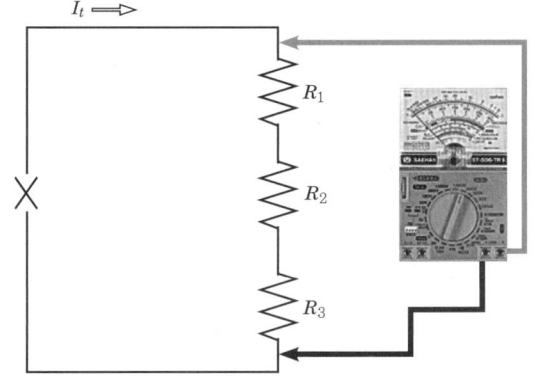

319

④ 전체 전압 측정(V): 멀티미터의 실렉터를 DCV로 맞추고 회로의 전원(배터리 또는 파워서플라이)과 병렬(같은 극끼리)로 접촉시키고 측정값을 읽는다.

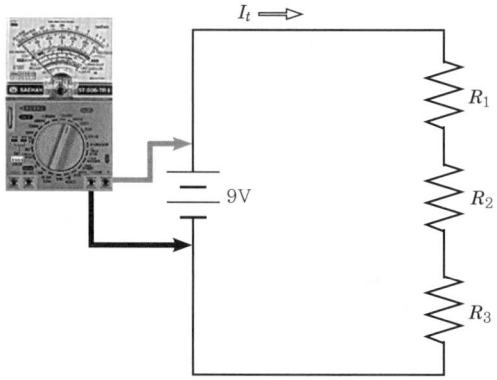

⑤ R_1의 전압 측정(V_1): 멀티미터의 실렉터를 DCV로 맞추고 회로 내의 전원을 인가한 후, R_1의 양단에 병렬(같은 극끼리)로 접촉시키고 측정값을 읽는다.

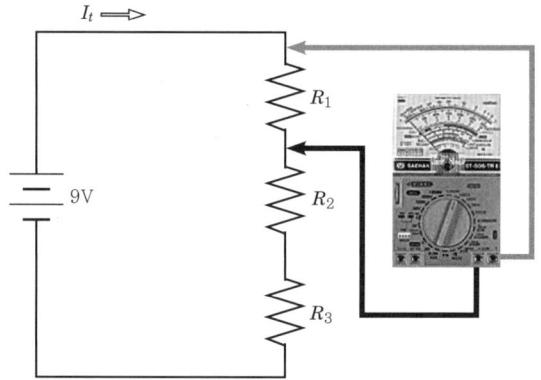

⑥ R_2의 전압 측정(V_2): 멀티미터의 실렉터를 DCV로 맞추고 회로 내의 전원을 인가한 후, R_2의 양단에 병렬(같은 극끼리)로 접촉시키고 측정값을 읽는다.

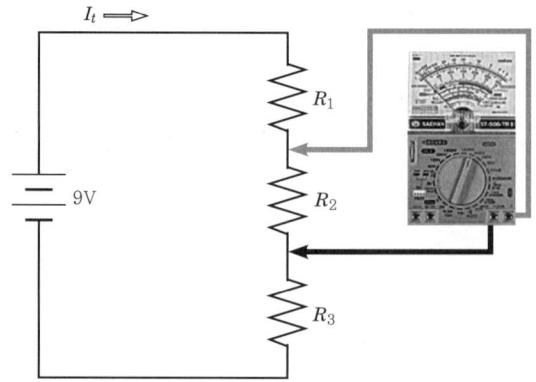

⑦ R_3의 전압 측정(V_3): 멀티미터의 실렉터를 DCV로 맞추고 회로 내의 전원을 인가한 후, R_3의 양단에 병렬(같은 극끼리)로 접촉시키고 측정값을 읽는다.

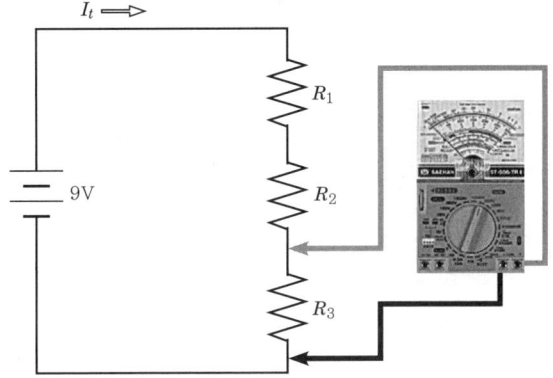

⑧ 전체 전류 측정(I): 멀티미터의 실렉터를 DCA로 맞추고 회로 내의 전원을 인가한 후, 회로 내의 전류가 모든 저항기를 지나 귀환되는 곳을 단선시키고 직렬연결 상태로 만들어 양단에 접촉시키고 측정값을 읽는다(직렬 회로이므로 어느 곳을 측정하더라도 전류는 동일하다).

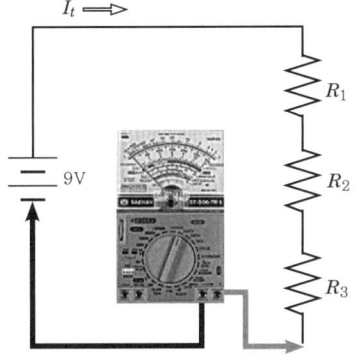

2. 병렬 회로

① 주어진 저항기 R_1, R_2, R_3 값을 아날로그 멀티미터로 측정하고, 아래의 회로도를 브레드 보드에 구성해서 흐르는 전류 I를 측정한다(9V 건전지, R_1 500Ω, R_2 1.5kΩ, R_3 2kΩ으로 주어진다. 단, 건전지, 저항기 값은 시험장에 따라 변경될 수 있다).

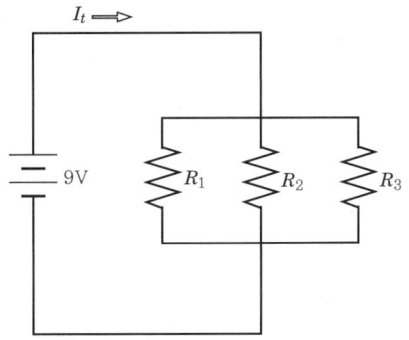

② 회로 구성

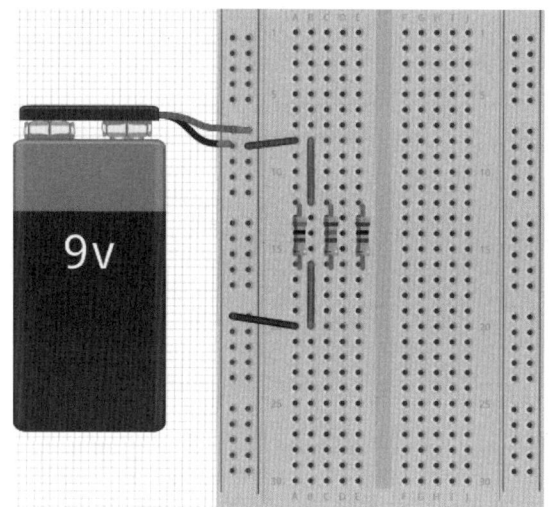

③ 전체 저항 측정(R): 멀티미터의 실렉터를 $R(\times1 \sim \times10k)$로 맞추고 0Ω 조정을 한 후, 회로 내의 전원을 단선 또는 제거시키고, 병렬이므로 R_1 또는 R_2 또는 R_3의 시작과 R_1 또는 R_2 또는 R_3의 끝에 접촉시키고 측정값을 읽는다.

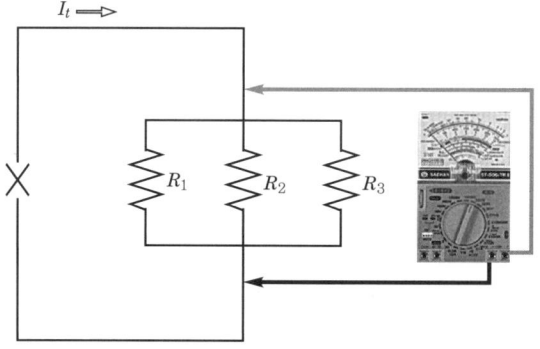

④ 전체 전압 측정(V): 멀티미터의 실렉터를 DCV로 맞추고 회로의 전원(배터리 또는 파워서플라이)과 병렬(같은 극끼리)로 접촉시키고 측정값을 읽는다.

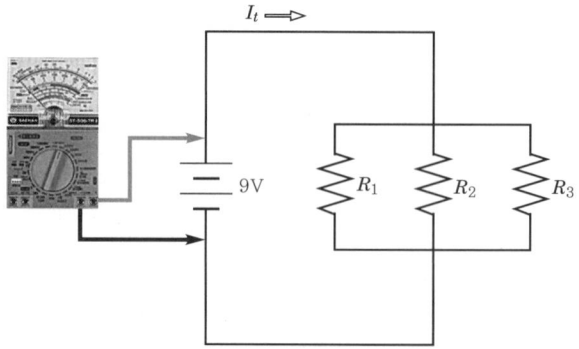

⑤ R_1, R_2, R_3의 전압 측정(V_1, V_2, V_3): 멀티미터의 실렉터를 DCV로 맞추고 회로 내의 전원을 인가한 후, R_1, R_2, R_3의 양단에 병렬(같은 극끼리)로 접촉시키고 측정값을 읽는다(병렬 회로이므로 어느 곳을 측정하더라도 전압은 동일하다).

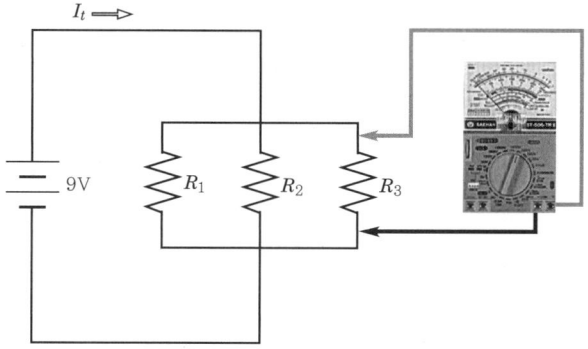

⑥ 전체 전류 측정(I): 멀티미터의 실렉터를 DCA로 맞추고 회로 내의 전원을 인가한 후, 회로 내의 전류가 모든 저항기를 지나 귀환되는 곳을 단선시키고 직렬연결 상태로 만들어 양단에 접촉시키고 측정값을 읽는다(직렬 회로이므로 어느 곳을 측정하더라도 전류는 동일하다).

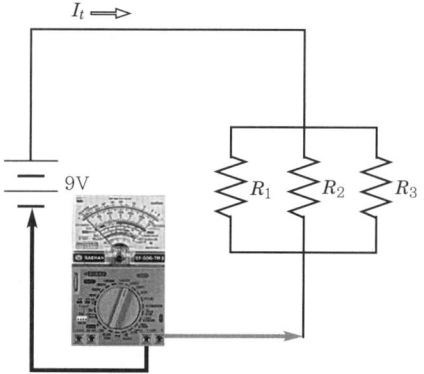

⑦ R_1의 전류 측정(I_1): 멀티미터의 실렉터를 DCA로 맞추고 회로 내의 전원을 인가한 후, R_1의 끝을 단선시키고 직렬연결 상태로 만들어 양단에 접촉시키고 측정값을 읽는다.

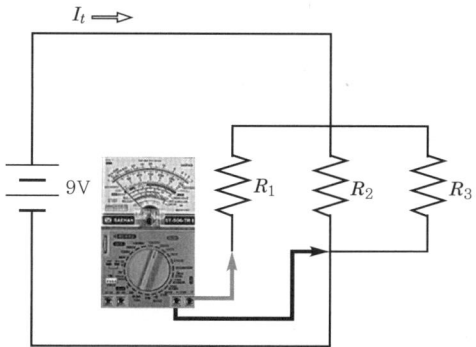

⑧ R_2의 전류 측정(I_2): 멀티미터의 실렉터를 DCA로 맞추고 회로 내의 전원을 인가한 후, R_2의 끝을 단선시키고 직렬연결 상태로 만들어 양단에 접촉시키고 측정값을 읽는다.

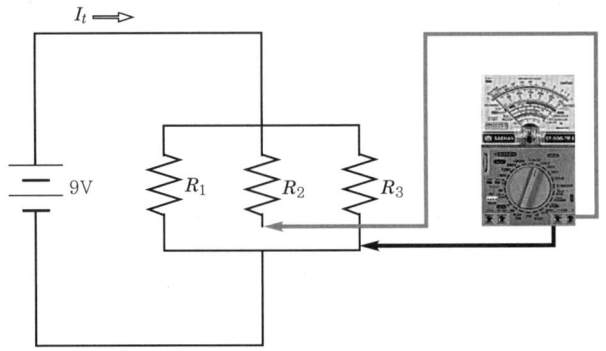

⑨ R_3의 전류 측정(I_3): 멀티미터의 실렉터를 DCA로 맞추고 회로 내의 전원을 인가한 후, R_3의 끝을 단선시키고 직렬연결 상태로 만들어 양단에 접촉시키고 측정값을 읽는다.

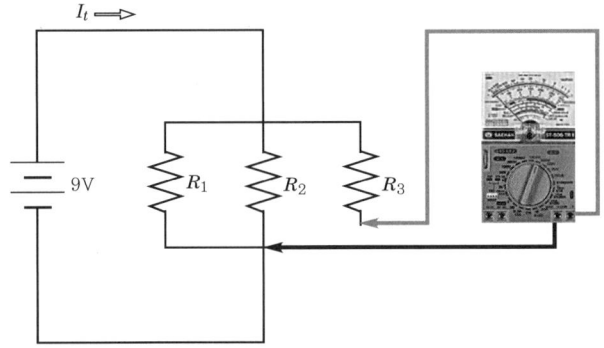

3. 직병렬 회로

① 주어진 저항기 R_1, R_2, R_3 값을 아날로그 멀티미터로 측정하고, 아래의 회로도를 브레드 보드에 구성해서 흐르는 전류 I를 측정한다(9V 건전지, R_1 500Ω, R_2 1.5kΩ, R_3 2kΩ으로 주어진다. 단, 건전지, 저항기 값은 시험장에 따라 변경될 수 있다).

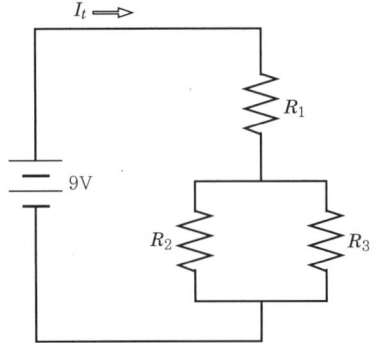

② 회로 구성

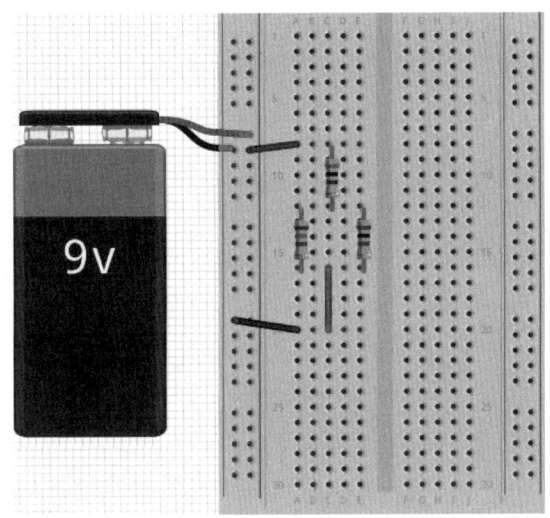

③ 전체 저항 측정(R): 멀티미터의 실렉터를 $R(\times 1 \sim \times 10k)$로 맞추고 0Ω 조정을 한 후, 회로 내의 전원을 단선 또는 제거시키고, 직병렬이므로 R_1의 시작과 R_2 또는 R_3의 끝에 접촉시키고 측정값을 읽는다.

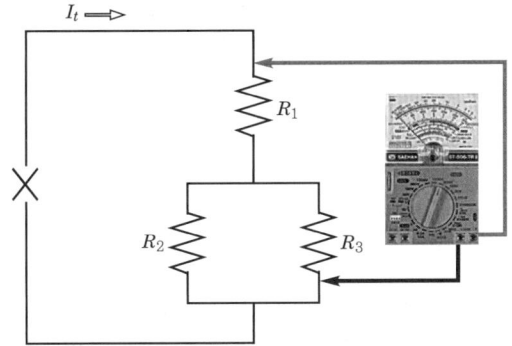

④ 전체 전압 측정(V): 멀티미터의 실렉터를 DCV로 맞추고 회로의 전원(배터리 또는 파워서플라이)과 병렬(같은 극끼리)로 접촉시키고 측정값을 읽는다.

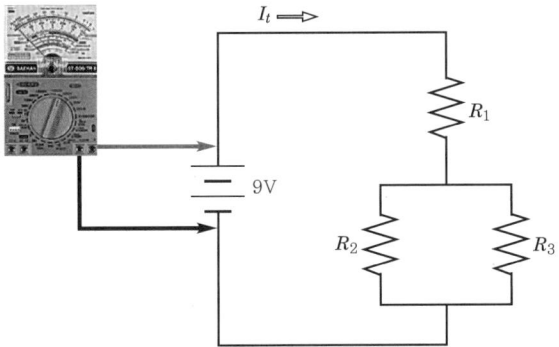

⑤ R_1의 전압 측정(V_1): 멀티미터의 실렉터를 DCV로 맞추고 회로 내의 전원을 인가한 후, R_1의 양단에 병렬(같은 극끼리)로 접촉시키고 측정값을 읽는다.

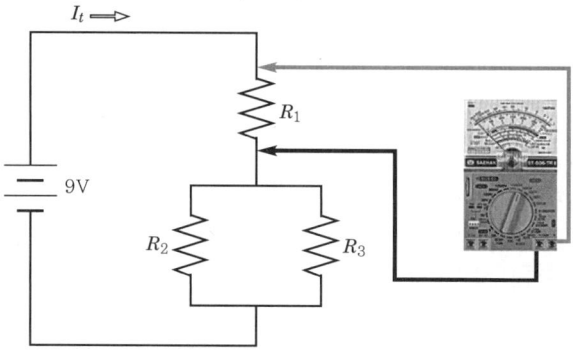

⑥ R_2, R_3의 전압 측정(V_2, V_3): 멀티미터의 실렉터를 DCV로 맞추고 회로 내의 전원을 인가한 후, R_2, R_3의 양단에 병렬(같은 극끼리)로 접촉시키고 측정값을 읽는다(병렬 회로이므로 어느 곳을 측정하더라도 전압은 동일하다).

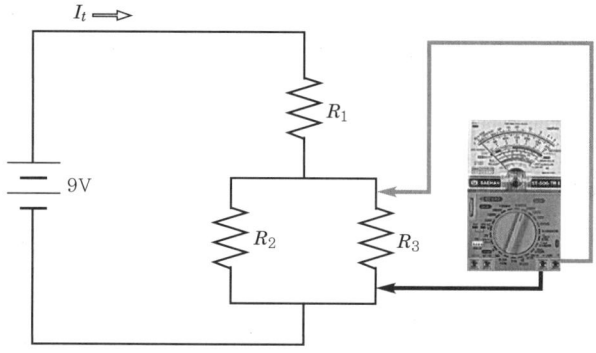

⑦ 전체 전류 측정(I): 멀티미터의 실렉터를 DCA로 맞추고 회로 내의 전원을 인가한 후, 회로 내의 전류가 모든 저항기를 지나 귀환되는 곳을 단선시키고 직렬연결 상태로 만들어 양단에 접촉시키고 측정값을 읽는다.

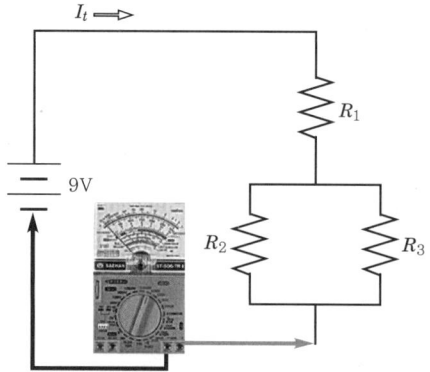

⑧ R_1의 전류 측정(I_1): 멀티미터의 실렉터를 DCA로 맞추고 회로 내의 전원을 인가한 후, R_1의 끝을 단선시키고 직렬연결 상태로 만들어 양단에 접촉시키고 측정값을 읽는다(R_1은 직렬연결이므로 I_1은 I와 동일하다).

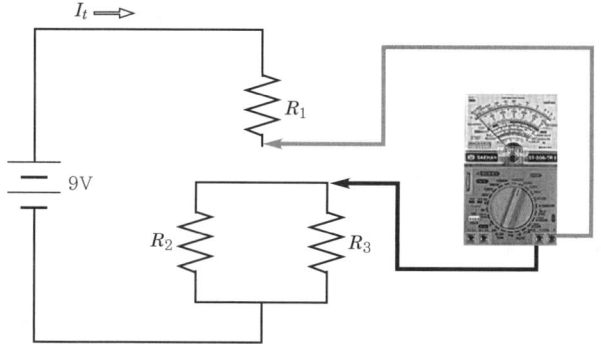

⑨ R_2의 전류 측정(I_2): 멀티미터의 실렉터를 DCA로 맞추고 회로 내의 전원을 인가한 후, R_2의 끝을 단선시키고 직렬연결 상태로 만들어 양단에 접촉시키고 측정값을 읽는다.

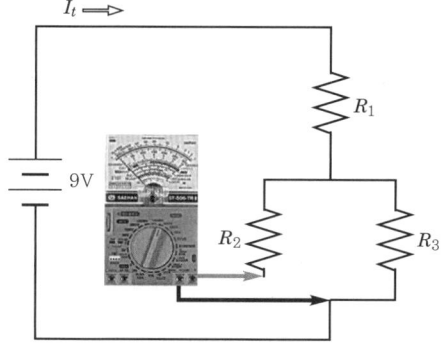

⑩ R_3의 전류 측정(I_3): 멀티미터의 실렉터를 DCA로 맞추고 회로 내의 전원을 인가한 후, R_3의 끝을 단선시키고 직렬연결 상태로 만들어 양단에 접촉시키고 측정값을 읽는다.

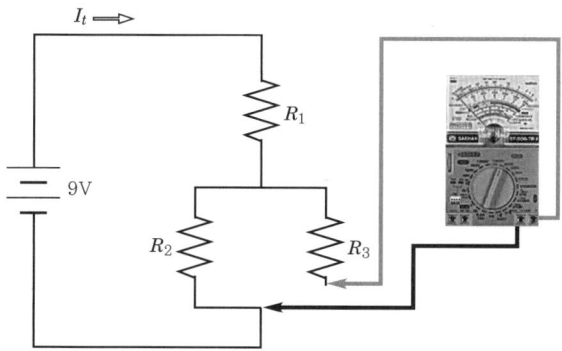

4. 직병렬 회로(스위치 포함)

① 주어진 저항 R_1, R_2, R_3 값을 아날로그 멀티미터로 측정하고, 아래의 회로도를 브레드 보드에 구성한다. 저항에 걸리는 전압 V_1, V_2를 측정하고, 회로 전체에 흐르는 전류 I를 측정한다(6V 건전지, R_1 1kΩ, R_2 2kΩ, R_3 4kΩ으로 주어진다. 단, 건전지, 저항기 값은 시험장에 따라 변경될 수 있다).

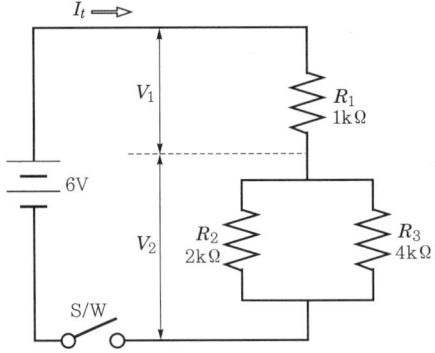

② 회로 구성

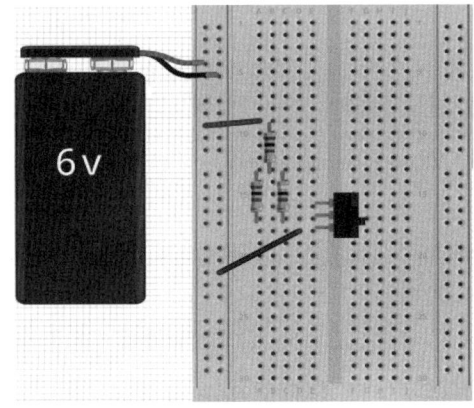

③ 전체 저항 측정(R): 멀티미터의 실렉터를 $R(\times 1 \sim \times 10k)$로 맞추고 0Ω 조정을 한 후, 회로 내의 스위치를 OFF로 전원을 단선시키고, 직병렬이므로 R_1의 시작과 R_2 또는 R_3의 끝에 접촉시키고 측정값을 읽는다.

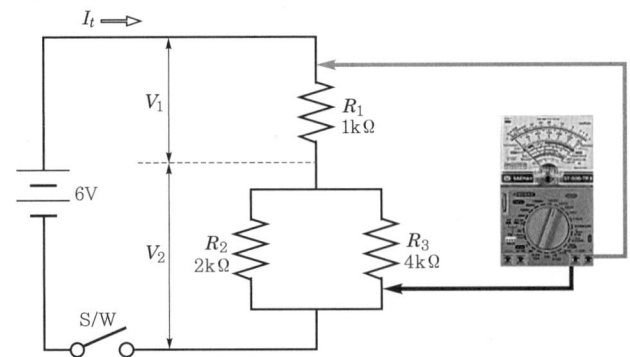

④ 전체 전압 측정(V): 멀티미터의 실렉터를 DCV로 맞추고 회로의 스위치를 ON으로 하고 전원(배터리 또는 파워서플라이)과 병렬(같은 극끼리)로 접촉시키고 측정값을 읽는다.

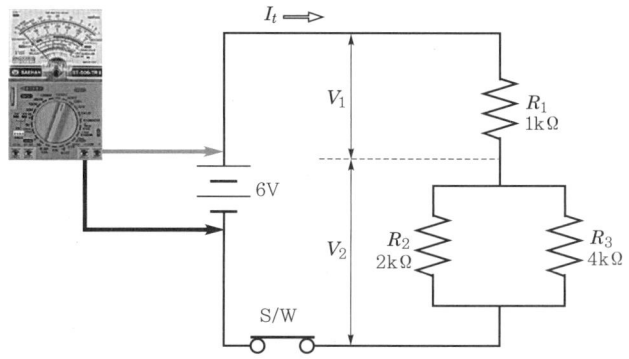

⑤ R_1의 전압 측정(V_1): 멀티미터의 실렉터를 DCV로 맞추고 회로 내의 스위치를 ON으로 하고 전원을 인가한 후, R_1의 양단에 병렬(같은 극끼리)로 접촉시키고 측정값을 읽는다.

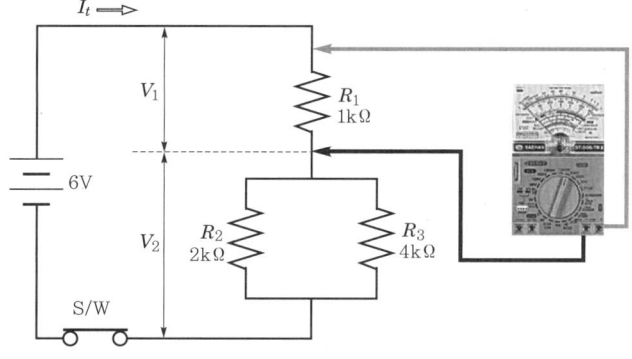

⑥ R_2, R_3의 전압 측정(V_2, V_3): 멀티미터의 실렉터를 DCV로 맞추고 회로 내의 스위치를 ON으로 하고 전원을 인가한 후, R_2, R_3의 양단에 병렬(같은 극끼리)로 접촉시키고 측정값을 읽는다(병렬 회로이므로 어느 곳을 측정하더라도 전압은 동일하다).

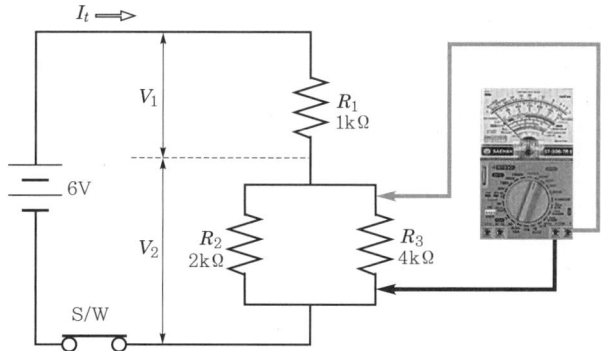

⑦ 전체 전류 측정(I): 멀티미터의 실렉터를 DCA로 맞추고 회로 내의 전원을 인가한 후, 회로 내의 전류가 모든 저항기를 지나 귀환되는 곳의 스위치를 OFF로 단선시켜 직렬연결 상태로 만들어 양단에 접촉시키고 측정값을 읽는다.

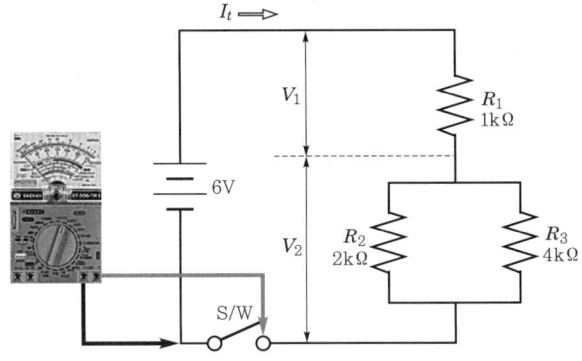

5. **직렬 회로(스위치, 저항기, 램프)**

① 주어진 저항기 R, S/W, LAMP를 이용하여 아래의 회로도를 브레드 보드에 구성한다. 저항에 걸리는 전압 V_1, V_2를 측정하고, 회로 전체에 흐르는 전류 I를 측정한다(단, 건전지, 저항기 값은 시험장에 따라 변경될 수 있다).

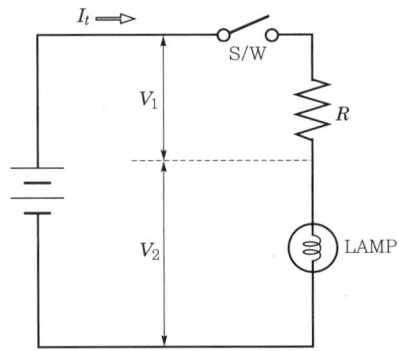

② 회로 구성

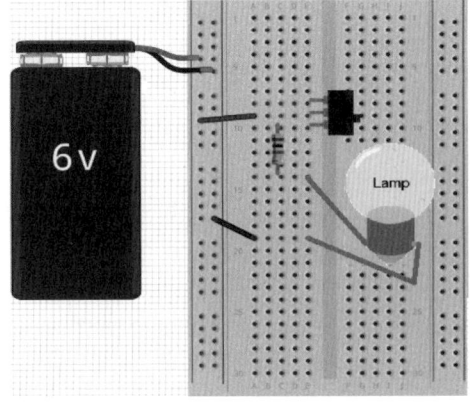

③ 전체 저항 측정(R): 멀티미터의 실렉터를 $R(\times 1 \sim \times 10k)$로 맞추고 0Ω 조정을 한 후, 회로 내의 스위치를 OFF로 전원을 단선시키고, 직렬이므로 R의 시작과 램프의 끝에 접촉시키고 측정값을 읽는다.

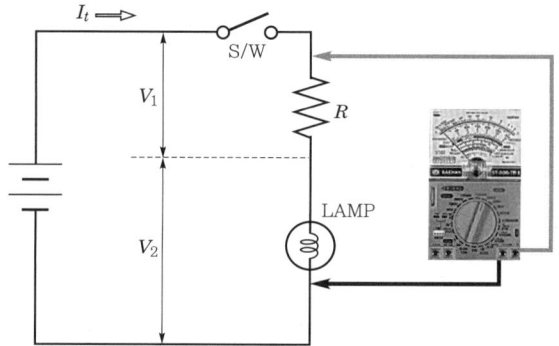

④ 전체 전압 측정(V): 멀티미터의 실렉터를 DCV로 맞추고 회로의 스위치를 ON으로 하고 전원(배터리 또는 파워서플라이)과 병렬(같은 극끼리)로 접촉시키고 측정값을 읽는다.

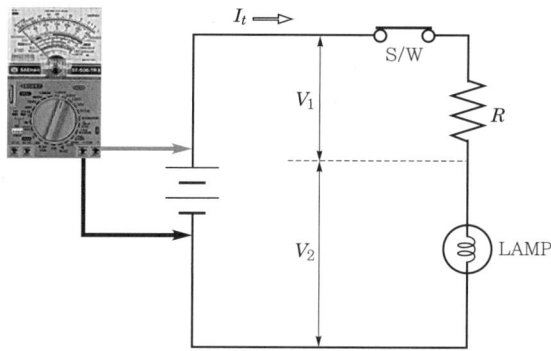

⑤ R의 전압 측정(V_1): 멀티미터의 실렉터를 DCV로 맞추고 회로의 스위치를 ON으로 하고 전원을 인가한 후, R의 양단에 병렬(같은 극끼리)로 접촉시키고 측정값을 읽는다.

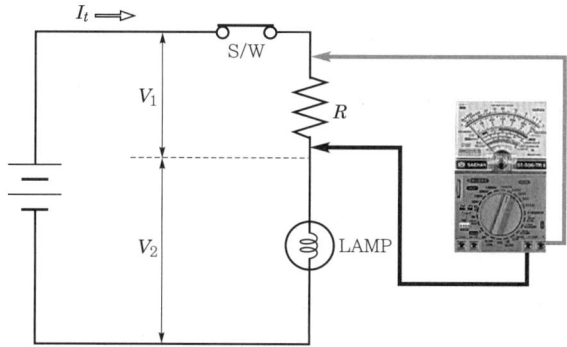

⑥ 램프의 전압 측정(V_2): 멀티미터의 실렉터를 DCV로 맞추고 회로의 스위치를 ON으로 하고 전원을 인가한 후, 램프의 양단에 병렬(같은 극끼리)로 접촉시키고 측정값을 읽는다.

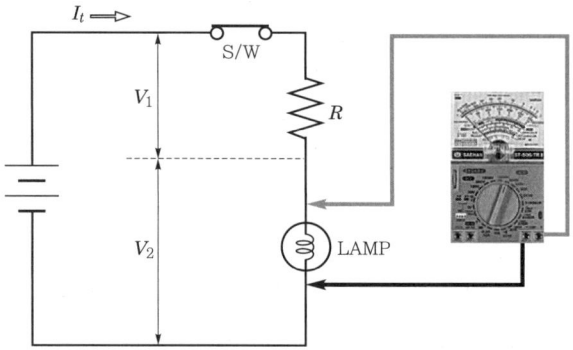

⑦ 전체 전류 측정(I): 멀티미터의 실렉터를 DCA로 맞추고 회로 내의 전원을 인가한 후, 스위치를 OFF로 단선시켜 저항기와 램프를 지나 직렬연결 상태로 만들어 양단에 접촉시키고 측정값을 읽는다(직렬 회로이므로 어느 곳을 측정하더라도 전류는 동일하다).

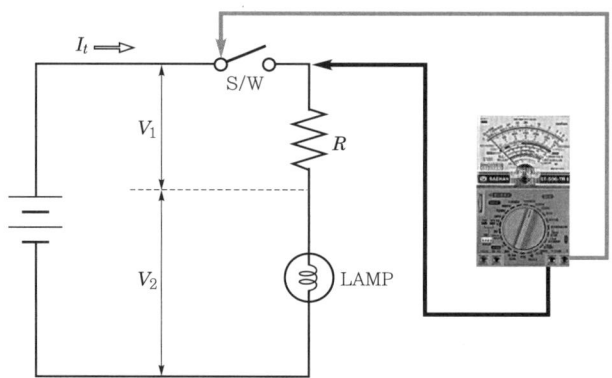

제11장 자격증 실기 요목

1. 자격증 실기시험(작업형)
2. 항공산업기사 출제기준(실기)
3. 항공정비사(비행기, 회전익항공기) 실기시험 표준서
4. 항공정비사(전자·전기·계기) 실기시험 표준서
5. 항공장비정비기능사 출제기준(실기)
6. 항공전자정비기능사 출제기준(실기)

1. 자격증 실기시험(작업형)

1. 항공산업기사
   ① 조명 계통 회로
   ② 경고 회로
   ③ Dimming 회로
   ④ APU Air Inlet Door 회로
   ⑤ 발연감지 회로
   ⑥ 경고음 회로

위의 회로 중에서 일자별로 랜덤하게 출제된다

작업형 50점(기체 16점, 기관 17점, 전자 17점)으로 배점되어 있다. 그중 전자 17점(반작 5점 또는 완작 10점, 배치 5점, 납땜 2점)으로 평가된다. 미작동 시 실격 처리되어 불합격된다. 납땜 도구는 개인이 지참해야 한다.

1) 전자 채점 항목

항목	세부항목	채점방법
동작상태	회로동작	시간 내에 완성된 작품으로 완전 동작 시 만점, 하나의 조건만 동작 시 5점. 기타 동작 또는 부동작은 오작으로 채점대상에서 제외(실격처리).
조립상태	부품의 균형 배치	기판의 활용상태 정도, 부품의 안정상태 정도, 저항색 띠 통일성 배치 정도. 각 사항을 관찰 확인 후 종합적으로 평가하여 양호하면 만점, 보통 1점, 기타 0점.
	부품의 조립	부품의 밀착성 정도, 부품의 리드선의 균형 정도, 부품의 높이 균형 정도. 각 사항을 관찰 확인 후 종합적으로 평가하여 양호하면 만점, 보통 1점, 기타 0점.
	배선	점퍼선 사용상태, 배선의 밀착 및 직선상태, 배선의 방향변경 상태. 각 사항을 관찰 확인 후 종합적으로 평가하여 양호하면 만점, 보통 1점, 기타 0점.
납땜상태	납땜	납의 과소 및 과다, 미납땜, 납땜의 융착성 및 윤기가 없는 상태, 동박이 떨어짐, 옆 동박과의 이격거리 위배, 기타 부품에 손상 발생. 각 사항을 관찰 확인 후 종합적으로 평가하여 양호하면 만점, 보통 1점, 기타 0점.

2) 작품의 조립 및 납땜상태
① 납의 과다: 인접 동박까지 납이 조금이라도 이어진 상태
② 납의 과소: 동박의 일부분이 보이거나 리드선이 보이는 상태
③ 냉납: 열을 완전히 가하지 않은 상태에서 땜한 것으로 봉우리 상태
④ 점퍼선: 동박 면의 점퍼선은 점퍼선으로 간주함
　　　　　동박 후면이라도 선이 엇갈릴 때는 점퍼선으로 간주함
　　　　　동박 면의 대각선 납땜은 점퍼선으로 간주함
　　　　　동박 면이라도 선이 엇갈릴 때는 점퍼선으로 간주함
⑤ 산화납: 열을 너무 가해서 윤기를 잃은 땜
⑥ 채점대상 제외: 완전동작 및 불완전동작 이외의 작품과 지급재료 이외의 재료를 사용한 작품

2. 항공정비사(비행기)
　　① AND 회로
　　② OR 회로
　　③ 절연저항 및 권선저항 측정(3상 유도 전동기, 변압기)
　　④ 터미널 및 스플라이스 연결 작업
　　⑤ 저항기 3개 측정, 정류 다이오드 3개 양부 판정, 건전지 또는 DC 파워서플라이 전압 측정
　　⑥ 레이싱 케이블 및 클램프 체결 작업
　　⑦ 전압 강하 측정(직렬, 병렬, 직병렬 회로 구성)

위의 항목 중에서 일자 별로 랜덤하게 출제된다
점수로 체점하여 평가하지 않고, 각 작업의 결과에 대한 양부(S: 합격, U: 불합격)로 평가된다.
개인 공구 및 장비 등은 지참하지 않아도 된다(단, 필기도구 지참).

2 항공산업기사 출제기준(실기)

직무분야	기계	중직무분야	항공	자격종목	항공산업기사	적용기간	2017. 1. 1.~2021. 12. 31.

○ 직무내용: 항공기 기체, 엔진, 전자 장비 등에 대한 기초 기술 업무 및 숙련된 기능을 바탕으로 규정된 정비절차에 따라서 각 구성품과 계통의 작동상태, 손상상태를 점검 및 검사·시험하여 항공기의 감항성이 유지되도록 정비하는 직무
○ 수행준거: 1. 기체 구조에 대한 이해 및 수리 작업을 할 수 있다.
　　　　　　 2. 기체재료 및 요소(Fastener 등) 식별과 취급 작업을 할 수 있다.
　　　　　　 3. 항공기 지상취급 및 보급 작업을 할 수 있다.
　　　　　　 4. 항공기 왕복엔진을 정비할 수 있다.
　　　　　　 5. 항공기 가스터빈엔진을 정비할 수 있다.
　　　　　　 6. 전기 및 계기 계통을 정비할 수 있다.
　　　　　　 7. 공유압 계통을 정비할 수 있다.
　　　　　　 8. 방빙 및 비상 계통을 정비할 수 있다.
　　　　　　 9. 정비관리 및 기술 자료를 활용할 수 있다.

실기검정방법	복합형	시험시간	5시간 정도(필답형 1시간, 작업형 4시간 정도)

실기과목명	주요항목	세부항목	세세항목
항공기정비 실무	1. 작업범위 결정하기	1. 작업범위 결정하기	1. 작업의뢰서 내용을 검토할 수 있다. 2. 예비검사 결과를 평가할 수 있다. 3. 엔진이력검사 결과를 검토할 수 있다. 4. 적용할 감항성 기술지시(AD)·기술회보(SB) 사항을 확인할 수 있다. 5. 작업범위를 결정한 후 정비기록 문서를 작성할 수 있다.
	2. 항공기기체 기본작업	1. 볼트, 너트, 스크루 작업하기	1. 볼트를 장·탈착할 수 있다. 2. 너트를 장·탈착할 수 있다. 3. 스크루를 장·탈착할 수 있다.
		2. 토크렌치로 부품 고정하기	1. 볼트와 너트에 토크 규정값을 줄 수 있다. 2. 스크루(screw)에 토크 규정값을 줄 수 있다. 3. 잠금 너트에 토크 규정값을 줄 수 있다. 4. 기타 하드웨어에 토크 규정값을 줄 수 있다
		3. 판재리벳 결합 작업하기	1. 판재결합 작업에 적합한 리벳의 종류와 리벳치수를 선정할 수 있다. 2. 결합할 판재에 리벳 작업을 위한 드릴 작업을 수행할 수 있다. 3. 리벳 건으로 리벳 작업을 수행할 수 있다. 4. 판재에 리벳 성형 후 검사를 수행할 수 있다. 5. 판재의 성형된 리벳에서 불량 리벳을 제거할 수 있다. 6. 리벳의 종류와 판재의 두께에 따라 리벳을 배열할 수 있다.

제11장 자격증 실기 요목

실기과목명	주요항목	세부항목	세세항목
		4. 부품 안전고정 작업하기 (1509030101_14v1.4)	1. 부품 고정 작업에 적합한 안전결선 와이어의 재질과 규격을 선택할 수 있다. 2. 부품 고정 작업에 적합한 코터핀 재질과 규격을 선택할 수 있다. 3. 공구를 이용하지 않는 수작업에 의한 복선식 안전결선 작업을 수행할 수 있다. 4. 공구를 이용하지 않는 수작업에 의한 단선식 안전결선 작업을 수행할 수 있다. 5. 와이어 트위스터(wire twister)를 이용한 복선식 안전결선 작업을 수행할 수 있다. 6. 부품을 토크렌치로 고정한 후 코터핀으로 안전고정 작업을 수행할 수 있다. 7. 안전결선, 코터핀 작업 후 정비지침서에 근거한 검사를 수행할 수 있다.
	3. 항공기 측정 작업	1. 버니어캘리퍼스 측정하기	1. 버니어캘리퍼스로 부품의 직선 길이를 밀리미터(mm)와 인치(in)로 측정할 수 있다. 2. 버니어캘리퍼스로 부품의 외경을 측정할 수 있다. 3. 버니어캘리퍼스로 부품의 내경을 측정할 수 있다. 4. 버니어캘리퍼스로 부품의 깊이를 측정할 수 있다.
		2. 마이크로미터 측정하기	1. 외측 마이크로미터로 부품의 외경을 측정할 수 있다. 2. 내측 마이크로미터로 부품의 내경을 측정할 수 있다. 3. 깊이 마이크로미터로 부품의 깊이를 측정할 수 있다.
		3. 다이얼게이지 측정하기	1. 다이얼게이지로 평판의 편평도를 측정할 수 있다. 2. 다이얼게이지로 원통의 진원 상태를 측정할 수 있다. 3. 다이얼게이지로 축의 굽힘 상태를 측정할 수 있다. 4. 다이얼게이지로 측정물의 런아웃(runout) 상태를 측정할 수 있다.
		4. 두께나사게이지 측정하기	1. 두께게이지로 부품의 간격을 밀리미터(mm)와 인치(in)로 측정할 수 있다. 2. 와이어간극게이지(wire clearance gauge)로 부품의 간격을 밀리미터(mm)와 인치(in)로 측정할 수 있다. 3. 피치게이지로 나사의 피치를 밀리미터(mm)와 인치(in)로 측정할 수 있다.
		5. 한계게이지 측정하기 (1509030102_14v1.5)	1. 스냅게이지(snapgauge)로 축의 치수를 점검할 수 있다. 2. 플러그게이지(pluggauge)로 구멍의 치수를 점검할 수 있다. 3. 나사게이지(threadgauge)로 나사산 치수를 점검할 수 있다. 4. 블록게이지(blockgauge)로 치수의 기준을 정할 수 있다.

실기과목명	주요항목	세부항목	세세항목
	4. 항공기 판금 작업	1. 전개도 작성하기	1. 실제 치수의 부품 평면도를 작성할 수 있다. 2. 실제 치수의 부품 정면도를 작성할 수 있다. 3. 전개도 작성 방법에 따라 부품의 전개도를 작성할 수 있다.
		2. 마름질 절단하기	1. 도면의 치수에 적합하게 판재를 전단기로 절단할 수 있다. 2. 전개도 표시대로 판재에 금긋기 작업을 할 수 있다. 3. 표시된 절단선대로 판재를 절단할 수 있다.
		3. 판재 이음하기	1. 두 개의 판재 이음 작업할 때 겹치는 부분의 여유 길이를 계산할 수 있다. 2. 겹쳐진 두 개의 판재를 이음 작업할 수 있다. 3. 두 개의 판재에 리벳 건을 사용하여 리벳 이음 작업할 수 있다.
		4. 판재 성형하기	1. 판재의 굽힘 작업을 수행할 수 있다. 2. 판재의 플랜지 성형 방법을 수행할 수 있다. 3. 판재의 곡면 성형으로 날개의 앞부분을 제작할 수 있다.
	5. 항공기 배관 작업	1. 굽힘 성형하기	1. 튜브커터를 사용하여 튜브를 절단할 수 있다. 2. 튜브를 실측된 치수로 정확하게 굽힘 성형 작업을 수행할 수 있다. 3. 튜브 성형 공정 후 검사 작업을 수행할 수 있다.
		2. 플레어 작업 후 연결하기	1. 수공구로 단일 플레어 작업을 수행할 수 있다. 2. 수공구로 이중 플레어 작업을 수행할 수 있다. 3. 플레어링 장비를 이용하여 플레어 작업을 수행할 수 있다. 4. 플레어 튜브를 장착할 수 있다. 5. 플레어 튜브 장착 상태에 대한 검사와 조치 방법을 수행할 수 있다.
		3. 플레어리스 연결하기	1. 플레어리스 연결 작업을 수행할 수 있다. 2. 슬리브스웨이지 연결 작업을 수행할 수 있다. 3. 플레어리스 접합 부분의 검사를 수행할 수 있다. 4. 플레어리스 튜브 장착할 수 있다. 5. 플레어리스 튜브 장착 상태에 대한 검사와 조치 방법을 수행할 수 있다.
		4. 호스 연결하기	1. 가용성 호스를 식별할 수 있다. 2. 호스에 피팅 연결 작업을 수행할 수 있다. 3. 호스에 데칼 부착 작업을 수행할 수 있다. 4. 호스를 올바르게 장착할 수 있다.

실기과목명	주요항목	세부항목	세세항목
	6. 항공기 복합재료 작업	1. 적층 구조재 수리하기	1. 적층 구조재의 손상 부위를 검사할 수 있다. 2. 적층 구조재의 표면 손상을 수리할 수 있다. 3. 적층 구조재의 단면 손상을 수리할 수 있다. 4. 적층 구조재의 양면 손상을 수리할 수 있다.
		2. 샌드위치 구조재 수리하기	1. 샌드위치 구조재의 손상 부위를 검사할 수 있다. 2. 적층분리(delamination) 샌드위치 구조재의 손상 부분을 수리할 수 있다. 3. 구멍(hole)이 뚫린 샌드위치 구조재를 수리할 수 있다. 4. 확장된 손상 범위의 샌드위치 구조재를 수리할 수 있다.
	7. 항공기 조종케이블·로드 작업	1. 케이블 터미널 부착하기	1. 조종 케이블을 용도에 따라 선택할 수 있다. 2. 조종 케이블의 끝단에 터미널을 부착할 수 있다. 3. 케이블을 5단 엮기 방법(5-tuck woven cable splice)으로 연결할 수 있다.
		2. 턴버클 연결하기	1. 턴버클을 이용하여 케이블 길이를 조절할 수 있다. 2. 턴버클을 단선 결선법(single wrap method)으로 고정할 수 있다. 3. 턴버클을 복선 결선법(double wrap method)으로 고정할 수 있다. 4. 턴버클을 클립(clip- locking method)으로 고정할 수 있다.
		3. 케이블 장력 조절하기	1. 케이블 장력 측정을 C-5 측정기(tension meter)로 측정할 수 있다. 2. 케이블 지름에 따라 C-5 측정값을 읽을 수 있다. 3. 케이블 지름을 C-8 측정기(tension meter)로 측정할 수 있다. 4. 케이블 지름에 따라 C-8 측정기(tension meter) 값을 읽을 수 있다.
		4. 케이블 윤활 검사하기	1. 케이블 손상 상태를 점검할 수 있다. 2. 케이블 세척 작업을 수행할 수 있다. 3. 케이블 검사 작업을 수행할 수 있다. 4. 케이블 윤활 작업을 수행할 수 있다.
		5. 조종로드 조절하기	1. 조종로드를 조종 계통에서 장·탈착 할 수 있다. 2. 조종로드 분해조립 작업을 수행할 수 있다. 3. 조종로드의 너트를 풀고 길이를 조절할 수 있다. 4. 조종로드를 연결 후 장착 상태를 검사할 수 있다.
	8. 항공기 외피 수리 작업	1. 외피 결함 검사하기	1. 외피에 발생하는 결함을 찾아낼 수 있다. 2. 측정 장비를 사용하여 결함을 검사할 수 있다. 3. 결함의 수리 가능여부를 판별할 수 있다.

실기과목명	주요항목	세부항목	세세항목
		2. 외피 긁힘 수리하기	1. 작은 긁힘 제거 작업을 수행할 수 있다. 2. 깊은 긁힘 제거 작업을 수행할 수 있다. 3. 외피 균열 수리 작업을 수행할 수 있다. 4. 외피 광택내기 작업을 수행할 수 있다. 5. 외피 긁힘 수리에 사용되는 장비를 사용할 수 있다.
		3. 기체 외피 수리하기	1. 패치 부착 표면에 방부처리 작업을 수행할 수 있다. 2. 8각형 패치 수리 작업을 수행할 수 있다. 3. 원형 패치 수리 작업을 수행할 수 있다. 4. 패널 수리 작업을 수행할 수 있다.
		4. 날개 수리하기	1. 날개 앞부분(leading edge)을 제작할 수 있다. 2. 손상된 부분의 덧붙임 판을 연결할 수 있다. 3. 날개 앞부분(leading edge)의 수리 작업을 수행할 수 있다. 4. 날개 뒷부분(trailing edge)의 수리 작업을 수행할 수 있다.
		5. 구조부재 수리하기	1. 스트링거(stringer)를 수리할 수 있다. 2. 론저론(longeron)을 수리할 수 있다. 3. 포머(former)를 수리할 수 있다. 4. 날개보(spar)를 수리할 수 있다.
	9. 항공기 표면 처리 작업	1. 항공기 세척하기	1. 습식 세척 작업을 수행할 수 있다. 2. 건식 세척 작업을 수행할 수 있다. 3. 광택내기 작업을 수행할 수 있다. 4. 페인트 제거 작업을 수행할 수 있다.
		2. 부식 처리하기	1. 기계적 부식 제거 방법을 수행할 수 있다. 2. 화학적 부식 제거 방법을 수행할 수 있다. 3. 화학 피막 처리 작업을 수행할 수 있다.
		3. 기밀 작업하기	1. 정비지침서에 따라 실링 컴파운드(sealing compound)와 촉진제(accelerator)를 혼합하여 실런트를 제작할 수 있다. 2. 두 부품의 접촉면에 실런트 작업을 할 수 있다. 3. 볼트 너트 장착 부분의 기밀 작업을 수행할 수 있다. 4. 접시머리 리벳 장착부분의 기밀 작업을 수행할 수 있다.
		4. 도장 작업하기	1. 페인트 작업 예정 구역을 사전에 정비할 수 있다. 2. 페인팅 준비 작업을 수행할 수 있다. 3. 스프레이 작업을 할 수 있다. 4. 마스킹 작업을 수행할 수 있다.

실기과목명	주요항목	세부항목	세세항목
	10. 항공기 기체 구조정비 작업	1. 항공기 무게 측정 하기	1. 항공기 무게 측정 장비를 사용할 수 있다. 2. 항공기 무게(weight)를 측정할 수 있다. 3. 항공기 무게 중심(center of gravity)을 찾을 수 있다. 4. 항공기 무게 평형(balancing)을 계산할 수 있다.
		2. 조종면 평형 작업 하기	1. 승강키의 평형 작업을 수행할 수 있다. 2. 방향키의 평형 작업을 수행할 수 있다. 3. 도움날개의 평형 작업을 수행할 수 있다.
	11. 항공기 동력 장치 정비	1. 항공기 가스터빈엔진 정비 작업하기	1. 가스터빈엔진에 대한 기본을 이해할 수 있다. 2. 가스터빈엔진 정비에 관한 기본 작업을 할 수 있다.
	12. 항공기 가스터 빈엔진 사전 점검	1. 흡입 계통 검사하기	1. 정비지침서에서 흡입 계통과 관련된 부품을 구별하고, 구조·기능·작동 과정에 대한 자료를 수집할 수 있다. 2. 흡입 계통 검사에 필요한 장비와 공구에 대한 취급과 사용을 올바로 수행할 수 있다. 3. 흡입 계통과 관련 부품의 정상 작동을 확인하기 위한 점검과 검사를 할 수 있다. 4. 흡입 계통과 관련 부품에서 발생한 결함의 원인을 분석할 수 있다. 5. 흡입 계통에서 발생한 손상의 종류, 손상범위, 조치방법을 결정할 수 있다. 6. 흡입 계통 검사 작업을 완료한 후 정비기록 문서를 작성할 수 있다.
		2. 압축 계통 검사하기	1. 정비지침서에서 압축 계통과 관련된 부품을 구별하고, 구조·기능·작동 과정에 대한 자료를 수집할 수 있다. 2. 압축 계통 검사에 필요한 장비와 공구에 대한 취급과 사용을 올바로 수행할 수 있다. 3. 압축 계통과 관련 부품의 정상 작동을 확인하기 위한 점검과 검사를 할 수 있다. 4. 압축 계통과 관련 부품에서 발생한 결함의 원인을 분석할 수 있다. 5. 압축 계통에서 발생한 손상의 종류, 손상범위, 조치방법을 결정할 수 있다. 6. 압축 계통 검사 작업을 완료한 후 정비기록 문서를 작성할 수 있다.
		3. 연소계통 검사하기	1. 정비지침서에서 연소 계통과 관련된 부품을 구별하고 구조·기능·작동과정에 대한 자료를 수집할 수 있다. 2. 연소 계통 검사에 필요한 장비와 공구에 대한 취급과 사용을 올바로 수행할 수 있다. 3. 연소 계통과 관련 부품의 정상 작동을 확인하기 위한 점검과 검사를 할 수 있다. 4. 연소 계통과 관련 부품에서 발생한 결함의 원인을 분석할 수 있다. 5. 연소 계통에서 발생한 손상의 종류, 손상범위, 조치방법을 결정할 수 있다. 6. 연소 계통 검사 작업을 완료한 후 정비기록 문서를 작성할 수 있다.

실기과목명	주요항목	세부항목	세세항목
		4. 터빈 계통 검사하기	1. 정비지침서에서 터빈 계통과 관련된 부품을 구별하고, 구조·기능·작동 과정에 대한 자료를 수집할 수 있다. 2. 터빈 계통 검사에 필요한 장비와 공구에 대한 취급과 사용을 올바로 수행할 수 있다. 3. 터빈 계통과 관련 부품의 정상 작동을 확인하기 위한 점검과 검사를 할 수 있다. 4. 터빈 계통과 관련 부품에서 발생한 결함의 원인을 분석할 수 있다. 5. 터빈 계통에서 발생한 손상의 종류, 손상범위, 조치방법을 결정할 수 있다. 6. 터빈 계통 검사 작업을 완료한 후 정비기록 문서를 작성할 수 있다.
		5. 배기 계통 검사하기	1. 정비지침서에서 배기 계통과 관련된 부품을 구별하고, 구조·기능·작동 과정에 대한 자료를 수집할 수 있다. 2. 배기 계통 검사에 필요한 장비와 공구에 대한 취급과 사용을 올바로 수행할 수 있다. 3. 배기 계통과 관련 부품의 정상 작동을 확인하기 위한 점검과 검사를 할 수 있다. 4. 배기 계통과 관련 부품에서 발생한 결함의 원인을 분석할 수 있다. 5. 배기 계통에서 발생한 손상의 종류, 손상범위, 조치방법을 결정할 수 있다. 6. 배기 계통 검사 작업을 완료한 후 정비기록 문서를 작성할 수 있다.
		6. 기어박스 검사하기	1. 정비지침서에서 기어박스와 관련된 부품을 구별하고, 구조·기능·작동 과정에 대한 자료를 수집할 수 있다. 2. 기어박스 검사에 필요한 장비와 공구에 대한 취급과 사용을 올바로 수행할 수 있다. 3. 기어박스 구성품의 정상 작동을 확인하기 위한 점검과 검사를 할 수 있다. 4. 기어박스 관련 부품에서 발생한 결함의 원인을 분석할 수 있다. 5. 기어박스에서 발생한 손상의 종류, 손상범위, 조치방법을 결정할 수 있다. 6. 기어박스 검사 작업을 완료한 후 정비기록 문서를 작성할 수 있다.
		7. 연료 계통 검사하기	1. 정비지침서에서 연료계통과 관련된 부품을 구별하고, 구조·기능·작동 과정에 대한 자료를 수집할 수 있다. 2. 연료 계통 검사에 필요한 장비와 공구에 대한 취급과 사용을 올바로 수행할 수 있다. 3. 연료 계통과 관련 부품에 대해 정상상태 여부를 확인하기 위한 점검과 검사 작업을 수행할 수 있다. 4. 연료 계통과 관련 부품에서 발생한 결함과 손상에 대한 정비 방법을 수립할 수 있다.

실기과목명	주요항목	세부항목	세세항목
			5. 연료 계통 검사 작업을 완료한 후 정비기록 문서를 작성할 수 있다.
		8. 오일 계통 검사하기	1. 정비지침서에서 오일 계통과 관련된 부품을 구별하고, 구조·기능·작동 과정에 대한 자료를 수집할 수 있다. 2. 오일 계통 검사에 필요한 장비와 공구에 대한 취급과 사용을 올바로 수행할 수 있다. 3. 오일 계통과 관련 부품에 대해 정상상태 여부를 확인하기 위한 점검과 검사 작업을 수행할 수 있다. 4. 오일 계통과 관련 부품에서 발생한 결함과 손상에 대한 정비 방법을 수립할 수 있다. 5. 오일 계통 검사 작업을 완료한 후 정비기록 문서를 작성할 수 있다.
		9. 유압 계통 검사하기	1. 정비지침서에서 유압 계통과 관련된 부품을 구별하고, 구조·기능·작동 과정에 대한 자료를 수집할 수 있다. 2. 유압 계통 검사에 필요한 장비와 공구에 대한 취급과 사용을 올바로 수행할 수 있다. 3. 유압 계통과 관련 부품에 대해 정상상태 여부를 확인하기 위한 점검과 검사 작업을 수행할 수 있다. 4. 유압 계통과 관련 부품에서 발생한 결함과 손상에 대한 정비 방법을 수립할 수 있다. 5. 유압 계통 검사 작업을 완료한 후 정비기록 문서를 작성할 수 있다.
		10. 엔진마운트 검사하기	1. 정비지침서에서 엔진마운트와 관련 구성품을 구별하고, 구조·기능을 수집할 수 있다. 2. 엔진마운트 검사에 필요한 장비와 공구에 대한 취급과 사용을 올바로 수행할 수 있다. 3. 엔진마운트에서 발생한 결함과 손상의 종류를 분류하고, 그 정도를 측정할 수 있다. 4. 엔진마운트와 관련 부품에서 발생한 결함과 손상에 대한 정비 방법을 수립할 수 있다. 5. 엔진마운트 검사 작업을 완료한 후 정비기록 문서를 작성할 수 있다.
	13. 항공기 가스터빈엔진 외부 장착품 장·탈착	1. 전기배선 장·탈착하기	1. 정비지침서, 부품도해목록, 장비매뉴얼에서 엔진 외부 장착품과 배선 장·탈착에 대한 자료를 수집할 수 있다. 2. 정비지침서에 따라 엔진 외부에 연결된 각종 도선의 손상상태와 연결단자 부식상태를 검사할 수 있다. 3. 정비지침서에 따라 엔진 외부 액세서리의 전기배선 장·탈착을 할 수 있다. 4. 정비지침서에 따라 엔진 본체(basic engine)의 전기배선 장·탈착을 할 수 있다. 5. 전기배선 장·탈착 작업 후 정비기록 문서를 작성할 수 있다.

실기과목명	주요항목	세부항목	세세항목
		2. 보기부품 장·탈착 하기	1. 정비지침서, 부품도해목록, 장비매뉴얼에서 보기부품 장·탈착에 대한 자료를 수집할 수 있다. 2. 엔진 외부에 장착된 각종 배관과 덕트의 장착상태, 결합상태, 누설상태, 용접상태, 손상상태, 부식상태를 검사할 수 있다. 3. 정비지침서에 따라 연료 계통 보기부품 장·탈착을 할 수 있다. 4. 정비지침서에 따라 오일 계통 보기부품 장·탈착을 할 수 있다. 5. 정비지침서에 따라 공기압 계통 보기부품 떼어내기 장·탈착을 할 수 있다. 6. 정비지침서에 따라 유압 계통 보기부품 장·탈착을 할 수 있다. 7. 각 계통의 보기부품 장·탈착 작업을 완료한 후 정비기록 문서를 작성할 수 있다.
	14. 항공기 가스 터빈엔진 부품세척	1. 일반 세척하기	1. 정비지침서, 장비매뉴얼에서 일반 부품세척에 관계되는 내용의 자료를 수집할 수 있다. 2. 일반 부품세척에 필요한 세제, 장비, 보호장구, 공구, 환기시설 등을 규정에 맞게 사용할 수 있다. 3. 정비지침서에 따라 물세척(water rinse)을 할 수 있다. 4. 정비지침서에 따라 세제세척(detergent cleaning)을 할 수 있다. 5. 정비지침서에 따라 스팀세척(steam cleaning)을 할 수 있다. 6. 일반 부품세척 작업을 완료한 후 검사 결과에 대한 정비기록 문서를 작성할 수 있다.
		2. 기계 세척하기	1. 정비지침서, 장비매뉴얼에서 기계 부품세척에 관계되는 내용의 자료를 수집할 수 있다. 2. 기계 부품세척에 필요한 연마재, 장비, 보호장구, 공구, 환기시설 등을 규정에 맞게 사용할 수 있다. 3. 정비지침서에 따라 건식 블라스트(dry blast) 세척을 할 수 있다. 4. 정비지침서서에 따라 습식 블라스트(wet blast) 세척을 할 수 있다. 5. 기계 부품세척 작업을 완료한 후 검사 결과에 대한 정비기록 문서를 작성할 수 있다.
		3. 약품 세척하기	1. 정비지침서, 장비매뉴얼에서 약품 부품세척에 관계되는 내용의 자료를 수집할 수 있다. 2. 약품 부품세척에 필요한 약품용액, 장비, 보호장구, 공구, 환기시설 등을 규정에 맞게 사용할 수 있다. 3. 정비지침서에 따라 그리스와 윤활유를 증기세척(vapor degreaser cleaning)할 수 있다.

실기과목명	주요항목	세부항목	세세항목
			4. 정비지침서에 따라 오염(dust), 부식(corrosion), 페인트 등을 세척을 할 수 있다. 5. 정비지침서에 따라 산화 퇴적물을 세척할 수 있다. 6. 정비지침서에 따라 티탄재질의 부품을 세척할 수 있다. 7. 약품 부품세척 작업을 완료한 후 검사 결과에 대한 정비기록 문서를 작성할 수 있다.
	15 항공기 가스터빈엔진 부품 검사	1. 육안 검사하기	1. 정비지침서, 장비매뉴얼에서 엔진 육안 검사를 실시하는 부분의 자료를 수집할 수 있다. 2. 엔진 육안 검사에 필요한 장비, 측정기기, 검사기구, 광학기구 등을 규정에 맞게 사용할 수 있다. 3. 작업지침서에 따라 엔진 외부 장착품을 장탈하기 전에 손상과 결함을 확인하기 위해 육안 검사할 수 있다. 4. 부품을 떼어내어 세척한 후 검사항목에 따라 손상상태를 육안 검사할 수 있다. 5. 부품의 상태를 육안으로 검사하여 손상의 종류에 따라 구분할 수 있다. 6. 엔진 부품에 대한 육안 검사를 완료한 후 결과에 대한 정비기록 문서를 작성할 수 있다.
		2. 내시경 검사하기	1. 정비지침서, 장비매뉴얼에서 엔진 내시경검사장비와 작업에 필요한 자료를 수집할 수 있다. 2. 엔진 내시경 검사에 필요한 장비, 조명기구, 특수공구, 인명 보호장구 등을 규정에 맞게 사용할 수 있다. 3. 피검사물의 검사에 적합한 검사장비를 선택하고, 검사 준비 작업을 할 수 있다. 4. 내시경에 의한 손상 결과를 육안 혹은 모니터로 검사하기 위해 최상의 선명도를 얻을 수 있도록 장비 상태를 조절할 수 있다. 5. 미리 설정한 표준손상 크기와 비교하여 실제 결함의 크기를 측정할 수 있다. 6. 내시경 검사를 완료한 후 손상 결과에 대한 정비기록 문서를 작성할 수 있다.
		3. 비파괴 검사하기	1. 정비지침서, 장비매뉴얼에서 비파괴 검사 작업과 관계되는 부분의 자료를 수집할 수 있다. 2. 엔진 부품을 비파괴 검사하기 위해 필요한 장비, 측정기, 검사기구, 공구 등을 규정에 맞게 사용할 수 있다. 3. 엔진 부품을 침투검사 방법으로 검사할 수 있다. 4. 엔진 부품을 자력검사 방법으로 검사할 수 있다. 5. 엔진 부품에 대한 검사를 수행한 후 후처리할 수 있다. 6. 비파괴 검사를 완료한 후 손상 결과를 정비기록 문서로 작성할 수 있다.

실기과목명	주요항목	세부항목	세세항목
		4. 치수 검사하기	1. 정비지침서에서 치수측정이 이루어지는 부품, 관련 측정기기의 종류, 측정 방법에 관한 자료를 수집할 수 있다. 2. 각종 측정기기의 눈금과 작동에 결함이 발생했을 때 응급조치법을 수행할 수 있다. 3. 버니어캘리퍼스와 마이크로미터로 부품의 수치를 측정할 수 있다. 4. 다이얼게이지로 부품의 치수와 상태를 판정할 수 있다. 5. 간격 측정기로 엔진 각 부분의 간격을 측정할 수 있다. 6. 치수검사 후 측정 결과에 대한 정비기록 문서를 작성할 수 있다.
	16. 항공기 가스터빈엔진 성능점검	1. 엔진보존 정비하기	1. 정비지침서, 장비매뉴얼로부터 항공기 엔진보존에 관한 목적, 보존 방법과 절차에 관한 자료를 수집할 수 있다. 2. 엔진 내시경 검사를 수행하고 판정할 수 있다. 3. 연료, 오일 필터, 자석식 칩 검출기(MCD: magnetic chip detector)를 점검하고 판정할 수 있다. 4. 엔진보존(preservation) 정비 작업을 수행할 수 있다. 5. 엔진보존 정비 작업 완료 후 정비기록 문서를 작성할 수 있다.
	17. 항공기 가스터빈엔진 최종검사	1. 엔진 외부 장착품 검사하기	1. 정비지침서, 부품도해목록, 장비매뉴얼로부터 엔진 외부 장착품의 구성과 작동절차 등에 관한 자료를 수집할 수 있다. 2. 외부 장착품의 장착상태를 판별할 수 있다. 3. 엔진 모듈의 장착상태를 육안 검사로 확인할 수 있다. 4. 오일, 연료, 공기압, 유압 계통의 누출을 확인할 수 있다. 5. 엔진 외부 장착품의 검사 후 중요 부분을 사진 촬영이나 정비기록 문서를 작성할 수 있다.
	18. 항공기 왕복엔진 외부검사	1. 카울링 육안 검사하기	1. 점검매뉴얼, 점검표에 따라 카울링의 정상 장착상태를 점검할 수 있다. 2. 카울링과 카울링에 장착된 부분품의 손상 여부를 점검할 수 있다. 3. 카울링을 장·탈착할 수 있다
		2. 배기관 육안 검사하기	1. 점검매뉴얼 점검표에 따라 배기관의 장착상태를 검사할 수 있다. 2. 배기관의 균열상태를 검사할 수 있다. 3. 배기가스의 누설상태를 검사할 수 있다. 4. 소음기의 누설상태를 검사할 수 있다.

실기과목명	주요항목	세부항목	세세항목
		3. 윤활유 누설 육안 검사하기	1. 점검매뉴얼, 점검표에 따라 윤활유량을 점검할 수 있다. 2. 윤활유 주입캡 잠금상태를 검사할 수 있다. 3. 엔진 케이스의 윤활유 누설상태를 점검할 수 있다. 4. 윤활유 배관·호스를 점검할 수 있다.
		4. 전기배선 육안 검사하기	1. 점검매뉴얼, 점검표에 따라 전기배선의 피복상태를 점검할 수 있다. 2. 전기배선의 연결부위 상태를 검사할 수 있다. 3 전기배선의 간섭 상태를 검사할 수 있다.
		5. 보기류 장착상태 점검하기	1. 점검매뉴얼, 점검표에 따라 보기류 장착상태를 검사할 수 있다. 2. 보기류 손상상태를 검사할 수 있다. 3. 보기류에서 누설상태를 검사할 수 있다.
	19. 항공기 왕복엔진 흡·배기 계통 점검	1. 공기여과기 교환하기	1. 점검매뉴얼, 점검표에 따라 공기여과기를 장·탈착할 수 있다. 2. 공기여과기 상태를 검사할 수 있다. 3. 공기여과기를 세척·교환할 수 있다.
		2. 흡입관 가스켓 교환하기	1. 점검매뉴얼, 점검표에 따라 흡입관 가스켓의 누설을 검사할 수 있다. 2. 점검매뉴얼, 점검표에 따라 흡입관 가스켓을 장·탈착할 수 있다. 3. 흡입관 가스켓을 교환할 수 있다.
		3. 배기관 가스켓 교환하기	1. 점검매뉴얼, 점검표에 따라 배기관 가스켓의 누설을 검사할 수 있다. 2. 배기관 가스켓을 장·탈착할 수 있다. 3. 배기관 가스켓을 교환할 수 있다.
		4. 과급기 점검하기	1. 점검매뉴얼, 점검표에 따라 과급기의 상태를 검사할 수 있다. 2. 과급기를 장·탈착할 수 있다. 3. 과급기의 기능 점검을 할 수 있다.
		5. 기화기 히터 점검하기	1. 점검매뉴얼, 점검표에 따라 기화기 히터의 상태를 검사할 수 있다. 2. 기화기 히터를 장·탈착할 수 있다. 3. 기화기 히터의 기능 점검을 할 수 있다.
		6. 소음기 교환하기	1. 점검매뉴얼, 점검표에 따라 소음기의 상태를 검사할 수 있다. 2. 소음기를 장·탈착할 수 있다. 3. 소음기의 기능 점검을 할 수 있다.

실기과목명	주요항목	세부항목	세세항목
	20. 항공기 왕복 엔진 윤활계통 점검	1. 오일 필터 교환하기	1. 점검매뉴얼, 점검표에 따라 오일 필터의 상태를 검사할 수 있다. 2. 오일 필터를 교환할 수 있다. 3. 오일 필터의 누설을 검사할 수 있다.
		2. 오일 보급하기	1. 점검매뉴얼, 점검표에 따라 오일 보급량을 확인할 수 있다. 2. 오일 보급을 할 수 있다. 3. 오일을 교환할 수 있다.
		3. 오일 냉각기 점검하기	1. 점검매뉴얼, 점검표에 따라 오일 냉각기를 점검할 수 있다. 2. 오일 냉각기를 교환할 수 있다. 3. 오일 냉각기를 세척할 수 있다.
		4. 오일 압력 조절하기	1. 점검매뉴얼, 점검표에 따라 오일 압력을 점검할 수 있다. 2. 오일압력계기를 점검, 교환할 수 있다. 3. 오일압력감지기를 점검, 교환할 수 있다.
		5. 오일 온도 점검하기	1. 점검매뉴얼, 점검표에 따라 오일온도계기를 점검할 수 있다. 2. 오일온도감지기를 점검할 수 있다. 3. 오일온도감지기를 교환할 수 있다.
		6. 오일 배관 점검하기	1. 점검매뉴얼, 점검표에 따라 오일 배관의 상태를 검사할 수 있다. 2. 오일 배관을 교환할 수 있다. 3. 오일 배관의 누설을 검사할 수 있다.
	21. 항공기 왕복 엔진 냉각 계통	1. 냉각 핀 점검하기	1. 점검매뉴얼, 점검표에 따라 냉각 핀의 손상상태를 점검할 수 있다. 2. 냉각 핀의 부식·변형을 점검할 수 있다. 3. 냉각 핀을 수리할 수 있다.
		2. 냉각 배플 점검하기	1. 점검매뉴얼, 점검표에 따라 냉각 배플을 점검할 수 있다. 2. 냉각 배플을 수리할 수 있다. 3. 냉각 배플을 교환할 수 있다.
		3. 카울 플랩 점검하기	1. 점검매뉴얼, 점검표에 따라 카울 플랩을 점검할 수 있다. 2. 카울 플랩을 수리할 수 있다. 3. 카울 플랩을 교환할 수 있다.

실기과목명	주요항목	세부항목	세세항목
	22. 항공기 왕복엔진 연료계통 점검	1. 여과기 교환하기	1. 점검매뉴얼, 점검표에 따라 여과기를 점검할 수 있다. 2. 여과기를 세척할 수 있다. 3. 여과기를 교환할 수 있다.
		2. 연료 펌프 점검하기	1. 점검매뉴얼, 점검표에 따라 연료 펌프의 작동상태를 점검할 수 있다. 2. 연료 펌프의 누설을 검사할 수 있다. 3. 연료 펌프를 교환할 수 있다.
		3. 기화기 점검하기	1. 점검매뉴얼, 점검표에 따라 기화기의 작동상태를 점검할 수 있다. 2. 적절한 혼합비로 기화기를 조절할 수 있다. 3. 기화기를 교환할 수 있다.
		4. 연료배관 점검하기	1. 점검매뉴얼, 점검표에 따라 연료배관 상태를 점검할 수 있다. 2. 각 부분의 연료 압력을 점검할 수 있다. 3. 연료배관을 교환할 수 있다.
		5. 연료분사장치 점검하기	1. 점검매뉴얼, 점검표에 따라 연료분사장치를 점검할 수 있다. 2. 연료 분사량을 조절할 수 있다. 3. 연료분사장치를 교환할 수 있다.
	23. 항공기 왕복엔진 시동 계통 점검	1. 시동기 점검하기	1. 점검매뉴얼, 점검표에 따라 시동기의 작동상태를 점검할 수 있다. 2. 시동기의 브러시를 점검, 교환할 수 있다. 3. 시동기를 교환할 수 있다.
		2. 시동기 릴레이 교환하기	1. 점검매뉴얼, 점검표에 따라 시동기 릴레이의 작동상태를 점검할 수 있다. 2. 전기 계통을 점검할 수 있다. 3. 시동기 릴레이를 교환할 수 있다.
		3. 시동 스위치 점검하기	1. 점검매뉴얼, 점검표에 따라 시동 스위치의 작동상태를 점검할 수 있다. 2. 전기 계통을 점검할 수 있다. 3. 시동 스위치를 교환할 수 있다.
		4. 전기배선 점검하기	1. 점검매뉴얼, 점검표에 따라 점화배선의 손상상태를 점검할 수 있다. 2. 전기배선의 절연상태를 점검할 수 있다. 3. 전기배선을 수리, 교환할 수 있다.
	24. 항공기 왕복엔진 점화 계통 점검	1. 마그네토 점검하기	1. 점검매뉴얼, 점검표에 따라 마그네토의 작동상태를 점검할 수 있다. 2. 마그네토의 타이밍을 조절할 수 있다. 3. 마그네토를 교환할 수 있다.

실기과목명	주요항목	세부항목	세세항목
		2. 점화 플러그 점검하기	1. 점검매뉴얼, 점검표에 따라 점화 플러그를 세척, 검사할 수 있다. 2. 점화 플러그의 간극을 조절할 수 있다. 3. 점화 플러그를 교환할 수 있다.
		3. 점화 배선 점검하기	1. 점검매뉴얼, 점검표에 따라 점화배선을 검사할 수 있다. 2. 점화 배선의 절연상태를 검사할 수 있다. 3. 점화 배선을 교환할 수 있다.
		4. 점화 시기 조절하기	1. 점검매뉴얼, 점검표에 따라 점화 시기를 검사할 수 있다. 2. 점화 시기를 조절할 수 있다. 3. 엔진과 마그네토의 점화 시기를 맞출 수 있다.
		5. 브레이커 포인트 점검하기	1. 점검매뉴얼 ,점검표에 따라 브레이커 포인트를 검사할 수 있다. 2. 브레이커 포인트 간격을 측정하고 조절할 수 있다. 3. 브레이커 포인트를 교환할 수 있다.
		6. 콘덴서 교환하기	1. 점검매뉴얼 ,점검표에 따라 콘덴서를 검사할 수 있다. 2. 콘덴서의 최소 용량을 검사할 수 있다. 3. 콘덴서를 교환할 수 있다.
	25. 항공기 왕복엔진 실린더 점검	1. 실린더 점검하기	1. 점검매뉴얼, 점검표에 따라 실린더 상태를 검사할 수 있다. 2. 실린더 내경을 측정할 수 있다. 3. 실린더를 교환할 수 있다.
		2. 실린더 오일 누설 검사하기	1. 점검매뉴얼, 점검표에 따라 실린더 오일누설 상태를 검사할 수 있다. 2. 실린더 오일링을 교환할 수 있다. 3. 오일 누설량을 측정할 수 있다.
		3. 피스톤 검사하기	1. 점검매뉴얼, 점검표에 따라 피스톤, 피스톤링 상태를 검사할 수 있다. 2. 피스톤의 이물질을 연마, 부식 등의 방법으로 제거할 수 있다. 3. 피스톤, 피스톤링을 교환할 수 있다.
	26. 항공기 왕복엔진 전기 계통 점검	1. 발전기 검사하기	1. 점검매뉴얼, 점검표에 따라 발전기 상태를 점검할 수 있다. 2. 발전기를 교환할 수 있다. 3. 발전기를 점검할 수 있다. 4. 발전기를 교환할 수 있다.

실기과목명	주요항목	세부항목	세세항목
		2. 전기 계통 배선 검사 하기	1. 점검매뉴얼, 점검표에 따라 전기 계통 배선을 점검할 수 있다. 2. 전기 계통 배선의 절연 상태를 점검할 수 있다. 3. 전기 계통 배선을 교환할 수 있다.
		3. 벨트 장력 조절하기	1. 점검매뉴얼, 점검표에 따라 벨트 손상상태를 검사할 수 있다. 2. 벨트 장력을 조절할 수 있다. 3. 벨트를 교환할 수 있다.
	27. 항공기 왕복엔진 계통 작동 점검	1. 혼합비 조절하기	1. 점검매뉴얼, 점검표에 따라 엔진 시운전을 할 수 있다. 2. 혼합비 상태를 점검할 수 있다. 3. 혼합비를 조절 할 수 있다.
		2. 컨트롤 케이블 점검하기	1. 점검매뉴얼, 점검표에 따라 컨트롤 케이블의 작동상태를 점검할 수 있다. 2. 컨트롤 케이블을 조절할 수 있다. 3. 컨트롤 케이블을 교환할 수 있다.
	28. 항공기 프로펠러 점검	1. 배관 결합상태 검사하기	1. 정비매뉴얼에 따라 결합상태 검사에 필요한 자재를 준비할 수 있다. 2. 배관의 찍힘, 긁힘, 굽힘 등의 손상 여부를 검사할 수 있다. 3. 육안 검사를 통하여 배관 결함상태를 검사할 수 있다.
		2. 배관 누설 검사하기	1. 정비매뉴얼을 검토하여 누설검사에 필요한 준비 및 주의사항을 확인할 수 있다. 2. 배관 결합 부분의 누설 여부를 육안 검사할 수 있다. 3. 시운전을 통하여 배관 결합 부분의 작동유 누설을 점검할 수 있다.
		3. 액세서리 점검하기	1. 조속기, 펌프, 모터 등의 부품 손상 여부를 육안 검사할 수 있다. 2. 시운전을 통하여 조속기, 펌프, 모터 등의 결함 여부를 검사할 수 있다. 3. 브러시 블록의 외관상태를 검사할 수 있다.
		4. 프로펠러 육안검사 하기	1. 프로펠러 깃의 찍힘, 긁힘, 굽힘 등의 손상 여부를 확인할 수 있다. 2. 프로펠러 허브의 균열상태를 검사할 수 있다. 3. 프로펠러 깃과 허브의 부식 여부를 육안 검사할 수 있다. 4. 제빙장치의 손상 여부를 확인할 수 있다. 5. 프로펠러 끝의 마모상태를 확인할 수 있다.

실기과목명	주요항목	세부항목	세세항목
	29. 항공기 프로펠러 장·탈착	1. 부분품 장·탈착하기	1. 조속기를 정비매뉴얼에 따라 장·탈착할 수 있다. 2. 펌프를 정비매뉴얼에 따라 장·탈착할 수 있다. 3. 모터를 정비매뉴얼에 따라 장·탈착할 수 있다. 4. 브러시 블록을 정비매뉴얼에 따라 장·탈착할 수 있다.
		2. 프로펠러 장·탈착하기	1. 정비매뉴얼에 따라 슬링 작업을 할 수 있다. 2. 정비매뉴얼에 따라 호이스트 작업을 준비할 수 있다. 3. 정비매뉴얼에 따라 프로펠러를 장·탈착할 수 있다.
	30. 항공기 프로펠러 부품 세척	1. 일반 세척하기	1. 일반 부품세척에 필요한 세제, 장비, 보호장구, 공구, 환기시설 등을 규정에 맞게 사용할 수 있다. 2. 정비매뉴얼에 따라 물세척(water rinse)을 할 수 있다. 3. 정비매뉴얼에 따라 스팀세척(steam cleaning)을 할 수 있다.
		2. 약품 세척하기	1. 약품 부품세척에 필요한 약품용액, 장비, 보호장구, 공구, 환기시설 등을 규정에 맞게 사용할 수 있다. 2. 관련 매뉴얼에 따라 그리스와 윤활유를 증기세척(vapor degreaser cleaning)할 수 있다. 3. 관련 매뉴얼에 따라 녹(rust), 페인트 등을 알칼리성(alkaline) 약품으로 세척을 할 수 있다.
		3. 초음파 세척하기	1. 초음파 세척에 필요한 세제, 장비, 공구, 환기시설 등을 규정에 맞게 사용할 수 있다. 2. 정비매뉴얼에 따라 초음파 세척을 할 수 있다. 3. 초음파 세척 후 검사 결과에 대한 정비기록 문서를 작성할 수 있다.
	31. 항공기 프로펠러 검사	1. 피치각 측정 조절하기	1. 피치각의 측정 기준, 위치를 선정할 수 있다. 2. 피치각을 측정할 수 있다. 3. 피치각 허용한계 초과 시 조절 작업할 수 있다.
		2. 프로펠러 트랙 검사하기	1. 프로펠러 제작사 권고에 따라 프로펠러 트랙 검사 장비를 선정할 수 있다. 2. 프로펠러 트랙을 검사할 수 있다. 3. 프로펠러 트랙 수정 작업을 수행할 수 있다.
		3. 프로펠러 평형 작업하기	1. 평형측정장비를 사용할 수 있다. 2. 정적 평형 작업을 수행할 수 있다. 3. 동적 평형 작업을 수행할 수 있다.
	32. 항공기 프로펠러 저장 정비	1. 프로펠러 저장하기	1. 정비매뉴얼에 따라 저장에 필요한 준비 및 유의사항을 확인할 수 있다. 2. 저장을 위한 부식방지처리를 할 수 있다. 3. 충격 방지를 위한 포장을 할 수 있다.

실기과목명	주요항목	세부항목	세세항목
		2. 프로펠러 저장 해제 하기	1. 감항성 인증 서류의 적합성과 저장 유효기간을 확인할 수 있다. 2. 저장 프로펠러의 긁힘, 균열 등의 외형검사를 할 수 있다. 3. 저장된 프로펠러를 해제할 수 있다.
	33. 항공기 지상 취급	1. 지상 유도하기	1. 항공기를 표준 수신호 방법으로 유도할 수 있다. 2. 항공기를 지시봉 신호방법으로 유도할 수 있다. 3. 항공기를 안전하게 이동할 수 있다.
		2. 지상동력공급장치 지원하기	1. 지상동력공급장치(GPU)를 작동할 수 있다. 2. 지상터빈공급장치(GTC)를 작동할 수 있다. 3. 지상전원장치를 연결할 수 있다. 4. 공기압장치를 연결할 수 있다.
		3. 연료 보급하기	1. 연료 계기판에서 연료량을 확인할 수 있다. 2. 연료 급유, 배유 전 3점 접지를 설치할 수 있다. 3. 연료를 급유할 수 있다. 4. 연료를 배유할 수 있다. 5. 연료 급유·배유에 따른 비상 절차를 수행할 수 있다.
		4. 윤활유·작동유 보급하기	1. 윤활유·작동유의 양을 확인할 수 있다. 2. 윤활유·작동유를 보급할 수 있다. 3. 보급 시 필요한 안전·비상 절차를 수행할 수 있다.
		5. 이동·계류 하기	1. 항공기를 이동시킬 수 있다. 2. 항공기를 계류시킬 수 있다. 3. 이동·계류 시 안전·비상 절차를 수행할 수 있다.
		6. 잭 작업하기	1. 항공기의 잭 장비를 준비할 수 있다. 2. 항공기에 잭 장비를 설치할 수 있다. 3. 항공기에 잭 작업을 수행할 수 있다.
	34. 항공기 공기 조화 계통 점검	1. 냉·난방 계통 점검하기	1. 냉·난방 계통을 고장 탐구할 수 있다. 2. 공기순환장치(ACM)를 교환할 수 있다. 3. 구성품을 교환할 수 있다. 4. 교환 후 작동 점검을 할 수 있다.
		2. 여압 계통 점검하기	1. 여압 계통을 고장 탐구할 수 있다. 2. 아웃플로밸브(out-flow valve)를 교환할 수 있다. 3. 교환 후 작동 점검을 할 수 있다.
		3. 환기 계통 점검하기	1. 환기 계통을 고장 탐구할 수 있다. 2. 아웃보드밸브(out-board valve)를 교환할 수 있다. 3. 교환 후 작동 점검을 할 수 있다.

실기과목명	주요항목	세부항목	세세항목
	35. 항공기 조종 계통 점검	1. 주 조종장치 점검하기	1. 주 조종장치를 고장 탐구할 수 있다. 2. 주 조종장치 작동기를 교환할 수 있다. 3. 주 조종장치를 조절(rigging)할 수 있다. 4. 주 조종장치를 작동 점검을 할 수 있다.
		2. 보조 조종장치 점검하기	1. 보조 조종장치를 고장 탐구할 수 있다. 2. 보조 조종장치를 조정(trim)할 수 있다. 3. 보조 조종장치를 작동 점검을 할 수 있다.
	36. 항공기 연료 계통 점검	1. 연료 탱크 점검하기	1. 연료 탱크를 점검할 수 있다. 2. 배플체크밸브를 교환할 수 있다. 3. 배플체크밸브를 작동 점검할 수 있다. 4. 연료 탱크 구성품을 수리, 교환할 수 있다.
		2. 연료이송 계통 점검하기	1. 연료이송 계통(transfer system)을 점검할 수 있다. 2. 연료이송 밸브를 교환할 수 있다. 3. 연료이송 계통의 구성품을 교환할 수 있다. 4. 연료이송 계통을 작동 점검할 수 있다.
		3. 연료배출 계통 점검하기	1. 연료배출 계통(jettison system)을 점검할 수 있다. 2. 연료배출노즐밸브(nozzle valve)를 교환할 수 있다. 3. 연료배출 계통을 작동 점검할 수 있다.
	37. 항공기 유압 계통 점검	1. 주 유압공급장치 점검하기	1. 주 유압공급장치를 고장 탐구할 수 있다. 2. 엔진구동펌프(EDP, EMDP)를 교환할 수 있다. 3. 공기구동펌프(ADP)를 교환할 수 있다. 4. 축압기를 교환할 수 있다. 5. 주 유압공급장치를 작동 점검할 수 있다.
		2. 보조 유압장치 점검하기	1. 보조 유압공급장치를 고장 탐구할 수 있다. 2. 보조 유압펌프를 교환할 수 있다. 3. 보조 유압공급장치를 작동 점검할 수 있다.
		3. 지시, 경고장치 점검하기	1. 지시, 경고장치를 고장 탐구할 수 있다. 2. 압력전송기를 교환할 수 있다. 3. 유압계를 교환할 수 있다. 4. 유압계를 작동 점검할 수 있다.
	38. 항공기 제빙 ·방빙·제우 계통 점검	1. 제빙 계통 점검하기	1. 제빙 계통을 고장 탐구할 수 있다. 2. 제빙부츠를 교환할 수 있다. 3. 제빙 계통을 작동 점검할 수 있다.
		2. 방빙 계통 점검하기	1. 방빙 계통을 고장 탐구할 수 있다. 2. 제어밸브를 교환할 수 있다. 3. 방빙 계통을 작동 점검할 수 있다.

실기과목명	주요항목	세부항목	세세항목
		3. 제우 계통 점검하기	1. 제우 계통을 고장 탐구할 수 있다. 2. 윈드실드 와이퍼를 교환할 수 있다. 3. 구동모터를 교환할 수 있다. 4. 제우 계통을 작동 점검할 수 있다.
	39. 항공기 착륙장치 점검	1. 착륙장치 기어, 도어 점검하기	1. 착륙장치 기어, 도어를 고장 탐구할 수 있다. 2. 스트러트를 점검할 수 있다. 3. 작동유를 보급할 수 있다. 4. 착륙장치 기어, 도어를 작동 점검할 수 있다.
		2. 조향조정장치 점검하기	1. 조향조정장치를 고장 탐구할 수 있다. 2. 조향조정밸브를 교환할 수 있다. 3. 조향작동기를 교환할 수 있다. 4. 조향조정장치를 작동 점검할 수 있다.
		3. 휠, 타이어 점검하기	1. 휠, 타이어를 육안 검사할 수 있다. 2. 휠, 타이어를 교환할 수 있다. 3. 타이어 압력을 측정할 수 있다. 4. 타이어 압력을 보급할 수 있다.
		4. 위치, 지시장치 점검하기	1. 위치지시장치를 고장 탐구할 수 있다. 2. 근접스위치 감지기를 교환할 수 있다. 3. 위치지시장치를 점검할 수 있다.
	40. 항공기 산소계통 점검	1. 산소장치 점검하기	1. 산소장치를 고장 탐구할 수 있다. 2. 산소마스크를 점검할 수 있다. 3. 산소마스크를 교환할 수 있다. 4. 산소조절기를 교환할 수 있다. 5. 산소장치를 작동할 수 있다.
		2. 산소공급장치 점검하기	1. 산소공급장치를 고장 탐구할 수 있다. 2. 산소용기를 점검할 수 있다. 3. 압력조절기를 교환할 수 있다. 4. 산소공급장치를 작동할 수 있다.
		3. 휴대용·비상용 산소장치 점검하기	1. 휴대용 산소용기를 점검할 수 있다. 2. 비상용 산소용기를 점검할 수 있다. 3. 비상시 대처능력을 습득할 수 있다.
	41. 항공기 공기압 계통 점검	1. 공기압 공급장치 점검하기	1. 공기압 공급장치를 고장 탐구할 수 있다. 2. 공기압 분배장치를 고장 탐구할 수 있다. 3. 공기압 장치의 밸브를 교환할 수 있다. 4. 공기압 장치의 센서를 교환할 수 있다. 5. 공기압 공급 장치를 작동할 수 있다.

실기과목명	주요항목	세부항목	세세항목
		2. 공기압 지시장치 점검하기	1. 공기압 지시장치를 고장 탐구할 수 있다. 2. 압력전송기를 교환할 수 있다. 3. 열 감지 스위치를 교환할 수 있다. 4. 공기압 지시장치를 점검할 수 있다.
	42. 항공기 기체 구조 점검	1. 동체·도어 점검하기	1. 동체를 점검할 수 있다. 2. 도어를 점검할 수 있다. 3. 동체·도어의 결함을 수리할 수 있다.
		2. 나셀·파일론 점검하기	1. 나셀·파일론을 점검할 수 있다. 2. 나셀·파일론을 검사할 수 있다. 3. 나셀·파일론을 수리할 수 있다.
		3. 안정판 점검하기	1. 안정판을 점검할 수 있다. 2. 안정판을 검사할 수 있다. 3. 안정판을 수리할 수 있다.
		4. 주 날개 점검하기	1. 주 날개를 점검할 수 있다. 2. 주 날개를 검사할 수 있다. 3. 주 날개를 수리할 수 있다.
	43. 항공 전기·전자 기본 작업	1. 전선 교환하기	1. 기본배선작업매뉴얼(standard wiring practice manual)의 배선조립과 장착절차에 따라 해당 전선을 교환할 수 있다. 2. 기본배선작업매뉴얼의 배선조립과 장착절차에 따라 해당 전선을 전선다발에 묶을 수 있다. 3. 기본배선작업매뉴얼의 배선조립과 장착절차에 따라 해당 전선다발을 장착할 수 있다.
		2. 커넥터 작업하기	1. 기본배선작업매뉴얼의 커넥터 작업절차에 따라 커넥터 부품번호를 식별할 수 있다. 2. 기본배선작업매뉴얼의 커넥터 작업절차에 따라 커넥터 콘택트(connector contact)의 부품번호를 찾을 수 있다. 3. 기본배선작업매뉴얼의 커넥터 작업절차에 따라 커넥터 수리에 필요한 공구를 선정할 수 있다. 4. 기본배선작업매뉴얼의 커넥터 작업절차에 따라 커넥터에서 콘택트(contact)를 빼낼 수 있다. 5. 기본배선작업매뉴얼의 커넥터 작업절차에 따라 콘택트 크림핑(contact crimping) 작업을 할 수 있다. 6. 기본배선작업매뉴얼의 커넥터 작업절차에 따라 커넥터에 콘택트를 삽입할 수 있다.
		3. 터미널(terminal) 작업하기	1. 기본배선작업매뉴얼의 터미널 작업절차에 따라 해당터미널을 선정할 수 있다. 2. 기본배선작업매뉴얼의 터미널 작업절차에 따라 터미널 크림핑공구(crimping tool)를 선정할 수 있다.

실기과목명	주요항목	세부항목	세세항목
			3. 기본배선작업매뉴얼의 터미널 작업절차에 따라 터미널 크림핑 작업을 할 수 있다.
		4. 스플라이스(splice) 작업하기	1. 기본배선작업매뉴얼의 스플라이스 작업절차에 따라 해당 스플라이스(splice)를 선정할 수 있다 2. 기본배선작업매뉴얼의 스플라이스 작업절차에 따라 스플라이스 크림핑공구를 선정할 수 있다. 3. 기본배선작업매뉴얼의 스플라이스 작업절차에 따라 스플라이스 크림핑 작업을 할 수 있다.
		5. 납땜 작업하기	1. 회로도에 따라 회로를 구성할 수 있다. 2. 회로소자를 판별할 수 있다. 3. 납땜 작업을 할 수 있다.
	44. 항공기 전기계통 점검	1. 교류전원장치 점검하기	1. 항공기정비매뉴얼의 교류전원장치 작동절차에 따라 교류전원장치의 고장을 탐구할 수 있다. 2. 항공기정비매뉴얼의 발전기 장·탈착절차에 따라 발전기를 교환할 수 있다. 3. 항공기정비매뉴얼의 정속구동장치 보급절차에 따라 정속구동장치 오일(oil)을 점검할 수 있다. 4. 항공기정비매뉴얼의 교류전원장치 작동절차에 따라 교류전원장치의 작동을 시험할 수 있다.
		2. 비상전원장치 점검하기	1. 항공기정비매뉴얼의 비상전원장치 작동절차에 따라 비상전원장치의 고장을 탐구할 수 있다. 2. 항공기정비매뉴얼의 인버터 장·탈착절차에 따라 인버터(inverter)를 교환할 수 있다. 3. 항공기정비매뉴얼의 비상전원장치 작동절차에 따라 비상전원장치의 작동을 시험할 수 있다.
		3. 직류전원장치 점검하기	1. 항공기정비매뉴얼의 직류전원장치 작동절차에 따라 직류전원장치의 고장을 탐구할 수 있다. 2. 항공기정비매뉴얼의 배터리 장·탈착절차에 따라 배터리를 교환할 수 있다. 3. 항공기정비매뉴얼의 정류장치 장·탈착절차에 따라 정류장치(transformer rectifier unit)를 교환할 수 있다. 4. 항공기정비매뉴얼의 직류전원장치 작동절차에 따라 직류전원장치의 작동을 시험할 수 있다.
		4. 배전 계통 점검하기	1. 항공기정비매뉴얼의 배전 계통 작동절차에 따라 배전계통의 고장을 탐구할 수 있다. 2. 항공기정비매뉴얼의 차단기 장·탈착절차에 따라 차단기(breaker)를 교환할 수 있다. 3. 항공기정비매뉴얼의 변압기 장·탈착절차에 따라 변압기를 교환할 수 있다. 4. 항공기정비매뉴얼의 릴레이 장·탈착절차에 따라 릴레이(relay)를 교환할 수 있다.

실기과목명	주요항목	세부항목	세세항목
			5. 항공기정비매뉴얼의 배전 계통 작동절차에 따라 배전 계통의 작동을 시험할 수 있다.
	45. 항공기 화재 방지 계통 점검	1. 화재·과열 계통 탐지기 점검하기	1. 항공기정비매뉴얼의 화재·과열 계통 탐지기 작동절차에 따라 화재·과열 계통 탐지기의 고장을 탐구할 수 있다. 2. 항공기정비매뉴얼의 화재·과열 계통 탐지기 장·탈착절차에 따라 화재·과열 계통 탐지기를 교환할 수 있다. 3. 항공기정비매뉴얼의 화재·과열 계통 탐지기 작동절차에 따라 화재·과열 계통 탐지기의 작동을 시험할 수 있다.
		2. 연기 감지기 점검하기	1. 항공기정비매뉴얼의 연기 감지기 작동절차에 따라 연기 감지기의 고장을 탐구할 수 있다. 2. 항공기정비매뉴얼의 연기 감지기 장·탈착절차에 따라 연기 감지기를 교환할 수 있다. 3. 항공기정비매뉴얼의 연기 감지기 작동절차에 따라 연기 감지기의 작동을 시험할 수 있다.
		3. 소화장치 점검하기	1. 항공기정비매뉴얼의 소화기 작동절차에 따라 소화장치의 고장을 탐구할 수 있다. 2. 항공기정비매뉴얼의 소화기 장·탈착절차에 따라 소화기를 교환할 수 있다. 3. 항공기정비매뉴얼의 소화기 검사·점검절차에 따라 소화기의 무게점검(weight check)을 할 수 있다. 4. 항공기정비매뉴얼의 소화장치 작동절차에 따라 소화기의 작동을 시험할 수 있다.
	46. 항공기 통신 계통 점검	1. 인터폰장치 점검하기	1. 항공기정비매뉴얼의 인터폰 작동절차에 따라 인터폰장치의 고장을 탐구할 수 있다. 2. 항공기정비매뉴얼의 인터폰 부품 장·탈착절차에 따라 인터폰장치의 구성품을 교환할 수 있다. 3. 항공기정비매뉴얼의 인터폰 작동절차에 따라 인터폰장치의 작동을 시험할 수 있다.
	47. 항공기 조명 계통 점검	1. 내부조명장치 점검하기	1. 항공기정비매뉴얼의 내부조명장치 작동절차에 따라 내부조명장치의 고장을 탐구할 수 있다. 2. 항공기정비매뉴얼의 내부조명장치 램프 장·탈착절차에 따라 램프(lamp)를 교환할 수 있다. 3. 항공기정비매뉴얼의 안정기 장·탈착절차에 따라 안정기(ballast)를 교환할 수 있다. 4. 항공기정비매뉴얼의 내부조명장치 작동절차에 따라 내부조명장치의 작동을 시험할 수 있다.
		2. 외부조명장치 점검하기	1. 항공기정비매뉴얼의 외부조명장치 작동절차에 따라 외부조명장치의 고장을 탐구할 수 있다.

실기과목명	주요항목	세부항목	세세항목
			2. 항공기정비매뉴얼의 외부조명장치 램프 장·탈착절차에 따라 램프를 교환할 수 있다. 3. 항공기정비매뉴얼의 변압기 장·탈착절차에 따라 변압기(transformer)를 교환할 수 있다. 4. 항공기정비매뉴얼의 외부조명장치 작동절차에 따라 외부조명장치의 작동을 시험할 수 있다.
		3. 비상조명장치 점검하기	1. 항공기정비매뉴얼의 비상조명장치 작동절차에 따라 비상조명장치의 고장을 탐구할 수 있다. 2. 항공기정비매뉴얼의 비상조명장치 램프 장·탈착절차에 따라 램프를 교환할 수 있다. 3. 항공기정비매뉴얼의 비상조명장치 배터리 장·탈착절차에 따라 배터리를 교환할 수 있다.
	48. 항공기 계기 계통 점검	1. 계기 점검하기	1. 항공기정비매뉴얼의 계기 작동절차에 따라 계기의 고장을 탐구할 수 있다. 2. 항공기정비매뉴얼의 계기 장·탈착절차에 따라 계기를 교환할 수 있다. 3. 항공기정비매뉴얼의 계기 작동절차에 따라 계기의 작동을 시험할 수 있다.
		2. 비행기록장치 점검하기	1. 항공기정비매뉴얼의 비행기록장치 작동절차에 따라 비행기록장치의 고장을 탐구할 수 있다. 2. 항공기정비매뉴얼의 비행기록장치 장·탈착절차에 따라 비행기록장치를 교환할 수 있다. 3. 항공기정비매뉴얼의 비행기록장치 작동절차에 따라 비행기록장치의 작동을 시험할 수 있다.
		3. 음성경고장치 점검하기	1. 항공기정비매뉴얼의 음성경고장치 작동절차에 따라 음성경고장치의 고장을 탐구할 수 있다. 2. 항공기정비매뉴얼의 음성경고장치 장·탈착절차에 따라 음성경고장치를 교환할 수 있다. 3. 항공기정비매뉴얼의 음성경고장치 작동절차에 따라 음성경고장치의 작동을 시험할 수 있다.
	49. 항공 전기·전자 계통 점검	1. 측정장비 사용하기	1. 사용법설명서(instruction)에 따라 멀티미터(multimeter)를 사용하여 저항, 전압, 전류를 측정할 수 있다. 2. 사용법설명서에 따라 절연저항계(megohmmeter)를 사용하여 절연저항을 측정할 수 있다. 3. 사용법설명서에 따라 오실로스코프(oscilloscope)를 사용하여 주파수를 측정할 수 있다.
		2. 항공기정비매뉴얼(AMM) 활용하기	1. 항공기정비매뉴얼의 입문서(introduction)에 따라 동체의 위치(station)를 찾을 수 있다. 2. 항공기정비매뉴얼의 입문서에 따라 계통의 개요(description)를 찾을 수 있다.

실기과목명	주요항목	세부항목	세세항목
			3. 항공기정비매뉴얼의 입문서에 따라 해당 구성품의 장·탈착절차를 찾을 수 있다. 4. 항공기정비매뉴얼의 입문서에 따라 해당 구성품의 작동절차를 찾을 수 있다.
		3. 결함분리매뉴얼(FIM) 활용하기	1. 결함분리매뉴얼(fault isolation manual)의 입문서(introduction)에 따라 결함 확인 절차를 찾을 수 있다. 2. 결함분리매뉴얼의 입문서에 따라 결함 해소 방법을 찾을 수 있다. 3. 결함분리매뉴얼의 입문서에 따라 결함 예상 부품의 위치를 찾을 수 있다. 4. 결함분리매뉴얼의 입문서에 따라 결함 예상 부품의 작업절차를 찾을 수 있다.
		4. 배선매뉴얼(WDM) 활용하기	1. 배선매뉴얼(wiring diagram manual)의 입문서에 따라 계통의 회로도를 분석할 수 있다. 2. 배선매뉴얼의 부품리스드(equipment list)에 따라 해당 구성품의 부품번호를 찾을 수 있다. 3. 배선매뉴얼의 전선리스트(wire list)에 따라 전선의 부품번호를 찾을 수 있다. 4. 배선매뉴얼의 입문서(introduction)에 따라 해당 구성품의 장착위치를 찾을 수 있다. 5. 배선매뉴얼의 회로도에 따라 회로를 점검할 수 있다.
	50. 항공기 품질 관리	1. 고장 보고하기	1. 국내외 법규에 근거한 고장 보고 대상을 파악할 수 있다. 2. 필요한 정보를 파악하여 고장 대상 보고서를 작성할 수 있다. 3. 국내외 감항당국에서 요구하는 방법에 따라 정해진 시한 이내에 고장 보고서를 제출하고 보고할 수 있다. 4. 고장 보고서를 유지 및 관리할 수 있다.
	51. 항공기 안전 관리	1. 안전 점검하기	1. 항공기 안전점검 계획을 수립할 수 있다. 2. 항공안전 표준 점검표를 통해 정비현장의 안전점검을 할 수 있다. 3. 안전점검 보고서를 작성할 수 있다. 4. 당국의 안전감독 지적사항에 대해 대처할 수 있다.
	52. 항공장비 보급품 저장	1. 위험물품 관리하기	1. 위험물품의 특성에 따라 별도 취급 포장할 수 있다. 2. 위험물품의 특성에 따라 별도 취급 저장할 수 있다. 3. 위험물에 따라 안전 장비, 설비를 구비할 수 있다.
		2. 정전기 반응부품 (ESDS) 관리하기	1. 정전기 반응부품(ESDS) 저장공간의 설비 규격을 확인할 수 있다. 2. 정전기 반응부품(ESDS) 저장공간의 안전상태를 확인할 수 있다. 3. 정전기 반응부품(ESDS) 방지장구를 사용할 수 있다. 4. 정전기 반응부품(ESDS) 방지 포장품을 취급할 수 있다.

3. 항공정비사(비행기, 회전익항공기) 실기시험 표준서

PART Ⅰ. 항공기체·항공발동기
Ⅰ. 법규 및 관계규정

과 목	세 부 과 목	평 가 항 목	실시방법 구술	실시방법 실기
1. 정비작업 범위	1. 항공종사자의 자격	1. 항공업무 종류의 한정(시행규칙 제74조) 2. 항공기종류와 등급구분(시행규칙 제71조) 3. 정비확인 행위(법 제22조, 제27조제2항 별표)	○	
	2. 작업 구분	1. 수리와 개조 업무 성질 구분(시행규칙 제36조), 정비조직인증 및 취소 등(법 제138조, 제138조2) 2. 확인자격 구분	○	
2. 정비방식	1. 항공기 정비방식	1. 비행전후 점검, 주기점검(A,B,C,D 등) 2. Calendar 주기, flight time 주기	○	
	2. 부분품 정비방식	1. 하드타임(Hardtime) 방식 2. 언컨디션(On condition)방식 3. 컨디션 모니터링(Condition monitoring) 방식	○	
	3. 발동기(Powerplant) 정비방식	1. HSI(Hot section inspection) 2. CSI(Cold section inspection)	○	

Ⅱ. 기본 작업

과 목	세 부 과 목	평 가 항 목	실시방법 구술	실시방법 실기
3. 판금작업	1. 리벳의 식별	1. 사용목적, 종류, 특성 - 솔리드, 카운터싱크, 블라인드 리벳 2. 열처리 리벳의 종류 및 열처리 이유	○	○
	2. 구조물 수리작업	1. 스톱홀의 목적, 크기, 위치 선정 2. 리벳 선택(크기, 종류) 3. 카운터 싱크와 딤플의 사용구분 4. 리벳의 배치(ED, pitch) 5. 리벳팅 후의 검사 6. 용접 및 작업 후 검사	○	○
	3. 판재 절단, 굽힘작업	1. 패치(patch)의 재질 및 두께 선정기준 2. 굽힘 반경(bending radius) 3. 셋트백(setback)과 굽힘 허용치(BA)	○	○

과 목	세 부 과 목	평 가 항 목	실시방법	
			구술	실기
	4. 도면의 이해	1. 3면도 작성 2. 도면 기호 식별	○	○
	5. 드릴 등 벤치공구 취급	1. 드릴 절삭, 에지각, 선단각, 절삭 속도 2. 톱, 줄, 그라인더, 리마, 탭, 다이스 3. 공구 사용 시의 자세 및 안전수칙	○	○
4. 연결 작업	1. 호스, 튜브작업	1. 사이즈 및 용도 구분 2. 손상검사 방법 3. 연결 피팅(fitting union)의 종류 및 특성 4. 장착 시 주의사항	○	○
	2. 케이블 조정 작업 (rigging)	1. 텐션미터와 라이저의 선정 2. 온도 보정표에 의한 보정 3. 리깅 후 점검 4. 케이블 손상의 종류와 검사방법	○	○
	3. 안전선(safetywire) 사용 작업	1. 사용목적, 종류 2. 안전선 장착 작업(볼트 혹은 너트) 3. 싱글랩 방법과 더블랩 방법 사용구분	○	○
	4. 토오큐(torque) 작업	1. 토오큐의 확인목적 및 확인 시 주의사항 2. 익스텐션 사용 시 토오큐 환산법 3. 덕트 클램프(clamp) 장착 작업 4. Cotter Pin 장착 작업	○	○
	5. 볼트, 너트, 와샤	1. 형상, 재질, 종류 분류 2. 용도 및 사용처	○	
5. 항공기 재료 취급	1. 금속재료	1. AL합금의 분류, 재질 기호 식별 2. AL합금판(alclad) 취급(표면손상 보호) 3. Steel 합금의 분류, 재질 기호 4. Alocine 처리	○	
	2. 비금속재료 - plastic, FRP, composite material	1. 열가소성과 열경화성 구분 2. 고무제품의 보관 3. 실란트 등 접착제의 종류와 취급 4. 복합소재의 구성 및 취급	○	
	3. 비파괴 검사	1. 색소/형광침투검사, 자기/와전류 및 초음파검사	○	○

Ⅲ. 항공기 정비작업

과목	세부과목	평가항목	실시방법 구술	실시방법 실기
6. 기체 취급	1. station number 구별	1. station no. 및 zone no. 의미와 용도 2. 위치 확인요령	○	
	2. 잭 업(jack up) 작업	1. 자중(empty weight), zero fuel weight, payload 관계 2. 웨잉작업(weighing) 시 준비 및 안전절차	○	
	3. 무게중심(c.g)	1. 무게중심의 한계의 의미 2. 무게중심 산출작업(계산)	○	○
7. 조종 계통	1. 주 조종장치 - aileron, elevator, rudder	1. 조작 및 점검사항 확인	○	○
	2. 보조 조종장치 - flap, slat, spoiler, horizontal stabilizer	1. 종류 및 기능 2. 작동 시험 요령	○	
8. 연료 계통	1. 연료 보급	1. 연료량 확인 및 보급절차 체크 2. 연료의 종류 및 차이점	○	
	2. 연료 탱크	1. 연료 탱크의 구조, 종류 2. leak 시 처리 및 수리방법 3. 탱크 작업 시 안전 주의사항	○	
9. 유압 계통	1. 주요 부품의 교환 작업	1. 구성품의 장·탈착 작업 시 안전주의사항 준수 여부 2. 작업의 실시요령	○	○
	2. 작동유 및 accumulator air 보충	1. 작동유의 종류 및 취급 요령 2. 작동유의 보충작업	○	
10. 착륙 장치 계통	1. 착륙장치	1. 메인 스터러트(main strut or oleo cylinder)의 구조 및 작동원리 2. 작동유 보충시기 판정 및 보급방법	○	
	2. 제동 계통	1. 브레이크 점검(마모 및 작동유 누설) 2. 브레이크 작동 점검 3. 랜딩기어에 휠과 타이어 부속품제거, 교환 장착	○	○
	3. 타이어 계통	1. 타이어 종류 및 부분품 명칭 2. 마모, 손상 점검 및 판정기준 적용 3. 압력 보충 작업(사용 기체 종류) 4. 타이어 보존	○	○

과 목	세부과목	평가항목	실시방법 구술	실시방법 실기
11. 추진 계통	1. 프로펠러	1. 블레이더(blader) 구조 및 수리 방법 2. 작동절차(작동 전 점검 및 안전사항 준수) 3. 세척과 방부처리 절차	○	
	2. 동력전달장치	1. 주요 구성품 및 기능점검 2. 주요 점검사항 확인	○	
12. 회전익 항공기 계통	1. 동체일반	1. 주요 sta, no.의 위치(station "0"의 위치) 2. 잭킹 방법 3. 무게중심 계산(weight & balance) 4. 동체의 특징(구조 및 사용재료)	○	
	2. 주회전 날개 (main rotor)	1. 블레이드의 형상, 재질 2. 주요 점검사항 확인	○	
	3. 조종장치 (pitch control)	1. collective pitch control 2. cyclic pitch control	○	
	4. 동력전달장치 (power train)	1. 엔진과 회전날개의 구동방법 　-main rotor, tail rotor 　-normal operation과 auto rotation 시 2. 동력전달장치 구조 및 주요 점검사항	○ ○	
	5. 꼬리 회전날개 (tail rotor)	1. 구조 및 기능 점검	○	
	6. 항공기 종류	1. 종류구분 및 그 원리 　-복수날개, no rotor 항공기 등	○	
13. 발동기 계통	1. 왕복 엔진 (reciprocal engine)	1. 4행정 개요, 주요 구성품 및 기능 2. 점화장치 작업 및 작업안전사항 준수 여부 3. 윤활장치 점검(기능, 작동유 점검 및 보충) 4. 주요 지시계기 및 경고장치 이해 5. 연료 계통 기능(점검, 고장탐구 등) 6. 흡입, 배기 계통	○	○
	2. 터보제트 엔진 (turbo-jet engine)	1. 주요 구성품 및 기능 2. 점화장치 작업 및 작업안전사항 준수 여부 3. 윤활장치 점검(기능, 작동유 점검 및 보충) 4. 주요 지시계기 및 경고장치 이해 5. 연료 계통 기능(점검, 고장탐구 등) 6. 흡입 및 공기흐름 계통 7. Exhaust 및 reverser 시스템 8. 세척과 방부처리 절차 9. 보조동력장치 계통(APU)의 기능과 작동	○	○

과목	세 부 과 목	평 가 항 목	실시방법 구술	실시방법 실기
14. 항공기 취급	1. 시운전 절차 (engine run up)	1. 시동절차 개요 및 준비사항 2. 시운전 실시 3. 시운전 도중 비상사태 발생 시(화재 등) 응급조치 방법 4. 시운전 종료 후 마무리 작업 절차	○	
	2. 동절기 취급절차 (cold weather operation)	1. 제빙유 종류 및 취급 요령(주의사항) 2. 제빙유 사용법(혼합률, 방빙 지속 시간) 3. 제빙작업 필요성 및 절차(작업안전 수칙 등) 4. 표면처리(세척과 방부처리) 절차	○	
	3. 지상운전과 정비	1. 항공기 견인(towing) 일반절차 2. 항공기 견인(towing) 시 사용 중인 활주로 횡단 시 관제탑에 알려야 할 사항 3. 항공기 시동 시 지상운영 taxing의 일반절차 및 관련된 위험요소 방지절차 4. 항공기 시동 시 및 지상작동(taxing 포함) 상황에서 표준 수신호 또는 지시봉(light wand) 신호의 사용 및 응답방법	○	

PART Ⅱ. 항공전자·전기·계기 장비
Ⅰ. 법규 및 관계규정

과목	세 부 과 목	평 가 항 목	실시방법	
			구술	실기
1. 법규 및 규정	1. 항공기 비치서류	1. 감항증명서 및 유효기간 2. 기타 비치서류(법 제41조제3항, 규칙 제130조)	○	
	2. 항공일지	1. 중요 기록사항(규칙 제124조) 2. 비치장소	○	
	3. 정비규정	1. 정비규정의 법적 근거 2. 기재사항의 개요 3. MEL, CDL	○	
2. 감항 증명	1. 감항증명	1. 항공법에서 정한 항공기 2. 감항검사 방법 3. 형식증명과 감항증명의 관계	○	
	2. 감항성 개선명령	1. A.D.의 정의 및 법적 효력 2. 처리결과 보고절차	○	

Ⅱ. 기본 작업

과목	세 부 과 목	평 가 항 목	실시방법	
			구술	실기
3. 벤치 작업	1. 기본 공구의 사용	1. 공구 종류 및 용도 2. 기본자세 및 사용법	○	○
	2. 전자 전기 벤치작업	1. 배선작업 및 결함 검사 2. 전기회로 스위치 및 전기회로 보호 장치 3. 전기회로의 전선규격 선택 시 고려사항 4. 전기 시스템 및 구성품의 작동상태 점검	○	○
4. 계측 작업	1. 계측기 취급	1. 국가교정제도의 이해(법령, 단위계) 2. 유효기간의 확인 3. 계측기의 취급, 보호	○	○
	2. 계측기 사용법 - 자, 버니어캘리퍼스, 마이크로메타, 다이얼게이지	1. 계측(부척)의 원리 2. 계측대상에 따른 선정 및 사용절차 3. 측정치의 기입요령	○	○

과목	세부과목	평가항목	실시방법 구술	실시방법 실기
5. 전기 전자 작업	1. 전기선 작업	1. 와이어 스트립(strip) 방법 2. 납땜(soldering) 방법 3. 터미널 크림핑(crimping) 방법 4. 스프라이스(splice) 크림핑(crimping) 방법 5. 전기회로 스위치 및 전기회로 보호장치 장착	○	○
	2. 솔리드저항, 권선 등의 저항 측정	1. 멀티미터(multimeter) 사용법 2. 메가테스터(megameter) 사용법 3. 휫손스브릿지(wheatstone bridge) 사용법	○	○
	3. ESDS 작업	1. ESDS 부품 취급 요령 2. 작업 시 주의사항	○	
	4. 디지털 회로	1. 아날로그 회로와의 차이	○	
	5. 위치표시 및 경고 계통	1. Anti-skid 시스템 기본구성 2. Landing gear 위치/경고 시스템 기본 구성품	○	

Ⅲ. 항공기 정비작업

과목	세부과목	평가항목	실시방법 구술	실시방법 실기
6. 공기 조화 계통	1. 냉난방 시스템 개요 (aircondition system)	1. 공기순환기(air cycle machine)의 작동 원리 2. 온도 조절방법	○	
	2. 냉동장치 (refrigeration system)	1. 주요부품의 구성 및 기능 2. 냉각수 종류 및 취급 요령(보관, 보충)	○	
	3. 여압 조절 장치 (cabin pressure control system)	1. 주요부품의 구성 및 작동 원리 2. 지시 계통 및 경고장치	○	
7. 객실 계통	1. 장비현황 - 조종실, 객실 - 주방(galley) - 화장실(lavatory) - 화물실	1. seat의 구조물 명칭 2. PSU(pax service unit) 기능 3. emergency equipment 목록 및 위치 4. 객실여압 시스템과 시스템 구성품의 검사	○	
8. 화재 탐지 및 소화 계통	1. 화재 탐지 및 경고장치 (fire detection and warning system)	1. 종류 및 작동원리 2. 계통(cartridge, circuit) 점검방법 체크	○	○

과 목	세 부 과 목	평 가 항 목	실시방법 구술	실시방법 실기
	2. 소화기 계통 (fire extinguisher / bottle)	1. 종류(A, B, C) 및 용도구분 2. 유효기간 확인 및 사용방법 체크	○	
9. 산소 계통	1. 산소장치 작업 - crew, passenger - portable ox. bottle	1. 주요 구성부품의 위치 2. 취급상의 주의사항 3. 사용처	○	
10. 동결 방지 계통	1. 시스템 개요 - 날개 방빙 시스템 - 엔진 방(제)빙 시스템 - 프로펠라 방(제)빙 시스템	1. 방·제빙하고 있는 장소와 그 열원 등 2. 작동시기 및 이유 3. 동압(Pitot) 및 정압(Static) 계통, 결빙방지 계통 검사 4. 전기 Wind shield 작동 점검 5. Pneumatic deicing boot 정비 및 수리	○	
11. 전자 통신 항법 계통	1. 전자통신장치 - HF, VHF, UHF	1. 사용처 및 조작방법 2. 법적 규제에 대한 지식 3. 부분품 교환 작업 4. 항공기에 장착된 안테나의 위치 및 확인	○	○
	2. 항법장치 - ADF, VOR, DME, ILS/GS - INS/GPS	1. 작동원리 2. 용도 3. 자이로(gyro)의 원리 4. 위성통신의 원리 5. 일반적으로 사용되는 통신/항법 시스템 안테나 확인 방법 6. 충돌방지등과 위치지시등의 검사 및 점검	○	
12. 전기 조명 계통	1. 전원장치(AC, DC)	1. 발전기의 주파수 조정장치 2. 윤활유 보충 작업	○	
	2. 배터리 취급	1. 배터리 용액 점검 및 보충 작업 2. 세척 시 작업안전 주의사항 준수 여부 3. 배터리 정비 및 장·탈착 작업 4. 배터리 시스템에서 발생하는 일반적인 결함	○	○
	3. 비상등	1. 종류 및 위치	○	
13. 전자 계기 계통	1. 전자계기류 취급	1. 전자계기류 종류(type) 2. 전자계기 장·탈착 및 취급 시 주의사항 준수 여부	○	○
	2. 동정압 (pitot-static tube) 계통	1. 계통 점검 수행 및 점검 내용 체크 2. 누설 확인 작업 3. Vacuum/pressure, 전기적으로 작동하는 계기의 동력 시스템 검사 고장탐구	○	

4 항공정비사(전자·전기·계기) 실기시험 표준서

I. 법규 및 관계규정

과목	세부과목	평가항목	실시방법 구술	실시방법 실기
1. 법규 및 규정	1. 항공기의 정비작업에 관한 법규	1. 법규명과 목적 2. 항공법과의 관련 및 상위점	○	
	2. 항공기의 등록	1. 등록 원부 규재사항 2. 국적 및 등록기호의 타각 3. 식별판 4. 국적 및 등록기호의 타각	○	
	3. 소음기준 적합증명	1. 소음기준 적합증명서와 운용한계와의 관계 2. 유효기간 3. 소음기준 적합증명서의 효력정지	○	
	4. 정비규정	1. 정비 규정의 법적근거 2. 기재사항의 개요	○	
2. 정비 작업 범위	1. 항공종사자	1. 항공업무(유자격자의 업무) 2. 유자격 정비사의 확인 행위 3. 기능증명서의 취급	○	
	2. 수리개조검사	1. 검사 시에 제출하는 서류 2. 소음관계 수리개조검사	○	
	3. 수리개조 인정공장	1. 수리개조 규정 2. 검사주임의 확인방법	○	
3. 감항 증명	1. 감항증명	1. 항공법에서 정한 항공기 2. 감항검사 방법 3. 검사 시에 제출한 서류 4. 형식증명과 감항증명의 관계 5. 유효기간 6. 감항증명서 운용한계 등 지정서 및 비행규정 7. 감항증명의 효력정지	○	
4. 정비 방식	1. 예비품증명	1. 예비품증명 취득 시기 2. 예비품증명검사 방법 3. 유효기간 및 실효 4. 재사용점검	○	
	2. 정비방식	1. 하드타임 방식, 언컨디션 방식 및 신뢰성 관리 정비방식 2. 발동기 등 정비방식 지정서	○	
	3. 항공기 운항에서 정비 작업	1. 구급용구의 점검 2. 법정 탑재서류 3. MEL, CDL 4. 위험물의 수송금지	○	

Ⅱ. 기본기술에 관한 지식

과목	세부과목	평가항목	실시방법	
			구술	실기
5. 벤치 작업	1. 공구의 특징 1) 줄 2) 드릴 3) 그라인더 4) 리마	1. 줄의 종류와 용도 2. 피절삭물에 대한 드릴 종류와 회전수 3. 그라인더의 취급 4. 리머의 취급	○	○
6. 계측 작업	1. 계측용어	1. 정도 2. 감도 3. 오차	○	
	2. 계측기 취급상의 일반적인 주의사항	1. 측정목적 사용범위 2. 유효기간의 확인 3. 측정환경, 계측기의 보호 4. 측정치의 기입요령	○	
	3. 계측기 1) 자 2) 마이크로메타 3) 다이알게이지	1. 버니어캘리퍼스 원리 및 취급 2. 마이크로메타의 원리 및 취급 3. 다이알게이지의 취급	○	
7. 항공기 재료	1. 전자·전기·계기에 사용되고 있는 재료	1. 도전재, 절연재의 종류 2. 접착제의 종류 및 취급	○	
8. 도장 표면 처리 및 용접	1. 금속재료에 대한 부식	1. 부식의 발생원인의 종류 2. 부식 제거방법의 종류와 특징	○	
	2. 도장 및 표면처리 작업	1. 프린트기판의 코팅의 목적	○	
	3. 용접작업	1. 납땜 이론 2. 납땜 특징	○	
9. 볼트 너트 연결 작업	1. 전자·전기·계기에 사용되고 있는 부품	1. 볼트, 너트, 스크류, 와샤 및 안전선의 종류와 취급	○	
	2. 볼트와 너트의 조임 토르크의 측정	1. 토크랜치의 유효성 및 취급법 2. 익스텐션의 사용법	○	○
	3. 세이프티 와이어	1. 세이프티 와이어의 재질, 사이즈, 사용 온도에 의한 선택 2. 와이어의 크기와 길이와 결정	○	○

과 목	세 부 과 목	평 가 항 목	실시방법	
			구술	실기
10. 전기 작업	1. 항공기용 전선	1. 일반 규격 2. 용도별 전선의 종류의 특징 3. 와이어 사이즈 부르는 법 4. 와이어 사이즈 결정상의 주의사항	○	
	2. 전기배선의 취급	1. 전선 사용상의 주의사항 2. 와이어 사이즈와 구부림 반경 3. 묶음방법, 루팅 시의 취급방법 4. Electric return 그라운드 설치시 주의 사항	○	
	3. 배선작업	1. 커넥터 종류, 구조, 취급 2. 와이어 스트립 방법 3. 스프라이스 종류, 구조, 전선 중계상의 제한사항 4. 터미널 종류, 구조 및 크림핑 방법	○	
	4. 납땜	1. 납땜 작업 순서 2. 납땜 작업 후 검사	○	○
	5. 주요 전기부품	1. 저항, 콘덴서, 반도체소자 등의 종류, 구조, 기능 및 규격	○	
	6. 솔리드저항, 권선, 콘센서 및 반도체의 저항 측정	1. 테스터, 메가포인트, 휘스톤브릿지 취급	○	○

	7. 다음 기구
	  1) 전압계
	  2) 전류계
	  3) 주파수측정기
	  4) 피형관측기 등
		1. 물리 단위
		2. 각 계측기의 원리 및 단위
		3. 각계측기 선정 및 취급
			○	○

11. 기타 기본 작업	1. 일반공구	1. 종류 2. 용도 3. 사용법	○	
	2. 전자·전기·계기를 구성하는 주요 부품	1. 바이메탈, 열전대, 싱크로, 베어링 등의 종류, 구조 및 기능	○	

Ⅲ. 일반기술에 관한 지식

과 목	세 부 과 목	평 가 항 목	실시방법 구술	실시방법 실기

12. 동력용 계기	1. 회전지시 계기
	  1) 타코제네이터식
	  2) 펄스식, 기계식
		1. 계통의 구성 및 기능
		2. 각 계기의 원리, 구조, 기능 및 작동
			○	

	2. 압력지시 계기
	  1) 윤활유, 연료
	  2) 엔진 프레셔 레시오
	     (Engine Pressure Ratio)
	  3) 토크(Torqure)
	  4) 매니폴드
		1. 계통의 구성 및 기능
		2. 각 계기의 원리, 구조, 기능 및 작동
			○	

	3. 온도지시 계기 1) 윤활유 2) 온도 3) 배기	1. 계통의 구성 및 기능 2. 각 계기의 원리, 구조, 기능 및 작동	○	
	4. 연료유량계 및 유량지시 계기들 1) 윤활유 2) 연료	1. 계통의 구성 및 기능 2. 각 계기의 원리, 구조, 기능 및 작동	○	
13. 기체용 계기 및 기타	1. 압력지시 계기 1) 작동유, 공기, 진공, 산소	1. 계통의 구성 및 기능 2. 각 계기의 원리, 구조, 기능 및 작동	○	
	2. 온도지시 계기 1) 공기, 보기	1. 계통의 구성 및 기능 2. 각 계기의 원리, 구조, 기능 및 작동	○	

	3. 위치지시 계기
	  1) 3개의 조종면
	  2) 승강키, 방향키, 보조익
	  3) 플랩(Flap)
	  4) 슬랫(Slat)
		1. 계통의 구성 및 기능
		2. 각 계기의 원리, 구조, 기능 및 작동
			○	

	4. 전원계기 1) 전압, 전류, 주파수, 전력	1. 계통의 구성 및 기능 2. 각 계기의 원리, 구조, 기능 및 작동	○	

	5. 여압 관련 지시 계기
	  1) 차압
	  2) 객실 고도
	  3) 객실 승강
		1. 계통의 구성 및 기능
		2. 각 계기의 원리, 구조, 기능 및 작동
			○	

	6. 계기
	  1) 산소 유량계
	  2) 작동유 유량계
		1. 계통의 구성 및 기능
		2. 각 계기의 원리, 구조, 기능 및 작동
			○	

	7. 장비
	  1) 기억장치(비행, 음성)
	  2) 경보장치(GPWS)
		1. 계통의 구성 및 기능
		2. 각 계기의 원리, 구조, 기능 및 작동
			○	

과목	세부과목	평가항목	실시방법 구술	실시방법 실기
14. 비행항법계기	1. 고도지시 계기 1) 기압식, 전파식	1. 계통의 구성 및 기능 2. 각 계기의 원리, 구조, 기능 및 작동	○	

	2. 속도지시 계기
	  1) 대기
	  2) 마하
	  3) 피토관(PITOT TUBE)
		1. 계통의 구성 및 기능
		2. 각 계기의 원리, 구조, 기능 및 작동
			○	

	3. 방위지시 계기 1) 자방위, 정침	1. 계통의 구성 및 기능 2. 각 계기의 원리, 구조, 기능 및 작동	○	

	4. 온도계기
	  1) 전온(TOTAL TEMP)
	  2) 대기
		1. 계통의 구성 및 기능
		2. 각 계기의 원리, 구조, 기능 및 작동
			○	

	5. 자세지시 계기 1) 수평, 경사	1. 계통의 구성 및 기능 2. 각 계기의 원리, 구조, 기능 및 작동	○	

	6. 계기
	  1) 승강계, 선회계
	  2) 시계(기계식, 전자식)
		1. 각 계기의 원리, 구조, 기능 및 작동	○	

	7. 장비
	  1) 에어데이터 컴퓨터
	    (Air Data Computer)
	  2) 관성항법 계통
	    (Interia Navigation System)
	  3) 자동비행조종 계통
	    (Auto Flight Control System)
	    ① Auto Flight
	    ② Flight Director
	    ③ Auto Throttle System
	    ④ Stability Augumentation
	      System
	  4) Performance Management System
		1. 계통의 구성 및 기능
		2. 각 계기의 원리, 구조, 기능 및 작동
			○	

15. 전원용 기기 및 기타	1. 장비품
	  1) 정속구동장치, 발전기(교류, 직류)
	  2) 변류기, 변압정류기
		1. 장비품의 작동원리
		2. 구조, 기능 및 작동
			○	

	2. 축전지	1. 축전지, 충전기의 목적 2. 원리, 구성 및 기능	○	

	3. 장비품
	  1) 전압조정기, 발전기관제기
	  2) 부하관제기
		1. 계통의 구성 및 기능	○	

	4. 전력배분	1. 각종 릴레이, 회로차단기의 목적, 원리, 구조 및 기능 2. AC, DC전원 방식의 특징 3. 주 전원, 보조전원, 외부전원 계통의 목적 및 기능	○	

과목	세부과목	평가항목	실시방법 구술	실시방법 실기
16. 동력용 기기	1. 전력배분	1. 원리, 구성 및 기능	○	

	2. 점화장치의 다음 장비품
	  1) 승압기
	  2) 자석발전기
	  3) 점화기
		1. 계통의 구성 및 기능
		2. 각 계기의 원리, 구조, 기능 및 작동
			○	

17. 기체용 기기 및 기타	1. 장비품
	  1) 공조압력조정기
	  2) 방·제빙 관제기
	  3) 브레이크 관제기
	  4) 보조동력장치 관제기
		1. 계통의 구성 및 기능
		2. 각 계기의 원리, 구조, 기능 및 작동
			○	

	2. 전동작동기 및 전동펌프	1. 원리, 구조, 기능 및 사용장소	○	

	3. 조명
	  1) 계기등
	  2) 항공등
	  3) 충돌방지등
		1. 각 계기의 원리, 구조 및 기능	○	

	4. 항공기의 방전	1. 목적 및 방법 2. 안전상의 주의사항	○	

18. 무선 통신 기기	1. 장비품
	  1) ADF
	  2) VOR
	  3) ILS
	  4) DME
	  5) ATC Transponder
	  6) OMEGA
	  7) WEATHER RADAR
		1. 계통의 구성 및 기능
		2. 장비품의 원리, 구조, 기능 및 작동
			○	

Ⅳ. 전문기술에 관한 지식

과 목	세 부 과 목	평 가 항 목	실시방법 구술	실시방법 실기
19. 동력용 계기	1. 특정 기종의 계기 　1) 회전계 　2) 압력계 　3) 온도계 　4) 용량계	1. 점검, 조정, 분해 및 조립 2. 작업기준에 의한 수리 3. 사양서에 의한 특별처리 4. 검사, 기능시험 5. 일반적인 고장탐구 방법과 그 처리	○	○
	2. 특정 기종의 컴퓨터 제어계기 　1) 회전계 　2) 압력계 　3) 온도계 　4) 용량계	1. 점검, 조정, 분해 및 조립 2. 작업기준에 의한 수리 3. 사양서에 의한 특별처리 4. 검사, 기능시험 5. 일반적인 고장탐구 방법과 그 처리	○	○
20. 기체용 계기 및 기타	1. 특정 기종의 계기 또는 장비품의 정비작업 　1) 압력계, 온도계 　2) 유량계, 용량계 　3) 위치계 　4) 전기계기 　5) 기억장치 　6) 경보장치	1. 점검, 조정, 분해 및 조립 2. 작업기준에 의한 수리 3. 사양서에 의한 특별처리 4. 검사, 기능시험 5. 일반적인 고장탐구 방법과 그 처리	○	○
	2. 특정 기종의 컴퓨터 제어계기 또는 장비품의 정비 작업 　1) 압력계, 온도계 　2) 유량계, 용량계 　3) 위치계 　4) 전기계기 　5) 기억장치 　6) 경보장치	1. 점검, 조정, 분해 및 조립 2. 작업기준에 의한 수리 3. 사양서에 의한 특별처리 4. 검사, 기능시험 5. 일반적인 고장탐구 방법과 그 처리	○	○
21. 비행항법계기	1. 특정 기종의 계기 또는 장비품의 정비작업 　1) 고도계　　2) 속도계 　3) 방위계　　4) 승강계 　5) 온도계　　6) 자세계 　7) 시계 　8) 에어데이터 컴퓨터 　　(Air Data Computer) 　9) 관성항법 계통 　　(Interia Navigation System) 　10) 자동비행조종 계통 　　(Auto Flight Control System) 　11) 퍼포먼스매너지멘트 시스템 　　(Performance Managemenent System)	1. 점검, 조정, 분해 및 조립 2. 작업기준에 의한 수리 3. 사양서에 의한 특별처리 4. 검사, 기능시험 5. 일반적인 고장탐구 방법과 그 처리		

과목	세부과목	평가항목	실시방법 구술	실시방법 실기
	2. 특정 기종의 컴퓨터제어계기 또는 장비품의 정비작업 1) 고도계 2) 속도계 3) 방위계 4) 승강계 5) 온도계 6) 자세계 7) 시계 8) 에어데이터 컴퓨터 　(Air Data Computer) 9) 관성항법 계통 　(Interia Navigation System) 10) 자동비행조종 계통 　(Auto Flight Control System) 11) 퍼포먼스매너지멘트 시스템 　(Performance Managemenent System)	1. 점검, 조정, 분해 및 조립 2. 작업기준에 의한 수리 3. 사양서에 의한 특별처리 4. 검사, 기능시험 5. 일반적인 고장탐구 방법과 그 처치	○	○
22. 전원용 기기 및 기타	1. 특정 기종의 장비품의 정비작업 1) 정속구동장치 2) 발전기 3) 전원조정기 4) 변류기 5) 정류기	1. 점검, 조정, 분해 및 조립 2. 작업기준에 의한 수리 3. 사양서에 의한 특별처리 4. 검사, 기능시험 5. 일반적인 고장탐구 방법과 그 처치	○	○
	2. 다음 특정 기종의 컴퓨터 제어계기 또는 장비품의 정비작업 1) 전원조정기	1. 점검, 조정, 분해 및 조립 2. 작업기준에 의한 수리 3. 사양서에 의한 특별처리 4. 검사, 기능시험 5. 일반적인 고장탐구 방법과 그 처치	○	○
	3. 축전지의 보수	1. 축전지 취급 2. 충전기의 수리	○	○
23. 기체용 기기 및 기타	1. 특정 기종의 계기 또는 장비품의 정비작업 1) 공조압력조정기 2) 방·제빙 관제기 3) 과열감지장치 4) 브레이크 관제기 5) 보조동력 관제기 6) 전동 작동기 7) 전동펌프 8) 조명	1. 점검, 조정, 분해 및 조립 2. 작업기준에 의한 수리 3. 사양서에 의한 특별처리 4. 검사, 기능시험 5. 일반적인 고장탐구 방법과 그 처치	○	○

과목	세부과목	평가항목	실시방법 구술	실시방법 실기
	2. 특정 기종의 컴퓨터제어계기 또는 장비품의 정비작업 1) 공조압력조정기 2) 방·제빙 관제기 3) 과열감지장치 4) 브레이크 관제기 5) 보조동력 관제기	1. 점검, 조정, 분해 및 조립 2. 작업기준에 의한 수리 3. 사양서에 의한 특별처리 4. 검사, 기능시험 5. 일반적인 고장탐구 방법과 그 처치	○	○
24. 동력용 기기	1. 특정 기종의 장비품의 정비작업 1) 전동기장치 2) 점화장치	1. 점검, 조정, 분해 및 조립 2. 작업기준에 의한 수리 3. 사양서에 의한 특별처리 4. 검사, 기능시험 5. 일반적인 고장탐구 방법과 그 처치	○	○
25. 무선통신기기	1. 장비품 1) ADF 2) VOR 3) ILS 4) DME 5) ATC Transponder 6) OMEGA 7) WEATHER RADAR	1. 점검, 조정, 분해 및 조립 2. 작업기준에 의한 수리 3. 사양서에 의한 특별처리 4. 검사, 기능시험 5. 일반적인 고장탐구 방법과 그 처치	○	○

5 항공장비정비기능사 출제기준(실기)

직무분야	기계	중직무분야	항공	자격종목	항공장비정비기능사	적용기간	2017. 1. 1.~2021. 12. 31.

○ 직무내용: 항공기 장비에 대한 숙련된 기능을 바탕으로 규정된 정비 절차에 따라서 장비의 구성품과 계통을 분해, 수리, 교환, 조립, 검사 및 시험하여 항공기의 감항성이 유지되도록 정비하는 직무
○ 수행준거: 1. 전기 계통 및 계기 계통 정비 작업을 할 수 있다.
　　　　　　2. 공압 및 유압 계통 정비 작업을 할 수 있다.
　　　　　　3. 방빙 계통 정비 작업을 할 수 있다.
　　　　　　4. 제빙 계통 및 제우 계통 정비 작업을 할 수 있다.
　　　　　　5. 비상 계통 정비 작업을 할 수 있다.

실기검정방법	작업형	시험시간	3시간 정도

실기과목명	주요항목	세부항목	세세항목
항공장비정비 작업	1. 항공기 기체 기본 작업	1. 볼트, 너트, 스크루 작업하기	1. 볼트를 장·탈착할 수 있다. 2. 너트를 장·탈착할 수 있다. 3. 스크루를 장·탈착할 수 있다.
		2. 토크렌치 하드웨어 작업하기	1. 볼트와 너트에 토크 규정값을 줄 수 있다. 2. 스크루(screw)에 토크 규정값을 줄 수 있다. 3. 잠금 너트에 토크 규정값을 줄 수 있다. 4. 기타 하드웨어에 토크 규정값을 줄 수 있다.
		3. 부품 안전 고정 작업하기	1. 부품 고정 작업에 적합한 안전결선 와이어의 재질과 규격을 선택할 수 있다. 2. 부품 고정 작업에 적합한 코터핀 재질과 규격을 선택할 수 있다. 3. 공구를 이용하지 않는 수작업에 의한 복선식 안전결선 작업을 수행할 수 있다. 4. 공구를 이용하지 않는 수작업에 의한 단선식 안전결선 작업을 수행할 수 있다. 5. 와이어 트위스터(wire twister)를 이용한 복선식 안전결선 작업을 수행할 수 있다. 6. 부품을 토크렌치로 고정한 후 코터핀으로 안전고정 작업을 수행할 수 있다. 7. 안전결선, 코터핀 작업 후 정비지침서에 근거한 검사를 수행할 수 있다.
	2. 항공기 공기조화 계통 점검	1. 냉·난방 계통 점검하기	1. 냉·난방 계통을 고장 탐구할 수 있다. 2. 공기순환장치(ACM)를 교환할 수 있다. 3. 구성품을 교환할 수 있다. 4. 교환 후 작동 점검을 할 수 있다.

실기과목명	주요항목	세부항목	세세항목
		2. 여압 계통 점검하기	1. 여압 계통을 고장 탐구할 수 있다. 2. 아웃플로밸브를 교환할 수 있다. 3. 교환 후 작동 점검을 할 수 있다.
		3. 환기 계통 점검하기	1. 환기 계통을 고장 탐구할 수 있다. 2. 아웃보드밸브를 교환할 수 있다. 3. 교환 후 작동 점검을 할 수 있다.
	3. 항공기 조종 계통 점검	1. 주 조종장치 점검하기	1. 주 조종장치를 고장 탐구할 수 있다. 2. 주 조종장치 작동기를 교환할 수 있다. 3. 주 조종장치를 조절(rigging)할 수 있다. 4. 주 조종장치를 작동 점검을 할 수 있다.
		2. 보조 조종장치 점검하기	1. 보조 조종장치를 고장 탐구할 수 있다. 2. 보조 조종장치를 조정(trim)할 수 있다. 3. 보조 조종장치를 작동 점검을 할 수 있다.
	4. 항공기 연료 계통 점검	1. 연료 탱크 점검하기	1. 연료 탱크를 점검할 수 있다. 2. 배플체크밸브를 교환할 수 있다. 3. 배플체크밸브를 작동 점검할 수 있다. 4. 연료 탱크 구성품을 수리, 교환할 수 있다.
		2. 연료이송 계통 점검하기	1. 연료이송 계통(transfer system)을 점검할 수 있다. 2. 연료이송밸브를 교환할 수 있다. 3. 연료이송 계통의 구성품을 교환할 수 있다. 4. 연료이송 계통을 작동 점검할 수 있다.
		3. 연료배출 계통 점검하기	1. 연료배출 계통(jettison system)을 점검할 수 있다. 2. 연료배출노즐밸브(nozzle valve)를 교환할 수 있다. 3. 연료배출 계통을 작동 점검할 수 있다.
	5. 항공기 유압 계통 점검	1. 주 유압공급장치 점검하기	1. 주 유압공급장치를 고장 탐구할 수 있다. 2. 엔진구동펌프(EDP, EMDP)를 교환할 수 있다. 3. 공기구동펌프(ADP)를 교환할 수 있다. 4. 축압기를 교환할 수 있다. 5. 주 유압공급장치를 작동 점검할 수 있다.
		2. 보조 유압장치 점검하기	1. 보조 유압공급장치를 고장 탐구할 수 있다. 2. 보조 유압펌프를 교환할 수 있다. 3. 보조 유압공급장치를 작동 점검할 수 있다.
		3. 지시, 경고장치 점검하기	1. 지시, 경고장치를 고장 탐구할 수 있다. 2. 압력전송기를 교환할 수 있다. 3. 유압계를 교환할 수 있다. 4. 유압계를 작동 점검할 수 있다.

실기과목명	주요항목	세부항목	세세항목
	6. 항공기 제빙·방빙·제우 계통 점검	1. 제빙 계통 점검하기	1. 제빙 계통을 고장 탐구할 수 있다. 2. 제빙부츠를 교환할 수 있다. 3. 제빙 계통을 작동 점검할 수 있다.
		2. 방빙 계통 점검하기	1. 방빙 계통을 고장 탐구할 수 있다. 2. 제어밸브를 교환할 수 있다. 3. 방빙 계통을 작동 점검할 수 있다.
		3. 제우 계통 점검하기	1. 제우 계통을 고장 탐구할 수 있다. 2. 윈드실드 와이퍼를 교환할 수 있다. 3. 구동모터를 교환할 수 있다. 4. 제우 계통을 작동 점검할 수 있다.
	7. 항공기 착륙장치 점검	1. 착륙장치 기어, 도어 점검하기	1. 착륙장치 기어, 도어를 고장 탐구할 수 있다. 2. 스트러트를 점검할 수 있다. 3. 작동유를 보급할 수 있다. 4. 착륙장치 기어, 도어를 작동 점검할 수 있다.
		2. 조향조정장치 점검하기	1. 조향조정장치를 고장 탐구할 수 있다. 2. 조향조정밸브를 교환할 수 있다. 3. 조향작동기를 교환할 수 있다. 4. 조향조정장치를 작동 점검할 수 있다.
		3. 휠, 타이어 점검하기	1. 휠, 타이어를 육안 검사할 수 있다. 2. 휠, 타이어를 교환할 수 있다. 3. 타이어 압력을 측정할 수 있다. 4. 타이어 압력을 보급할 수 있다.
		4. 위치지시장치 점검하기	1. 위치지시장치를 고장 탐구할 수 있다. 2. 근접스위치 감지기를 교환할 수 있다. 3. 위치지시장치를 점검할 수 있다.
	8. 항공기 산소 계통 점검	1. 산소장치 점검하기	1. 산소장치를 고장 탐구할 수 있다. 2. 산소마스크를 점검할 수 있다. 3. 산소마스크를 교환할 수 있다. 4. 산소조절기를 교환할 수 있다. 5. 산소장치를 작동할 수 있다.
		2. 산소공급장치 점검하기	1. 산소공급장치를 고장 탐구할 수 있다. 2. 산소용기를 점검할 수 있다. 3. 압력조절기를 교환할 수 있다. 4. 산소공급장치를 작동할 수 있다.
		3. 휴대용·비상용 산소장치 점검하기	1. 휴대용 산소용기를 점검할 수 있다. 2. 비상용 산소용기를 점검할 수 있다. 3. 비상시 대처능력을 습득할 수 있다.

실기과목명	주요항목	세부항목	세세항목
	9. 항공기 공기압 계통 점검	1. 공기압 공급장치 점검하기	1. 공기압 공급장치를 고장 탐구할 수 있다. 2. 공기압 분배장치를 고장 탐구할 수 있다. 3. 공기압 장치의 밸브를 교환할 수 있다. 4. 공기압 장치의 센서를 교환할 수 있다. 5. 공기압 공급장치를 작동할 수 있다.
		2. 공기압 지시장치 점검하기	1. 공기압 지시장치를 고장 탐구할 수 있다. 2. 압력전송기를 교환할 수 있다. 3. 열 감지 스위치를 교환할 수 있다. 4. 공기압 지시장치를 점검할 수 있다.
	10. 항공 전기·전자 기본 작업	1. 전선 교환하기	1. 기본배선작업매뉴얼(standard wiring practice manual)의 배선조립과 장착절차에 따라 해당 전선을 교환할 수 있다. 2. 기본배선작업매뉴얼의 배선조립과 장착절차에 따라 해당 전선을 전선다발에 묶을 수 있다. 3. 기본배선작업매뉴얼의 배선조립과 장착절차에 따라 해당 전선다발을 장착할 수 있다.
		2. 커넥터 작업하기	1. 기본배선작업매뉴얼의 커넥터작업절차에 따라 커넥터 부품번호를 식별할 수 있다. 2. 기본배선작업매뉴얼의 커넥터작업절차에 따라 커넥터 콘택트(connector contact)의 부품번호를 찾을 수 있다. 3. 기본배선작업매뉴얼의 커넥터작업절차에 따라 커넥터 수리에 필요한 공구를 선정할 수 있다 4. 기본배선작업매뉴얼의 커넥터작업절차에 따라 커넥터에서 콘택트(contact)를 빼낼 수 있다. 5. 기본배선작업매뉴얼의 커넥터작업절차에 따라 콘택트 크림핑(contact crimping) 작업을 할 수 있다. 6. 기본배선작업매뉴얼의 커넥터작업절차에 따라 커넥터에 콘택트를 삽입할 수 있다.
		3. 터미널(terminal) 작업하기	1. 기본배선작업매뉴얼의 터미널작업절차에 따라 해당 터미널을 선정할 수 있다 2. 기본배선작업매뉴얼의 터미널작업절차에 따라 터미널 크림핑공구(crimping tool)를 선정할 수 있다. 3. 기본배선작업매뉴얼의 터미널작업절차에 따라 터미널 크림핑 작업을 할 수 있다.
		4. 스플라이스(splice) 작업하기	1. 기본배선작업매뉴얼의 스플라이스 작업절차에 따라 해당 스플라이스(splice)를 선정할 수 있다. 2. 기본배선작업매뉴얼의 스플라이스 작업절차에 따라 스플라이스 크림핑공구를 선정할 수 있다. 3. 기본배선작업매뉴얼의 스플라이스 작업절차에 따라 스플라이스 크림핑 작업을 할 수 있다.

실기과목명	주요항목	세부항목	세세항목
		5. 납땜 작업하기	1. 회로도에 따라 회로를 구성할 수 있다. 2. 회로소자를 판별할 수 있다. 3. 납땜 작업을 할 수 있다.
	11. 항공기 전기 계통 점검	1. 교류전원장치 점검하기	1. 항공기정비매뉴얼의 교류전원장치 작동절차에 따라 교류전원장치의 고장을 탐구할 수 있다. 2. 항공기정비매뉴얼의 발전기 장·탈착절차에 따라 발전기를 교환할 수 있다. 3. 항공기정비매뉴얼의 정속구동장치 보급절차에 따라 정속구동장치 오일(oil)을 점검할 수 있다. 4. 항공기정비매뉴얼의 교류전원장치 작동절차에 따라 교류전원장치의 작동을 시험할 수 있다.
		2. 비상전원장치 점검하기	1. 항공기정비매뉴얼의 비상전원장치 작동절차에 따라 비상전원장치의 고장을 탐구할 수 있다. 2. 항공기정비매뉴얼의 인버터 장·탈착절차에 따라 인버터(inverter)를 교환할 수 있다. 3. 항공기정비매뉴얼의 비상전원장치 작동절차에 따라 비상전원장치의 작동을 시험할 수 있다.
		3. 직류전원장치 점검하기	1. 항공기정비매뉴얼의 직류전원장치 작동절차에 따라 직류전원장치의 고장을 탐구할 수 있다. 2. 항공기정비매뉴얼의 배터리 장·탈착절차에 따라 배터리를 교환할 수 있다. 3. 항공기정비매뉴얼의 정류장치 장·탈착절차에 따라 정류장치(transformer rectifier unit)를 교환할 수 있다. 4. 항공기정비매뉴얼의 직류전원장치 작동절차에 따라 직류전원장치의 작동을 시험할 수 있다.
		4. 배전 계통 점검하기	1. 항공기정비매뉴얼의 배전 계통 작동절차에 따라 배전 계통의 고장을 탐구할 수 있다. 2. 항공기정비매뉴얼의 차단기 장·탈착절차에 따라 차단기(breaker)를 교환할 수 있다. 3. 항공기정비매뉴얼의 변압기 장·탈착절차에 따라 변압기를 교환할 수 있다. 4. 항공기정비매뉴얼의 릴레이 장·탈착절차에 따라 릴레이(relay)를 교환할 수 있다. 5. 항공기정비매뉴얼의 배전 계통 작동절차에 따라 배전 계통의 작동을 시험할 수 있다.
	12. 항공기 화재 방지 계통 점검	1. 화재·과열 계통 탐지기 점검하기	1. 항공기정비매뉴얼의 화재·과열 계통 탐지기 작동절차에 따라 화재·과열 계통 탐지기의 고장을 탐구할 수 있다. 2. 항공기정비매뉴얼의 화재·과열 계통 탐지기 장·탈착절차에 따라 화재·과열 계통 탐지기를 교환할 수 있다.

실기과목명	주요항목	세부항목	세세항목
			3. 항공기정비매뉴얼의 화재·과열 계통 탐지기 작동절차에 따라 화재·과열 계통 탐지기의 작동을 시험할 수 있다.
		2. 연기 감지기 점검하기	1. 항공기정비매뉴얼의 연기 감지기 작동절차에 따라 연기 감지기의 고장을 탐구할 수 있다. 2. 항공기정비매뉴얼의 연기 감지기 장·탈착절차에 따라 연기 감지기를 교환할 수 있다. 3. 항공기정비매뉴얼의 연기 감지기 작동절차에 따라 연기 감지기의 작동을 시험할 수 있다.
		3. 소화장치 점검하기	1. 항공기정비매뉴얼의 소화기 작동절차에 따라 소화장치의 고장을 탐구할 수 있다. 2. 항공기정비매뉴얼의 소화기 장·탈착절차에 따라 소화기를 교환할 수 있다. 3. 항공기정비매뉴얼의 소화기 검사·점검절차에 따라 소화기의 무게점검(weight check)을 할 수 있다. 4. 항공기정비매뉴얼의 소화장치 작동절차에 따라 소화기의 작동을 시험할 수 있다.
	13. 항공기 조명 계통 점검	1. 내부조명장치 점검하기	1. 항공기정비매뉴얼의 내부조명장치 작동절차에 따라 내부조명장치의 고장을 탐구할 수 있다. 2. 항공기정비매뉴얼의 내부조명장치 램프 장·탈착절차에 따라 램프(lamp)를 교환할 수 있다. 3. 항공기정비매뉴얼의 안정기 장·탈착절차에 따라 안정기(ballast)를 교환할 수 있다. 4. 항공기정비매뉴얼의 내부조명장치 작동절차에 따라 내부조명장치의 작동을 시험할 수 있다.
		2. 외부조명장치 점검하기	1. 항공기정비매뉴얼의 외부조명장치 작동절차에 따라 외부조명장치의 고장을 탐구할 수 있다. 2. 항공기정비매뉴얼의 외부조명장치 램프 장·탈착절차에 따라 램프를 교환할 수 있다. 3. 항공기정비매뉴얼의 변압기 장·탈착절차에 따라 변압기(transformer)를 교환할 수 있다. 4. 항공기정비매뉴얼의 외부조명장치 작동절차에 따라 외부조명장치의 작동을 시험할 수 있다.
		3. 비상조명장치 점검하기	1. 항공기정비매뉴얼의 비상조명장치 작동절차에 따라 비상조명장치의 고장을 탐구할 수 있다. 2. 항공기정비매뉴얼의 비상조명장치 램프 장·탈착절차에 따라 램프를 교환할 수 있다. 3. 항공기정비매뉴얼의 비상조명장치 배터리 장·탈착절차에 따라 배터리를 교환할 수 있다. 4. 항공기정비매뉴얼의 비상조명장치 작동절차에 따라 비상조명장치의 작동을 시험할 수 있다.

실기과목명	주요항목	세부항목	세세항목
	14. 항공기 계기 계통 점검	1. 계기 점검하기	1. 항공기정비매뉴얼의 계기 작동절차에 따라 계기의 고장을 탐구할 수 있다. 2. 항공기정비매뉴얼의 계기 장·탈착절차에 따라 계기를 교환할 수 있다. 3. 항공기정비매뉴얼의 계기 작동절차에 따라 계기의 작동을 시험할 수 있다.
		2. 비행기록장치 점검하기	1. 항공기정비매뉴얼의 비행기록장치 작동절차에 따라 비행기록장치의 고장을 탐구할 수 있다. 2. 항공기정비매뉴얼의 비행기록장치 장·탈착절차에 따라 비행기록장치를 교환할 수 있다. 3. 항공기정비매뉴얼의 비행기록장치 작동절차에 따라 비행기록장치의 작동을 시험할 수 있다.
		3. 음성경고장치 점검하기	1. 항공기정비매뉴얼의 음성경고장치 작동절차에 따라 음성경고장치의 고장을 탐구할 수 있다. 2. 항공기정비매뉴얼의 음성경고장치 장·탈착절차에 따라 음성경고장치를 교환할 수 있다. 3. 항공기정비매뉴얼의 음성경고장치 작동절차에 따라 음성경고장치의 작동을 시험할 수 있다.
		4. 집합계기 점검하기	1. 항공기정비매뉴얼의 집합계기 작동절차에 따라 집합계기의 고장을 탐구할 수 있다. 2. 항공기정비매뉴얼의 집합계기 장·탈착 절차에 따라 집합계기를 교환할 수 있다. 3. 항공기정비매뉴얼의 집합계기 작동절차에 따라 집합계기의 작동을 시험할 수 있다.
	15. 항공 전기·전자 계통 점검	1. 측정 장비 사용하기	1. 사용법설명서(instruction)에 따라 멀티미터(multimeter)를 사용하여 저항, 전압, 전류를 측정할 수 있다. 2. 사용법설명서에 따라 절연저항계(megohmmeter)를 사용하여 절연저항을 측정할 수 있다. 3. 사용법설명서에 따라 오실로스코프(oscilloscope)를 사용하여 주파수를 측정할 수 있다.
	16. 항공기 측정 작업	1. 버니어캘리퍼스 측정하기	1. 버니어캘리퍼스로 부품의 직선 길이를 밀리미터(mm)와 인치(in)를 측정할 수 있다. 2. 버니어캘리퍼스로 부품의 외경을 측정할 수 있다. 3. 버니어캘리퍼스로 부품의 내경을 측정할 수 있다. 4. 버니어캘리퍼스로 부품의 깊이를 측정할 수 있다.
		2. 마이크로미터 측정하기	1. 외측 마이크로미터로 부품의 외경을 측정할 수 있다. 2. 내측 마이크로미터로 부품의 내경을 측정할 수 있다. 3. 깊이 마이크로미터로 부품의 깊이를 측정할 수 있다.

실기과목명	주요항목	세부항목	세세항목
		3. 다이얼게이지 측정하기	1. 다이얼게이지로 평판의 편평도를 측정할 수 있다. 2. 다이얼게이지로 원통의 진원 상태를 측정할 수 있다. 3. 다이얼게이지로 축의 굽힘 상태를 측정할 수 있다. 4. 다이얼게이지로 측정물의 런아웃(runout) 상태를 측정할 수 있다.
		4. 두께나사게이지 측정하기	1. 두께게이지로 부품의 간격을 밀리미터(mm)와 인치(in)로 측정할 수 있다. 2. 와이어간극게이지(wire clearance gauge)로 부품의 간격을 밀리미터(mm)와 인치(in)로 측정할 수 있다. 3. 피치게이지로 나사의 피치를 밀리미터(mm)와 인치(in)로 측정할 수 있다.
		5. 한계게이지 측정하기	1. 스냅게이지(snap gauge)로 축의 치수를 점검할 수 있다. 2. 플러그게이지(plug gauge)로 구멍의 치수를 점검할 수 있다. 3. 나사게이지(thread gauge)로 나사산 치수를 점검할 수 있다. 4. 블록게이지(block gauge)로 치수의 기준을 정할 수 있다.

6 항공전자정비기능사 출제기준(실기)

직무 분야	기계	중직무 분야	항공	자격 종목	항공전자정비기능사	적용 기간	2017. 1. 1.~2021. 12. 31.
○ 직무내용: 항공기의 통신장치, 항법장치, 자동비행장치와 같은 항공기의 전자 계통을 비행에 적합하고 안전하도록 제작사의 권고된 정비방식에 따라 각종 측정기 공구 및 장비를 사용하여 점검, 분해, 세척, 조절, 수리, 교환, 조립 및 시험 등을 수행 ○ 수행준거: 1. 항공전자장치의 기본이 되는 전자회로 또는 이에 준하는 전자회로 조립할 수 있다. 　　　　　　2. 측정조정 및 시험검사를 할 수 있다. 　　　　　　3. 항공전자기기의 수리를 할 수 있다. 　　　　　　4. 항행보조장치의 조작 및 수리를 할 수 있다.							
실기검정방법	작업형			시험시간		3시간 30분 정도		

실기과목명	주요항목	세부항목	세세항목
항공전자정비 작업	1. 항공 전기·전자 기본 작업	1. 전선 교환하기	1. 해당 전선을 교환할 수 있다. 2. 해당 전선을 전선다발에 묶을 수 있다. 3. 해당 전선다발을 장착할 수 있다.
		2. 커넥터 작업하기	1. 커넥터 부품번호를 식별할 수 있다. 2. 커넥터 콘택트의 부품번호를 찾을 수 있다. 3. 커넥터 수리에 필요한 공구를 선정할 수 있다 4. 커넥터에서 콘택트를 빼낼 수 있다. 5. 콘택트 크림핑 작업을 할 수 있다. 6. 커넥터에 콘택트를 삽입할 수 있다.
		3. 터미널(terminal) 작업하기	1. 해당 터미널을 선정할 수 있다 2. 터미널 크림핑공구(crimping tool)를 선정할 수 있다. 3. 터미널 크림핑(crimping) 작업을 할 수 있다.
		4. 스플라이스(splice) 작업하기	1. 해당 스플라이스를 선정할 수 있다 2. 스플라이스 크림핑공구를 선정할 수 있다. 3. 스플라이스 크림핑 작업을 할 수 있다.
		5. 납땜 작업하기	1. 회로도에 따라 회로를 구성할 수 있다 2. 회로소자를 판별할 수 있다. 3. 납땜 작업을 할 수 있다.
	2. 항공기 자동 조종장치 계통 점검	1. NDB 소프트웨어 로딩하기	1. 소프트웨어 로딩장비를 사용할 수 있다. 2. 소프트웨어 로딩(loading) 작업을 수행할 수 있다. 3. NDB 소프트웨어를 운용할 수 있다.
		2. 위치감지기(sensor) 교환하기	1. 선형가변차등변환기(LVDT: linear variable differential transducer)의 지시상태를 점검할 수 있다.

실기과목명	주요항목	세부항목	세세항목
			2. 회전가변차등변환기(RVDT: rotay variable differential transducer)의 지시상태를 점검할 수 있다. 3. 선형가변차등변환기의 종류별로 영점조정을 할 수 있다. 4. 회전가변차등변환기의 종류별로 영점조정을 할 수 있다. 5. 선형가변차등변환기를 교환할 수 있다. 6. 회전가변차등변환기를 교환할 수 있다.
		3. 서보작동기(servo actuator) 교환하기	1. 서보작동기의 고장을 탐구할 수 있다. 2. 서버작동기를 교환할 수 있다. 3. 서보작동기의 기능을 점검할 수 있다.
	3. 항공기 전기 계통 점검	1. 교류전원장치 점검하기	1. 교류전원장치의 고장을 탐구할 수 있다. 2. 발전기를 교환할 수 있다. 3. 정속구동장치 오일(oil)을 점검할 수 있다. 4. 교류전원장치의 작동을 시험할 수 있다.
		2. 비상전원장치 점검하기	1. 비상전원장치의 고장을 탐구할 수 있다. 2. 인버터(inverter)를 교환할 수 있다. 3. 비상전원장치의 작동을 시험할 수 있다.
		3. 직류전원장치 점검하기	1. 직류전원장치의 고장을 탐구할 수 있다. 2. 배터리를 교환할 수 있다. 3. 정류장치(TRU)를 교환할 수 있다. 4. 직류전원장치의 작동을 시험할 수 있다.
		4. 배전 계통 점검하기	1. 배전 계통의 고장을 탐구할 수 있다. 2. 차단기(breaker)를 교환할 수 있다. 3. 변압기를 교환할 수 있다. 4. 릴레이(relay)를 교환할 수 있다. 5. 배전 계통의 작동을 시험할 수 있다.
	4. 항공기 화재 방지 계통 점검	1. 화재·과열 계통 탐지기 점검하기	1. 화재·과열 계통 탐지기의 고장을 탐구할 수 있다. 2. 화재·과열 계통 탐지기를 교환할 수 있다. 3. 화재·과열 계통 탐지기의 작동을 점검할 수 있다.
		2. 연기 감지기 점검하기	1. 연기 감지기의 고장을 탐구할 수 있다. 2. 연기 감지기를 교환할 수 있다. 3. 연기 감지기의 작동을 점검할 수 있다.
		3. 소화장치 점검하기	1. 소화장치의 고장을 탐구할 수 있다. 2. 소화기를 교환할 수 있다. 3. 소화기의 무게점검(weight check)을 할 수 있다. 4. 소화장치의 작동을 점검할 수 있다.

실기과목명	주요항목	세부항목	세세항목
	5. 항공기 통신 계통 점검	1. 단파(HF)통신장치 점검하기	1. 단파통신장치의 고장을 탐구할 수 있다. 2. 단파통신장치의 구성품을 교환할 수 있다. 3. 단파통신장치의 작동을 시험할 수 있다.
		2. 초단파(VHF)통신장치 점검하기	1. 초단파통신장치의 고장을 탐구할 수 있다. 2. 초단파통신장치의 구성품을 교환할 수 있다. 3. 초단파통신장치의 작동을 시험할 수 있다.
		3. 위성통신(SATCOM) 장치 점검하기	1. 위성통신장치의 고장을 탐구할 수 있다. 2. 위성통신장치의 구성품을 교환할 수 있다. 3. 위성통신장치의 작동을 시험할 수 있다.
		4. 인터폰장치 점검하기	1. 인터폰장치의 고장을 탐구할 수 있다. 2. 인터폰장치의 구성품을 교환할 수 있다. 3. 인터폰장치의 작동을 시험할 수 있다.
	6. 항공기 조명 계통 점검	1. 내부조명장치 점검하기	1. 내부조명장치의 고장을 탐구할 수 있다. 2. 램프를 교환할 수 있다. 3. 안정기를 교환할 수 있다. 4. 내부조명장치의 작동을 시험할 수 있다.
		2. 외부조명장치 점검하기	1. 외부조명장치의 고장을 탐구할 수 있다. 2. 램프를 교환할 수 있다. 3. 변압기를 교환할 수 있다. 4. 외부조명장치의 작동을 시험할 수 있다.
		3. 비상조명장치 점검하기	1. 비상조명장치의 고장을 탐구할 수 있다. 2. 램프를 교환할 수 있다. 3. 배터리를 교환할 수 있다. 4. 비상조명장치의 작동을 시험할 수 있다.
	7. 항공기 계기 계통 점검	1. 계기 점검하기	1. 계기의 고장을 탐구할 수 있다. 2. 계기를 교환할 수 있다. 3. 계기의 작동을 시험할 수 있다.
		2. 비행기록장치 점검하기	1. 비행기록장치의 고장을 탐구할 수 있다. 2. 비행기록장치를 교환할 수 있다. 3. 비행기록장치의 작동을 시험할 수 있다.
		3. 음성경고장치 점검하기	1. 음성경고장치의 고장을 탐구할 수 있다. 2. 음성경고장치를 교환할 수 있다. 3. 음성경고장치의 작동을 시험할 수 있다.
		4. 집합계기 점검하기	1. 집합계기의 고장을 탐구할 수 있다. 2. 집합계기를 교환할 수 있다. 3. 집합계기의 작동을 시험할 수 있다.

실기과목명	주요항목	세부항목	세세항목
	8. 항공기 항법 계통 점검	1. 무선항법장치 점검하기	1. 무선항법장치의 고장을 탐구할 수 있다. 2. 무선항법장치의 구성품을 교환할 수 있다. 3. 무선항법장치의 작동을 시험할 수 있다.
		2. 관성항법장치 점검하기	1. 관성항법장치의 고장을 탐구할 수 있다. 2. 관성항법장치의 구성품을 교환할 수 있다. 3. 관성항법장치의 작동을 시험할 수 있다.
		3. 위성항법장치 점검하기	1. 위성항법장치의 고장을 탐구할 수 있다. 2. 위성항법장치의 구성품을 교환할 수 있다. 3. 위성항법장치의 작동을 시험할 수 있다.
		4. 보조 항법장치 점검하기	1. 보조 항법장치의 고장을 탐구할 수 있다. 2. 보조 항법장치의 구성품을 교환할 수 있다. 3. 보조 항법장치의 작동을 시험할 수 있다.
	9. 항공기 중앙 정비컴퓨터 계통 점검	1. 결함 이력 확인하기	1. 중앙정비 컴퓨터 계통을 점검할 수 있다. 2. 중앙정비 컴퓨터에서 현재구간 결함(present leg fault)을 찾을 수 있다. 3. 중앙정비 컴퓨터에서 기존 결함(exist fault)을 찾을 수 있다. 4. 중앙정비 컴퓨터에서 결함 이력(fault history)을 찾을 수 있다. 5. 결함을 수정할 수 있다.
		2. 계통별 시험하기	1. 중앙정비 컴퓨터 계통을 점검할 수 있다. 2. 신뢰성시험(confidence test)을 할 수 있다. 3. 지상시험(ground test)을 할 수 있다. 4. 계통별 고장을 탐구할 수 있다.
		3. 자료 확인하기	1. 중앙정비 컴퓨터 계통을 작동할 수 있다. 2. 엔진지시 및 승무원 경보장치(EICAS: engine indicating and crew alerting system)를 작동할 수 있다. 3. 엔진지시 및 승무원 경보장치(EICAS)에 따라 고장을 탐구할 수 있다.
	10. 항공 전기·전자 계통 점검	1. 측정 장비 사용하기	1. 멀티미터(multimeter)를 사용하여 저항, 전압, 전류를 측정할 수 있다. 2. 절연저항계(megohmmeter)를 사용하여 절연저항을 측정할 수 있다. 3. 오실로스코프(oscilloscope)를 사용하여 주파수를 측정할 수 있다.

제12장 산업기사 필답

1. 전기이론
2. 회로의 구성품
3. 발전기
4. 전동기
5. 축전지/배터리
6. 전기 측정기구
7. 항공계기 일반
8. 피토/정압 압력계기
9. 온도 계기
10. 자이로 계기
11. 회전, 액량/유량 계기
12. 공유압 계통의 일반
13. 유압의 특징 및 종류
14. 유압 계통 구성품의 작동원리
15. 공압 계통
16. 방빙·제빙 계통
17. 소화 계통
18. 기내인터폰 방송장치
19. 항법장치
20. 자동조종장치
21. 기록경고장치
22. 착륙유도장치

1 전기이론

1. 다음 회로에서 전체 저항을 구하시오. (4점) / 2회

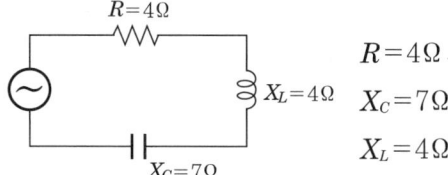

$R=4\Omega$
$X_C=7\Omega$
$X_L=4\Omega$

$$Z=\sqrt{R^2+(X_L-X_C)^2}=\sqrt{4^2+(4-7)^2}=\sqrt{25}=5\Omega$$

참고

교류에서의 저항성분으로 작용하는 요소는 R-순수저항, L-인덕턴스/코일에 의한 저항성분 X_L, C-캐패시턴스/콘덴서에 의한 X_C이고, 교류의 전체/합성저항값은 임피던스 Z로 표시되며, 공식은 $Z=\sqrt{R^2+(X_L-X_C)^2}$이므로, 전체 저항값으로 합성저항값 Z를 구한다.

2. 다음 그림에서 등가저항(R_{eq})을 구하시오. (4점) / 2회

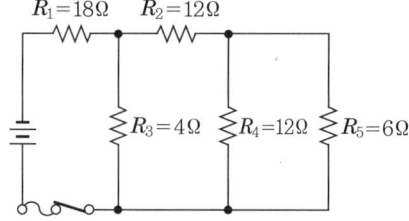

- 등가저항(R_{eq}) 값은 $R=21.2\Omega$

참고

등가저항은 전체 합성저항을 구하는 것이며, 전원의 반대편부터 단계적으로 구한다.
① R_4와 R_5의 합성저항을 R_6라고 하면 병렬연결이므로

$$R_6=\cfrac{1}{\cfrac{1}{R_4}+\cfrac{1}{R_5}}=\cfrac{1}{\cfrac{1}{6}+\cfrac{1}{12}}=\cfrac{1}{\cfrac{3}{12}}=\cfrac{12}{3} \quad \therefore R_6=4\Omega$$

② R_2, R_6와 합성저항을 R_7이라고 하면 직렬연결이므로 $R_7=R_2+R_6=12+4=16\Omega$
③ R_3, R_7의 합성저항을 R_8이라고 하면 병렬연결이므로

$$R_8=\cfrac{1}{\cfrac{1}{R_3}+\cfrac{1}{R_7}}=\cfrac{1}{\cfrac{1}{4}+\cfrac{1}{16}}=\cfrac{1}{\cfrac{5}{16}}=\cfrac{16}{5}$$

④ R_1, R_8의 합성저항은 직렬연결이므로 따라서 전체 합성/등가저항 R_{eq}는

$$R_{eq}=R_1+R_8=18+\cfrac{16}{5}=\cfrac{106}{5}=21.2 \quad \therefore R=21.2\Omega$$

3. 그림과 같은 회로에 소비되는 피상전력을 구하시오. (3점) / 3회

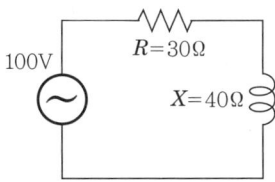

$$Z = \sqrt{R^2 + X^2} = \sqrt{30^2 + 40^2} = 50\Omega$$

$$\therefore I = \frac{V}{Z} = \frac{100}{50} = 2A$$

$$\therefore 피상전력 = VI = 100 \times 2 = 200VA (또는 피상전력 = I^2Z = 2^2 \times 50 = 200VA))$$

참고

교류에서의 저항성분으로 작용하는 요소는 R-순수저항(유효전력으로 작용), L-인덕턴스/코일에 의한 저항성분 X_L(무효전력으로 작용), C-캐패시턴스/콘덴서에 의한 X_C(무효전력으로 작용)이고, 유효전력과 무효전력의 총합(벡터적합성)이 피상전력이 된다. 교류의 합성저항은 임피던스 Z로 표시되며, 공식은 $Z = \sqrt{R^2 + (X_L - X_C)^2} = \sqrt{R^2 + X^2}$이므로, 합성저항 성분 Z를 먼저 구하고 단계적으로 전류값을 구한 다음 피상전력값을 구한다.

4. 다음과 같은 회로에 소비되는 유효전력을 구하시오. (3점) / 4회

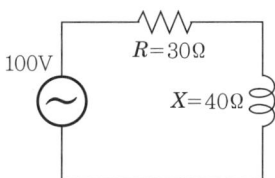

$$Z = \sqrt{R^2 + X^2} = \sqrt{30^2 + 40^2} = 50\Omega$$

$$\therefore I = \frac{V}{Z} = \frac{100}{50} = 2A$$

$$\therefore 유효전력\ P = I^2R = 2^2 \times 30 = 120V$$

참고

교류에서의 저항성분으로 작용하는 요소는 R-순수저항(유효전력으로 작용), L-인덕턴스/코일에 의한 저항성분 X_L(무효전력으로 작용), C-캐패시턴스/콘덴서에 의한 X_C(무효전력으로 작용)이고, 교류의 합성저항은 임피던스 Z로 표시되며, 공식은 $Z = \sqrt{R^2 + (X_L - X_C)^2} = \sqrt{R^2 + X^2}$이므로 합성저항 성분 Z를 먼저 구하고 단계적으로 전류값을 구한 다음 유효전력값을 구한다.

5. $R_1 = 3k\Omega$, $R_2 = 5k\Omega$, $R_3 = 10k\Omega$일 때 전체 저항을 구하시오. (4점) / 2회

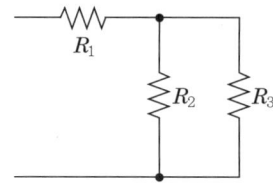

- 전체/합성 저항값은 $6.33k\Omega$

참고

① R_2와 R_3 합성저항을 R_4라고 하면 병렬연결

$$R_4 = \cfrac{1}{\cfrac{1}{R_2} + \cfrac{1}{R_3}} = \cfrac{1}{\cfrac{1}{5} + \cfrac{1}{10}} = \cfrac{10}{3} \quad \therefore R_4 = \cfrac{10}{3} k\Omega$$

② 따라서 전체 저항 R은

$$R = R_1 + R_4 = 3 + \cfrac{10}{3} = \cfrac{19}{3} = 6.33 k\Omega \quad \therefore R = 6.33 k\Omega$$

6. 그림과 같은 회로에서 역률을 구하시오. (4점) / 2회

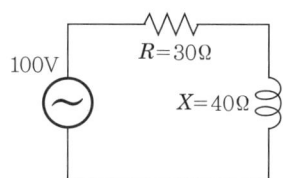

- 역률$(\cos\theta) = \cfrac{\text{유효전력}}{\text{피상전력}} = \cfrac{I^2 R}{I^2 Z} = \cfrac{30}{50} = 0.6$

참고

역률$(\cos\theta) = \cfrac{\text{유효전력}}{\text{피상전력}} = \cfrac{P}{P_a} = \cfrac{I^2 R}{I^2 Z} = \cfrac{R}{Z}$ 이므로

먼저 $Z = \sqrt{R^2 + (X_L - X_C)^2} = \sqrt{R^2 + X^2}$에서 $Z = \sqrt{R^2 + X^2} = \sqrt{30^2 + 40^2} = 50\Omega$을 구하고

역률$(\cos\theta) = \cfrac{R}{Z} = \cfrac{30}{50} = 0.6$을 구한다.

7. 전기의 폐회로에서 키르히호프의 제1법칙에 의해 유도할 수 있는 전류의 관계식을 기술하시오. (3점)

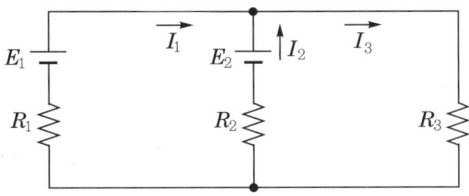

- $I_1 + I_2 - I_3 = 0$

참고

키르히호프의 법칙에서 제1법칙은 전류법칙으로, "회로상에서 접속점으로 유입하는 전류의 합과 유출하는 전류의 합은 같다."라는 법칙이다. 위의 회로상에서 $I_1 + I_2 = I_3$이다.
∴ $I_1 + I_2 - I_3 = 0$, 즉 전류의 총합은 0이다.

8. 플립플롭 전기회로에서 S단자에 입력신호를 가했을 때 출력 Q와 $\overline{Q}$는 어떻게 되는가? (3점)

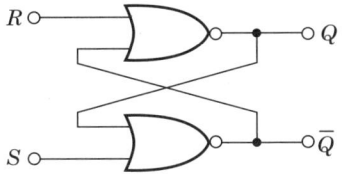

- $Q = 1$, $\overline{Q} = 0$

참고

플립플롭(Flip-Flop) 전기회로는 간단하게 설명하면 1비트를 기억하는 논리회로이다. 전원이 공급되는 한, 상태의 변화를 위한 신호(클럭)가 발생할 때까지 현재의 상태를 유지하는 논리회로이다. 컴퓨터/레지스터를 구성하는 기본 소자로 2개의 NAND 또는 NOR 게이트를 이용하여 구성한다. 본 문제에서는 NOR 게이트를 이용하여 구성한 SR 플립플롭이다.

★SR 플립플롭

입력 R(Reset)과 S(Set)에 0이 입력되면 출력 Q와 $\overline{Q}$는 변하지 않는다. 즉 값을 기억하는 것이다. 입력 $R = 1$, $S = 0$이 입력되면(R단자에 입력을 가했을 때) $Q = 0$, $\overline{Q} = 1$로 변한다. 이를 리셋(Reset)이라 한다. 리셋되었다는 말은 출력 Q의 값이 0으로 되었을 경우를 말한다. 이번에는 입력 $R = 0$, $S = 1$이 입력되면(S단자에 입력을 가했을 때) $Q = 0$, $\overline{Q} = 0$으로 변한다. 이를 셋(Set)이라 한다. 셋(Set)되었다는 말은 출력 Q의 값이 1로 되었을 경우를 말한다. 한편, 입력 $S = 1$, $R = 1$이 입력되면, $Q = 0$, $\overline{Q} = 0$으로 변하지만 문제점이 발생한다. 0도 1도 아닌 중간값을 갖는 상태가 지속되어 논리회로는 입력금지/불능상태가 되기 때문이다.

9. 그림과 같은 회로에 소비되는 무효전력을 구하시오. (4점) / 2회

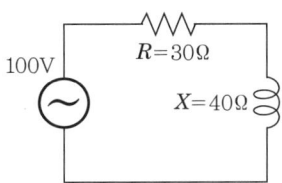

- $Z=\sqrt{R^2+X^2}=\sqrt{30^2+40^2}=50\Omega$

  $\therefore I=\dfrac{V}{Z}=\dfrac{100}{50}=2A$

  $\therefore$ 무효전력 $P_r=I^2X=2^2\times 40=160\text{Var}$

> **참고**
>
> 교류에서의 저항성분으로 작용하는 요소는 R-순수저항(유효전력으로 작용), L-인덕턴스/코일에 의한 저항성분 X_L(무효전력으로 작용), C-캐패시턴스/콘덴서에 의한 X_C(무효전력으로 작용)이고, 교류의 합성저항은 임피던스 Z로 표시되며, 공식은 $Z=\sqrt{R^2+(X_L-X_C)^2}=\sqrt{R^2+X^2}$이므로, 합성저항 성분 Z를 먼저 구하고 단계적으로 전류값을 구한 다음 무효전력값을 구한다.

10. 다음과 같은 회로에서 전류 I_1, I_2, I_3와 점 P, K 간의 전압을 구하시오.

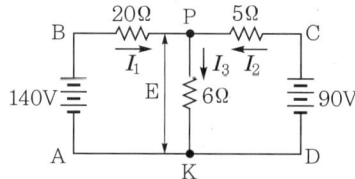

- $I_1=4[A]$, $I_2=6[A]$, $I_3=10[A]$ / PK 간의 전압 $=60[V]$

> **참고**
>
> 키르히호프 제1법칙(전류법칙)을 적용하여 P접속점에서 $I_1+I_2-I_3=0$ - ①식을 만들고, 키르히호프 제2법칙(전압법칙)을 적용하여 좌측 폐회로에서 $20I_1+6I_3=140$ - ②식을, 우측 폐회로에서 $5I_2+6I_3=90$ - ③식을 만들어, ①, ②, ③ 3개의 연립방정식을 성립한 후 ①, ②, ③ 연립방정식을 풀면 $I_1=4[A]$, $I_2=6[A]$, $I_3=10[A]$를 먼저 구하고, PK 간의 전압은 6Ω의 저항에 I_3 전류가 흐르므로, 따라서 PK 간의 전압 $=6\times I_3=60[V]$가 된다.

2 회로의 구성품

1. 회로 내에 규정 전류 이상의 전류가 흐를 때 회로를 열어 주어 전류의 흐름을 막는 회로 차단기(circuit breaker)의 종류 4가지를 쓰시오. (2점) / 2회
   - 푸시형, 푸시풀형, 스위치형, 자동 재접속형

2. 항공기에서 사용하는 전기는 전압과 전류의 값을 바꾸어서 사용해야 할 경우가 있다. 전압의 값을 변화시켜 사용하는 기기와 전류의 값을 변화시켜 사용하는 기기를 무엇이라 하는가? (2점) / 2회
   - 변압기, 변류기

참고

사용전기의 전압과 전류의 값을 변화시켜 사용하는 기기를 각각 변압기, 변류기라 한다.
① 변압기: 교류회로에서 성층철심에 감은 코일의 1, 2차 권선비에 비례하여 전압을 승압 또는 감압시키는 전기적 장치
② 변류기: 교류회로에서 성층철심에 감은 코일의 1, 2차 권선비에 반비례하여 전류값을 변화시켜 큰 전류 또는 작은 전류를 얻는 변압기와 같은 구조의 전기적인 장치

3. 변압기와 변류기에 대해 설명하시오. (3점)

① 변압기: 교류회로에서 성층철심에 감은 코일의 1, 2차 권선비에 비례하여 전압을 승압 또는 감압시키는 전기적 장치
② 변류기: 교류회로에서 성층철심에 감은 코일의 1, 2차 권선비에 반비례하여 전류값을 변화시켜 큰 전류 또는 작은 전류를 얻는 변압기와 같은 구조의 전기적인 장치

4. 전자부품의 명칭을 서술하고 3가지 종류를 구분하시오. (4점) / 2회

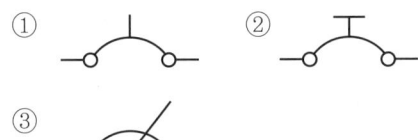

- 전자부품명칭: 회로차단기
- 종류: ① 푸시형, ② 푸시풀형, ③ 스위치형

5. 다음 부품의 명칭과 종류를 쓰시오. (4점) / 2회

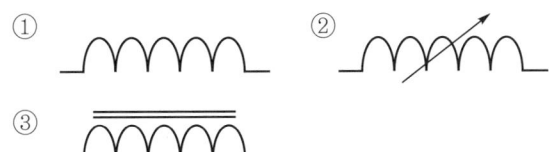

- 명칭: 코일(Coil, Inductor)
  ① 공심(Air Core) 코일
  ② 가변(Variable) 코일
  ③ 철심(Iron Core) 코일

6. 항공기의 본딩 와이어란 무엇인지 간단히 설명하시오. (3점) / 2회
   - 전기적인 연결이 불충분한 각종 기기와 기체구조물을 연결하여 전위를 일정하게 함으로써 원하지 않는 정전기 발생을 제거하여 무선 간섭, 계기의 오차 방지와 화재발생 가능성을 줄여주는 전도성 와이어

   참고
   본딩 와이어란 2개 이상의 분리된 금속물 또는 기계적으로 접합되어 있으나 전기적인 연결이 불충분한 금속 구조물을 전기적으로 완전히 연결시켜 주는 전도성의 와이어로, 본드선 또는 본딩 점퍼라고도 한다.

7. 릴레이의 계자 코일에 역기전력을 흡수하기 위해 설치하는 부품은 무엇인가? (2점)
   - 다이오드(Diode)

   참고
   다이오드는 가장 간단한 반도체 소자로 "PN접합 다이오드"라고 하며, 역전류 차단작용과 정류작용을 하는 부품이다.

8. 본딩 점퍼의 역할에 대하여 서술하시오. (3점)
   ① 양단 간의 전위차를 제거
   ② 무선방해 감소
   ③ 화재 위험성 제거

9. 전압을 변화시켜주는 장치를 무엇이라 하고, 전류를 변화시켜주는 장치를 무엇이라 하는가? (3점)
   - 변압기, 변류기

   참고
   ① 변압기: 교류회로에서 성층철심에 감은 코일의 1, 2차 권선비에 비례하여 전압을 승압 또는 감압시키는 전기적 장치
   ② 변류기: 교류회로에서 성층철심에 감은 코일의 1, 2차 권선비에 반비례하여 전류값을 변화시켜 큰 전류 또는 작은 전류를 얻는 변압기와 같은 구조의 전기적인 장치

10. 전선의 피복을 벗겨 낼 때 사용하는 공구 및 유의사항 2가지를 쓰시오. (3점) / 2회
    - 공구: 와이어 스트리퍼
    - 유의사항
    ① 전선의 굵기와 일치하는 정확한 와이어 스트리퍼 구멍을 선택한다.
    ② 전선의 피복 절단지점에 정확히 맞추어 피복이 벗겨질 때까지 와이어 스트리퍼 손잡이를 오므린 다음 끝을 벌려 피복을 벗긴다.

3 발전기

1. 교류발전기를 병렬운전할 경우 갖추어야 할 3가지 조건을 쓰시오. (3점) / 3회
- 각 발전기의 ① 전압(기전력의 크기), ② 주파수, ③ 위상을 각각 일치시켜야 한다.

참고
전압만 일치시키면 병렬운전이 가능한 직류발전기와 달리, 교류발전기의 경우에는 주파수라는 것과 위상이 존재하기 때문에 전압, 주파수, 위상을 서로 일치시켜서 병렬운전을 해야 한다. 이러한 것들을 일치시키지 않은 상태에서 병렬운전을 하면 전력 손실이 발생하게 된다.

2. 정속구동장치(CSD)란?
- 기관의 회전수 변화에 관계없이 기관과 교류 발전기 사이에서 발전기의 회전수를 일정하게 해 주는 장치로서 일정한 출력 교류주파수를 발생할 수 있도록 하는 장치이다.

참고
항공기의 기관/엔진의 회전속도가 변하더라도 기관/엔진축에 연결된 교류발전기의 회전속도를 일정하게 해 주기 위해 엔진과 발전기 사이에 정속구동장치(CSD/Constant Speed Drive)를 설치하여 일정한 교류 출력 주파수를 얻을 수 있도록 한다.

3. 발전기의 주파수를 구하는 공식을 쓰시오. (2점) / 2회
- $f = \dfrac{P \times N}{120}$ (f: 주파수, P: 자석극수, N: 회전수)

참고
- $f = \dfrac{P}{2} \times \dfrac{N}{60} = \dfrac{P \times N}{120}$ (f: 주파수[Hz], P: 자석극수[극], N: 회전수[rpm])

4. 항공기 교류발전기의 정격이 115V, 3상 50kVA, 400Hz, 역률이 0.866이라 할 때 최대전압과 유효전력을 구하시오. (4점) / 2회
- $E = \dfrac{E_m}{\sqrt{2}}$ 에서 최대전압 $E_m = 115\sqrt{2} = 162.6[\text{V}]$

유효전력 $= 50 \times 1000 \times 0.866 = 43,300[\text{W}]$

참고
교류발전기의 정격전압 115V는 실효값을 의미하므로 실효값 $E = \dfrac{\text{최대값 } E_m}{\sqrt{2}}$

∴ $115 = \dfrac{E_m}{\sqrt{2}}$

따라서 최대값(최대전압) $E_m = 115\sqrt{2} = 162.6[\text{V}]$이고, 전력 50kVA는 단위가 피상전력을 의미하며 "유효전력 = 피상전력 × 역률"이므로, 유효전력 $= 50 \times 1000 \times 0.866 = 43,300[\text{W}]$이다.

5. 다음 그림은 직류의 분권 발전기(Shunt Wound Generator)이다. 이를 전기회로로 표현하시오. (단, 직류발전기의 부품기호를 정확히 표시할 것) (4점) / 2회

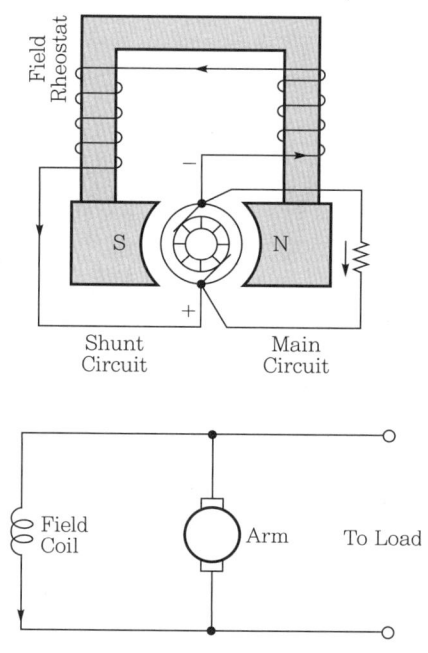

> **참고**
> 직류 분권 발전기는 계자 코일(Field Coil)과 발전기 회전자/전기자(Arm)가 병렬로 연결되어 구성된다.

6. 3상 발전기의 결선방법 중 Y결선의 특성 3가지를 쓰시오. (3점)
   ① 선간전압의 크기는 상전압의 $\sqrt{3}$배이다.
   ② 선간전압의 위상은 해당 상전압보다 30° 앞선다.
   ③ 선전류의 크기와 위상은 상전류와 같다.

7. 그림은 3상 전파정류기(3 Phase Fullwave Rec-Tifier)이다. C상에서 부하(Load)를 거쳐 B상으로 흐르기 위해서 전류가 흐르는 다이오드(Diode)와 전류가 차단되는 다이오드의 번호를 구분하시오. (5점) / 3회

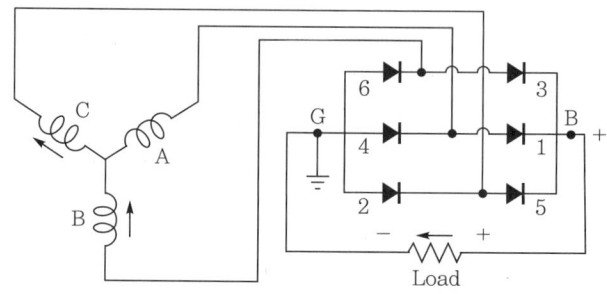

① 전류가 흐르는 다이오드
② 전류가 차단되는 다이오드
　　㉠ 전류가 흐르는 다이오드: 5, 6
　　㉡ 전류가 차단되는 다이오드: 2, 3

참고

다이오드(Diode)는 가장 간단한 반도체 소자로 "PN접합 다이오드"라고 하며, 역전류 차단작용과 정류작용을 하는 부품으로 부품기호에서 화살표 방향으로만 전류가 흐르고 반대 방향으로는 전류의 흐름을 차단한다. 따라서 C상에서 전류가 출발한다고 가정했을 때 먼저 2번 다이오드는 전류의 흐름이 차단되고 5번 다이오드로 전류가 통과한 후 B상이 연결된 3번 다이오드에서 다시 차단되고 부하/Load를 거쳐 B상이 연결된 6번 다이오드로 전류가 흘러 B상에 이르게 된다.

8. 다음 그림은 카본 파일형 전압 조절기이다. 전류의 흐름 방향을 바르게 표시하시오. (3점)

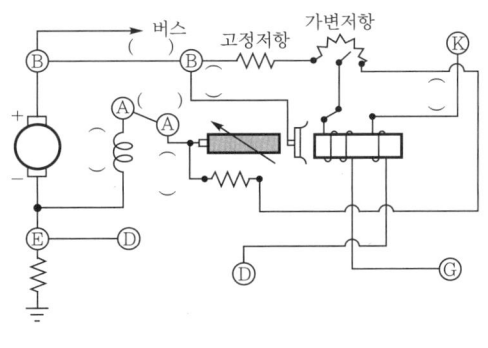

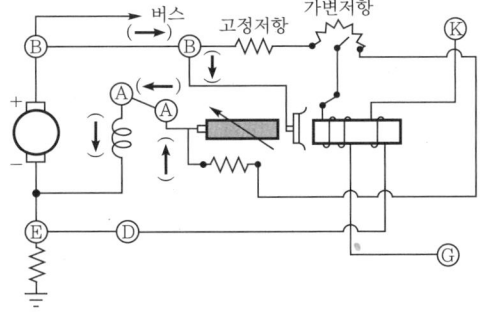

참고

전압조절기는 명칭 그대로 발전기의 출력전압을 조절하는 기기로서, 계자 코일에 흐르는 전류를 조절하여 자기장의 세기를 조절함으로써 출력전압을 일정하게 유지한다. 따라서 계자 전류를 조절하기 위해서 대표적으로 카본파일(탄소판)형 가변저항을 이용하며, 작동원리는 다음과 같다.

※ 출력전압 증가 → 전자석인력 증가 → 카본파일 팽창(탄소판 간격↑) → 카본파일 저항 증가 → 계자전류 감소 → 계자의 자기장 감소 → 출력전압 감소(일정 전압으로 단계적 조절/유지)

　　반대로, 출력전압 감소 → 전자석인력 감소 → 카본파일 수축(탄소판 간격↓) → 카본파일 저항 감소 → 계자전류 증가 → 계자의 자기장 증가 → 출력전압 증가(일정 전압으로 단계적 조절/유지)

9. 기관의 회전수에 관계없이 일정한 출력 주파수를 발생할 수 있도록 하는 장치는? (2점)
   • 정속구동장치(CSD/Constant Speed Drive)

   참고
   항공기의 기관/엔진의 회전속도가 변하더라도 기관/엔진축에 연결된 교류발전기의 회전속도를 일정하게 해 주기 위해 엔진과 발전기 사이에 정속구동장치(CSD/Constant Speed Drive)를 설치하여 일정한 교류 출력 주파수를 얻을 수 있도록 한다.

10. 교류발전기에 비해 직류발전기가 가지는 단점을 쓰시오.
    ① 구조가 복잡하다.
    ② 출력 효율이 적다.
    ③ 정비 및 유지보수가 용이하지 않다.

4 전동기

1. 정속회전에 유리한 직류 모터는 직권 모터와 분권 모터 중 어느 것인가? (2점)
   • 분권 모터

   참고
   직류 모터의 종류로는 직권형, 분권형, 복권형, 가역형이 있으며, 이 중 분권형 모터는 회전속도가 일정하고 토크/힘이 약하다.

2. 직류전동기의 종류 3가지와 기능을 설명하시오. (3점) / 2회
   ① 직권형 직류 전동기: 시동토크가 커서 시동장치에 많이 사용한다.
   ② 분권형 직류 전동기: 부하 변동에 따른 회전수 변화가 작으므로 일정한 속도를 요구하는 곳에 사용한다.
   ③ 복권형 직류 전동기: 직권형 계자와 분권형 계자를 모두 갖추고 있어서 직권과 분권의 중간 특성을 가진다.

3. 기동 중 토크가 가장 큰 직류모터는 직권 모터인가 분권 모터인가? (2점)
   • 직권 모터

   참고
   직류 모터의 종류로는 직권형, 분권형, 복권형, 가역형이 있으며, 이 중 직권형 모터는 회전속도가 일정하지 않으나 토크/힘이 강하다.

4. 직권 전동기의 그림을 간단히 그리시오. (4점)

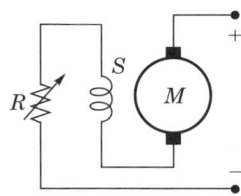

> **참고**
> 직류전동기의 종류는 회전자(M)와 계자 코일(S)의 연결 형태에 따라 직권형, 분권형, 복권형으로 구분하고, 직권형 전동기는 회전자와 계자 코일이 직렬로, 분권형은 병렬로 각각 연결된 형태이며, 복권형은 직/병렬로 2개의 계자 코일이 연결된 형태이다. 그리고 계자의 전류값을 가변저항(R)으로 조절하여 회전자속도를 조절한다.

5. 복권 전동기의 회로도를 간단히 그리시오. (4점)

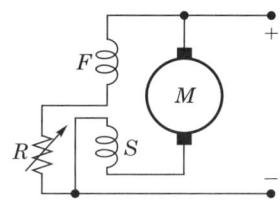

> **참고**
> 직류전동기의 종류는 회전자(M)와 계자 코일(S)의 연결 형태에 따라 직권형, 분권형, 복권형으로 구분하고, 직권형 전동기는 회전자와 계자 코일이 직렬로, 분권형은 병렬로 각각 연결된 형태이며, 복권형은 직/병렬로 2개(S직렬, F직렬)의 계자 코일이 연결된 형태이다. 그리고 계자의 전류값을 가변저항(R)으로 조절하여 회전자속도를 조절한다.

6. 교류 전동기의 종류는?
- 만능(유니버설), 동기, 유도 전동기

5 축전지/배터리

1. 배터리의 충전방법 중 정전압법에 대해 설명하고 장단점을 설명하시오. (3점) / 6회
   - 정전압 충전법은 일정 전압으로 배터리를 충전하는 것으로, 충전기와 배터리/축전지를 병렬로 연결하여 충전한다. 공급전압은 14V(12V 축전지), 28V(24V 축전지)를 사용한다.
     - 장점: 과충전에 대한 위험이 없고 충전시간이 짧다. 가스 발생이 거의 없고 충전 능률이 좋다.
     - 단점: 충전 완료시간을 예측할 수 없고 일정 시간 간격으로 충전상태를 확인해야 한다.

2. 배터리 장탈 시 어느 선을 먼저 장탈하는가? (2점)
   - (−)극 선부터 장탈

   참고

   배터리 장탈 시에는 연결선 중 (−)선을 먼저 탈거하고, 장착 시에는 (+)선을 먼저 연결한다.

3. 배터리 충전법 2가지를 쓰시오. (2점)
   - 정전압 충전법, 정전류 충전법

   참고

   ① 정전압 충전법은 일정 전압으로 배터리를 충전하는 것으로, 충전기와 배터리/축전지를 병렬로 연결하여 충전한다. 공급전압은 14V(12V 축전지), 28V(24V 축전지)를 사용한다.
     –장점: 과충전에 대한 위험이 없고 충전시간이 짧다. 가스 발생이 거의 없고 충전 능률이 좋다.
     –단점: 충전 완료시간을 예측할 수 없고 일정 시간 간격으로 충전상태를 확인해야 한다.
   ② 정전류 충전법은 일정 전류값을 유지하여 배터리를 충전하는 것으로, 충전기와 배터리/축전지를 직렬로 연결하여 충전한다. 공급전압은 14V(12V 축전지), 28V(24V 축전지)를 사용한다.
     –장점: 충전 완료시간을 예측할 수 있다.
     –단점: 과충전에 대한 위험과 폭발위험이 있으며 충전시간이 길다.

4. 배터리(Battery) 충전방법 중 정전류법에 대해 설명하고 장·단점을 설명하시오. (3점) / 4회
   - 정전류 충전법은 일정 전류값을 유지하여 배터리를 충전하는 것으로, 충전기와 배터리/축전지를 직렬로 연결하여 충전한다. 공급전압은 14V(12V 축전지), 28V(24V 축전지)를 사용한다.
     –장점: 충전 완료시간을 예측할 수 있다.
     –단점: 과충전에 대한 위험과 폭발위험이 있으며 충전시간이 길다.

5. 니켈 카드뮴(Ni-Cd) 축전지의 전해액이 새었을 때 중화제로 사용되는 것은? (2점) / 3회
   - 아세트산, 레몬주스, 붕산염 용액

6. 다음은 항공기 납산 축전지(Lead-acid Battery) 내부의 전기 화학적 반응을 나타낸 그림이다. 이것을 참조하여 납산 축전지에서 일어나는 화학반응식을 기술하시오. (4점)
   - $PbO_2 + 2H_2SO_4 + Pb \Leftrightarrow 2PbSO_4 + 2H_2O$

   참고

	〈충전 시〉			〈방전 시〉	
(양극판)	(전해액)	(음극판)	(양극판)	(전해액)	(음극판)
PbO_2	$+\ 2H_2SO_4$	$+\ Pb$	$\Leftrightarrow\ PbSO_4$	$+\ 2H_2O$	$PbSO_4$
(과산화납)	(묽은황산)	(해면상납)	(황산납)	(물)	(황산납)

6 전기 측정기구

1. 절연저항의 측정방법 및 목적에 대하여 설명하시오. (4점)
   - 메거옴저항계를 이용, 전기장치의 금속 프레임과 코일 및 배선 사이의 절연저항 및 피복전선의 절연 상태를 측정한다.

2. 배율기와 분류기의 기능과 연결방법을 설명하시오. (2점) / 2회
   ① 배율기: 감도보다 큰 전압을 측정할 때 사용하며, 전압계와 직렬로 연결하여 사용한다.
   ② 분류기: 감도보다 큰 전류를 측정할 때 사용하며, 전류계와 병렬로 연결하여 사용한다.

3. 분류기(Shunt)에 연결되는 전원과 사용하는 이유에 대하여 서술하시오. (4점)
   - 분류기와 전원은 직렬(전류계와는 병렬)로 연결하여 사용하며, 전류계에서 감도 이상의 높은 전류값을 측정하기 위해, 즉 측정범위를 확대하기 위해 분류기(션트저항기)를 전류계와 병렬(전원과는 직렬)로 연결하여 사용한다.

4. 전압계의 연결방법에 대해 설명하시오. (2점)
   - 전원과 부하에 대해서 병렬로 연결한다.

5. 전압계, 전류계를 전원 및 부하와 연결하는 방법을 적으시오. (3점)
   ① 전압계: 전원과 부하에 대하여 병렬연결
   ② 전류계: 전원과 부하에 대하여 직렬연결

7 항공계기 일반

1. 계기에서 노란색 호선은 무엇을 의미하는가? (2점)
   - 안전 운용 범위와 초과 금지까지의 경계, 경고, 주의 또는 기피 범위

2. 항공기의 색표지 중에서 흰색 호선의 의미는? (2점) / 2회
   ① 대기 속도계에서만 표시하는 색표지 방식으로, 플랩을 조작할 수 있는 속도 범위를 표시한다.
      ㉠ 최대착륙무게에 대한 플랩을 내리고 비행 가능한 최소속도를 하한점으로 하고,
      ㉡ 플랩을 내리더라도 구조 강도상에 무리가 없는 플랩내림 최대속도를 상한점으로 한다.

3. 항공기의 색표지 중에서 붉은색 방사선의 의미는? (2점) / 2회
   - 최대 및 최소 운용 한계(초과 금지 범위)

8 피토/정압 압력계기

1. 기압식 고도계 보정방법 중 QNH 보정방법에 대해 설명하시오. (3점) / 2회
   - 고도 14,000ft 미만의 고도에서 사용하는 것으로서, 고도계가 해면으로부터의 기압고도, 즉 진고도를 지시하도록 수정하는 방법

2. 대기 속도계 배관의 Leak Check 방법은? (3점) / 2회
   - 누설검사방법 및 사용장비는 항공기 형태나 피토정압 계통의 형태에 따라 결정되며, 대기속도계의 배관은 피토압관, 정압관 모두 해당되므로 정압관의 누설시험에는 부(−)압을 사용하고, 피토전압관의 누설시험에는 정(+)압을 사용한다. 이때 그 반대 현상이 되지 않도록 주의해야 한다.

   참고
   대기 속도계의 배관은 피토압관, 정압관 모두 해당되므로 누설점검으로 피토압관의 누설검사는 피토압관에는 대기속도 150MPH에 해당하는 정(+)압(피토공 입구 쪽에 Positive Pressure)을 걸고, 1분 경과 후 속도계 바늘의 낙차가 10MPH 이내면 허용한다. 정압관에는 기압고도 1000ft에 해당하는 부(−)압(정압공 출구 쪽에 Negative Pressure)을 걸고, 1분 경과 후 고도계 바늘의 낙차가 150ft 이내면 허용한다.

3. 기압고도계 보정방법 중에서 QFE 보정방법은? (3점) / 2회
   - 활주로 위에서 고도계가 0ft를 지시하도록 고도계의 기압창구에 비행장의 기압을 맞추는 방식

4. 기압식 고도계의 오차 중 탄성오차 종류 3가지는? (3점) / 2회
   - 히스테리시스, 편위, 잔류효과

5. 고도계의 기압보정방식의 종류 3가지를 쓰시오. (2점) / 6회
   - QNE, QNH, QFE 보정방식

   참고
   ① QNE: 고도 14,000ft 이상에서 사용하는 것으로서 항공기의 고도 간격을 유지하기 위해 고도계의 기압창구에 해면의 표준 대기인 29.92inHg로 보정하여 항상 표준 기압면으로부터의 고도를 지시하게 하는 방법
   ② QNH: 고도 14,000ft 미만의 고도에서 사용하는 것으로서 고도계가 해면으로부터의 기압고도, 즉 진고도를 지시하도록 수정하는 방법
   ③ QFE: 활주로 위에서 고도계가 0ft를 지시하도록 고도계의 기압창구에 비행장의 기압을 맞추는 방식

6. QNH에 대하여 설명하시오. (2점)
   - 일반적인 고도계 보정방법으로 해면으로부터의 고도, 즉 진고도를 지시한다.

7. 기압식 고도계의 오차의 종류 4가지를 쓰시오. (2점) / 5회
   ① 눈금오차
   ② 온도오차
   ③ 탄성오차
   ④ 기계적 오차

8. 피토정압을 사용하는 피토정압 계통 계기 3가지를 쓰시오. (2점) / 2회
   ① 고도계
   ② 속도계
   ③ 승강계

   참고
   피토정압 계통의 피토정압을 사용하는 대표적인 계기로는 고도계, 속도계, 승강계가 있으며, 고도계는 정압을, 속도계는 피토압/전압과 정압을, 승강계는 정압을 사용한다.

9. 항공기 계기 계통에서 압력계기의 작동시험은 어떤 시험기에 의하여 주로 수행되는가? (3점) / 2회
   - 데드웨이트 시험기

   참고
   데드웨이트 시험기(Dead Weight Tester)는 사하중 시험기라고도 하며, 항공기 압력계기 계통의 작동시험 및 압력측정계기를 교정하는 데 사용하는 장치로서 교정을 요하는 계기에 데드웨이트 시험기의 압력을 가하여 오차를 교정한다.

10. QNE 보정방법에 대해 설명(기압고도: Pressure Altitude)하시오.
    - 장거리/대양 비행 등에서 항공기의 고도 간격을 유지하기 위해 고도계의 기압창구에 해면의 표준 대기압인 29.92inHg를 보정하여 항상 표준 대기압면으로부터의 고도를 지시하게 하는 방법이다. 주목적은 QNH를 통보해 주는 곳이 없는 대양비행이나 14,000ft 이상의 고고도 비행일 때 사용하기 위한 것이다. 모든 항공기를 QNE로 보정하면 상호간의 고도 간격이 유지되어 안전하게 비행할 수 있다.

11. 다음 그림은 무엇을 측정하는 데 사용되며 각각의 명칭은 무엇인가?

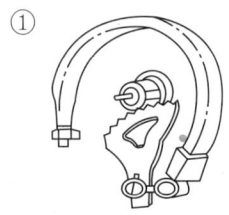 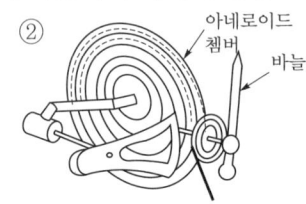

- 사용처: ① 증기압식 온도계, ② 고도계
- 명칭: ① 부르동관(버든튜브) 공함, ② 아네로이드 공함

9 온도 계기

1. 전기 저항식 온도계의 지시기에는 비율형이 사용되고 있는데 그 이유를 간단히 쓰시오. (2점) / 2회
   - 전원전압이 변동한 경우에 지시치가 거의 변화하지 않기 때문이다.

   참고
   전기저항식 온도계의 지시기 종류에는 비율형과 브리지형이 있으며, 비율형의 특징은 지시바늘이 영구자석에 의한 균일 자장 속에 일정한 각도로 교차하는 2개의 코일에 바늘이 달려 있어서 사용전원 전압의 변화에 지시값이 영향을 받지 않고 온도 변화에 따른 저항값의 변화에 따라 전류비에 의하여 지시바늘의 움직임이 결정된다.

2. EGT 온도계의 수감부에 사용되는 일반적인 열전대 조합을 쓰시오. (3점) / 3회
   - 크로멜–알루멜

   참고
   항공기에서 적용하는 열전쌍식 온도계의 열전쌍재료(열전대 조합)에는 3가지가 있다.
   ① 구리–콘스탄탄(최고 300°C까지)/CHT(왕복기관의 실린더헤드 온도계)로 사용
   ② 철–콘스탄탄(최고 800°C까지)/CHT(왕복기관의 실린더헤드 온도계)로 사용
   ③ 크로멜–알루멜(최고 1400°C까지)/EGT(가스터빈기관의 배기가스 온도계)로 사용

3. 왕복기관을 장착한 항공기에서 엔진을 작동치 않을 때 서머커플 타입의 실린더헤드 온도계는 어떤 온도를 지시하는가? (3점)
   - 대기온도

   참고
   서머커플 타입의 실린더헤드 온도계는 열점과 냉점 중 열점은 실린더헤드의 점화 플러그 와셔에 장착되어 있고, 냉점은 계기에 장착되어 있는데 연결/리드선이 끊어지면 실린더헤드의 온도를 지시하지 못하고 계기가 장착되어 있는 주위 온도를 지시하나 엔진이 작동치 않을 때는 엔진 주위의 대기온도를 지시한다.

10 자이로 계기

1. 항공기 자이로 계기(Gyro Instrument)에 사용되는 자이로의 2가지 특성을 무엇이라 하는가? (2점) / 2회
   - 강직성, 섭동성

   참고
   자이로의 2가지 특성은 강직성과 섭동성이다.
   ① 강직성: 자이로에 외부에서 힘을 가하지 않는 한 자이로의 회전자 축이 항상 우주공간에 대하여 일정한 방향을 유지하려는 성질
   ② 섭동성: 회전하고 있는 자이로에 외부에서 회전자에 힘을 가하면 가한 점으로부터 회전 방향 90도 후의 진행점에 힘을 가한 것과 같이 힘이 작용하는 성질

11 회전, 액량/유량 계기

1. 전기 용량식 액량계에서 탱크 유닛의 유전율과 온도의 관계를 설명하시오. (3점)
   - 온도가 증가하면 유전율은 감소한다.

   참고
   전기 용량식 액량계는 축전기의 기본개념을 적용, 액체의 유전율과 공기의 유전율이 서로 다른 것을 이용함으로써 연료 탱크 내의 축전기 극판 사이의 연료의 높이에 따라 전기 용량으로 연료의 부피를 측정하여 밀도를 곱한 후 무게로 지시한다. 따라서, 축전기의 유전율과 온도의 관계는 온도에 따라 유전율이 변화하는 것을 말하며, 온도가 증가한다는 것은 유전체에 열에너지를 가하는 것이기 때문에 분극현상에 영향을 끼치게 되고, 온도에 따라 유전율이 증가할 수도, 감소할 수도 있으며, 유전체의 상태가 고체, 액체, 기체인지에 따라서 달라지는데 일반적으로 고체는 온도의 증가에 따라 유전율이 상승하고, 액체나 기체는 온도 증가에 따라 팽창하는 성질로 인해 유전율이 감소하게 된다. 따라서, 축전기의 온도 특성이 좋다고 한다면 온도 변화에 따라 유전율 변화가 적다라고 생각하면 된다.

2. 쌍발기 엔진에서 두 엔진의 RPM을 서로 같게 해주는 장치의 명칭은 무엇인가?
   - 동기계(Synchroscope)

   참고
   다발 항공기에서 임의로 정해 놓은 기관을 마스터 기관(Master Engine)이라고 하고, 다른 기관을 슬레이브 기관(Slave Engine)이라 하는데, 마스터 기관과 슬레이브 기관의 회전수(RPM)가 동기/일치하는지를 표시해 주는 계기를 동기계(Synchroscope)라 하며, 슬레이브 기관이 마스터 기관에 비하여 회전이 빠르면 "FAST" 쪽으로 바늘이 움직이고, 느리면 "SLOW" 쪽으로 회전하며, 바늘의 움직임이 멈춘 상태는 두 기관이 동기되었거나 마스터 기관이 정지되어 있는 상태이다.

3. 액량계의 종류에 대하여 쓰시오. (4점)

① 직독식 액량계: 사이트글라스식, 플로트식, 딥스틱식

② 전기 용량식 액량계

> **참고**
> ① 액량계는 액체 형태의 저장탱크 내 연료, 윤활유, 작동유 등의 양을 부피(갤런)나 무게(파운드) 단위로 지시한다.
> ② 직독식 액량계
>   ㉠ 사이트글라스식(Sight Glass Gauge): 사이트글라스를 통해 액량을 확인, 리저버 내의 작동유량면 표시
>   ㉡ 부자식(Float Type): 액면의 높이 변화에 따라 움직이는 부자의 상하운동을 직류셀신(원격 지시장치)을 이용하여 바늘로 지시, 왕복기관에서 많이 사용, 부피로 나타냄
>   ㉢ 딥스틱식(Dip Stick Type): 길고 얇은 강철와이어를 탱크에 삽입하여 뽑았을 때 묻어있는 유체높이로 액량확인, 경·소형 항고기에서 사용
> ③ 전기 용량식 액량계: 축전기/콘덴서의 원리 이용
>   ＊액체의 유전율과 공기의 유전율이 서로 다른 것을 이용
>   연료의 양을 무게(lbs 단위)로 지시, 115V, 400Hz 단상교류를 사용, 고공비행 제트 항공기에 사용

🕛 12 공유압 계통의 일반

기관이나 전기적인 힘으로 감당할 수 없는 큰 힘은 유압이 담당하고 보조적인 수단으로 공압이 사용된다. 유압은 압력에너지를 기계적 에너지로 바꾸어주는 역할을 한다.

1. 작동유를 이송해 주는 펌프의 종류를 쓰시오. (2회)

• 기어형, 베인형, 제로터형, 피스톤형

> **참고**
> ① 구동방법에 따른 분류: ㉠ 기관구동, ㉡ 공기터빈구동, ㉢ 전동기구동
> ② 기관구동 펌프의 종류
>   − 정용량식(일정용량식): ㉠ 기어형, ㉡ 베인형, ㉢ 제로터형
>   − 가변용량형: ㉣ 피스톤형

제12장 산업기사 필답

13 유압유의 특징 및 종류

1. 항공기의 작동유 3가지와 색깔을 쓰시오.
   - 식물성유(청색), 광물성유(적색), 합성유(자색)

   참고
   항공기 작동유에는 3가지가 있으며 사용되는 실(Seal)은 다음과 같다.
   ① 식물성유(청색): 천연고무
   ② 광물성유(적색): 네오프랜
   ③ 합성유(자색): 실리콘, 테프론, 뷰틸

14 유압 계통 구성품의 작동원리

1. 리저버의 기능 3가지를 설명하시오.
   ① 작동유를 펌프에 공급
   ② 귀환하는 작동유를 저장
   ③ 공기 등 각종 불순물 제거

   참고
   리저버는 저수지란 뜻으로 작동유를 저장하는 통이다. 저장통에는 공기제거를 위하여 배플, 핀으로 되어 있으며 귀환관은 접선방향으로 되어 거품발생을 방지한다.
   ① 리저버의 기능: 작동유 저장(38℃에서 작동유는 150%, 축압기 포함 120% 충만)
   ② 배플, 핀: 거품발생을 방지하고 공기유입 방지
   ③ 스탠드파이프: 작동유 누출이나 비상시 사용할 수 있는 작동유 저장

2. 축압기의 기능을 설명하시오.
   - 가압된 작동유를 저장하고 동력펌프가 고장 시 작동유를 공급하며 유압 계통의 서지현상을 방지하고 압력조절기의 개폐빈도를 줄여 펌프나 압력조절기의 마멸을 적게 한다.

   참고
   축압기의 종류
   ① 다이어프램 축압기, ② 블래더형 축압기, ③ 피스톤형 축압기
   　이 중에서 현재 항공기에서 가장 많이 사용하는 축압기는 피스톤형이다.
   　※ 피스톤 축압기 장점: 공간을 적게 차지하고, 구조가 튼튼하다.

3. 유압 계통에서 축압기를 두는 이유는?
   - 동력펌프 고장 시 저장된 예비 압력을 공급하는 것으로 서지현상을 방지하고 압력조절기의 수명을 연장시킨다.

4. 유압 동력장치는 중심개방형과 중심폐쇄형이 있다. 중심개방형의 특징을 아래 보기에서 모두 고르시오.

   보기: 압력조절기가 필요 없다. 축압기가 필요 없다. 부품수명이 길다.
         중량이 가볍다. 작동속도가 느리다.

   • 압력조절기가 필요 없다. 축압기가 필요 없다. 부품수명이 길다. 중량이 가볍다.

   참고
   ① 중심개방형(Open Center System): 소형 항공기에 사용되며 각각의 선택 밸브가 계통에 직접 연결되어 이 장치가 작동하지 않을 때는 그대로 리저버로 돌아간다. 그러므로 압력조절기, 축압기가 필요 없고, 가볍고, 부품수명이 길다.
   ② 중심폐쇄형(Closed System): 대형 항공기에 사용되며 가장 우수한 방식이다. 이 계통은 밸브가 중립위치에 있을 때 펌프와 귀환관의 통로가 막혀 펌프에서 공급되는 작동유는 압력조절기나 릴리프 밸브를 통해서만 리저버로 귀환되므로 항상 일정한 압력이 유지되도록 축압기, 압력조절기가 필요하며, 구조가 복잡하고, 무겁다.

5. 작동유의 흐름방향 제어장치 중에서 유로의 흐름을 한 방향으로 흐르도록 해주는 장치는? (2회)
   • 체크밸브

6. 시퀀스 밸브에 대하여 설명하시오. (2회)
   • 타이밍 밸브(Timing Valve)라고 하며 2개 이상의 작동기를 정해진 순서에 따라 작동되도록 하는 밸브

7. 작동유의 압력이 일정 압력 이하로 낮아지면 작동유의 유로를 차단하여 1차 조종 계통에 우선적으로 작동유가 공급되도록 하는 밸브는? (2회)
   • 프라이오리티 밸브(Priority Valve)

8. 오리피스 체크 밸브의 역할과 사용처는?
   • 오리피스와 체크 밸브의 기능을 합한 것으로 한쪽 방향으로는 정상적인 작동유가 흐르고 다른 방향으로는 흐름을 제한한다. 사용처는 착륙장치를 올리고 내릴 때 사용한다.

9. 유로선택 밸브란?
   • 작동유 유로의 운동방향을 결정하는 밸브에는 회전형, 포핏형, 스풀형, 피스톤형, 플런저형 등이 있다.

   참고
   밸브의 종류
   ① 압력제어 밸브
      ㉠ 압력조절기

- 작동유의 압력을 규정 범위로 조절 및 계통에 압력이 요구되지 않을 때 펌프에 부하가 걸리지 않게 한다.
- Kick-in: 계통 압력이 낮을 때 → 바이패스 밸브는 닫히고 체크 밸브는 열린다.
- Kich-out: 계통 압력이 높을 때 → 바이패스 밸브는 열리고 체크 밸브는 닫혀서 높은 압력의 유압은 저장 탱크로 귀환시킨다.

ⓒ 릴리프 밸브(Relief Valve)
- 시스템 릴리프 밸브: 압력 조절기 및 계통 고장 등으로 계통 내의 압력이 규정값 이상이 되는 것을 방지한다.
- 서멀 릴리프 밸브: 온도 증가에 따른 유압 계통의 압력 및 팽창을 막아주는 역할을 한다.

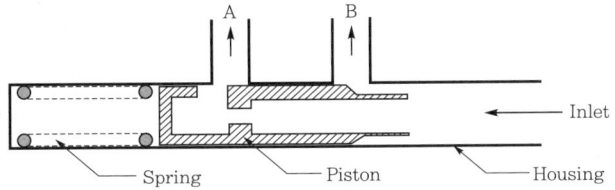

ⓒ 프라이오리티 밸브
계통의 압력이 정상보다 낮아졌거나 펌프가 고장일 때 축압기의 압력을 사용하여 가장 필요한 계통에만 우선 공급해야 하는 경우에 사용한다.

ⓒ 퍼지 밸브(Purge Valve)
공기가 섞여 거품이 생긴 작동유를 저장 탱크로 빠지게 한다.

ⓒ 감압 밸브(Pressure Reducing Valve)
계통의 압력보다 낮은 압력이 필요할 때 사용하며, 일부 계통의 압력을 요구하는 수준까지 낮추어 준다.

ⓑ 디부스터 밸브(De-Booster Valve)
피스톤형 밸브로, 브레이크의 작동을 신속하게 하기 위한 것으로 브레이크를 작동할 때 일시적으로 작동유의 공급량을 증가시켜 신속한 제동을 도와준다.

② 방향제어 밸브
ⓒ 선택 밸브(Selector Valve)
유로를 선정해주는 밸브(회전형, 포핏형, 스풀형, 피스톤형, 플런저형 등)

ⓒ 체크 밸브(Check Valve)
작동유의 흐름 방향을 한쪽 방향으로만 흐르고 반대 방향으로는 흐르지 못하게 하는 밸브

ⓒ 시퀀스 밸브(Sequence Valve)
2개 이상의 작동기를 정해진 순서에 따라 작동될 수 있도록 유압을 공급하기 위한 밸브로 타이밍 밸브라고도 함

ⓒ 셔틀 밸브(Shuttle Valve)
정상 유압 동력 계통에 고장이 발생했을 때 비상 계통을 사용할 수 있도록 해주는 밸브

ⓒ 수동 체크 밸브(Metering Check Valve)
정상시에는 체크 밸브 역할을 수행하지만 필요시 수동으로 핸들을 조작하여 양쪽 방향으로 흐르도록 하는 밸브

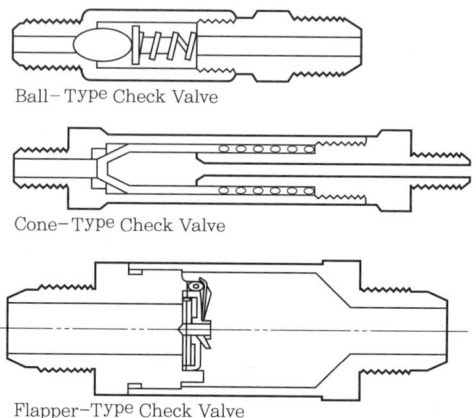

③ 유량제어 밸브
  ㉠ 흐름 평형기(Flow Equalizer)
    선택 밸브로부터 공급된 작동유가 2개 이상의 작동기를 같은 속도로 움직이게 하기 위해 각 작동기에 공급되는 또는 작동기로부터 귀환되는 작동유의 유량을 같게 해주는 장치
  ㉡ 흐름 조절기(Flow Regulator)
    흐름 제어 밸브라고도 함. 계통 압력의 변화에 관계없이 작동유의 흐름을 일정하게 해주는 장치
  ㉢ 유압 퓨즈(Hydraulic Fuse)
    유압 계통의 파이프나 호스가 파손되거나 기기의 시일 손상이 생겼을 때 작동유의 누설을 방지

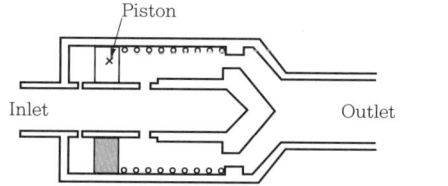
Flow of fluid through fuse for normal operation.

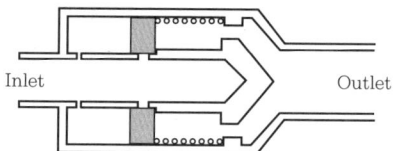
An excessive pressure drop has occurred and piston has been forced to the right, shutting off flow of fluid.

  ㉣ 오리피스(Orifice)
    흐름 제한기(Flow Restrictor)라고 하며 흐름률 제한
  ㉤ 오리피스 체크 밸브(Orifice Check Valve)
    오리피스와 체크 밸브의 기능을 합한 것으로, 작동유가 오른쪽에서 왼쪽으로 흐를 때 정상 공급, 반대로 흐를 때는 흐름 제한
  ㉥ 미터링 체크 밸브
    오리피스 체크 밸브와 같으나 흐름 조절 가능
  ㉦ 유압관 분리 밸브
    유압 펌프나 브레이크와 같은 유압 기기를 장탈할 때 작동유가 외부로 유출되는 것을 방지

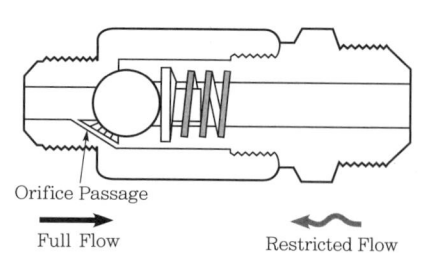

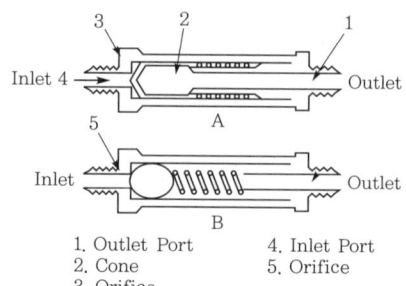

1. Outlet Port
2. Cone
3. Orifice
4. Inlet Port
5. Orifice

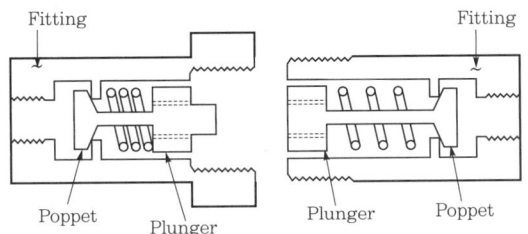
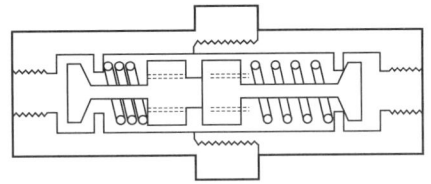

When fittings are disconnected, the springs hold poppet valves tightly on their seats.

When fittings are connected, the plungers force poppets off their seats and fluid flows freely through the fittings.

10. 항공기 유압 계통에서 여과기의 종류와 기능을 쓰시오.

  ① 종류: 쿠노형여과기, 미크로여과기

  ② 기능: 기계 마멸에 의해 발생한 금속가루 및 불순물을 걸러낸다.

11. 앤티 스키드 계통에서 다음 사항을 간단히 설명하시오.

  ① Nomal Skid Control

  ② Locked Wheel Skid Control

  ③ Touchdown Protection

  ④ Fail-Safe Protection

  ① Nomal Skid Control: 휠의 회전이 줄어들 때 작동하게 되며 정지할 때까지는 작동하지 않는다.

  ② Locked Wheel Skid Control: 한쪽 휠이 locked 되었을 경우 블레이크가 완전히 릴리스 되게 해준다.

  ③ Touchdown Protection: 항공기의 착륙을 위해 접근 중에 조종사가 브레이크 페달을 누르더라도 브레이크가 작동하지 않게 하는 것이다.

  ④ Fail-Safe Protection: 시스템이 고장일 때 자동적으로 브레이크 시스템이 완전 수동으로 작동되게 하고 경고등이 켜지도록 한다.

  참고

  ① Anti-Skid 계통: 바퀴의 빠른 회전속도에 대하여 무리한 제동을 걸면 바퀴가 회전을 멈추기 때문에 타이어가 지면에서 미끄러지는 현상을 방지하는 장치

  ② Nose Steering System: 항공기가 지상활주 중 앞바퀴를 이용하여 방향조종을 하며 방향키 페달을 사용하는 것

  ③ Shimmy Damper: 노면 충격을 흡수하고 지면 착륙 시 진동을 억제하고 회전방향이 좌우로 흔들리는 현상을 방지하는 것

15 공압 계통

1. 유압유 대비 공기압의 특징을 설명하시오.
   ① 압축성이다.
   ② 리턴라인이 필요 없다.
   ③ 유압 계통에 비해 가볍다.
   ④ 불연성이고 깨끗하다.

   참고

작동유 특징	공기압 특징
1. 비압축성이다. 2. 리저버, 리턴라인이 필요하다. 3. 누설을 허용하지 않는다. 4. 공기압보다 무겁다.	1. 압축성이다. 2. 리저버, 리턴라인이 필요없다. 3. 누설을 허용한다. 4. 유압보다 가볍다. 5. 불연성이고 깨끗하다.

2. 공압에서 뉴메틱(Pneumatic)을 얻는 방법 3가지는?
   ① 가스터빈기관: 기관의 압축공기 브리드
   ② 왕복기관: 엔진구동으로 과급기구동(Super Charger)
   ③ APU: 보조동력장치
   ④ 지상 뉴메틱 카터(GTG, GTC)

   참고
   항공기에서 공압을 사용하는 곳
   ① 공기조화 계통(냉·난방 계통)
   ② 객실여압 계통
   ③ 날개 방빙 및 나셀 방빙 계통
   ④ 작동유 리저버 가압
   ⑤ 기관시동 계통
   ⑥ 화물실 난방 계통
   ⑦ 화물실 연기감지 계통
   ⑧ 물탱크 가압 계통
   ⑨ 공기온도감지기
   ⑩ 레인리펠런트

3. 공기압 계통의 cleaning 방법을 설명하시오.
   • 계통에 압력을 가하고 계통 각 구성부품의 배관을 분리해서 행한다.

참고
- 공기압 계통의 정비는 급유, 고장탐구, 부품 장착, 분해 및 작동 점검으로 이루어진다. 공압 계통은 정기적으로 크리닝하여 부품이나 라인으로부터 오염, 습기, 오일누유 등을 정비한다. 크리닝은 계통에 압력을 가하고 계통 각 구성부품의 배관을 분리해서 실시한다. 압력 라인을 분리하면 계통에 대량의 공기가 흐르고 이물질 등은 계통에서 밖으로 배출된다. 만일 특정 계통에서 대량의 이물질, 특히 오일이 누출될 때는 라인이나 구성부품을 분리하여 크리닝하거나 교환한다.

4. 다기능 밸브(Pressure Regulating And Shut Off Valve)의 4가지 기능을 쓰시오.
① 개폐(Open And Close) 기능
② 압력 조절 기능
③ 역류 방지 기능
④ 밸브 내부의 공기흐름 조절 기능
⑤ 기관 작동 시 역류방지 기능의 해제(Starter에 공기 공급을 가능하게 함)

참고
다기능 밸브는 브리딩된 공기의 온도가 조절되고 이 밸브를 통하여 매니폴드에 공급되는 파이론 밸브, 브리드 밸브라고 부른다. 기능은 상기 5가지와 같다.

5. 공기압 계통에서는 유압 계통과 다르게 수분분리기를 반드시 두어야 하는데 그 이유는?
- 공기의 급속한 냉각은 안개형태의 습기가 응축되는 원인이 된다.

참고
수분분리기를 통과할 때 따뜻한 공기가 분리기에서 수분과 혼합하여 결빙을 방지하고 분리기를 통과할 때 수분은 수분분리기 내부의 유리섬유 안으로 스며들어 큰 물방울 형태로 되어 배수된다. 수분분리기 출구에 있는 온도감지기는 공기순환장치 주위의 바이패스 라인에 있는 온도 조절밸브를 제어한다. 만약 출구 쪽의 온도가 3℃ 이하가 되면 결빙되는 것을 방지하기 위해 온도 조절밸브를 열어 따뜻한 공기와 혼합되도록 해 준다.

16 방빙·제빙 계통

1. 방빙·제빙 계통에서 가열공기의 공급원은 어떤 것이 있는가? (3가지)
- 터빈기관의 압축공기, 연소가열기, 기관 배기가스 열교환기

참고
항공기의 방빙·제빙 방법으로 가열공기, 알코올, 전열기를 이용한다. 세부적으로 살펴보면 다음과 같이 분류할 수 있다.
① 가열공기를 이용한 방법: 터빈기관의 압축공기, 연소가열기, 배기가스 열교환기
② 전기적 방빙(전기히터를 이용한 방빙): 피토튜브, 정압공, 프로펠러, 엔진공기흡입구, 윈드실드글라스
③ 화학적 방빙(알코올을 사용한 방빙): 프로펠라, 카뷰레터, 윈드실드글라스

※ 감지기 방빙(피토튜브, 정압공, 실속감지기, 전체 온도감지기, 엔진압력비감지기)은 모두 전기적으로 방빙을 실시한다.

※ 결빙감지기 종류
  ① 압력 차 이용: 한쪽은 램공기쪽 한쪽은 정상온도로 결빙에 의한 차압을 감지
  ② 기계적 장력을 이용: 원통을 회전시켜 결빙되면 회전속도 토큐 변화
  ③ 고유진동 이용: 물체에 스프링을 매달아 결빙되면 진동의 변화

2. 써멀 앤티 아이싱에 대하여 설명하시오.
  • 터빈기관의 압축공기, 연소가열기, 배기가스 열교환기를 통하여 발생한 뜨거운 공기를 날개앞 전에 가열공기를 보내어 날개앞전을 따뜻하게 하여 얼음형성을 막는 것이다.

3. Overheat Warning System의 기능과 장착위치를 말하시오.
  ① 기능: 2개의 루프로 구성된 탐지기가 과열 감지 시 전기적 신호를 보내면 제어장치에서 음향경고와 적색 경고등이 점등된다.
  ② 장착위치: 기관, 보조동력장치, 랜딩기어 휠월, 날개앞전

4. 화재탐지기의 종류는? (과열화재, 연기, 과열 중 택일)
  ① 과열화재: 기관, 보조동력장치
  ② 연기탐지기: 화장실, 화물실
  ③ 과열탐지기: 랜딩기어, 앞전날개

5. 열전쌍식 화재탐지 회로를 설명하시오.
  ① 회로 구성

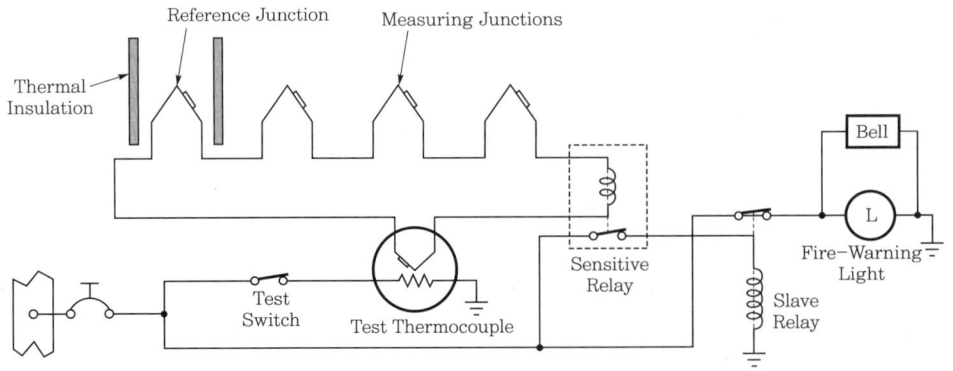

  ② 회로 설명
    열전쌍식 화재경고장치는 위 그림처럼 탐지회로, 경고회로 및 점검회로로 구성된다. 열전쌍에 열이 가해지면 기전력이 생겨서 전류가 흘러 수감부 계전기를 작동시킨다. 이는 회로를 연결시

켜 주는 슬레이브 계전기의 코일에 작용하여 화재경고등에 전기가 공급된다. 회로의 작동시험을 하기 위하여 시험스위치를 작동시키면 시험회로에 연결된 전열기가 가열되므로 이때 경고등이 켜지는지를 점검한다.

17 소화 계통

1. 화재등급 중 C급화재는 무슨 화재인가?

- 전기화재

참고

화재의 종류에는 4가지가 있다.
① 일반화재-A급화재: 종이, 나무, 가구 등 일반적인 화재
② 기름화재-B급화재: 연료, 그리스, 페인트 등 유류로 인한 화재
③ 전기화재-C급화재: 전기가 원인이 된 화재
④ 금속화재-D급화재: 마그네슘, 금속 등 금속물질로 인한 화재

18 기내인터폰 방송장치

1. 항공기에 쓰이는 인터폰의 종류 3가지를 쓰시오.

- 플라이트인터폰, 서비스인터폰, 객실인터폰

참고

기내인터폰 및 방송장치는 다음과 같다.
① 운항승무원 상호간 통화(Flight Interphone System)
  - 운항승무원(조종사) 간 자유롭게 통화
② 승무원 상호간 통화(Service Interphone System)
  - 조종사와 정비사 간 통화
  - 조종사와 객실승무원, 갤리 간 통화
③ 캐빈인터폰 장치(Cabin Interphone System)
  - 객실승무원 간의 상호통화
④ 기내방송장치(Passenger Address System)
  승객에게 필요정보를 방송하는 데 우선 순위가 있다.
  - 1순위: Cockpit(조종실) 방송
  - 2순위: Cabin(객실) 방송
  - 3순위: 재생방송
  - 4순위: 기내음악 방송
⑤ 오락프로그램 제공장치(Passenger Entertainment System)
  - 승객에게 영화, 연예 등 오락프로그램 제공

19 항법장치

1. 항법의 중요한 3가지(항법의 3요소)는?
   - 항공기 위치, 방향, 도착예정시간

   참고
   ① 항법: 항공기의 위치를 결정하고 원하는 방향으로 비행하기 위한 기술
   ② 항법의 종류
      ㉠ 지문항법: 육안으로 확인하여 비행
      ㉡ 천측항법: 태양, 달, 별 등을 참고하여 비행
      ㉢ 추측항법: 풍향, 풍속을 고려하여 비행, 관성항법, 도플러비행
      ㉣ 무선전파항법: VHF, UHF 등의 무선전파를 이용하는 항법
   ③ 항법의 3요소: 항공기 위치, 방향, 도착예정시간
   ④ 항법의 4요소: 항공기 위치, 방향, 도착예정시간, 거리

20 자동조종장치

1. 자동조종장치(Auto Pilot)의 기능을 3가지 쓰시오. (3회)
   ① 안정화(Stability) 기능
   ② 조종(Control) 기능
   ③ 유도(Guidance) 기능

   참고
   ① 안정화 기능: 수평, 상승, 하강 시 자세를 유지하고 주 날개를 수평으로 유지
   ② 조종 기능: 상승, 선회 등의 제어 기능
   ③ 유도 기능: 무선 항법장치들과의 결합으로 유도하는 기능

2. AFCS에서 Yaw Damper 기능 3가지는?
   ① Dutch Roll 방지
   ② 균형선회
   ③ 방향안전성 향상

   참고
   요 댐퍼란 더치롤 현상으로 빗놀이 옆놀이가 합성된 현상을 방지하기 위해 방향키를 사용하는데 방향키의 각도는 4~5°이다. 이렇게 하므로 항공기는 더치롤 방지와 균형선회 그리고 방향안전성을 유지할 수가 있다.

3. FMS(Flighty Management System)의 기능 3가지?

① 비행계획

② 항공기의 수직, 수평유도

③ 안정성 유지

④ 엔진추력 자동제어

⑤ 비행자료 모니터링

참고

FMS(Flight Management System)는 비행 전, 비행 중, 착륙에 이르기까지 전체 비행단계에 걸쳐 조종사의 업무 부담을 경감시키기 위해 다음과 같은 지원을 한다.

① 비행 전 기능: 비행계획 입력, 항공전자 시스템의 기능 점검
② 지상 활주 및 이륙 중의 지원 기능: 이륙에 필요한 추력을 계산하고 컴퓨터에 전달하면 이에 따른 피치 자세를 지시
③ 상승, 순항, 하강 중의 지원: 상승, 순항 등 최적의 비행조건하에서 고도, 속도 등의 비행패턴에 따라 유도하며, 표시장치에 표시, 공항 접근 시 계기착륙장치 유도, 엔진스로틀을 최적으로 설정
④ 엔진제어시스템: 조종사가 필요한 추력을 얻기 위해 적절한 연료유량, 가변형상부등의 위치계산 기구가 갖추어져 있다. 고장을 단계별로 점검하고 조종사에게 경고를 제공한다.

21 기록경고장치

1. 항공기가 비행 중에 얻어진 자료를 항상 해독하여 항공기의 운항 상태를 수시로 개선하기 위한 기록 장치를 무엇이라 하는가?

   • AIDS(Air Intergrated Data System)

   참고

   AIDS는 비행 중의 자료를 기록하여 사용하는 점은 DFDR(Digital Flight Data Recorder, 디지털 비행자료 기록장치)과 같으나 그 자료를 적극적으로 이용하는 것이 크게 다른 점이다. AIDS의 구성요소는 기상시스템과 기상자료 해독시스템으로 나누어진다.

2. GPWS(Ground Proximity Warning System)란?

   • GPWS(지상접근경보장치)는 항공기와 산악 또는 지면과 충돌사고를 방지하는 장치로, 항공기가 지형에 대해 위험한 상태에 처해 있거나 그 가능성을 자동으로 검출하여 감시하는 장치이다. GPWS는 전파고도계, 대기자료장치, 착륙장치, 플랩작동장치 등으로부터 자료를 입력하여 컴퓨터로 처리한 후 경보를 발생시킨다. 경보는 여섯 가지 모드로 음성경고를 발생시키며 여러 종류의 경고등을 점등시킨다.

22 착륙유도장치

1. ILS 시스템을 구성하는 지상 시설 3가지를 쓰시오.
   ① 로컬라이저
   ② 글라이드 슬롭
   ③ 마커비컨

2. 항공기가 착륙 시 가장 알맞은 각도로 접근하기 위한 계통으로 활주로 한쪽 끝에서 아래 방향으로 90Hz, 위쪽 방향으로 150Hz의 무선주파수를 발사시키고 항공기의 수신기는 이를 감지하여 지시계상에 나타내는 장치는?
   • 글라이드 슬롭(Glide Slope)

   참고
   비행 방법에는 눈으로 지형지물을 확인하는 시각비행과 악기상에서 계기에 의존하는 계기비행이 있다. 기상상태가 운고 1,000피트, 시정이 3마일 이상인 경우에는 시각비행을 하도록 규정되어 있으나 악기상 상태에서 항공기 착륙 시에는 ILS 즉, 계기착륙시설(ILS)을 이용하여 착륙을 한다.
   ILS 구성요소
   ① 로컬라이저(Localizer): 활주로 중심선을 기준으로 좌우 25° 이내 수평방향 진입 유도

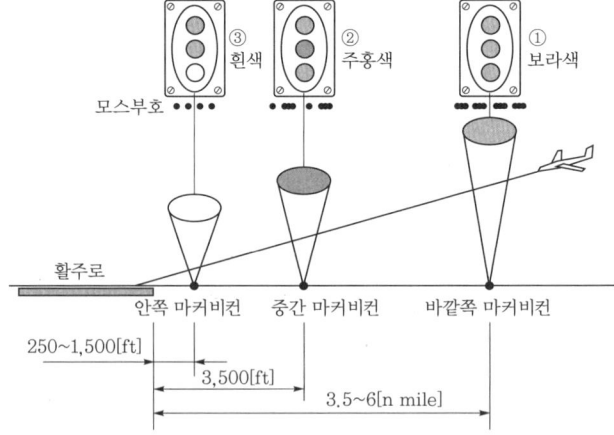

   ② 글라이드 슬롭(Glide Slope): 활주로 진입 경사각도 2.5~3°의 각도로 수직방향 진입 유도
   ③ 마커비컨(Marker Beacon): 최종 접근 중인 진입로상에 설치되어 지향성 전파를 수직으로 활주로까지의 거리를 지시(O.M.I 램프 점등 및 청각신호)

구 분	활주로에서 거리	주파수 대역	점등색깔
외측마커OM	7km	400Hz	자색
중앙마커MM	1,050m	1,300Hz	호박색
내측마커IM	300-450m	3,000Hz	백색

3. 현재 사용 중인 계기착륙장치에 비해 마이크로파 착륙장치의 이점 3가지를 쓰시오. (2회)
   ① ILS의 진입로는 단 1개인데 비해 MLS는 진입영역이 넓고 곡선진입이 가능
   ② ILS는 폴, UHF 대역의 전파를 사용하므로 건물, 지형 등의 반사 영향을 받기 쉬우나 MLS는 마이크로파 주파수 대역을 사용하므로 건물, 전방지형의 영향을 적게 받음
   ③ ILS 운용주파수 채널 수가 40채널인데 비해 MLS는 채널 수가 200채널로 간섭문제가 경감
   ④ 풍향, 풍속 등 진입착륙을 위한 기상상황이나 각종 정보를 제공할 수 있는 자료 링크 가능

   참고
   ① 마이크로파 착륙 유도 장치(MLS: Microwave Landing System): 악천후에도 안전하게 항공기를 착륙 유도하는 장치
   ② ILS와 MLS의 비교

ILS	MLS
진입로 1개	진입영역이 넓고 곡선진입 가능
VHF, UHF 대역을 사용하여 평평한 용지 필요(건물이나 지형 등의 반사 영향)	마이크로파를 사용하여 반사 또는 지형의 영향을 덜 받음
운용주파수 채널 40개	운용주파수 채널 200개
	풍향, 풍속 등 진입착륙을 위한 기상상황이나 각종정보를 제공할 수 있는 자료 링크 가능

한 권으로 끝내는
항공전자실습

2016. 3. 24. 초 판 1쇄 발행
2021. 2. 5. 개정증보 1판 4쇄 발행

지은이 | 김 훈
펴낸이 | 이종춘
펴낸곳 | BM (주)도서출판 성안당

주소 | 04032 서울시 마포구 양화로 127 첨단빌딩 3층(출판기획 R&D 센터)
     | 10881 경기도 파주시 문발로 112 파주 출판 문화도시(세작 및 물류)
전화 | 02) 3142-0036
     | 031) 950-6300
팩스 | 031) 955-0510
등록 | 1973. 2. 1. 제406-2005-000046호
출판사 홈페이지 | www.cyber.co.kr
ISBN | 978-89-315-3267-8 (13550)
정가 | 25,000원

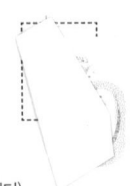

이 책을 만든 사람들
책임 | 최옥현
진행 | 이희영
교정·교열 | 이희영
전산편집 | 김인환
표지 디자인 | 박원석
홍보 | 김계향, 유미나
국제부 | 이선민, 조혜란, 김혜숙
마케팅 | 구본철, 차정욱, 나진호, 이동후, 강호묵
마케팅 지원 | 장상범, 박지연
제작 | 김유석

이 책의 어느 부분도 저작권자나 BM (주)도서출판 성안당 발행인의 승인 문서 없이 일부 또는 전부를 사진 복사나 디스크 복사 및 기타 정보 재생 시스템을 비롯하여 현재 알려지거나 향후 발명될 어떤 전기적, 기계적 또는 다른 수단을 통해 복사하거나 재생하거나 이용할 수 없음.

※ 잘못된 책은 바꾸어 드립니다.

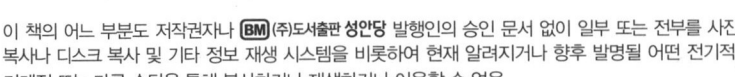